CW01664664

H Prépa

Algèbre & Géométrie euclidienne

1re année PCSI-PTSI

Marie ALLANO-CHEVALIER
Ancienne élève de l'École Normale Supérieure de Fontenay-aux-Roses
Professeur en classes préparatoires au lycée Fénelon-Sainte-Marie

Xavier OUDOT
Ancien élève de l'École Polytechnique
Professeur en classes préparatoires au lycée Fénelon-Sainte-Marie

HACHETTE
Supérieur

Crédits photographiques

Toutes les photographies de cet ouvrage proviennent de la photothèque HACHETTE LIVRE.

Composition, mise en page et schémas : Publilog
Maquette intérieure : SG Création et Pascal Plottier
Maquette de couverture : Alain Vambacas

© HACHETTE LIVRE 2003, 43 quai de Grenelle 75905 Paris Cedex 15
I.S.B.N. 2.01.14.5546.4
Tous droits de traduction, de reproduction et d'adaptation réservés pour tous pays.

Le Code de la propriété intellectuelle n'autorisant, aux termes des articles L.122-4 et L.122-5, d'une part, que les « copies ou reproductions strictement réservées à l'usage privé du copiste et non destinées à une utilisation collective », et, d'autre part, que « les analyses et les courtes citations » dans un but d'exemple et d'illustration, « toute représentation ou reproduction intégrale ou partielle, faite sans le consentement de l'auteur ou de ses ayants droit ou ayants cause, est illicite ».
Cette représentation ou reproduction, par quelque procédé que ce soit, sans autorisation de l'éditeur ou du Centre français de l'exploitation du droit de copie (20, rue des Grands-Augustins, 75006 Paris), constituerait donc une contrefaçon sanctionnée par les articles 425 et suivants du Code pénal.

Avant-propos

En proposant ici le programme 2003 d'algèbre et de géométrie euclidienne de la première année PCSI et PTSI des Classes Préparatoires aux Grandes Ecoles, nous avons voulu privilégier la simplicité et la concision. Nous avons cherché pour chaque nouvelle notion l'introduction la plus économique et les démonstrations les plus compréhensibles pour le débutant. Ce livre ne se substitue pas au cours oral d'un professeur, mais nous espérons qu'il constituera pour l'étudiant un outil de travail et de référence.

Quelques repères typographiques doivent aider le lecteur :

- tous les mots nouveaux, définis au fil du texte, sont en couleur et sont répertoriés dans l'index ;
- les résultats essentiels et les énoncés des théorèmes sont encadrés ; les démonstrations sont clairement identifiées par un filet marginal ;
- les parties qui ne sont pas au programme des étudiants de PTSI n'ayant pas choisi l'option PSI sont signalées par une étoile ;
- des **applications** proposent, au fur et à mesure, des situations où sont mises en œuvre les notions étudiées ;
- une **fiche-méthode** résume, en fin de chapitre, les principaux savoir-faire indispensables pour les exercices ;
- chaque chapitre comporte un **exercice résolu** qui propose une solution rédigée et commentée d'un exercice classique ;
- les **exercices** de chaque chapitre sont accompagnés à la fin du livre d'**indications et réponses** qui peuvent aller, suivant la difficulté, d'une simple réponse numérique à une solution détaillée en passant par le « coup de pouce » souvent nécessaire. Ces éléments de réponse n'ont évidemment d'intérêt que pour le lecteur qui a effectivement cherché l'exercice et qui veut vérifier ses résultats. Ils doivent être lus de façon active, le crayon à la main, et ne sont jamais définitifs : c'est au lecteur de conclure et, s'il le désire, de rédiger complètement sa solution.

Enfin, les programmes préconisant l'introduction du calcul formel, nous avons choisi de présenter tout au long de l'ouvrage l'utilisation d'une calculatrice, en repérant toutes les fonctions relatives aux notions étudiées et les complétant éventuellement par de petits programmes.

Nous remercions tous ceux qui ont collaboré à la réalisation de cet ouvrage, ainsi que tous nos collègues qui ont bien voulu nous faire bénéficier de leurs remarques et de leurs conseils.

Les auteurs

© Hachette Livre – H Prépa / Math – La photocopie non autorisée est un délit

Sommaire

Nombres complexes

1

Introduction

Nés de la résolution générale de l'équation du troisième degré par Bombelli (1572) – *voir* Exercice résolu – *les nombres complexes sont longtemps considérés comme de commodes intermédiaires de calcul n'ayant pas d'existence propre. C'est Hamilton en* 1837 *qui donne pour la première fois une construction satisfaisante des nombres complexes à partir des couples de nombres réels.*
L'intérêt majeur du corps des complexes réside dans le théorème de d'Alembert que nous évoquerons dans le chapitre Polynômes *: tout polynôme non constant à coefficients complexes possède des racines ! Par ailleurs, les nombres complexes constituent un outil commode en géométrie plane et en trigonométrie.*

OBJECTIFS

- Réviser et enrichir les notions vues en Terminale.
- Préparer le cours d'algèbre en donnant des premiers exemples de structures.
- Préparer le cours d'analyse, où les fonctions pourront être aussi bien à valeurs complexes que réelles.
- Utiliser les nombres complexes pour la trigonométrie.

© Hachette Livre – H Prépa / Math – La photocopie non autorisée est un délit

1 Corps des complexes

1.1. Définition des nombres complexes

On appelle **ensemble des nombres complexes** et on note $\mathbb{C}$ l'ensemble $\mathbb{R}^2$ que l'on munit des lois de composition interne :

- addition :

$$\forall (x, y) \in \mathbb{C} \quad \forall (x', y') \in \mathbb{C} \quad (x, y) + (x', y') = (x + x', y + y')$$

- multiplication :

$$\forall (x, y) \in \mathbb{C} \quad \forall (x', y') \in \mathbb{C} \quad (x, y) \times (x', y') = (xx' - yy', xy' + x'y)$$

On peut identifier le complexe $(x, 0)$ au réel x, ce qui revient à considérer $\mathbb{R}$ comme une partie de $\mathbb{C}$; nous constatons que ces deux lois prolongent à $\mathbb{C}$ l'addition et la multiplication définies sur $\mathbb{R}$:

$$\forall (x, x') \in \mathbb{R}^2 \quad \begin{array}{l}(x, 0) + (x', 0) = (x + x', 0)\\ (x, 0) \times (x', 0) = (xx', 0)\end{array}$$

Le complexe $(0, 1)$ est tel que $(0, 1)^2 = (-1, 0)$, nous le notons i.

L'écriture du complexe $z = (x, y)$ devient alors :

$$z = x + iy, \quad (x, y) \in \mathbb{R}^2 \quad \text{où} \quad i^2 = -1$$

Par définition, (x, y) est l'unique couple de réels tel que $z = x + iy$: x est appelé **partie réelle** de z, y est appelé **partie imaginaire** de z.

La partie imaginaire d'un complexe est un réel.

Notations $x = \text{Re}(z)$ $\quad y = \text{Im}(z)$.

Un complexe z est réel si et seulement si sa partie imaginaire est nulle. Un complexe $z \in \mathbb{C}$ est dit **imaginaire** si sa partie réelle est nulle. L'ensemble des imaginaires est noté $i\mathbb{R}$.

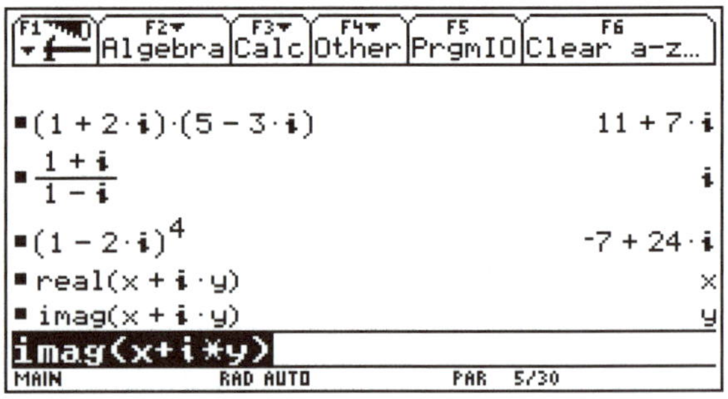

La TI-92/Voyage 200 sait bien sûr calculer avec les nombres complexes.

1.2. Structure de corps de $\mathbb{C}$

La loi $+$ définie sur $\mathbb{C}$ possède les propriétés suivantes :

- elle est **associative** :
  $\forall (z, z', z'') \in \mathbb{C}^3 \quad (z + z') + z'' = z + (z' + z'')$
- 0 est **élément neutre** de $\mathbb{C}$ pour $+$:
  $\forall z \in \mathbb{C} \quad z + 0 = 0 + z = z$
- tout élément de $\mathbb{C}$ possède un **symétrique** pour $+$:
  $\forall z \in \mathbb{C} \quad \exists z' \in \mathbb{C} \quad z + z' = z' + z = 0$:
  si $z = x + iy$, $z' = -x + i(-y) = -z$

Ces propriétés confèrent à $(\mathbb{C}, +)$ une structure de **groupe**, de plus l'addition est **commutative** sur $\mathbb{C}$.

On dit alors que $(\mathbb{C}, +)$ est un **groupe abélien**.

© Hachette Livre – H Prépa / Math – La photocopie non autorisée est un délit

La loi $\times$ définie sur $\mathbb{C}$ possède les propriétés suivantes :

- elle est **associative** :
  $\forall (z, z', z'') \in \mathbb{C}^3 \quad (z \times z') \times z'' = z \times (z' \times z'')$
- 1 est **élément neutre** de $\mathbb{C}$ pour $\times$:
  $\forall z \in \mathbb{C} \quad z \times 1 = 1 \times z = z$
- tout élément non nul de $\mathbb{C}$ possède un **symétrique** pour $\times$:
  $\forall z \in \mathbb{C}^* \quad \exists z' \in \mathbb{C}^* \quad z \times z' = z' \times z = 1$:
  si $z = x + iy$, $z' = \dfrac{x - iy}{x^2 + y^2} = \dfrac{1}{z}$

$(\mathbb{C}^*, \times)$ est donc un **groupe abélien**, puisque $\times$ est **commutative** sur $\mathbb{C}$.

Enfin, $\times$ est **distributive** par rapport à $+$:

$$\forall (z, z', z'') \in \mathbb{C}^3 \quad (z + z') \times z'' = z \times z'' + z' \times z''$$

Ces propriétés confèrent à $(\mathbb{C}, +, \times)$ une structure de **corps commutatif**.

Ces notions seront étudiées de façon plus approfondie dans le chapitre *Structures algébriques*.

1.3. Conjugué d'un nombre complexe

On appelle **conjugué** du nombre complexe $z = x + iy$ où $(x, y) \in \mathbb{R}^2$, le complexe :

$$\overline{z} = x - iy$$

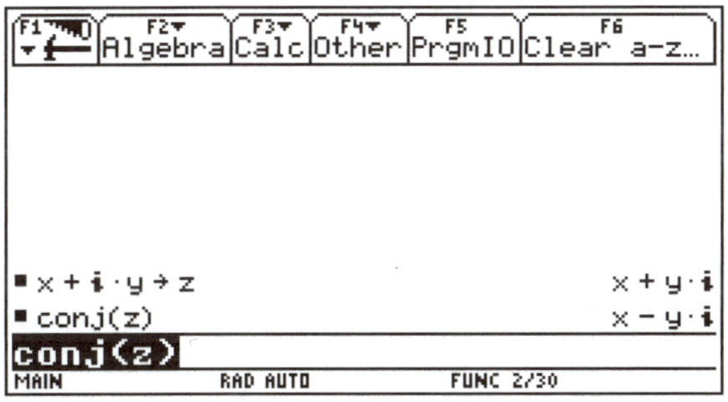

Le conjugué de z est noté $\text{conj}(z)$.

Cette application est **involutive** : $\forall z \in \mathbb{C} \quad \overline{(\overline{z})} = z$, elle est donc bijective.
De plus :

$$\forall (z, z') \in \mathbb{C}^2 \quad \overline{z + z'} = \overline{z} + \overline{z'}, \quad \overline{z \cdot z'} = \overline{z} \cdot \overline{z'}$$

On en déduit :

$$\forall (z, z') \in \mathbb{C}^2 \quad \overline{z - z'} = \overline{z} - \overline{z'}$$

et

$$\forall (z, z') \in \mathbb{C} \times \mathbb{C}^* \quad \overline{\left(\frac{z}{z'}\right)} = \frac{\overline{z}}{\overline{z'}}$$

$$\forall z \in \mathbb{C}^* \quad \forall n \in \mathbb{Z} \quad \overline{nz} = n\overline{z} \quad ; \quad \overline{z^n} = \overline{z}^n$$

Le conjugué permet d'exprimer facilement la partie réelle et la partie imaginaire d'un complexe, et donc de caractériser les réels et les imaginaires :

$$\forall z \in \mathbb{C} \quad \text{Re}\,(z) = \frac{z + \overline{z}}{2} \; ; \quad \text{Im}\,(z) = \frac{z - \overline{z}}{2i}$$

$$\forall z \in \mathbb{C} \quad z \in \mathbb{R} \iff z = \overline{z} \; ;$$
$$z \in i\mathbb{R} \iff z = -\overline{z}$$

© Hachette Livre – H Prépa / Math – La photocopie non autorisée est un délit

1.4. Interprétation géométrique

On appelle **plan complexe** un plan P rapporté à un repère orthonormé $(O, \vec{u}, \vec{v})$. On peut représenter le nombre complexe $z = x + iy$ par le point M de coordonnées (x, y) (*Doc.* 1).

Le point M est appelé **image** de z, et réciproquement z est appelé **affixe** de M.

Si M et M' sont deux points d'affixes z et z', on appelle aussi affixe du vecteur $\overrightarrow{MM'}$ le complexe $z' - z$.

Les axes $(O, \vec{u})$ et $(O, \vec{v})$ sont appelés respectivement **axe des réels** et **axe des imaginaires**.

L'image de $\bar{z}$ est symétrique de l'image de z par rapport à l'axe des réels, en accord avec le caractère involutif de la conjugaison (*Doc.* 2).

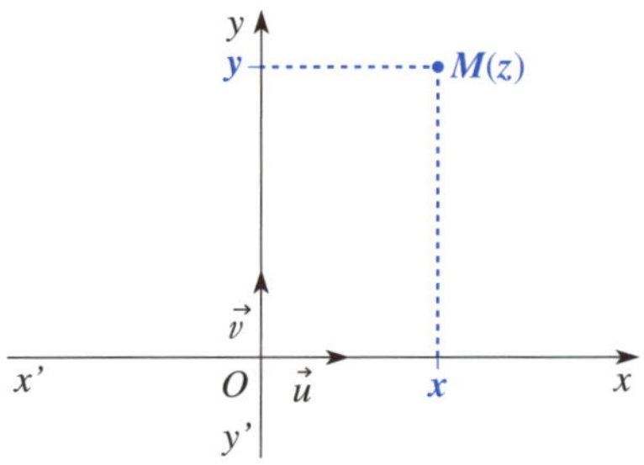

Doc. 1.

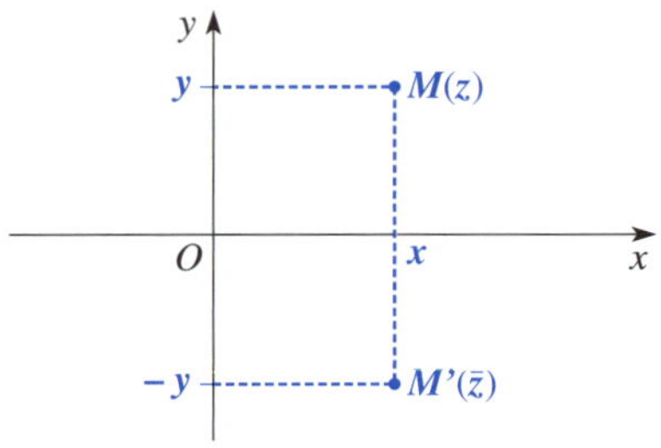

Doc. 2.

2 Module d'un nombre complexe

2.1. Module d'un nombre complexe

Soit $z = x + iy \in \mathbb{C}$, où $(x, y) \in \mathbb{R}^2$:

$$z\bar{z} = (x + iy)(x - iy) = x^2 + y^2 \ : \ z\bar{z} \in \mathbb{R}_+$$

On appelle **module** de z le réel positif : $|z| = \sqrt{z\bar{z}}$.

Si z est réel, son module est aussi sa valeur absolue, c'est pourquoi on emploie la même notation.
Mais attention ! pour un réel x : $|x|^2 = x^2$, tandis que pour un complexe quelconque z, $|z|^2 = z\bar{z}$.

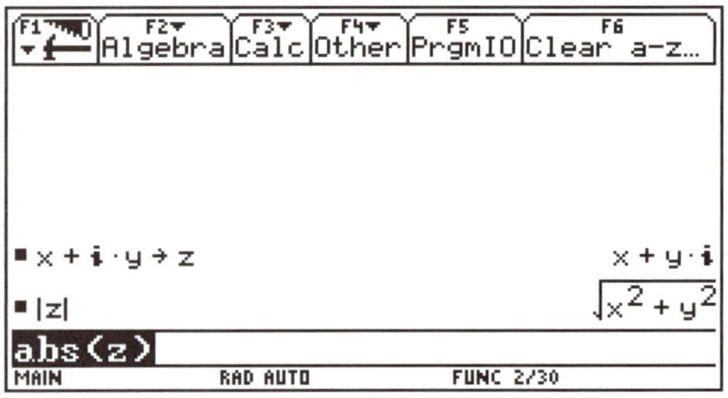

Le module de z est noté $\text{abs}(z)$.

Théorème 1

Pour tous complexes z et z' :

$$|zz'| = |z|\,|z'|$$

Démonstration

$\forall (z, z') \in \mathbb{C}^2 \quad |zz'|^2 = (zz')(\overline{zz'}) = (z\bar{z})(z'\bar{z}') = |z|^2\,|z'|^2$

On en déduit :

$$\forall (z, z') \in \mathbb{C}\times\mathbb{C}^* \quad \left|\frac{z}{z'}\right| = \frac{|z|}{|z'|}$$

$$\forall z \in \mathbb{C}^* \quad \forall n \in \mathbb{Z} \quad |z^n| = |z|^n$$

2.2. Inégalité triangulaire

Théorème 2

Pour tous complexes z et z' :

$$|z + z'| \leqslant |z| + |z'|$$

L'égalité est vérifiée si et seulement si $z' = 0$ ou $\dfrac{z}{z'} \in \mathbb{R}_+$.

© Hachette Livre – H Prépa / Math – La photocopie non autorisée est un délit

Démonstration

Les deux membres de l'inégalité à démontrer étant des réels positifs, comparons leurs carrés.

$$\begin{cases} |z+z'|^2 = (z+z')(\overline{z}+\overline{z'}) = z\overline{z}+z\overline{z'}+z'\overline{z}+z'\overline{z'} = |z|^2+2\text{Re}\,(z\overline{z'})+|z'|^2 \\ (|z|+|z'|)^2 = |z|^2+2|z||z'|+|z'|^2 = |z|^2+2|z\overline{z'}|+|z'|^2 \end{cases}$$

Or $\text{Re}\,(z\overline{z'}) \leqslant |z\overline{z'}|$. D'où l'inégalité demandée. L'égalité est vérifiée si et seulement si $\text{Re}\,(z\overline{z'}) = |z\overline{z'}|$, c'est-à-dire $z\overline{z'} \in \mathbb{R}_+$. Cette condition est satisfaite si $z' = 0$, ou (en divisant par $z'\overline{z'}$) si $\dfrac{z}{z'} \in \mathbb{R}_+$.

Dans le plan complexe, le module de z représente la distance de l'origine au point M d'affixe z (*Doc.* 3).

Le réel $|z-z'|$ représente la distance entre les points M et M' d'affixes z et z'.

Comme dans le cas réel, on déduit de l'inégalité triangulaire que :

$$\forall (z,z') \in \mathbb{C}^2 \quad \big||z|-|z'|\big| \leqslant |z-z'| \leqslant |z|+|z'|$$

et :

$$\forall (z,z',z'') \in \mathbb{C}^3 \quad |z-z''| \leqslant |z-z'|+|z'-z''|$$

(Cette dernière inégalité représente l'inégalité triangulaire dans le plan complexe ((*Doc.* 4).)

La notion de distance nous permet de définir dans le plan complexe :

- le **disque fermé** de centre a et de rayon R : $\{M \in P, \quad |z-a| \leqslant R\}$ où $R \in \mathbb{R}_+$;
- le **disque ouvert** de centre a et de rayon R : $\{M \in P, \quad |z-a| < R\}$ où $R \in \mathbb{R}_+^*$;
- le **cercle** de centre a et de rayon R : $\{M \in P, \quad |z-a| = R\}$ où $R \in \mathbb{R}_+^*$.

► ***Pour s'entraîner : ex. 2 à 7.***

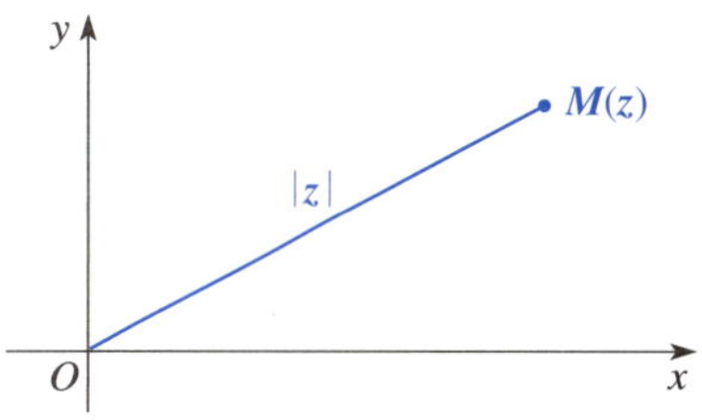

Doc. 3.

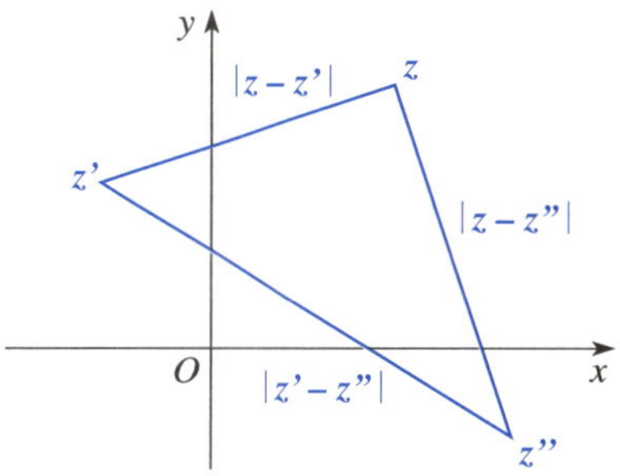

Doc. 4.

3 Représentation des nombres complexes de module 1

3.1. Groupe U des nombres complexes de module 1

L'ensemble U des nombres complexes de module 1, muni du produit défini sur $\mathbb{C}$ est un groupe, on dit que c'est un sous-groupe de $(\mathbb{C}, \times)$:

- $\forall (z,z') \in U^2 \quad |zz'| = |z|.|z'| = 1$, la loi multiplicative est bien une loi de composition interne sur U.
- Elle est associative sur $\mathbb{C}$, donc en particulier sur U.
- Elle possède un élément neutre : le réel 1, qui appartient à U.
- Enfin, tout élément z de U est non nul, donc possède un inverse dans $\mathbb{C}^*$: $z' = \dfrac{1}{z}$ tel que $|z'| = \dfrac{1}{|z|} = 1$, ce qui prouve que $z' \in U$.

$|z| = 1 \iff OM = 1$: l'ensemble des points M du plan d'affixe $z \in U$ est le cercle de centre O de rayon 1, appelé **cercle trigonométrique** (*Doc.* 5).

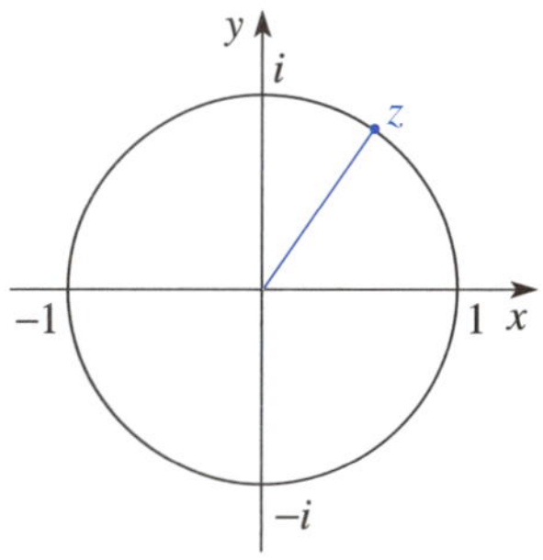

Doc. 5.

© Hachette Livre – H Prépa / Math – La photocopie non autorisée est un délit

3.2. Définition de $e^{i\theta}$

Théorème 3

Un complexe z est élément de U si et seulement s'il peut s'écrire :

$$z = \cos\theta + i\sin\theta, \quad \theta \in \mathbb{R}$$

Attention, cette écriture n'est pas unique.

Démonstration

Pour tout réel θ, $|\cos\theta + i\sin\theta| = \sqrt{\cos^2\theta + \sin^2\theta} = 1$: $\cos\theta + i\sin\theta \in U$.
Réciproquement, soit $z = x + iy$ un élément de U.
Comme $x^2 + y^2 = 1$, il existe $\theta \in \mathbb{R}$ tel que $x = \cos\theta$ et $y = \sin\theta$, on peut donc écrire $z = \cos\theta + i\sin\theta$.
Attention, θ n'est pas unique : $\cos\theta + i\sin\theta = \cos\theta' + i\sin\theta'$ équivaut à $\cos\theta = \cos\theta'$ et $\sin\theta = \sin\theta'$, c'est-à-dire à $\theta - \theta' \in 2\pi\mathbb{Z}$.

Désignons par φ la fonction de $\mathbb{R}$ dans $\mathbb{C}$ définie par $\varphi(\theta) = \cos\theta + i\sin\theta$. Les fonctions cos et sin sont dérivables, ce qui entraîne que φ l'est aussi et :

$$\forall\theta \in \mathbb{R} \quad \varphi'(\theta) = (\cos\theta + i\sin\theta)' = -\sin\theta + i\cos\theta = i(\cos\theta + i\sin\theta)$$

soit :

$$\forall\theta \in \mathbb{R} \quad \varphi'(\theta) = i\varphi(\theta)$$

Par analogie avec les fonctions réelles d'une variable réelle $t \mapsto e^{\lambda t}$, on note, pour tout $\theta \in \mathbb{R}$, $\varphi(\theta) = e^{i\theta}$, soit (*Doc.* 6) :

$$\cos\theta + i\sin\theta = e^{i\theta}$$

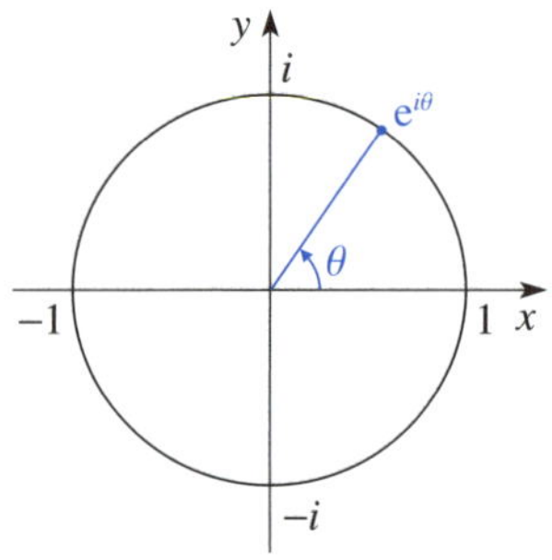

Doc. 6.

Ainsi :

$$|u| = 1 \iff \exists\theta \in \mathbb{R} \quad u = e^{i\theta}$$

3.3. Formules d'Euler

Pour tout $\theta \in \mathbb{R}$, $\cos\theta$ et $\sin\theta$ sont respectivement la partie réelle et la partie imaginaire de $e^{i\theta}$, d'où :

$$\forall\theta \in \mathbb{R} \quad \cos\theta = \frac{e^{i\theta} + e^{-i\theta}}{2} \quad \text{et} \quad \sin\theta = \frac{e^{i\theta} - e^{-i\theta}}{2i}$$

Rappel : formules d'addition

- $\cos(a+b) = \cos a\cos b - \sin a\sin b$
- $\cos(a-b) = \cos a\cos b + \sin a\sin b$
- $\sin(a+b) = \sin a\cos b + \cos a\sin b$
- $\sin(a-b) = \sin a\cos b - \cos a\sin b$

3.4. Propriété de l'application $\theta \mapsto e^{i\theta}$

Théorème 4

$$\forall(\theta, \theta') \in \mathbb{R}^2 \quad e^{i\theta}e^{i\theta'} = e^{i(\theta+\theta')}$$

© Hachette Livre – H Prépa / Math – La photocopie non autorisée est un délit

Démonstration

$\forall(\theta,\theta') \in \mathbb{R}^2$

$$\begin{aligned} e^{i\theta}e^{i\theta'} &= (\cos\theta + i\sin\theta)(\cos\theta' + i\sin\theta') \\ &= \cos\theta\cos\theta' - \sin\theta\sin\theta' + i(\cos\theta\sin\theta' + \sin\theta\cos\theta') \\ &= \cos(\theta+\theta') + i\sin(\theta+\theta') \\ &= e^{i(\theta+\theta')} \end{aligned}$$

De même :

$$\forall(\theta,\theta') \in \mathbb{R}^2 \quad \frac{e^{i\theta}}{e^{i\theta'}} = e^{i(\theta-\theta')}$$

Par récurrence : $\forall n \in \mathbb{N} \quad (e^{i\theta})^n = e^{in\theta}$ et $(e^{i\theta})^{-n} = e^{-in\theta}$, d'où :

$$\forall n \in \mathbb{Z} \quad (e^{i\theta})^n = e^{in\theta}$$

c'est-à-dire :

$$(\cos\theta + i\sin\theta)^n = \cos n\theta + i\sin n\theta$$

C'est la **formule de Moivre**.

Attention : La formule de Moivre n'a de sens que si ***n* est entier**. Pour $\theta \notin 2\pi\mathbb{Z}$, l'égalité $(e^{2i\pi})^{\theta/2\pi} = e^{i\theta}$ est un non-sens : elle conduirait à $e^{i\theta} = 1$.

3.5. Exponentielle complexe

Plus généralement, on peut étendre à $\mathbb{C}$ la fonction exponentielle : on appelle **exponentielle complexe** l'application définie sur $\mathbb{C}$ à valeurs dans $\mathbb{C}$ qui à $z = x + iy$, avec $(x,y) \in \mathbb{R}^2$, associe :

$$e^z = e^x e^{iy} = e^x(\cos y + i\sin y)$$

On remarque que le module de e^z est e^x : $\quad \forall z \in \mathbb{C} \ |e^z| = e^{\mathrm{Re}\,(z)}$.

Théorème 5

$$\forall(z,z') \in \mathbb{C}^2 \quad e^{z+z'} = e^z e^{z'}$$

Démonstration

Si $z = x + iy$ et $z' = x' + iy'$:

$$e^{z+z'} = e^{x+x'}e^{i(y+y')} = e^x e^{x'} e^{iy} e^{iy'} = e^z e^{z'}$$

On montre de même que :

$$\forall(z,z') \in \mathbb{C}^2 \quad e^{z-z'} = \frac{e^z}{e^{z'}}$$

et :

$$\forall z \in \mathbb{C} \ \forall n \in \mathbb{Z} \quad (e^z)^n = e^{nz}$$

Attention : Tout complexe non nul peut s'écrire e^z, mais un tel z n'est pas unique : il n'existe pas d'application réciproque de $z \mapsto e^z$ définie sur $\mathbb{C}^*$:

$$e^z = \rho e^{i\alpha} \iff z = \ln\rho + i\alpha + 2ik\pi \quad k \in \mathbb{Z}$$

© Hachette Livre – H Prépa / Math – La photocopie non autorisée est un délit

4 Applications à la trigonométrie

4.1. Linéarisation et factorisation d'expressions trigonométriques

Un **polynôme trigonométrique** est une combinaison linéaire d'expressions de la forme $\cos^m x \sin^n x$, où $(m,n) \in \mathbb{N}^2$.
Les formules d'Euler permettent de le transformer en un polynôme des variables e^{ix} et e^{-ix}. Après développement, en regroupant les termes conjugués, on obtient une combinaison linaire de $\cos px$ et $\sin qx$.

Exemple : Linéariser $\cos x \sin^2 x$.

$$\begin{aligned}
\cos x \sin^2 x &= \frac{\mathrm{e}^{ix}+\mathrm{e}^{-ix}}{2}\left(\frac{\mathrm{e}^{ix}-\mathrm{e}^{-ix}}{2i}\right)^2 \\
&= -\frac{1}{8}(\mathrm{e}^{ix}+\mathrm{e}^{-ix})(\mathrm{e}^{2ix}-2+\mathrm{e}^{-2ix}) \\
&= -\frac{1}{8}(\mathrm{e}^{3ix}-\mathrm{e}^{ix}-\mathrm{e}^{-ix}+\mathrm{e}^{-3ix}) \\
&= -\frac{1}{4}(\cos 3x - \cos x)
\end{aligned}$$

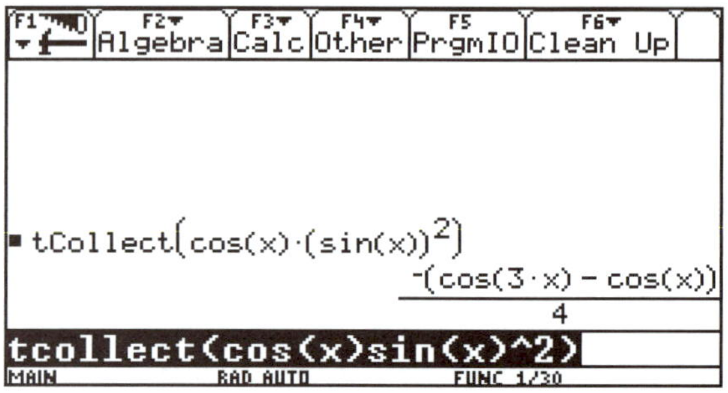

4.2. Transformations de produits en sommes et vice versa

Des formules d'addition on peut déduire les formules suivantes :

- $\cos a \cos b = \frac{1}{2}(\cos(a+b)+\cos(a-b))$
- $\sin a \sin b = -\frac{1}{2}(\cos(a+b)-\cos(a-b))$
- $\sin a \cos b = \frac{1}{2}(\sin(a+b)+\sin(a-b))$

En posant $a+b=p$, $a-b=q$, on obtient les formules inverses :

- $\cos p + \cos q = 2\cos\frac{p+q}{2}\cos\frac{p-q}{2}$
- $\cos p - \cos q = -2\sin\frac{p+q}{2}\sin\frac{p-q}{2}$
- $\sin p + \sin q = 2\sin\frac{p+q}{2}\cos\frac{p-q}{2}$
- $\sin p - \sin q = 2\cos\frac{p+q}{2}\sin\frac{p-q}{2}$

4.3. Calcul de $\cos nx$ et $\sin nx$ en fonction de $\cos x$ et $\sin x$

D'après la formule de Moivre, nous avons, pour tout $n \in \mathbb{N}$:

$$\cos nx + i\sin nx = (\cos x + i\sin x)^n$$

En développant le premier membre de cette égalité par la formule du binôme, et en séparant partie réelle et partie imaginaire, on obtient $\cos nx$ et $\sin nx$.

© Hachette Livre – H Prépa / Math – La photocopie non autorisée est un délit

Exemple : Calcul de $\cos 5x$ et $\sin 5x$.

$$\begin{aligned} e^{5ix} &= (\cos x + i \sin x)^5 \\ &= \cos^5 x + 5i \cos^4 x \sin x - 10 \cos^3 x \sin^2 x \\ &\qquad - 10i \cos^2 x \sin^3 x + 5 \cos x \sin^4 x + i \sin^5 x \end{aligned}$$

D'où :

$$\begin{cases} \cos 5x = \cos^5 x - 10 \cos^3 x \sin^2 x + 5 \cos x \sin^4 x \\ \sin 5x = 5 \cos^4 x \sin x - 10 \cos^2 x \sin^3 x + \sin^5 x \end{cases}$$

Remarque : Pour tout $n \in \mathbb{N}$, $\cos nx$ est un polynôme en $\cos x$.
Si n est impair, $\sin nx$ est un polynôme en $\sin x$, si n est pair, $\sin nx$ est le produit de $\cos x$ par un polynôme en $\sin x$.

Exemple :

$$\begin{cases} \cos 5x = \cos^5 x - 10 \cos^3 x (1 - \cos^2 x) + 5 \cos x (1 - \cos^2 x)^2 \\ \sin 5x = 5(1 - \sin^2 x)^4 \sin x - 10(1 - \sin^2 x) \sin^3 x + \sin^5 x \end{cases}$$

$$\begin{cases} \cos 2x = 2 \cos^2 x - 1 \\ \sin 2x = 2 \sin x \cos x \end{cases}$$

4.4. Calcul de $\sum_{k=0}^{n} \cos(a + kb)$ et de $\sum_{k=0}^{n} \sin(a + kb)$

Ce sont la partie réelle et la partie imaginaire de la somme complexe :

$$S = \sum_{k=0}^{n} e^{i(a+kb)}$$

On reconnaît la somme de $(n + 1)$ termes d'une suite géométrique de premier terme e^{ia} et de raison e^{ib}.

- Si $b \in 2\pi\mathbb{Z}$, $e^{ib} = 1$ et $S = (n + 1)e^{ia}$;
- si $b \notin 2\pi\mathbb{Z}$, $S = e^{ia} \dfrac{1 - e^{i(n+1)b}}{1 - e^{ib}}$.

Dans ce cas, mettons $e^{i(\frac{n+1}{2})b}$ en facteur au numérateur et $e^{i\frac{b}{2}}$ en facteur au dénominateur :

$$S = e^{ia} \frac{e^{i(\frac{n+1}{2})b}(e^{-i(\frac{n+1}{2})b} - e^{i(\frac{n+1}{2})b})}{e^{i\frac{b}{2}}(e^{-i\frac{b}{2}} - e^{i\frac{b}{2}})} = e^{i(a+\frac{nb}{2})} \frac{\sin \frac{(n+1)b}{2}}{\sin \frac{b}{2}}$$

D'où :

$$\sum_{k=0}^{n} \cos(a + kb) = \cos\left(a + \frac{nb}{2}\right) \frac{\sin \frac{(n+1)b}{2}}{\sin \frac{b}{2}}$$

et :

$$\sum_{k=0}^{n} \sin(a + kb) = \sin\left(a + \frac{nb}{2}\right) \frac{\sin \frac{(n+1)b}{2}}{\sin \frac{b}{2}}$$

► ***Pour s'entraîner : ex. 8.***

© Hachette Livre – H Prépa / Math – La photocopie non autorisée est un délit

5 Forme trigonométrique d'un nombre complexe non nul

5.1. Forme trigonométrique d'un nombre complexe non nul

Soit $z \in \mathbb{C}^*$; le complexe $\frac{z}{|z|}$ appartient à U. Il existe donc $\theta \in \mathbb{R}$ tel que $\frac{z}{|z|} = \mathrm{e}^{i\theta}$, c'est-à-dire :

$$z = |z|\mathrm{e}^{i\theta}$$

Cette écriture est appelée **forme trigonométrique** de z ; le réel θ est un **argument** de z noté $\arg(z)$.
L'ensemble des arguments de z est $\{\theta + 2k\pi,\ k \in \mathbb{Z}\}$.

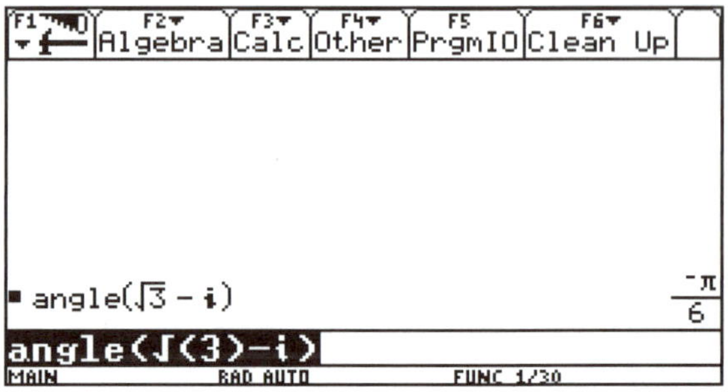

5.2. Propriétés des arguments

Dans le plan complexe orienté, un argument de z est une mesure de l'angle orienté $(\vec{u}, \overrightarrow{OM})$, où M est l'image de z (*Doc.* 7).

On déduit de $\forall(\theta,\theta') \in \mathbb{R}^2 \quad \mathrm{e}^{i\theta}\mathrm{e}^{i\theta'} = \mathrm{e}^{i(\theta+\theta')}$:

$$\begin{array}{lll} \forall(z,z') \in \mathbb{C}^2 & \arg(zz') = \arg(z) + \arg(z') & [2\pi] \\ \forall(z,z') \in \mathbb{C}\times\mathbb{C}^* & \arg(\frac{z}{z'}) = \arg(z) - \arg(z') & [2\pi] \\ \forall z \in \mathbb{C} \quad \forall n \in \mathbb{Z} & \arg(z^n) = n\arg(z) & [2\pi] \end{array}$$

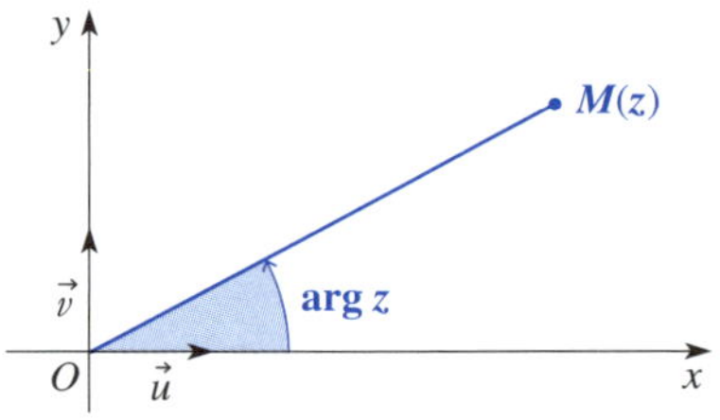

Doc. 7.

Application 1

Distances et angles dans le plan complexe

1) *Soit z un complexe tel que $|1+z| < \frac{1}{2}$. Montrer que $|1+z^2| > 1$.*

2) *Soit z un complexe de module 1 tel que $|1+z| < 1$. Montrer que $|1+z^2| > 1$.*

3) *Soit z_1 et z_2 deux complexes de même module supérieur à 1. Montrer que $|z_1+z_2| \geqslant 1$ ou $|z_1^2+z_2^2| \geqslant 1$.*

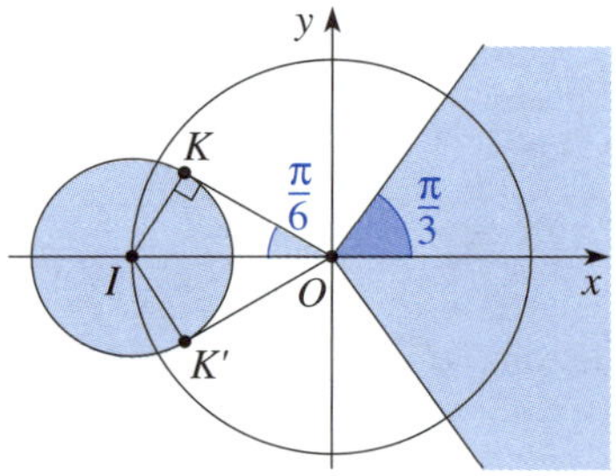

Doc. 8.

1) Soit I le point d'affixe -1, M et M' les points d'affixes respectives z et z^2. M appartient au disque ouvert de centre I de rayon $\frac{1}{2}$.
Soit K et K' les points de contact des tangentes issues de O au cercle de centre I de rayon $\frac{1}{2}$ (*Doc.* 8).
Le triangle (OIK) est un demi-triangle équilatéral, donc $\widehat{IOK} = \frac{\pi}{6}$.

On en déduit que $\arg z \in \left]\frac{5\pi}{6}, \frac{7\pi}{6}\right[\quad [2\pi]$, d'où $\arg z^2 \in \left]\frac{5\pi}{3}, \frac{7\pi}{3}\right[\quad [2\pi]$. Le point M' appartient donc à un secteur angulaire inclus dans le demi-plan $x > 0$. La distance IM' reste donc strictement supérieure à 1 : $|1+z^2| > 1$.

2) Ici, les points M et M' appartiennent au cercle de centre O de rayon 1.

© Hachette Livre – H Prépa / Math – La photocopie non autorisée est un délit

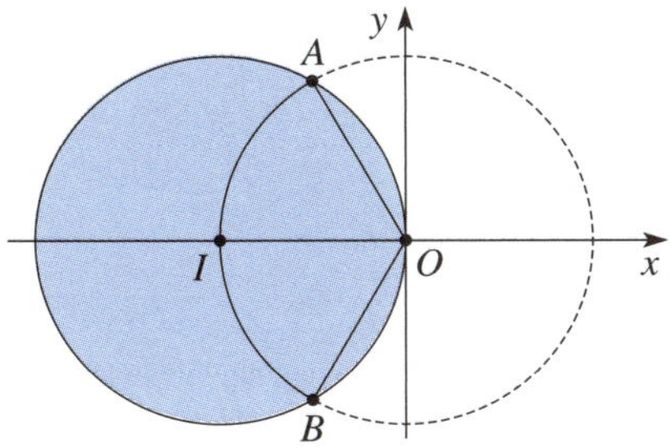

Doc. 9.

M appartient au petit arc de cercle $\widehat{AB}$ inclus dans le disque ouvert de centre I de rayon 1 (*Doc.* 9).

On en déduit $\arg z \in \left]\frac{2\pi}{3}, \frac{4\pi}{3}\right[\quad [2\pi]$, d'où $\arg z^2 \in \left]\frac{4\pi}{3}, \frac{8\pi}{3}\right[\quad [2\pi]$.

Le point M' appartient au grand arc de cercle $\widehat{AB}$.

La distance IM' reste donc strictement supérieure à 1 : $|1 + z^2| > 1$.

3) On pose $u = \frac{z_1}{z_2}$, on a donc $|u| = 1$. En appliquant à u le résultat de la question **2)**, on sait que :

$$|1 + u| \geqslant 1 \quad \text{ou} \quad |1 + u^2| \geqslant 1$$

c'est-à-dire :

$$\left|1 + \frac{z_1}{z_2}\right| \geqslant 1 \quad \text{ou} \quad \left|1 + \frac{z_1^2}{z_2^2}\right| \geqslant 1$$

d'où :

$$|z_2 + z_1| \geqslant |z_2| \geqslant 1 \quad \text{ou} \quad |z_2^2 + z_1^2| \geqslant |z_2^2| \geqslant 1$$

5.3. Réduction de $a\cos x + b\sin x$ où $(a, b, x) \in \mathbb{R}^3$

Posons : $z = a + ib$.

$$\begin{aligned} \bar{z}\,e^{ix} &= (a - ib)(\cos x + i\sin x) \\ &= a\cos x + b\sin x + i(a\sin x - b\cos x) \end{aligned}$$

donc :

$$a\cos x + b\sin x = \text{Re}\,(\bar{z}\,e^{ix})$$

Écrivons z sous forme trigonométrique :

$$\begin{aligned} z &= r\,e^{i\varphi} \\ \bar{z}e^{ix} &= re^{i(x-\varphi)} \end{aligned}$$

d'où :

$$a\cos x + b\sin x = r\cos(x - \varphi) \quad \text{où} \quad re^{i\varphi} = a + ib$$

Exemple :

Résolvons l'équation : $\cos x + \sqrt{3}\sin x = \sqrt{2}$.

Ici : $z = 1 + i\sqrt{3} = 2\,e^{i\frac{\pi}{3}}$.

Donc : $\cos x + \sqrt{3}\sin x = 2\cos(x - \frac{\pi}{3})$.

L'équation devient : $\cos(x - \frac{\pi}{3}) = \frac{\sqrt{2}}{2} = \cos\frac{\pi}{4}$.

D'où : $\left\{\begin{array}{lcl} x - \frac{\pi}{3} &=& \frac{\pi}{4} + 2k\pi \\ \text{ou} & & \\ x - \frac{\pi}{3} &=& -\frac{\pi}{4} + 2k\pi \end{array}\right.$ avec $k \in \mathbb{Z}$

$$S = \{\frac{\pi}{12} + 2k\pi, \quad \frac{7\pi}{12} + 2k\pi, \quad k \in \mathbb{Z}\}$$

► ***Pour s'entraîner : ex. 9 et 10.***

© Hachette Livre – H Prépa / Math – La photocopie non autorisée est un délit

6 Racines *n*-ièmes d'un nombre complexe

6.1. Racines *n* - ièmes de l'unité

Soit $n \in \mathbb{N}^*$. Résolvons l'équation $z^n = 1$. Cherchons une solution sous la forme trigonométrique $z = |z|e^{i\theta}$.

$$z^n = 1 \iff |z|^n e^{in\theta} = 1 \iff \begin{cases} |z|^n = 1 \\ n\theta = 2k\pi \end{cases}$$

$$\iff \begin{cases} |z| = 1 \\ \theta = \dfrac{2k\pi}{n} \quad (k \in \mathbb{Z}) \end{cases}$$

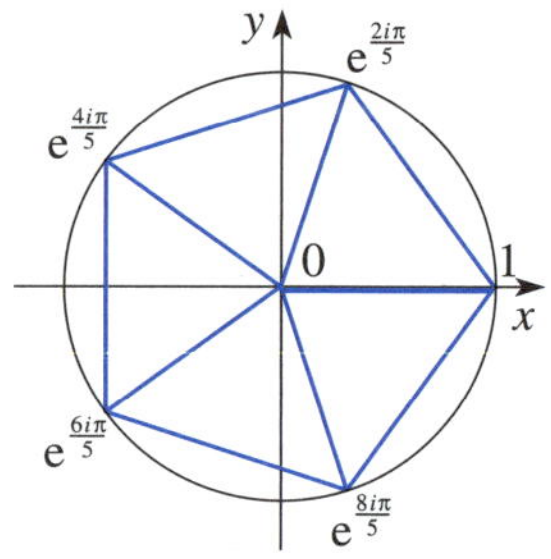

Doc. 10.

L'ensemble des solutions est donc :

$$\mathcal{U}_n = \left\{ e^{\frac{2ik\pi}{n}}, \ k \in \mathbb{Z} \right\}$$

On obtient tous ses éléments en donnant à k, n valeurs consécutives (par exemple, $k \in [\![0, n-1]\!]$) .

Dans le plan complexe, les images des éléments de $\mathcal{U}_n$ forment un polygone régulier à n côtés (si $n \geqslant 3$) (*Doc.* 10).

La somme des éléments de $\mathcal{U}_n$ est nulle (somme des termes d'une suite géométrique) :

$$\sum_{k=0}^{n-1} e^{\frac{2ik\pi}{n}} = \frac{1 - e^{\frac{2in\pi}{n}}}{1 - e^{\frac{2i\pi}{n}}} = 0$$

Exemple : Racines cubiques de l'unité. Posons $j = e^{\frac{2i\pi}{3}}$.
$\mathcal{U}_3 = \{1, j, j^2\}$ et $1 + j + j^2 = 0$.

6.2. Racines *n* -ièmes d'un nombre complexe quelconque

Soit Z un nombre complexe quelconque et $n \in \mathbb{N}^*$.
Résolvons l'équation $z^n = Z$.

- Si $Z = 0$, il y a une solution unique : $z = 0$.
- Si $Z \neq 0$, cherchons les solutions sous la forme trigonométrique $z = |z|e^{i\theta}$.

Posons $Z = |z| \, e^{i\,\alpha}$

$$z^n = Z \iff |z|^n e^{in\theta} = |Z|e^{i\,\alpha} \iff \begin{cases} |z|^n = |Z| \\ n\theta = \alpha + 2k\pi \end{cases}$$

$$\iff \begin{cases} |z| = \sqrt[n]{|Z|} \\ \theta = \dfrac{\alpha}{n} + \dfrac{2k\pi}{n} \quad (k \in \mathbb{Z}) \end{cases}$$

$$z^n = Z \iff z = \sqrt[n]{|Z|} \, e^{\frac{i\alpha}{n}} \times e^{\frac{2ik\pi}{n}} \quad (k \in \mathbb{Z})$$

© Hachette Livre – H Prépa / Math – La photocopie non autorisée est un délit

Tout nombre complexe non nul a donc n racines n-ièmes distinctes, qui se déduisent de l'une d'entre elles en la multipliant par un élément quelconque du groupe $\mathcal{U}_n$. Leur somme est nulle.

Exemple : $z^3 = 8i \iff \begin{cases} |z| = 2 \\ \theta = \dfrac{\pi}{6} + \dfrac{2k\pi}{3} \end{cases}$

$z_1 = 2e^{\frac{i\pi}{6}} = \sqrt{3}+i$, $\quad z_2 = 2e^{\frac{5i\pi}{6}} = -\sqrt{3}+i$ et $z_3 = 2e^{\frac{3i\pi}{2}} = -2i$ (*Doc.* 11).

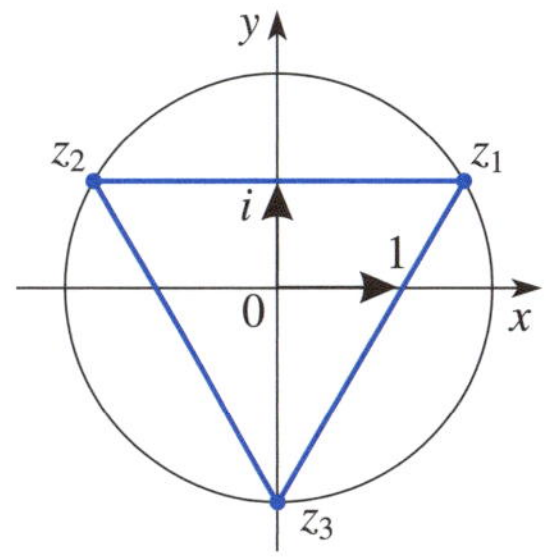

Doc. 11.

6.3. Cas des racines carrées

Tout nombre complexe non nul Z possède donc deux racines carrées opposées. Leur calcul effectif à l'aide de la méthode précédente n'est possible que si l'on peut écrire facilement Z sous la forme trigonométrique, ce qui est rare. La méthode suivante a l'avantage d'être plus systématique.

Posons $Z = X + iY$, avec $(X, Y) \in \mathbb{R}^2$, et cherchons $z = x + iy$, avec $(x, y) \in \mathbb{R}^2$ tel que $z^2 = Z$.

$$z^2 = Z \iff x^2 - y^2 + 2ixy = X + iY \iff \begin{cases} x^2 - y^2 = X & \textbf{(1)} \\ 2xy = Y & \textbf{(2)} \end{cases}$$

De plus : $\quad |z|^2 = |Z| \iff x^2 + y^2 = \sqrt{X^2 + Y^2}$ **(3)**

Les relations **(1)** et **(3)** donnent x et y au signe près. La relation **(2)** permet d'apparier les signes de x et de y.

Exemple : Calculons les racines carrées de $Z = 3 - 4i$:

$$\begin{cases} x^2 + y^2 = 5 \\ x^2 - y^2 = 3 \\ 2xy = -4 \end{cases} \iff \begin{cases} x = \pm 2 \\ y = \pm 1 \\ xy < 0 \end{cases} \iff \begin{cases} x = 2 \text{ et } y = -1 \\ \text{ou} \\ x = -2 \text{ et } y = 1 \end{cases}$$

Les racines carrées cherchées sont donc :

$$z_1 = 2 - i \quad \text{et} \quad z_2 = -2 + i$$

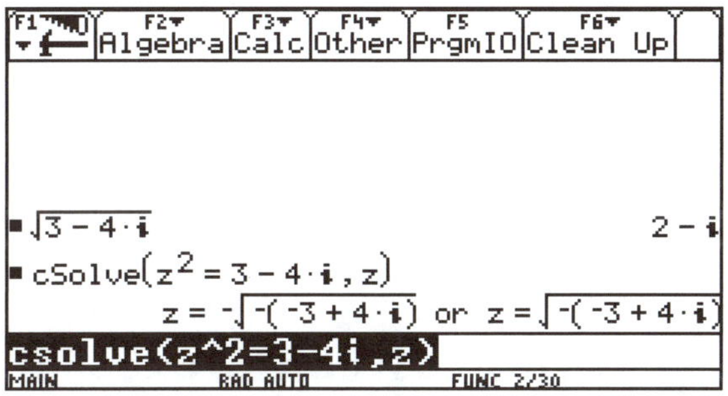

Attention, la TI ne calcule qu'une seule des deux racines carrées.

6.4. Équation du second degré

Considérons l'équation $az^2 + bz + c = 0$, où $(a, b, c) \in \mathbb{C}^3$ et $a \neq 0$. On peut écrire le trinôme sous la forme canonique :

$$az^2 + bz + c = a\left(z + \frac{b}{2a}\right)^2 - \frac{b^2}{4a} + c$$

L'équation équivaut donc à :

$$\left(z + \frac{b}{2a}\right)^2 = \frac{b^2 - 4ac}{4a^2}$$

Posons $\Delta = b^2 - 4ac$.

- Si $\Delta = 0$, l'équation a une seule solution : $z = -\dfrac{b}{2a}$.
- Si $\Delta \neq 0$, le nombre complexe Δ a deux racines carrées δ et $-\delta$; l'équation a deux solutions :

$$z_1 = \frac{-b + \delta}{2a} \quad ; \quad z_2 = \frac{-b - \delta}{2a}$$

© Hachette Livre – H Prépa / Math – La photocopie non autorisée est un délit

Les formules sont les mêmes que celles qui donnent les solutions d'une équation du second degré à coefficients réels ; mais le calcul des racines carrées du discriminant constitue une étape supplémentaire.

Exemple : Résolvons l'équation $2z^2 - (1+5i)z - 2(1-i) = 0.$

$$\Delta = (1+5i)^2 + 16(1-i) = -8-6i$$

Cherchons $\delta = x + iy$ tel que $\delta^2 = \Delta$

$$(x+iy)^2 = -8-6i \iff \begin{cases} x^2+y^2 = 10 \\ x^2-y^2 = -8 \\ 2xy = -6 \end{cases} \iff \begin{cases} x = \pm 1 \\ y = \pm 3 \\ xy < 0 \end{cases}$$

D'où $\delta = 1-3i$ ou $\delta = -1+3i$.

Les solutions de l'équation sont donc :

$$z_1 = \frac{1+5i+(1-3i)}{4} = \frac{1+i}{2} \qquad z_2 = \frac{1+5i-(1-3i)}{4} = 2i$$

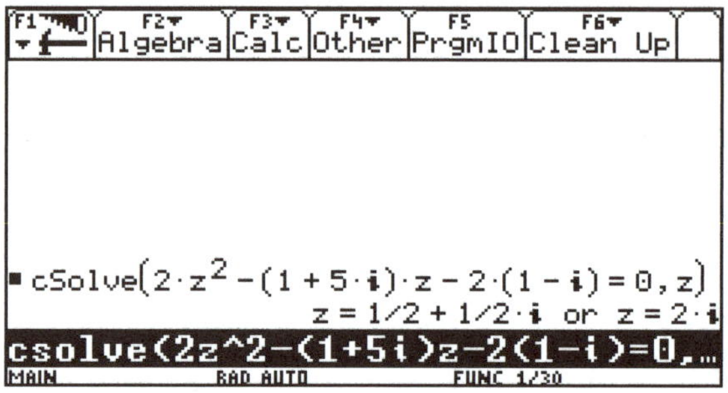

Comme dans le cas réel, on peut exprimer la somme et le produit des racines du polynôme az^2+bz+c en fonction des coefficients :

$$z_1+z_2 = -\frac{b}{a} \quad ; \quad z_1 z_2 = \frac{c}{a}$$

Réciproquement, deux nombres complexes dont la somme est S et le produit P sont les racines, distinctes ou non, du polynôme $z^2 - Sz + P$.

▶ ***Pour s'entraîner : ex. 11 à 18.***

7 Nombres complexes et géométrie plane

7.1. Configuration de trois points

Soit A, B et M trois points du plan complexe, distincts deux à deux, d'affixes respectives a, b et z. Considérons le complexe $Z = \dfrac{z-a}{z-b}$:

$$\begin{cases} |Z| = \dfrac{|z-a|}{|z-b|} = \dfrac{AM}{BM} \\ \arg(Z) = \arg(z-a) - \arg(z-b) = (\overrightarrow{BM}, \overrightarrow{AM}) \quad [2\pi] \end{cases}$$

Ainsi, le nombre $\dfrac{z-a}{z-b}$ caractérise la position de M par rapport à A et B. Par exemple :

- ABM est un triangle équilatéral $\iff \dfrac{z-a}{z-b} = e^{\pm i\frac{\pi}{3}}$;
- ABM est un triangle isocèle rectangle en M $\iff \dfrac{z-a}{z-b} = \pm i$;

▶ ***Pour s'entraîner : ex. 19 à 23.***

© Hachette Livre – H Prépa / Math – La photocopie non autorisée est un délit

7.2. Transformations du plan complexe

Soit $z \mapsto z' = f(z)$ une application de $\mathbb{C}$ dans $\mathbb{C}$; nous pouvons lui associer une application $\tilde{f}$ du plan complexe P qui au point M d'affixe z fait correspondre M' d'affixe z'. Nous allons interpréter géométriquement $\tilde{f}$, dans quelques cas particuliers :

- $z \mapsto \overline{z}$
  L'application $\tilde{f}$ est la symétrie orthogonale s par rapport à l'axe réel. Rappelons que cette application est involutive.

- $z \mapsto az, \quad a \in \mathbb{C}^*$
  Si $a = 1$, $\tilde{f} = \mathrm{Id}_P$, sinon l'origine est le seul point invariant par $\tilde{f}$.
  Notons $a = \rho e^{i\alpha}$, alors si $z \neq 0$, $z = |z|e^{i\theta} \Rightarrow z' = \rho|z|e^{i(\theta+\alpha)}$, c'est-à-dire :
  $$OM' = \rho OM \quad \text{et} \quad (\overrightarrow{OM}, \overrightarrow{OM'}) = \alpha \quad [2\pi]$$
  L'application $\tilde{f}$ est donc la composée commutative de la rotation de centre O et d'angle α et de l'homothétie de centre O et de rapport ρ ; c'est une similitude directe.
  $\tilde{f}$ est bijective ; sa réciproque est la composée commutative de la rotation de centre O et d'angle $-\alpha$ et de l'homothétie de centre O et de rapport $\frac{1}{\rho}$.

- $z \mapsto az + b, \quad (a, b) \in \mathbb{C}^* \times \mathbb{C}$
  Cherchons tout d'abord si cette application possède des points fixes :
  $$z = az + b \iff z(1 - a) = b$$
  - si $a = 1$, f ne possède pas d'invariant, l'application $\tilde{f}$ associée à $z \mapsto z + b$ est la translation de vecteur $\overrightarrow{V}$, d'affixe b, dont la réciproque est la translation de vecteur $-\overrightarrow{V}$;
  - si $a \neq 1$, f possède un unique invariant, $z_0 = \dfrac{b}{1-a}$, alors
  $$z' = az + b \iff z' - z_0 = a(z - z_0)$$
  Soit Ω d'affixe z_0 ; nous sommes ramenés à l'exemple précédent : $\tilde{f}$ est la composée commutative de la rotation de centre Ω et d'angle α et de l'homothétie de centre Ω et de rapport ρ. Sa réciproque est la composée commutative de la rotation de centre Ω et d'angle $-\alpha$ et de l'homothétie de centre Ω et de rapport $\frac{1}{\rho}$.

  Dans tous les cas, $\tilde{f}$ est une similitude directe. Réciproquement, toute similitude directe, translation ou composée rotation-homothétie, est associée à une application de $\mathbb{C}$ dans $\mathbb{C}$ de la forme $z \mapsto az + b$.

- $z \mapsto \dfrac{1}{z}$ f est définie sur $\mathbb{C}^*$, à valeurs dans $\mathbb{C}^*$, il est immédiat que cette application est involutive.
  Notons $z = |z|e^{i\theta}$; alors : $z' = \dfrac{1}{|z|}e^{-i\theta}$, c'est-à-dire :
  $$OM' = \frac{1}{OM} \quad \text{et} \quad \frac{1}{OM'}\overrightarrow{OM'} = s\left(\frac{1}{OM}\overrightarrow{OM}\right)$$
  où s est la symétrie par rapport à l'axe des réels.

© Hachette Livre – H Prépa / Math – La photocopie non autorisée est un délit

Application 2

Étude de l'inversion

Soit I l'application de $\mathbb{C}^*$ dans $\mathbb{C}^*$ définie par $I(z) = \frac{1}{\bar{z}}$. On note encore I l'application correspondante du plan complexe, appelée **inversion**.

1) *Vérifier que l'inversion est une involution du plan P privé de O dans lui-même.*

2) *Déterminer l'image par I :*

- *d'une droite passant par O, privée de O ;*
- *d'une droite ne passant pas par O ;*
- *d'un cercle passant par O, privé de O ;*
- *d'un cercle ne passant pas par O.*

3) *Soit $M' = I(M)$ et $N' = I(N)$, montrer que :*

$$M'N' = \frac{MN}{OM.ON}$$

4) *Soit A, B, C, D quatre points cocycliques distincts.*
En considérant une inversion de pôle A, montrer que l'une des égalités suivantes est vérifiée :

$$\begin{cases} & BC.AD + CD.AB = BD.AC \\ \text{ou} & BC.AD + BD.AC = CD.AB \\ \text{ou} & CD.AB + BD.AC = BC.AD \end{cases}$$

Étudier la réciproque.

1) Pour tout $M \neq O$, $I(M) = M'$ tel que :
O, M et M' sont sur la même demi-droite issue de O et $OM.OM' = 1$.

Ce qui prouve immédiatement que l'image par I de M' est M : l'inversion est une involution du plan P privé de O dans lui-même.

2) Image par I :

- D'une droite D passant par O, privée de O
D'après la remarque précédente, l'image de D est D', incluse dans D, si D' était strictement incluse dans D, on aurait $I(D')$ strictement incluse dans D, ce qui est absurde puisque $I \circ I(D) = D$.
- D'une droite ne passant pas par O
Soit D une telle droite, considérons H projection orthogonale de O sur D et H' image de H par I.
Soit alors M un point de D et M' son image (*Doc.* 12). Nous avons :

$$1 = OH.OH' = OM.OM' \iff \frac{OM'}{OH'} = \frac{OH}{OM}$$

et par alignement des points O, H, H' d'une part, O, M, M' d'autre part, $(OH, OM) = (OM', OH')$, les triangles OHM et $OM'H'$ sont donc semblables, ce qui prouve que l'angle $OM'H'$ est droit : l'image de D est incluse dans le cercle C de diamètre $[OH']$, privé de l'origine.

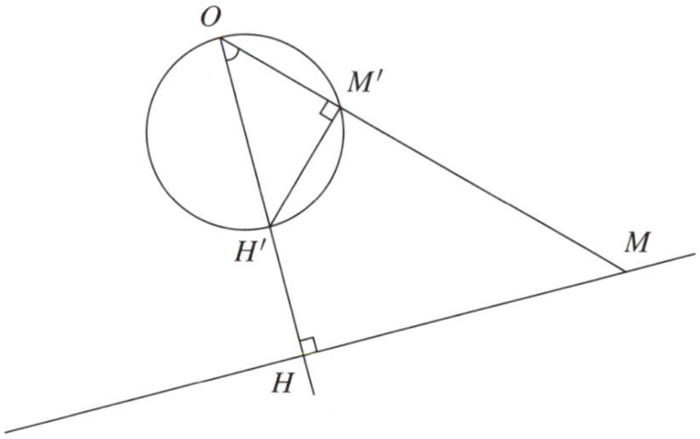

Doc. 12.

Réciproquement, soit N un point de ce cercle autre que O, la droite (ON) coupe D en N'.
Les deux triangles rectangles ONH' et OHN' ont en commun l'angle $\hat{O}$, ils sont donc semblables, ce qui prouve que :

$$\frac{ON}{OH'} = \frac{OH}{ON'} \iff 1 = OH.OH' = ON.ON'$$

$N' = I(N) \iff N = I(N')$.
L'image de $D \setminus \{O\}$ est donc $C \setminus \{O\}$.

- D'un cercle passant par O, privé de O
D'après l'étude précédente l'image de $C \setminus \{O\}$, où C est un cercle passant par O, dont un diamètre est OH', est la droite perpendiculaire en $H = I(H')$ à ce diamètre.
- D'un cercle ne passant pas par O
Soit un tel cercle C, d'équation cartésienne :

$$(E) \quad x^2 + y^2 - 2ax - 2by + c = 0 \quad c \neq 0$$

Soit M un point de ce cercle et $M' = I(M) \iff M = I(M')$, nous avons donc :

$$(x, y) = \left(\frac{x'}{x'^2 + y'^2}, \frac{y'}{x'^2 + y'^2} \right)$$

© Hachette Livre – H Prépa / Math – La photocopie non autorisée est un délit

$M \in C$ si et seulement si ses composantes x, y vérifient (E), c'est-à-dire si et seulement si :

$$x'^2 + y'^2 - 2ax'(x'^2 + y'^2) - 2ay'(x'^2 + y'^2) + c(x'^2 + y'^2)^2 = 0$$

Soit, en simplifiant par $c(x'^2+y'^2)$, qui n'est pas nul :

$$x'^2 + y'^2 - 2\frac{a}{c}x' - 2\frac{b}{c}y' + \frac{1}{c} = 0$$

M' décrit donc un cercle C', ne passant pas par O.
Remarquons que le centre du cercle image C' n'est pas en général l'image du centre du cercle C.

3) Soit $M' = I(M)$ et $N' = I(N)$, montrons que :

$$M'N' = \frac{MN}{OM.ON}$$

Pour ce calcul, choisissons un repère orthonormal $(O, \vec{i}, \vec{j})$ tel que $\overrightarrow{OM} = a\vec{i}$, $a > 0$, d'où $OM' = \frac{1}{a}\vec{i}$.
$N = (x, y)$, d'où :

$$N' = \left(\frac{x}{x^2 + y^2}, \frac{y}{x^2 + y^2}\right)$$

Alors :

$$\begin{aligned}(M'N')^2 &= \left(\frac{x}{x^2 + y^2} - \frac{1}{a}\right)^2 + \left(\frac{y}{x^2 + y^2}\right)^2 \\ &= \frac{1}{a^2(x^2 + y^2)^2}(a^2x^2 - 2ax(x^2 + y^2) \\ &\qquad + (x^2 + y^2)^2 + a^2y^2) \\ &= \frac{a^2 - 2ax + x^2 + y^2}{a^2(x^2 + y^2)} \\ &= \frac{(x-a)^2 + y^2}{a^2(x^2 + y^2)} \\ &= \frac{MN^2}{OM^2.ON^2}\end{aligned}$$

4) Soit A, B, C, D quatre points cocycliques distincts.

Supposons que C est entre les points B et D ; et notons B', C' et D' les images par I, inversion de pôle A, de ces points : B', C' et D' sont alignés et C' est entre B' et D' (*Doc.* 13), nous avons donc : $B'D' = B'C' + C'D'$, ce qui se traduit à l'aide de la question **3)** par :

$$\frac{BD}{AB.AD} = \frac{BC}{AC.AB} + \frac{CD}{AC.AD}$$

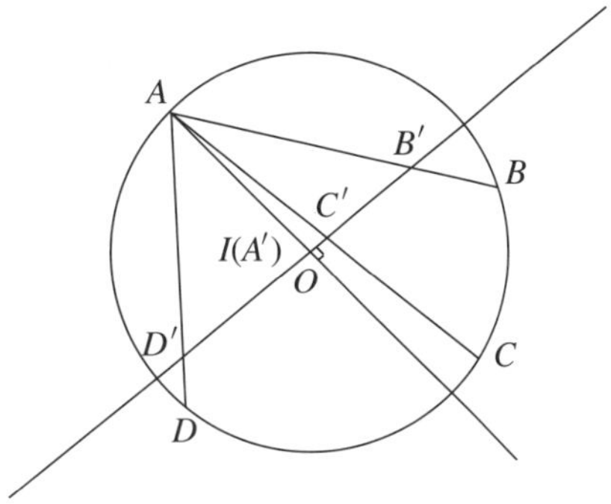

Doc. 13.

Soit, en réduisant au même dénominateur :

$$BC.AD + CD.AB = BD.AC$$

Les deux autres égalités proposées correspondent aux autres dispositions relatives des points B, C et D.

Réciproquement, si l'une des trois égalités est vérifiée, les points B', C' et D' sont alignés.
Considérons alors leurs images B, C et D, directes ou réciproques par une inversion de pôle A.

- si A n'est pas un point de la droite (B', C'), l'image de cette droite est un cercle passant par A, ce qui signifie que A, B, C et D sont cocycliques ;
- Si $A \in (B', C')$, cette droite est invariante par I, A, B, C et D sont alignés.

Quatre points du plan sont donc alignés ou cocycliques si et seulement s'ils vérifient l'une des trois conditions proposées, c'est le **théorème de Ptolémée**.

© Hachette Livre – H Prépa / Math – La photocopie non autorisée est un délit

FICHE MÉTHODE

- Pour montrer qu'**un nombre complexe est réel**, on peut :

- montrer que sa partie imaginaire est nulle ;
- montrer qu'il est égal à son conjugué ;
- montrer qu'il est nul ou que son argument est 0 modulo π.

- Pour montrer qu'**un nombre complexe est imaginaire pur**, on peut :

- montrer que sa partie réelle est nulle ;
- montrer qu'il est égal à l'opposé de son conjugué ;
- montrer qu'il est nul ou que son argument est $\frac{\pi}{2}$ modulo π.

- Pour calculer **une puissance d'un nombre complexe** :

le mettre sous la forme trigonométrique.

- Pour **pour calculer une somme de cosinus, respectivement une somme de sinus** :

reconnaître la partie réelle, respectivement la partie imaginaire, de la somme des termes d'une suite géométrique complexe.

- Pour écrire **$1 + e^{i\theta}$ et $1 - e^{i\theta}$ $(\theta \in \mathbb{R})$ sous la forme $r\,e^{i\,\alpha}$, avec $(r, \alpha) \in \mathbb{R}^2$**, on peut factoriser par $e^{i\,\frac{\theta}{2}}$:

$$1 + e^{i\theta} = e^{i\,\frac{\theta}{2}}\left(e^{-i\,\frac{\theta}{2}} + e^{i\,\frac{\theta}{2}}\right) = 2\cos\frac{\theta}{2}\,e^{i\,\frac{\theta}{2}}$$

$$1 - e^{i\theta} = e^{i\,\frac{\theta}{2}}\left(e^{-i\,\frac{\theta}{2}} - e^{i\,\frac{\theta}{2}}\right) = 2\sin\frac{\theta}{2}\,e^{i\left(\frac{\theta}{2} - \frac{\pi}{2}\right)}$$

Exercice résolu

Équation du troisième degré, méthode de Tartaglia

ÉNONCÉ

On considère l'équation dans $\mathbb{C}$: **(1)** $\quad z^3 + pz + q = 0$, où $(p, q) \in \mathbb{R}^2$

1) Si z est solution de **(1)**, on cherche deux complexes u et v tels que $u + v = z$ et $uv = -\frac{p}{3}$.
Montrer que u^3 et v^3 sont les solutions d'une équation du second degré **(2)**.

2) En déduire la résolution de l'équation **(1)** dans $\mathbb{C}$.

3) Discuter selon les valeurs de p et q le nombre de solutions réelles de l'équation **(1)**.

4) *Exemples :* Résoudre dans $\mathbb{C}$ et dans $\mathbb{R}$ les équations :

$$z^3 - 12z - 65 = 0, \quad z^3 - 12z - 16 = 0 \quad \text{et} \quad z^3 - 6z + 4 = 0$$

© Hachette Livre – H Prépa / Math – La photocopie non autorisée est un délit

CONSEILS

Deux nombres complexes de somme S et de produit P sont les racines du polynôme $X^2 - SX + P$.

Si u est une racine cubique de U, les deux autres racines cubiques de U sont $u\,\mathrm{e}^{\frac{2i\pi}{3}}$ et $u\,\mathrm{e}^{-\frac{2i\pi}{3}}$.

Apparier les solutions en u et v de sorte que uv soit réel.

Les racines cubiques de $\overline{U}$ sont $\overline{u}_0$, $\overline{u}_0\,j$ et $\overline{u}_0\,\overline{j}$.

SOLUTION

1) Soit u et v deux complexes tels que $uv = -\dfrac{p}{3}$. Le complexe $u+v$ est solution de **(1)** si et seulement si :

$$(u+v)^3 + p(u+v) + q = 0$$

c'est-à-dire $\quad u^3 + v^3 + (u+v)(3uv+p) + q = 0,\;$ d'où :

$$u^3 + v^3 = -q \quad \text{et} \quad u^3v^3 = -\frac{p^3}{27}$$

u^3 et v^3 sont donc les solutions de l'équation du second degré :

$$\textbf{(2)} \qquad X^2 + qX - \frac{p^3}{27} = 0$$

dont le discriminant est réel :

$$\Delta = \frac{1}{27}(4p^3 + 27q^2)$$

2) ■ Si $\Delta > 0$, l'équation **(2)** a deux solutions réelles distinctes (U, V).

$$\begin{cases} u^3 = U \\ v^3 = V \\ uv = -\dfrac{p}{3} \end{cases} \iff \begin{cases} u \in \{\sqrt[3]{U}, \sqrt[3]{U}\,j, \sqrt[3]{U}\,\overline{j}\} \\ v \in \{\sqrt[3]{V}, \sqrt[3]{V}\,j, \sqrt[3]{V}\,\overline{j}\} \\ uv \in \mathbb{R} \end{cases}$$

D'où : $\quad (u,v) \in \{(\sqrt[3]{U}, \sqrt[3]{V}), (\sqrt[3]{U}\,j, \sqrt[3]{V}\,\overline{j}), (\sqrt[3]{U}\,\overline{j}, \sqrt[3]{V}\,j)\}$

L'équation **(1)** a donc une solution réelle $z_0 = \sqrt[3]{U} + \sqrt[3]{V}$ et deux solutions complexes conjuguées :

$$z_1 = \sqrt[3]{U}\,j + \sqrt[3]{V}\,\overline{j} \quad \text{et} \quad \overline{z_1} = \sqrt[3]{U}\,\overline{j} + \sqrt[3]{V}\,j$$

■ Si $\Delta = 0$, l'équation **(2)** a une racine double réelle $U = -\dfrac{q}{2}$

$$\begin{cases} u^3 = U \\ v^3 = V \\ uv = -\dfrac{p}{3} \end{cases} \iff \begin{cases} u \in \left\{\sqrt[3]{U}, \sqrt[3]{U}\,j, \sqrt[3]{U}\,\overline{j}\right\} \\ v \in \left\{\sqrt[3]{U}, \sqrt[3]{U}\,j, \sqrt[3]{U}\,\overline{j}\right\} \\ uv \in \mathbb{R} \end{cases}$$

D'où : $\quad (u,v) \in \{(\sqrt[3]{U}, \sqrt[3]{U}), (\sqrt[3]{U}\,j, \sqrt[3]{U}\,\overline{j}), (\sqrt[3]{U}\,\overline{j}, \sqrt[3]{U}\,j)\}$

L'équation **(2)** a donc deux solutions réelles : $z_0 = 2\sqrt[3]{U}$ et $z_1 = -\sqrt[3]{U}$

■ Si $\Delta < 0$, l'équation **(2)** a deux solutions complexes conjuguées $(U, \overline{U})$.

Soit u_0, $u_0\,j$ et $u_0\,\overline{j}$ les trois racines cubiques de U.

$$(u,v) \in \{(u_0, \overline{u_0}), (u_0\,j, \overline{u_0}\,\overline{j}), (u_0\,\overline{j}, \overline{u_0}\,j)\}$$

L'équation **(1)** a trois solutions réelles : $z_0 = 2\mathrm{Re}(u_0)$, $z_1 = 2\mathrm{Re}(u_0\,j)$ et $z_2 = 2\mathrm{Re}(u_0\,\overline{j})$.

© Hachette Livre – H Prépa / Math – La photocopie non autorisée est un délit

3) En résumé, l'équation **(1)** a une solution réelle simple, deux solutions réelles dont une double (voire triple) ou trois solutions réelles distinctes suivant que $4p^3 + 27q^2$ est strictement positif, nul ou strictement négatif. On peut retrouver ces résultats par l'étude des variations de la fonction $f : x \mapsto x^3 + px + q$. L'équation $f(x) = 0$ a au moins une solution réelle, car f est continue et $\lim_{x \to -\infty} f(x) = -\infty$, $\lim_{x \to +\infty} f(x) = +\infty$.

f est dérivable sur $\mathbb{R}$ et $f'(x) = 3x^2 + p$. Si $p \geqslant 0$, f est strictement croissante sur $\mathbb{R}$, il y a une seule solution réelle (simple ou triple). Si $p < 0$, les variations de f sont les suivantes :

x	$-\infty$		$-\sqrt{-\frac{p}{3}}$		$\sqrt{-\frac{p}{3}}$		$+\infty$
f	$-\infty$	$\nearrow$	α	$\searrow$	β	$\nearrow$	$+\infty$

avec $\alpha = q - \sqrt{-\dfrac{4p^3}{27}}$ et $\beta = q + \sqrt{-\dfrac{4p^3}{27}}$ d'où $\alpha\beta = \dfrac{4p^3 + 27q^2}{27}$.

Il y a trois solutions réelles si et seulement si $\alpha\beta < 0$, c'est-à-dire $4p^3 + 27q^2 < 0$;

Il y a deux solutions réelles dont une double si et seulement si $\alpha\beta > 0$, c'est-à-dire $4p^3 + 27q^2 = 0$;

Il y a une solution réelle simple si et seulement si $\alpha\beta > 0$, c'est-à-dire $4p^3 + 27q^2 > 0$.

Appliquer le théorème :

« Toute fonction continue strictement monotone sur un intervalle I est une bijection de I dans $f(I)$ »

successivement aux intervalles :

$\left]-\infty, -\sqrt{-\frac{p}{3}}\right]$, $\left[-\sqrt{-\frac{p}{3}}, \sqrt{-\frac{p}{3}}\right]$

et $\left[\sqrt{-\frac{p}{3}}, +\infty\right[$.

4) *Exemples :*

- $z^3 - 12z - 65 = 0$

$$u^3v^3 = 64, \quad u^3 + v^3 = 65 ; \quad \text{d'où} \quad u^3 = 1, \quad v^3 = 64$$

$$u \in \{1, j, \overline{j}\} \quad v \in \{4, 4j, 4\overline{j}\} \quad uv \in \mathbb{R}$$

L'équation a une solution réelle et deux solutions complexes conjuguées :

$$S = \left\{5, \frac{-5 - 3\sqrt{3}i}{2}, \frac{-5 + 3\sqrt{3}i}{2}\right\}$$

- $z^3 - 12z - 16 = 0$

$$u^3v^3 = 64, \quad u^3 + v^3 = 16 ; \quad \text{d'où} \quad u^3 = v^3 = 8$$

$$(u, v) \in \{2, 2j, 2\overline{j}\}^2 \quad uv \in \mathbb{R}$$

L'équation a deux solutions réelles : $S = \{4, -2\}$.

- $z^3 - 6z + 4 = 0$

$$u^3v^3 = 8, \quad u^3 + v^3 = -4 \quad \text{d'où} \quad u^3 = -2 + 2i = 2\sqrt{2}\,\mathrm{e}^{i\frac{3\pi}{4}}, \quad v^3 = \overline{u}^3$$

$$u \in \left\{\sqrt{2}\,\mathrm{e}^{i\frac{\pi}{4}}, \sqrt{2}\,\mathrm{e}^{i\frac{11\pi}{12}}, \sqrt{2}\,\mathrm{e}^{i\frac{19\pi}{12}}\right\} \quad v \in \left\{\sqrt{2}\,\mathrm{e}^{-i\frac{\pi}{4}}, \sqrt{2}\,\mathrm{e}^{-i\frac{11\pi}{12}}, \sqrt{2}\,\mathrm{e}^{-i\frac{19\pi}{12}}\right\}$$

$$uv \in \mathbb{R}$$

© Hachette Livre – H Prépa / Math – La photocopie non autorisée est un délit

L'équation a trois solutions réelles : $S = \{2, -1 - \sqrt{3}, -1 + \sqrt{3}\}$.

Complément : Pour résoudre une équation du troisième degré quelconque $z^3 + az^2 + bz + c = 0$, on peut toujours se ramener à la forme $Z^3 + pZ + q = 0$ en posant $Z = z + \frac{a}{3}$ afin d'éliminer les termes en z^2.

Exemple : Résoudre l'équation : $z^3 + 12z^2 + 42z + 44 = 0$.
Cette équation équivaut à $(z+4)^3 - 6(z+4) + 4 = 0$. On est ramené au troisième exemple ci-dessus. D'où $S = \{-2, -5 - \sqrt{3}, -5 + \sqrt{3}\}$.

Note historique

Nicolo Tartaglia (1500-1557) découvrit, vers 1540, une merveilleuse méthode de résolution algébrique d'équations du troisième degré. Lors d'un défi l'opposant à Antonio Maria Fior, qui l'accusait de l'avoir plagié, Tartaglia résolut trente équations proposées par Fior, alors que ce dernier ne put en résoudre une seule de Tartaglia. Invité par Jérôme Cardan qui lui proposait de financer ses recherches, Tartaglia commit l'imprudence de lui confier son secret. Cardan s'empressa de le publier sous son nom et il s'ensuivit une querelle de plusieurs années jusqu'à ce que des menaces de mort fassent renoncer Tartaglia à défendre ses droits...
La méthode de Tartaglia laissait cependant quelques zones d'ombre : on se ramenait à une équation du second degré qui, lorsqu'elle possédait deux racines réelles, fournissait une unique racine réelle de l'équation du troisième degré. Mais lorsque l'équation du second degré n'avait pas de racine réelle, la méthode semblait impuissante à fournir les racines réelles évidentes de l'équation du troisième degré ; pour comble de malchance, c'est justement dans ce cas qu'il y en avait le plus grand nombre... (au maximum trois, les racines négatives étant à l'époque écartées).
Quelques années plus tard, Raffaele Bombelli n'hésita pas, non seulement à considérer des nombres négatifs, mais aussi à leur attribuer une racine carrée... Il compléta ainsi la méthode de Tartaglia, trouvant systématiquement toutes les solutions réelles de l'équation du troisième degré après élimination des racines carrées de négatifs. Les nombres complexes étaient nés...

© Hachette Livre – H Prépa / Math – La photocopie non autorisée est un délit

Exercices

1 **Vrai ou faux ?**

a. Deux complexes dont la somme et le produit sont réels, sont des réels.

b. Pour tout complexe z, $|z|^2 = z^2$.

c. Pour tous complexes a et b,

$$a + ib = 0 \quad \Rightarrow \quad a = b = 0$$

d. Deux complexes de même module dont les arguments diffèrent de 2π sont égaux.

e. $\forall z \in \mathbb{C} \quad \left(e^z = -1 \quad \Rightarrow \quad z = i\pi \right)$

f. L'application $z \mapsto e^z$ est bijective.

g. L'ensemble des nombres complexes de module 1 est un groupe multiplicatif.

h. Tout nombre complexe non nul possède n racines n-ièmes distinctes.

i. Pour tout entier $n \geqslant 2$, la somme des racines n-ièmes d'un nombre complexe est nulle.

j. Une équation du second degré dans $\mathbb{C}$ a toujours des solutions.

Forme algébrique - module

2 Soit z et z' deux complexes de module 1 et a un réel. On note :

$$Z = z + z' + azz' + 1 \quad \text{et} \quad Z' = z + z' + zz' + a$$

1) Montrer que $Z' = zz'\overline{Z}$ et que $|Z| = |Z'|$.

2) On suppose que $1 + zz' \neq 0$. Montrer que le nombre $u = \dfrac{z + z'}{1 + zz'}$ est réel.

3 Démontrer que :

$$\forall n \in \mathbb{N}^* \quad \sum_{k=1}^{n} k i^{k-1} = \frac{i - n i^n - (n+1) i^{n+1}}{2}$$

En déduire les sommes réelles :

$$S_1 = 1 - 3 + 5 - 7 + \cdots + (-1)^p (2p+1)$$

et

$$S_2 = 2 - 4 + 6 - 8 + \cdots + (-1)^{p+1} 2p$$

4 Déterminer z pour que z, $z - 1$ et $\dfrac{1}{z}$ aient le même module.

5 Soit u et v deux complexes. Montrer que :

$$|u| + |v| \leqslant |u + v| + |u - v|$$

$$|u + v|^2 + |u - v|^2 = 2(|u|^2 + |v|^2)$$

(formule du parallélogramme)

6 Un entier n est « somme de deux carrés » s'il existe $(a, b) \in \mathbb{N}^2$ tel que $n = a^2 + b^2$. Montrer qu'un produit fini de tels entiers est encore somme de deux carrés.

7 Pour a et b complexes tels que $a\overline{b} \neq 1$, soit $z = \dfrac{a - b}{1 - a\overline{b}}$. Montrer que :

$$|z| = 1 \quad \Longleftrightarrow \quad |a| = 1 \quad \text{ou} \quad |b| = 1$$

Caractériser de même $|z| < 1$.

Applications à la trigonométrie - forme trigonométrique

8 Calculer les sommes :

$$S_1 = \sum_{k=0}^{n} \cos kx \; ; \qquad S_2 = \sum_{k=0}^{n} \sin kx \; ;$$

$$S_3 = \sum_{k=0}^{n} \cos^2 kx \; ; \qquad S_4 = \sum_{k=0}^{n} \sin^2 kx \; ;$$

$$S_5 = \sum_{k=0}^{n} \frac{\cos kx}{\cos^k x} \; ; \qquad S_6 = \sum_{k=0}^{n} \frac{\sin kx}{\cos^k x} \; ;$$

$$S_7 = \sum_{k=0}^{n} \binom{n}{k} \cos kx \; ; \quad S_8 = \sum_{k=0}^{n} \binom{n}{k} \sin kx.$$

9 Calculer le nombre complexe $\left(\dfrac{1 + i\sqrt{3}}{1 - i} \right)^{20}$

10 **1)** Déterminer le module et un argument de $z = 1 + \cos\alpha + i \sin\alpha$ en discutant suivant la valeur du réel α.

2) Soit $z' = \dfrac{1 - i}{1 + \cos\alpha + i \sin\alpha}$ où $\alpha \in]-\pi, \pi[$. Calculer en fonction de α le module et un argument de z'.

© Hachette Livre – H Prépa / Math – La photocopie non autorisée est un délit

Équations

11 Résoudre de deux façons l'équation $(z+1)^5 = (z-1)^5$. Comparer les résultats.

12 Factoriser dans $\mathbb{C}$ puis dans $\mathbb{R}$ les polynômes suivants :

$z^3 - 1$; $z^3 + 1$; $z^4 + z^2 + 1$; $z^4 - z^2 + 1$; $z^6 - 1$; $z^6 + 1$.

13 Soit $u = e^{\frac{2i\pi}{5}}$. Calculer $1 + u + u^2 + u^3 + u^4$. En déduire la valeur de $\cos \dfrac{2\pi}{5}$.
Application : trouver une construction à la règle et au compas d'un pentagone régulier.

14 On pose $u = e^{\frac{2i\pi}{7}}$, $S = u + u^2 + u^4$ et $T = u^3 + u^5 + u^6$.

1) Montrer que S et T sont conjugués et que la partie imaginaire de S est positive.

2) Calculer $S + T$ et ST. En déduire S et T.

15 Résoudre les équations suivantes dans $\mathbb{C}$:

1) $z^2 - 2iz - 1 + 2i = 0$

2) $iz^2 + iz + 1 + i = 0$

3) $z^2 - 2^{\theta+1} \cos \theta z + 2^{2\theta} = 0$

4) $z^2 - \dfrac{4}{\sin \theta} z + \dfrac{13}{\sin^2 \theta} - 9 = 0 \quad \theta \in]0, \pi[$

5) $2z^2(1 - \cos 2\theta) - 2z \sin 2\theta + 1 = 0 \quad \theta \in]0, \pi[$

6) $z^2 - 2e^{i\theta} z + 2i \sin \theta e^{i\theta} = 0$ (on écrira les racines sous la forme trigonométrique)

7) $z^3 - (2+i)z^2 + 2(1+i)z - 2i = 0$ (racine évidente)

8) $4iz^3 + 2(1+3i)z^2 - (5+4i)z + 3(1-7i) = 0$ (chercher une racine réelle)

9) $z^3 - (5-3i)z^2 + (6-11i)z + 2 + 16i = 0$ (chercher une racine imaginaire)

16 Résoudre l'équation $z^3 = 4\sqrt{2}(1+i)$.

17 Déterminer sous forme trigonométrique les racines cubiques du nombre complexe $a = 16(1-i)$. Pour tout réel λ on pose $z_\lambda = 1 + i + 2\sqrt{2}e^{i\lambda}$. Déterminer l'ensemble (C) des points M_λ d'affixes z_λ quand λ décrit $[0, 2\pi[$.
Montrer que les solutions de l'équation $(z - (1+i))^3 = a$ sont des affixes de points de (C).

18 Résoudre dans $\mathbb{C}$ l'équation :

$(z^2+1)^n - (z-i)^{2n} = 0 \quad (n \in \mathbb{N}^*)$

Applications des complexes à la géométrie

19 À tout point M d'affixe $z \neq 1$, on associe le point M' d'affixe $z' = \dfrac{z-1}{1-\bar{z}}$.

Établir que $|z'| = 1$; $\dfrac{z'-1}{z-1}$ est réel ; $\dfrac{z'+1}{z-1}$ est imaginaire pur.
En déduire une construction géométrique du point M' connaissant le point M.

20 Déterminer l'ensemble des points M d'affixe z tels que les points I d'affixe i et M' d'affixe iz soient alignés avec M. Déterminer l'ensemble des points M'.

21 Déterminer l'ensemble des points M d'affixe z tels que :

$$\mathrm{Re}\left(\frac{z-1}{z-i}\right) = 0$$

22 Soit A, B, C trois points distincts du plan complexe d'affixes a, b, c. Montrer que les trois propositions suivantes sont équivalentes :

1) ABC est un triangle équilatéral.

2) j ou $\bar{j}$ est solution de l'équation $az^2 + bz + c = 0$.

3) $a^2 + b^2 + c^2 = ab + bc + ca$.

23 Soit $ABCD$ un carré dans le plan complexe. Montrer que si A et B ont des coordonnées entières, il en est de même de C et D.
Peut-on trouver un triangle équilatéral dont les trois sommets ont des coordonnées entières ?

© Hachette Livre – H Prépa / Math – La photocopie non autorisée est un délit

Géométrie élémentaire du plan

2

Introduction

La géométrie plane, l'une des plus anciennes branches des mathématiques, a longtemps dominé leur enseignement. Trop vite considérée comme démodée, elle n'a pourtant rien perdu de ses vertus formatrices. Réserve inépuisable de problèmes, parfois ardus, elle peut servir de modèle à beaucoup d'autres théories mathématiques. Une « vision géométrique » aidera les étudiants dans tous les chapitres.

OBJECTIFS

- Réviser les notions de géométrie plane étudiées jusqu'en Terminale.
- Introduire des outils nouveaux : déterminant, coordonnées polaires.
- Préparer le cours d'algèbre linéaire en donnant un premier exemple d'espace vectoriel.

© Hachette Livre – H Prépa / Math – La photocopie non autorisée est un délit

I Modes de repérage dans le plan

1.1. Repère cartésien

Un **repère cartésien** du plan est la donnée d'un point O appelé **origine** du repère et de deux vecteurs non colinéaires $\vec{i}$ et $\vec{j}$, appelés **vecteurs de base**. On note le repère $(O, \vec{i}, \vec{j})$. Le couple $(\vec{i}, \vec{j})$ est une **base** de l'ensemble des vecteurs du plan.

Les droites passant par O de vecteurs directeurs respectifs $\vec{i}$ et $\vec{j}$ sont appelées **axes** du repère, et notées (Ox) et (Oy) (*Doc.* 1).

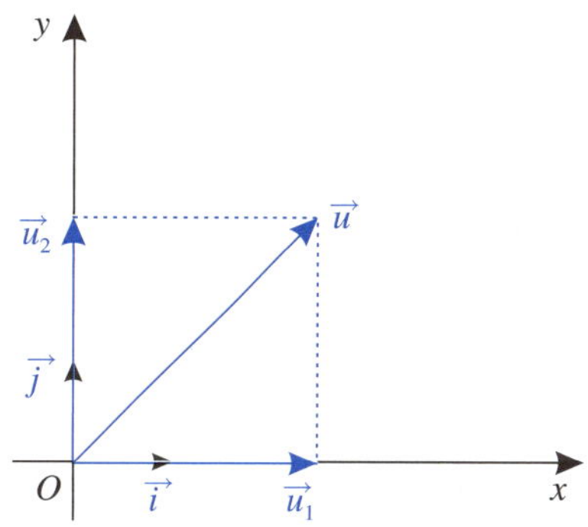

Doc. 1.

Étant donné un vecteur $\vec{u}$ quelconque du plan, soit $\vec{u}_1$ le projeté de $\vec{u}$ sur (Ox) parallèlement à (Oy), et $\vec{u}_2$ le projeté de $\vec{u}$ sur (Oy) parallèlement à (Ox). On a : $\vec{u} = \vec{u}_1 + \vec{u}_2$. Comme $\vec{u}_1$ est colinéaire à $\vec{i}$ et $\vec{u}_2$ colinéaire à $\vec{j}$, il existe des réels x et y tels que :

$$\vec{u} = x\,\vec{i} + y\,\vec{j}$$

Le couple (x, y) est unique ; en effet, supposons que : $\vec{u} = x\vec{i}+y\vec{j} = x'\vec{i}+y'\vec{j}$; alors : $(x - x')\vec{i} = (y' - y)\vec{j}$; comme $\vec{i}$ et $\vec{j}$ ne sont pas colinéaires, cette égalité entraîne : $x - x' = 0$ et $y' - y = 0$, c'est-à-dire $x = x'$ et $y = y'$.

Les réels x et y sont appelés **coordonnées** de $\vec{u}$ dans la base $(\vec{i}, \vec{j})$.

Étant donné un point M quelconque du plan, on appelle coordonnées de M dans le repère $(O, \vec{i}, \vec{j})$ les coordonnées du vecteur $\overrightarrow{OM}$ dans la base $(\vec{i}, \vec{j})$:

$$\overrightarrow{OM} = x\,\vec{i} + y\,\vec{j}$$

Remarque : En géométrie plane, la méthode analytique consiste à exprimer toutes les propriétés des points par des relations algébriques entre leurs coordonnées. Les calculs peuvent être grandement facilités par le choix judicieux d'un repère. Par exemple, dans un problème portant sur un triangle (ABC), on pourra choisir le repère $(A, \overrightarrow{AB}, \overrightarrow{AC})$.

► ***Pour s'entraîner : ex. 2.***

1.2. Repère orthonormal. Orientation

Si les vecteurs de base du repère sont unitaires et orthogonaux, le repère est dit **orthonormal** (*Doc.* 2) :

$$\|\vec{i}\| = 1 \quad ; \quad \|\vec{j}\| = 1 \quad ; \quad \vec{i} \cdot \vec{j} = 0$$

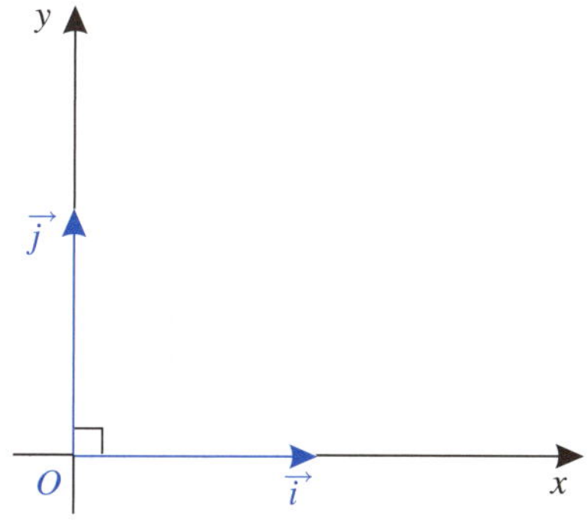

Doc. 2.

Remarque : Nous verrons plus loin que les coordonnées dans un repère orthonormal permettent une expression particulièrement simple du produit scalaire de deux vecteurs et de la norme d'un vecteur. En conséquence, on emploiera de préférence ce type de repère dans toutes les questions faisant intervenir des distances et des angles.

Nous admettrons que deux repères orthonormaux sont toujours image l'un de l'autre par un déplacement du plan (translation ou rotation), ou par un anti-déplacement (composée d'une symétrie axiale et d'un déplacement). On dit que les deux repères ont la même orientation s'il s'agit d'un déplacement, ou

© Hachette Livre – H Prépa / Math – La photocopie non autorisée est un délit

une orientation contraire s'il s'agit d'un antidéplacement. Il y a donc deux classes de repères orthonormaux. **Orienter** le plan, c'est choisir l'une des classes, dont les éléments seront appelés repères orthonormaux **directs**, les autres étant dits **rétrogrades** (les rétrogrades, c'est toujours les autres !).

Il n'existe aucun critère mathématique pour privilégier une orientation plutôt qu'une autre ; ce choix ne peut être qu'arbitraire. En général, on convient de dire que le repère $(O,\vec{i},\vec{j})$ est direct si l'on tourne de $\vec{i}$ vers $\vec{j}$ dans le sens « trigonométrique », c'est-à-dire le sens contraire des aiguilles d'une montre (*Doc.* 3). (Qu'est-ce qu'une montre ? Qu'est-ce qui empêche de fabriquer une montre qui tourne dans l'autre sens ?)

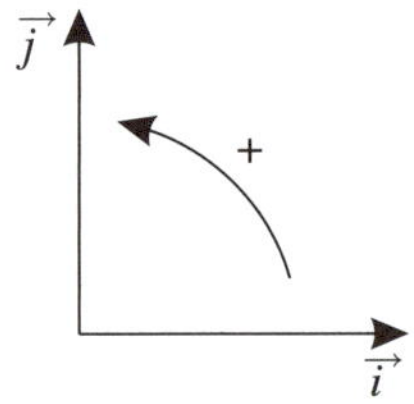

Doc. 3.

Le plan étant orienté, le choix d'un repère orthonormal direct permet d'identifier le plan à l'ensemble des nombres complexes $\mathbb{C}$: le point M (ou le vecteur $\vec{u}$) de coordonnées (x, y) est représenté par le nombre complexe $z = x+iy$. Cette identification permet de traiter certaines questions de géométrie plane à l'aide des nombres complexes, ou inversement certaines questions portant sur les nombres complexes par des méthodes géométriques.

1.3. Changement de repère

Soit $R = (O,\vec{i},\vec{j})$ un premier repère cartésien, et $R' = (O',\vec{i}\,',\vec{j}\,')$ un nouveau repère, donné par :

$$\overrightarrow{OO'} = a\vec{i}+b\vec{j} \quad ; \quad \vec{i}\,' = \alpha\vec{i}+\beta\vec{j} \quad ; \quad \vec{j}\,' = \gamma\vec{i}+\delta\vec{j}$$

Soit M un point du plan de coordonnées (x, y) dans le repère R et (x', y') dans le repère R'. On peut écrire :

$$\begin{aligned}
\overrightarrow{OM} &= \overrightarrow{OO'}+\overrightarrow{O'M}\\
x\vec{i}+y\vec{j} &= (a\vec{i}+b\vec{j})+x'\vec{i}\,'+y'\vec{j}\,'\\
x\vec{i}+y\vec{j} &= (a\vec{i}+b\vec{j})+x'(\alpha\vec{i}+\beta\vec{j})+y'(\gamma\vec{i}+\delta\vec{j})\\
x\vec{i}+y\vec{j} &= (a+\alpha x'+\gamma y')\vec{i}+(b+\beta x'+\delta y')\vec{j}
\end{aligned}$$

D'où, d'après l'unicité des coordonnées d'un point :

$$\begin{cases} x = a+\alpha x'+\gamma y' \\ y = b+\beta x'+\delta y' \end{cases}$$

Ces formules sont appelées formules de changement de repère. On remarque qu'elles donnent les anciennes coordonnées en fonction des nouvelles ; c'est bien ainsi qu'on en a besoin, pour transformer par exemple l'équation cartésienne d'un ensemble de points dans l'ancien repère en une équation dans le nouveau repère.

© Hachette Livre – H Prépa / Math – La photocopie non autorisée est un délit

Application 1

Reconnaître un ensemble de points

Le plan est rapporté à un repère $(O, \vec{i}, \vec{j})$. *Soit* E *l'ensemble des points de coordonnées* (x, y) *tels que :* $x^2 - xy - 2y^2 + 4x - 2y + 4 = 0$.
Reconnaître l'ensemble E *grâce à un changement de repère. Tracer* E.

L'ensemble E coupe l'axe Ox en $A(-2, 0)$, et l'axe Oy en $B(0, 1)$ et $C(0, -2)$. Considérons le repère $R' = (A, \overrightarrow{AB}, \overrightarrow{AC})$, où : $\overrightarrow{OA} = -2\vec{i}$, $\overrightarrow{AB} = 2\vec{i} + \vec{j}$ et $\overrightarrow{AC} = 2\vec{i} - 2\vec{j}$. Pour tout point M du plan de coordonnées (x, y) dans le repère R et (x', y') dans le repère R', on peut écrire :

$$x\,\vec{i} + y\,\vec{j} = -2\vec{i} + x'(2\vec{i} + \vec{j}) + y'(2\vec{i} - 2\vec{j})$$

$$x\,\vec{i} + y\,\vec{j} = (2x' + 2y' - 2)\vec{i} + (x' - 2y')\vec{j}$$

D'où, d'après l'unicité des coordonnées d'un point :

$$\begin{cases} x = 2x' + 2y' - 2 \\ y = x' - 2y' \end{cases}$$

L'équation de l'ensemble E dans le repère R' est donc :

$$(2x' + 2y' - 2)^2 - (2x' + 2y' - 2)(x' - 2y')$$
$$-2(x' - 2y')^2 + 4(2x' + 2y' - 2) - 2(x' - 2y') + 4 = 0$$

ce qui équivaut à : $18x'y' = 0$, c'est-à-dire $x' = 0$ ou $y' = 0$.
L'ensemble E est donc la réunion des droites (AB) et (AC) (*Doc.* 4).

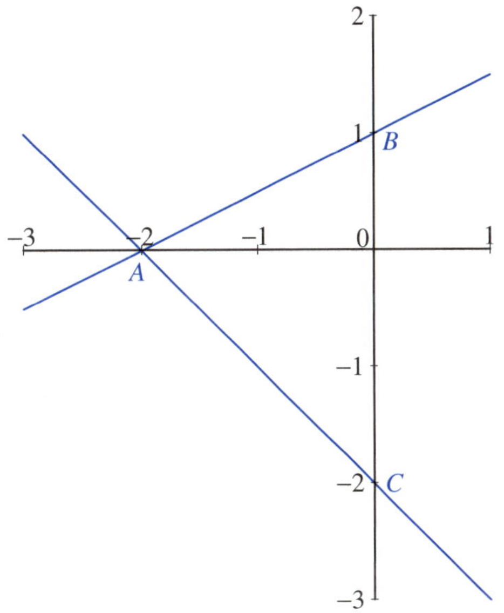

Doc. 4.

1.4. Repère polaire. Coordonnées polaires

Le plan étant orienté, soit $R = (O, \vec{i}, \vec{j})$ un repère orthonormal direct. Pour tout réel θ, on définit les vecteurs :

$$\begin{cases} \vec{u}(\theta) = \cos\theta\,\vec{i} + \sin\theta\,\vec{j} \\ \vec{v}(\theta) = -\sin\theta\,\vec{i} + \cos\theta\,\vec{j} \end{cases}$$

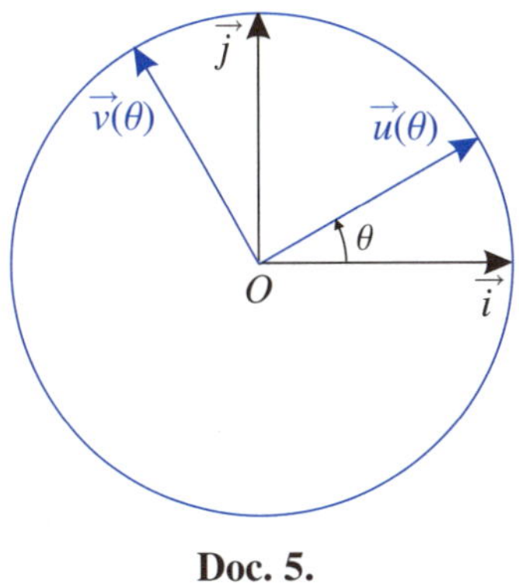

Doc. 5.

Le repère $(O, \vec{u}(\theta), \vec{v}(\theta))$ est l'image du repère $(O, \vec{i}, \vec{j})$ par la rotation de centre O d'angle θ : il est encore orthonormal direct. On l'appelle **repère polaire** attaché au réel θ (*Doc.* 5).

Remarque : En utilisant l'identification entre vecteurs et nombres complexes évoquée plus haut, on peut écrire : $\vec{u}(\theta) = e^{i\theta}$ et $\vec{v}(\theta) = i\ e^{i\theta}$.

Pour tout point M du plan, il existe des réels r et θ tels que $\overrightarrow{OM} = r\,\vec{u}(\theta)$. On dit que (r, θ) est un couple de **coordonnées polaires** du point M. On remarque que $|r|$ est la distance OM, et que θ est une mesure de l'angle $(\vec{i}, \overrightarrow{OM})$ modulo π (*Doc.* 6).

© Hachette Livre – H Prépa / Math – La photocopie non autorisée est un délit

Attention : Contrairement aux coordonnées cartésiennes, les coordonnées polaires d'un point ne sont pas uniques :

- Pour l'origine O, $r = 0$, mais θ est quelconque.
- Le point M de coordonnées polaires (r, θ) a aussi pour coordonnées polaires $(r, \theta + 2\pi)$ et $(-r, \theta + \pi)$. L'ensemble des couples de coordonnées polaires de M, distinct de l'origine, est : $\{((-1)^k r\,,\, \theta + k\pi)\;,\; k \in \mathbb{Z}\}$.

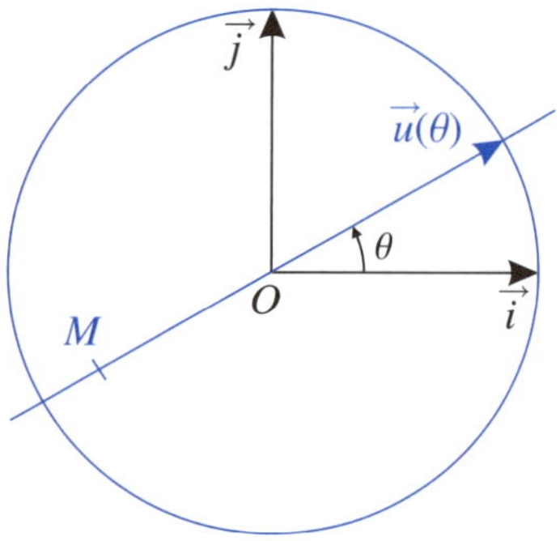

Doc. 6.

Remarque : En physique, on considère en général que $r = OM$, c'est-à-dire que r est nécessairement positif. Nous verrons cependant qu'il est souvent pratique d'utiliser des coordonnées polaires où r peut être de signe quelconque.

On peut facilement exprimer les coordonnées cartésiennes d'un point en fonction d'un couple de coordonnées polaires : de $\overrightarrow{OM} = r\,\vec{u}(\theta)$, on déduit $x\,\vec{i} + y\,\vec{j} = r(\cos\theta\;\vec{i} + \sin\theta\;\vec{j})$, d'où, d'après l'unicité des coordonnées cartésiennes :

$$\begin{cases} x = r\,\cos\theta \\ y = r\,\sin\theta \end{cases}$$

1.5. Équation polaire d'une droite

Soit D une droite du plan. Notons θ_0 une mesure de l'angle que fait D avec l'axe Ox (θ_0 est défini à $k\pi$ près) (*Doc.* 7).
– Si D passe par l'origine, une équation polaire de D est : $\theta = \theta_0$.
– Si D ne passe pas par O, elle a pour équation $y = y_0$ dans le repère polaire $(O, \vec{u}(\theta_0), \vec{v}(\theta_0))$, c'est-à-dire en coordonnées polaires : $r\,\sin(\theta - \theta_0) = y_0$. Une équation polaire de D est donc :

$$r = \frac{y_0}{\sin(\theta - \theta_0)}$$

c'est-à-dire, en posant $\alpha = -\dfrac{\sin\theta_0}{y_0}$, $\beta = \dfrac{\cos\theta_0}{y_0}$:

$$r = \frac{1}{\alpha\cos\theta + \beta\sin\theta}$$

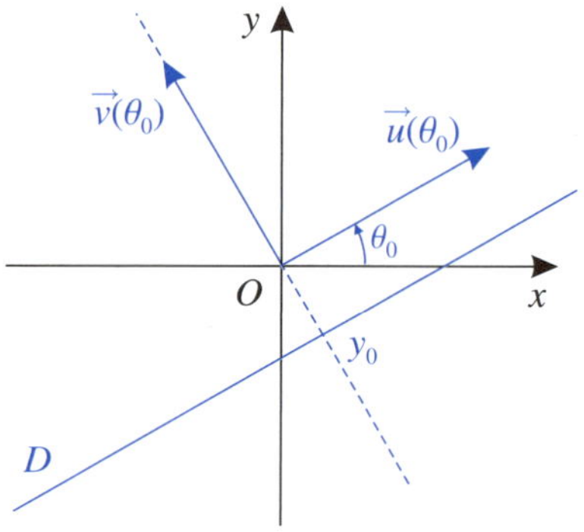

Doc. 7.

Réciproquement, toute équation polaire de ce type représente une droite ne passant pas par l'origine (on peut retrouver y_0 et θ_0 à partir de α et β) .

1.6. Équation polaire d'un cercle passant par l'origine

Soit C le cercle de centre Ω, de coordonnées polaires (θ_0, R), qui passe par l'origine (*Doc.* 8).
Soit M un point quelconque de C, de coordonnées polaires (θ, r). Calculons l'angle $(\overrightarrow{O\Omega}, \overrightarrow{OM})$:

$$(\overrightarrow{O\Omega}, \overrightarrow{OM}) = (\vec{i}, \overrightarrow{OM}) - (\vec{i}, \overrightarrow{O\Omega}) = \theta - \theta_0$$

Soit I le milieu de $[OM]$; on a donc $OI = R\,\cos(\theta - \theta_0)$, et par conséquent $OM = 2R\,\cos(\theta - \theta_0)$. Réciproquement, tout point M vérifiant cette relation appartient au cercle C, qui a donc pour équation polaire :

$$r = 2R\,\cos(\theta - \theta_0)$$

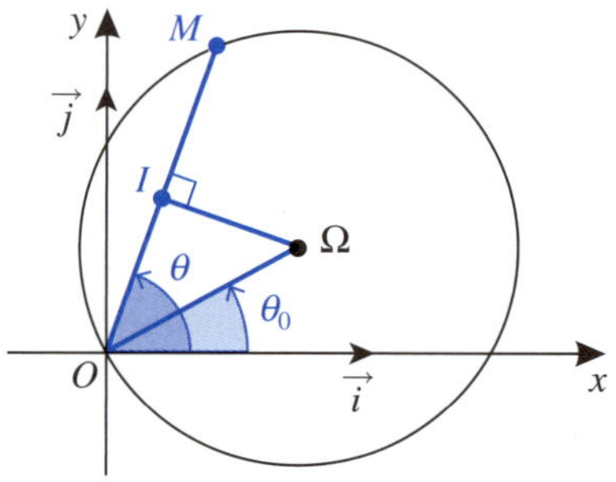

Doc. 8.

© Hachette Livre – H Prépa / Math – La photocopie non autorisée est un délit

c'est-à-dire, en posant $\alpha = 2R\cos\theta_0$, $\beta = 2R\sin\theta_0$:

$$r = \alpha\cos\theta + \beta\sin\theta$$

Réciproquement, toute équation polaire de ce type représente un cercle passant par l'origine (on peut retrouver R et θ_0 à partir de α et β) .

2 Produit scalaire

2.1. Définition

On appelle **produit scalaire** de deux vecteurs $\vec{u}$ et $\vec{v}$, le réel :

$$\vec{u}\cdot\vec{v} = \|\vec{u}\|\,\|\vec{v}\|\,\cos(\vec{u},\vec{v})$$

où $(\vec{u},\vec{v})$ représente l'angle des vecteurs $\vec{u}$ et $\vec{v}$ (dans le cas où l'un des vecteurs $\vec{u}$ ou $\vec{v}$ est nul, cet angle peut être choisi arbitrairement ; on a dans ce cas $\vec{u}\cdot\vec{v} = 0$) .

2.2. Interprétation en terme de projection

Supposons $\vec{u}$ et $\vec{v}$ non nuls. Soit O, A, B trois points tels que $\overrightarrow{OA} = \vec{u}$ et $\overrightarrow{OB} = \vec{v}$; soit H le projeté orthogonal de B sur la droite (OA) (*Doc.* 9). En orientant cette droite dans le sens du vecteur $\overrightarrow{OA}$, on a : $\|\vec{u}\| = \overline{OA}$ et $\|\vec{v}\|\cos(\vec{u},\vec{v}) = \overline{OH}$; d'où :

$$\vec{u}\cdot\vec{v} = \overline{OA}\cdot\overline{OH}$$

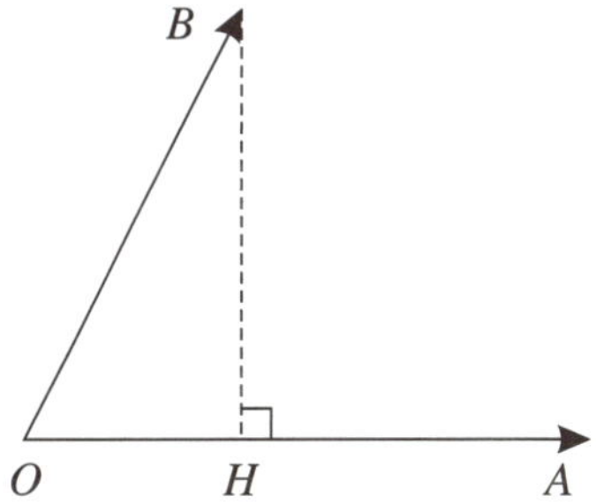

Doc. 9.

Bien entendu, cette relation reste vraie si l'un des vecteurs $\vec{u}$ ou $\vec{v}$ est nul. Comme les deux vecteurs $\vec{u}$ et $\vec{v}$ jouent le même rôle, on peut énoncer :

> Le produit scalaire de deux vecteurs est le produit des mesures algébriques de leurs projetés orthogonaux sur le support de l'un d'entre eux.

2.3. Symétrie

Remarquons que pour tous vecteurs $\vec{u}$ et $\vec{v}$, $\cos(\vec{u},\vec{v}) = \cos(\vec{v},\vec{u})$, et par conséquent :

$$\vec{u}\cdot\vec{v} = \vec{v}\cdot\vec{u}$$

On dit que le produit scalaire est **symétrique**.

2.4. Bilinéarité

Soit $\vec{u}$, $\vec{v}_1$ et $\vec{v}_2$ trois vecteurs, α et β deux réels (*Doc.* 10). Démontrons que :

$$\vec{u}\cdot(\alpha\vec{v}_1 + \beta\vec{v}_2) = \alpha\,\vec{u}\cdot\vec{v}_1 + \beta\,\vec{u}\cdot\vec{v}_2$$

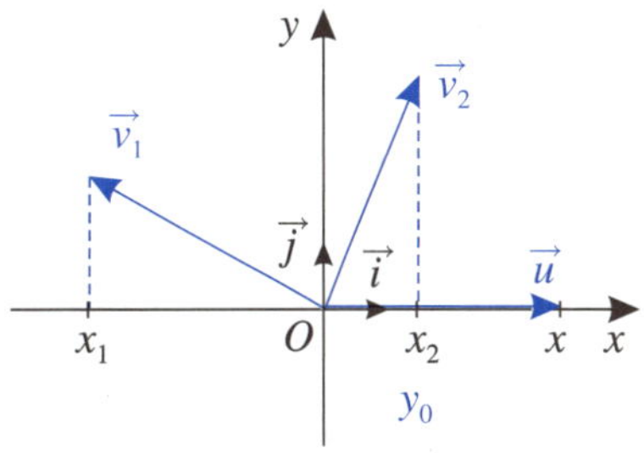

Doc. 10.

Si $\vec{u} = \vec{0}$, cette égalité est évidente.

Si $\vec{u} \neq 0$, considérons le vecteur $\vec{i} = \dfrac{\vec{u}}{\|\vec{u}\|}$ (vecteur unitaire colinéaire à $\vec{u}$ de même sens), et le vecteur $\vec{j}$ image de $\vec{i}$ par la rotation d'angle $\dfrac{\pi}{2}$.

© Hachette Livre – H Prépa / Math – La photocopie non autorisée est un délit

La base $(\vec{i}, \vec{j})$ est orthonormale. Considérons les coordonnées des vecteurs $\vec{u}$, $\vec{v}_1$ et $\vec{v}_2$ dans cette base :

$$\vec{u} = (x, 0) \text{ où } x = \| \vec{u} \| \quad ; \quad \vec{v}_1 = (x_1, y_1) \quad ; \quad \vec{v}_2 = (x_2, y_2)$$

Les coordonnées du vecteur $\alpha\vec{v}_1 + \beta\vec{v}_2$ sont donc : $(\alpha x_1 + \beta x_2, \alpha y_1 + \beta y_2)$.
Appliquons le résultat du paragraphe 2.2., en projetant orthogonalement tous les vecteurs sur le support de $\vec{u}$:

$$\vec{u} \cdot \vec{v}_1 = x x_1 \quad ; \quad \vec{u} \cdot \vec{v}_2 = x x_2 \quad ; \quad \vec{u} \cdot (\alpha\vec{v}_1 + \beta\vec{v}_2) = x(\alpha x_1 + \beta x_2)$$

d'où :

$$\vec{u} \cdot (\alpha\vec{v}_1 + \beta\vec{v}_2) = \alpha\, \vec{u} \cdot \vec{v}_1 + \beta\, \vec{u} \cdot \vec{v}_2$$

On dit que l'application $\vec{v} \mapsto \vec{u} \cdot \vec{v}$ est **linéaire**. Comme le produit scalaire est symétrique, pour tout vecteur $\vec{v}$ fixé, l'application $\vec{u} \mapsto \vec{u} \cdot \vec{v}$ est également linéaire, c'est-à-dire que pour tous vecteurs $\vec{u}_1$, $\vec{u}_2$:

$$(\alpha\vec{u}_1 + \beta\vec{u}_2) \cdot \vec{v} = \alpha\, \vec{u}_1 \cdot \vec{v} + \beta\, \vec{u}_2 \cdot \vec{v}$$

En définitive, on dit que le produit scalaire est **bilinéaire**.

► ***Pour s'entraîner : ex. 3 et 4.***

Application 2

Linéarité d'une application ; premiers exemples

Soit E l'ensemble des vecteurs du plan. On dit qu'une application f de E dans E (ou dans $\mathbb{R}$) est linéaire si pour tous vecteurs $\vec{u}$, $\vec{v}$ de E et tous réels α et β :

$$f(\alpha\,\vec{u} + \beta\,\vec{v}) = \alpha\, f(\vec{u}) + \beta\, f(\vec{v})$$

Nous venons de rencontrer deux exemples avec les applications $\vec{v} \mapsto \vec{u} \cdot \vec{v}$, $\vec{u} \mapsto \vec{u} \cdot \vec{v}$ de E dans $\mathbb{R}$.
Donnons trois exemples d'applications linéaires de E dans E :

- L'homothétie vectorielle de rapport k : $\vec{u} \mapsto k\,\vec{u}$; elle est linéaire car : $k\,(\alpha\,\vec{u} + \beta\,\vec{v}) = \alpha\, k\,\vec{u} + \beta\, k\,\vec{v}$.
- La projection sur la droite D parallèlement à la droite D', sécante avec D en O. En choisissant un repère $(O, \vec{i}, \vec{j})$ où $\vec{i}, \vec{j}$ sont des vecteurs directeurs respectifs de D et D', l'image du vecteur $\vec{u} = x\,\vec{i} + y\,\vec{j}$ est $x\,\vec{i}$. On vérifie facilement que cette application est linéaire.
- La rotation vectorielle d'angle ω ; à tout vecteur $\vec{u}$ d'affixe $z = r\,\mathrm{e}^{i\theta}$, elle associe le vecteur d'affixe $z' = r\,\mathrm{e}^{i(\theta+\omega)} = \mathrm{e}^{i\omega} z$. Elle est linéaire car :

$$\mathrm{e}^{i\omega}(\alpha\, z_1 + \beta\, z_2) = \alpha\, \mathrm{e}^{i\omega}\, z_1 + \beta\, \mathrm{e}^{i\omega}\, z_2$$

Il est clair que la composée de deux applications linéaires est linéaire : par exemple, une similitude directe vectorielle, composée d'une rotation et d'une homothétie vectorielles, est linéaire.

La notion d'application linéaire est extrêmement importante. Nous l'étudierons de façon plus approfondie dans le chapitre *Espaces vectoriels*.

© Hachette Livre – H Prépa / Math – La photocopie non autorisée est un délit

2.5. Expression dans une base orthonormale

Soit $(\vec{i}, \vec{j})$ une base orthonormale, $\vec{u}$, $\vec{v}$ deux vecteurs de coordonnées respectives : (x, y) et (x', y'). Calculons le produit scalaire de $\vec{u}$ et $\vec{v}$:

$$\vec{u} \cdot \vec{v} = (x\,\vec{i} + y\,\vec{j}) \cdot (x'\,\vec{i} + y'\,\vec{j})$$

On peut développer en utilisant la bilinéarité du produit scalaire :

$$\vec{u} \cdot \vec{v} = xx'\,\vec{i} \cdot \vec{i} + xy'\,\vec{i} \cdot \vec{j} + yx'\,\vec{j} \cdot \vec{i} + yy'\,\vec{j} \cdot \vec{j}$$

Comme la base est orthonormale, $\vec{i} \cdot \vec{i} = 1$, $\vec{j} \cdot \vec{j} = 1$, $\vec{i} \cdot \vec{j} = 0$; d'où :

$$\vec{u} \cdot \vec{v} = xx' + yy'$$

On en déduit l'expression de la norme d'un vecteur :

$$\| \vec{u} \| = \sqrt{\vec{u} \cdot \vec{u}} = \sqrt{x^2 + y^2}$$

Remarque : Dans une base non orthonormale, on obtiendrait des résultats plus compliqués faisant intervenir les valeurs des produits scalaires des vecteurs de base entre eux.

On obtient également la distance de deux points du plan, en fonction de leurs coordonnées dans un repère orthonormal :

$$AB = \| \overrightarrow{AB} \| = \sqrt{(x_B - x_A)^2 + (y_B - y_A)^2}$$

2.6. Expression en termes de nombres complexes

Identifions les vecteurs $\vec{u}$ et $\vec{v}$ avec les nombres complexes :

$$z = x + i\,y \quad ; \quad z' = x' + i\,y'$$

On a : $\bar{z}z' = (x - i\,y)(x' + iy') = (xx' + yy') + i\,(xy' - yx')$; d'où :

$$\vec{u} \cdot \vec{v} = \operatorname{Re}(\bar{z}z')$$

3 Déterminant

3.1. Définition

Le plan est supposé orienté. On appelle **déterminant** de deux vecteurs $\vec{u}$ et $\vec{v}$, le réel :

$$\operatorname{Det}(\vec{u}, \vec{v}) = \| \vec{u} \| \, \| \vec{v} \| \, \sin(\vec{u}, \vec{v})$$

où $(\vec{u}, \vec{v})$ représente l'angle des vecteurs $\vec{u}$ et $\vec{v}$ (dans le cas où l'un des vecteurs $\vec{u}$ ou $\vec{v}$ est nul, cet angle peut être choisi arbitrairement ; on a dans ce cas $\operatorname{Det}(\vec{u}, \vec{v}) = 0$) .

Remarque : Cette définition dépend de l'orientation choisie dans le plan. Si on avait choisi l'orientation contraire, on aurait obtenu un déterminant opposé pour les mêmes vecteurs $\vec{u}$ et $\vec{v}$.

Notons que $\operatorname{Det}(\vec{u}, \vec{v}) = 0$ si et seulement si l'angle $(\vec{u}, \vec{v})$ est égal à 0 modulo π, c'est-à-dire si les vecteurs $\vec{u}$ et $\vec{v}$ sont colinéaires.

© Hachette Livre – H Prépa / Math – La photocopie non autorisée est un délit

3.2. Interprétation en terme d'aire

Supposons $\vec{u}$ et $\vec{v}$ non colinéaires. Soit O, A, B trois points tels que $\overrightarrow{OA} = \vec{u}$ et $\overrightarrow{OB} = \vec{v}$; soit H le projeté orthogonal de B sur la droite (OA) (*Doc.* 11). On a : $\| \vec{u} \| = OA$ et $\| \vec{v} \| \sin(\vec{u}, \vec{v}) = \overline{HB}$, en orientant la droite (HB) dans le sens directement orthogonal à (OA). D'où :

$$\text{Det}(\vec{u}, \vec{v}) = OA \cdot \overline{HB}$$

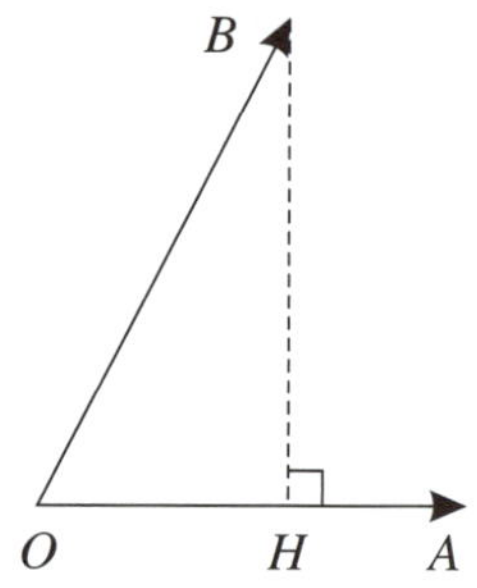

Doc. 11.

On remarque que $|\text{Det}(\vec{u}, \vec{v})|$ est égal au double de l'aire du triangle (OAB), c'est-à-dire à l'aire du parallélogramme construit sur les vecteurs $\vec{u}$ et $\vec{v}$ (*Doc.* 12). Le signe du déterminant dépend de l'orientation de l'angle $(\vec{u}, \vec{v})$:
– positif si l'angle $(\vec{u}, \vec{v})$ est de sens direct ;
– négatif si l'angle $(\vec{u}, \vec{v})$ est de sens rétrograde.
Si les vecteurs $\vec{u}$ et $\vec{v}$ sont colinéaires, le déterminant est nul, tout comme l'aire du parallélogramme qui est alors aplati. On peut donc énoncer :

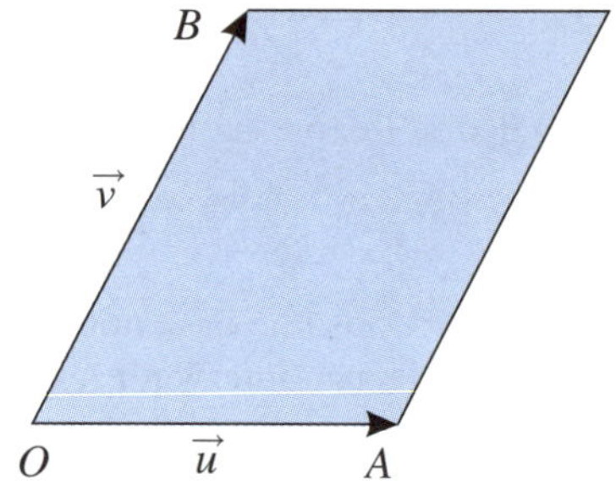

Doc. 12.

Le déterminant de deux vecteurs est égal à l'aire du parallélogramme qu'ils déterminent, affectée d'un signe correspondant à l'orientation de leur angle.

3.3. Antisymétrie

Remarquons que pour tous vecteurs $\vec{u}$ et $\vec{v}$, $\sin(\vec{u}, \vec{v}) = -\sin(\vec{v}, \vec{u})$, et par conséquent :

$$\text{Det}(\vec{u}, \vec{v}) = -\text{Det}(\vec{v}, \vec{u})$$

On dit que le déterminant est **antisymétrique**.

3.4. Bilinéarité

Soit $\vec{u}$, $\vec{v_1}$ et $\vec{v_2}$ trois vecteurs, α et β deux réels (*Doc.* 13). Démontrons que :

$$\text{Det}(\vec{u}, \alpha\vec{v_1} + \beta\vec{v_2}) = \alpha\,\text{Det}(\vec{u}, \vec{v_1}) + \beta\,\text{Det}(\vec{u}, \vec{v_2})$$

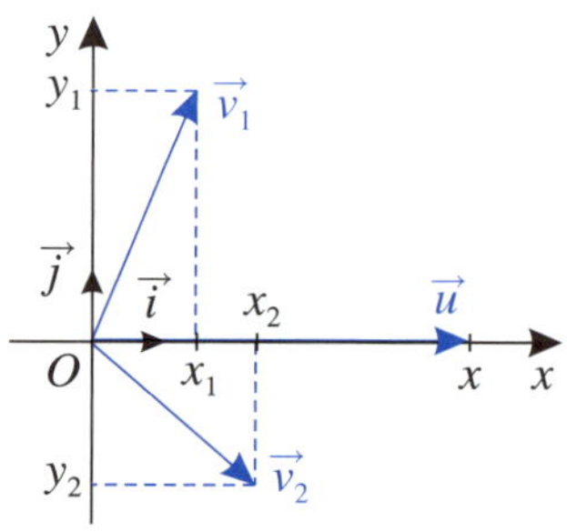

Doc. 13.

Si $\vec{u} = \vec{0}$, cette égalité est évidente.

Si $\vec{u} \neq 0$, considérons le vecteur $\vec{i} = \dfrac{\vec{u}}{\| \vec{u} \|}$ (vecteur unitaire colinéaire à $\vec{u}$ de même sens), et le vecteur $\vec{j}$ image de $\vec{i}$ par la rotation d'angle $\dfrac{\pi}{2}$.

La base $(\vec{i}, \vec{j})$ est orthonormale directe. Considérons les coordonnées des vecteurs $\vec{u}$, $\vec{v_1}$ et $\vec{v_2}$ dans cette base :

$$\vec{u} = (x, 0) \text{ où } x = \| \vec{u} \| \quad ; \quad \vec{v_1} = (x_1, y_1) \quad ; \quad \vec{v_2} = (x_2, y_2)$$

Les coordonnées du vecteur $\alpha\vec{v_1} + \beta\vec{v_2}$ sont donc : $(\alpha x_1 + \beta x_2, \alpha y_1 + \beta y_2)$.
Appliquons le résultat du paragraphe 3.2. :

$$\text{Det}(\vec{u}, \vec{v_1}) = xy_1 \quad ; \quad \text{Det}(\vec{u}, \vec{v_2}) = xy_2 \quad ; \quad \text{Det}(\vec{u}, \alpha\vec{v_1} + \beta\vec{v_2}) = x(\alpha y_1 + \beta y_2)$$

d'où :

$$\text{Det}(\vec{u}, \alpha\vec{v_1} + \beta\vec{v_2}) = \alpha\,\text{Det}(\vec{u}, \vec{v_1}) + \beta\,\text{Det}(\vec{u}, \vec{v_2})$$

L'application $\vec{v} \mapsto \text{Det}(\vec{u}, \vec{v})$ est linéaire. Comme le déterminant est antisymétrique, pour tout vecteur $\vec{v}$ l'application $\vec{u} \mapsto \text{Det}(\vec{u}, \vec{v})$ est également linéaire (écrivez ce que cela signifie) ; en définitive, le déterminant est bilinéaire.

► ***Pour s'entraîner : ex. 5.***

© Hachette Livre – H Prépa / Math – La photocopie non autorisée est un délit

3.5. Expression dans une base orthonormale directe

Soit $(\vec{i}, \vec{j})$ une base orthonormale directe, $\vec{u}$, $\vec{v}$ deux vecteurs de coordonnées respectives : (x, y) et (x', y'). Calculons le déterminant de $\vec{u}$ et $\vec{v}$:

$$\mathrm{Det}(\vec{u}, \vec{v}) = \mathrm{Det}(x\,\vec{i} + y\,\vec{j}, x'\,\vec{i} + y'\,\vec{j})$$

On peut développer en utilisant la bilinéarité du déterminant :

$$\mathrm{Det}(\vec{u}, \vec{v}) = xx'\,\mathrm{Det}(\vec{i}, \vec{i}) + xy'\,\mathrm{Det}(\vec{i}, \vec{j}) + yx'\,\mathrm{Det}(\vec{j}, \vec{i}) + yy'\,\mathrm{Det}(\vec{j}, \vec{j})$$

Comme la base est orthonormale directe, $\mathrm{Det}(\vec{i}, \vec{i}) = 0$, $\mathrm{Det}(\vec{i}, \vec{j}) = 1$, $\mathrm{Det}(\vec{j}, \vec{i}) = 1$, $\mathrm{Det}(\vec{j}, \vec{j}) = 0$; d'où :

$$\mathrm{Det}(\vec{u}, \vec{v}) = xy' - yx'$$

Notation : on écrit ce déterminant sous la forme :

$$\mathrm{Det}(\vec{u}, \vec{v}) = \begin{vmatrix} x & x' \\ y & y' \end{vmatrix}$$

Remarque : Dans une base $(\vec{i}, \vec{j})$ quelconque, orthonormale ou non, on obtiendrait : $\mathrm{Det}(\vec{u}, \vec{v}) = (xy' - x'y)\,\mathrm{Det}(\vec{i}, \vec{j})$, c'est-à-dire un résultat proportionnel à $(xy' - x'y)$. On a donc toujours l'équivalence :

$$(\vec{u}, \vec{v}) \text{ colinéaires} \iff xy' - x'y = 0$$

Il n'est donc pas nécessaire d'utiliser une base orthonormale pour exprimer la colinéarité de deux vecteurs.

3.6. Expression en termes de nombres complexes

Identifions les vecteurs $\vec{u}$ et $\vec{v}$ avec les nombres complexes :

$$z = x + i\,y \quad ; \quad z' = x' + i\,y'$$

On a : $\bar{z}z' = (x - i\,y)(x' + iy') = (xx' + yy') + i\,(xy' - yx')$; d'où :

$$\mathrm{Det}(\vec{u}, \vec{v}) = \mathrm{Im}\,(\bar{z}z')$$

4 Droites du plan

4.1. Utilisation du produit scalaire et du déterminant

Le produit scalaire et le déterminant constituent deux outils essentiels pour exprimer que deux vecteurs $\vec{u}$ et $\vec{v}$ sont :

- orthogonaux : $\vec{u} \cdot \vec{v} = 0$, $\quad xx' + yy' = 0$ (base orthonormale) ;
- colinéaires : $\mathrm{Det}(\vec{u}, \vec{v}) = 0$, $\quad xy' - x'y = 0$ (base quelconque).

Par exemple, on exprimera l'alignement de trois points A, B, C par :

$$\mathrm{Det}(\overrightarrow{AB}, \overrightarrow{AC}) = 0$$

© Hachette Livre – H Prépa / Math – La photocopie non autorisée est un délit

Application 3

Projeté orthogonal d'un point sur une droite

Le plan étant rapporté à un repère orthonormal, on considère les points $A(-1,1)$, $B(3,-1)$, $C(1,4)$; *déterminer le point* H *projeté orthogonal de* C *sur la droite* (AB) *(Doc. 14).*

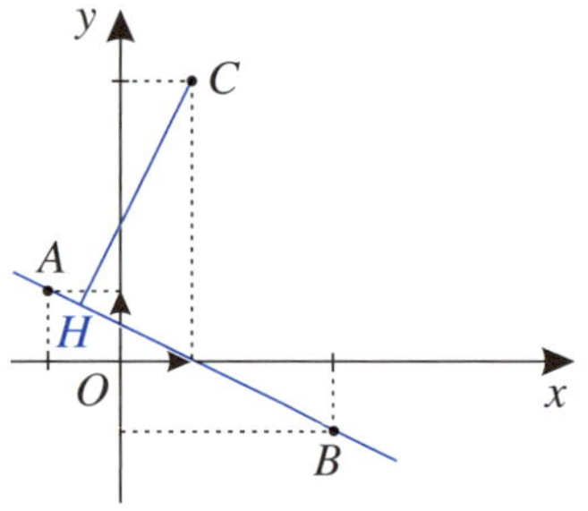

Doc. 14.

Le point H cherché, de coordonnées (x, y), est défini par :

$$\begin{cases} A, B, H \text{ alignés :} & \operatorname{Det}(\overrightarrow{AB}, \overrightarrow{AH}) = 0, \\ (CH) \text{ orthogonale à} (AB) : & \overrightarrow{AB} \cdot \overrightarrow{CH} = 0. \end{cases}$$

Soit analytiquement :

$$\begin{cases} 4(y-1) + 2(x+1) = 0 \\ 4(x-1) - 2(y-4) = 0 \end{cases}$$

ce qui équivaut à :

$$\begin{cases} x + 2y = 1 \\ 2x - y = -2 \end{cases}$$

Ce système a une solution unique :

$$(x, y) = \left(-\frac{3}{5}, \frac{4}{5}\right).$$

$$H = \left(-\frac{3}{5}, \frac{4}{5}\right)$$

4.2. Représentation paramétrique d'une droite

Le plan étant rapporté à un repère $(O, \vec{i}, \vec{j})$, considérons la droite D passant par le point $A(x_A, y_A)$ et dirigée par le vecteur non nul $\vec{u}(\alpha, \beta)$ (*Doc.* 15). Un point M de coordonnées (x, y) appartient à la droite D si et seulement si $\overrightarrow{AM}$ est colinéaire à $\vec{u}$, c'est-à-dire qu'il existe un réel t tel que $\overrightarrow{AM} = t\,\vec{u}$, soit :

$$\begin{cases} x = x_A + \alpha t \\ y = y_A + \beta t \end{cases}$$

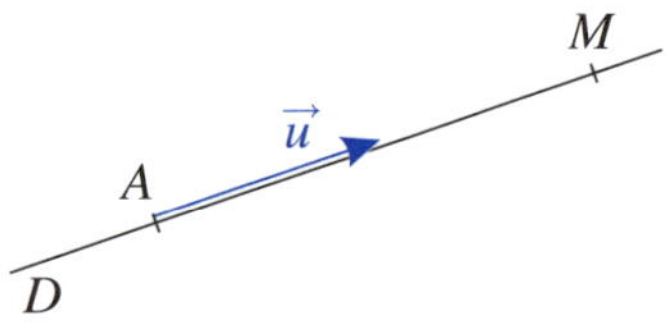

Doc. 15.

La droite D est décrite comme une courbe paramétrée ; ce système est appelé **représentation paramétrique** de D.

Réciproquement, tout système de cette forme représente une droite, dont on connaît un point $A(x_A, y_A)$ et un vecteur directeur $\vec{u}(\alpha, \beta)$.

Remarque : En limitant les variations de t, on décrit une partie de la droite D :

- $t \geqslant 0$: demi-droite fermée d'origine A dirigée par $\vec{u}$;
- $t \in [0,1]$: segment $[AB]$ où $B = A + \vec{u}$ (unique point tel que $\overrightarrow{AB} = \vec{u}$).

© Hachette Livre – H Prépa / Math – La photocopie non autorisée est un délit

4.3. Équation cartésienne d'une droite

Avec les mêmes notations que dans le paragraphe précédent, on peut aussi exprimer que M appartient à D par $\mathrm{Det}(\overrightarrow{AM}, \vec{u}) = 0$, c'est-à-dire :

$$\begin{vmatrix} x - x_A & \alpha \\ y - y_A & \beta \end{vmatrix} = 0$$

ce qui équivaut à : $\beta(x - x_A) - \alpha(y - y_A) = 0$

ou encore : $\beta x - \alpha y = \beta x_A - \alpha y_A$

Remarque : Cette équation équivaut à $\mathrm{Det}(\overrightarrow{OM}, \vec{u}) = \mathrm{C}^{\mathrm{te}}$; les droites dirigées par $\vec{u}$ sont les lignes de niveau de l'application $M \mapsto \mathrm{Det}(\overrightarrow{OM}, \vec{u})$.

En posant $a = \beta, b = -\alpha, c = -\beta x_A + \alpha y_A$, cette équation s'écrit :

$$ax + by + c = 0$$

Elle est appelée **équation cartésienne** de D ; elle caractérise l'appartenance d'un point à D, c'est-à-dire que :

$$M(x, y) \in D \iff ax + by + c = 0$$

Réciproquement, toute équation de la forme $ax+by+c = 0$, avec $(a, b) \neq (0, 0)$ représente une droite de vecteur directeur $\vec{u}(-b, a)$.

Remarque : L'équation cartésienne d'une droite est unique à un facteur multiplicatif près, c'est-à-dire que si $ax + by + c = 0$ est une équation de D, toute équation de D est de la forme $kax + kby + kc = 0$, où k est un réel non nul.

Application 4

Équation cartésienne d'une droite passant par deux points donnés

Le plan étant rapporté à un repère $(O, \vec{i}, \vec{j})$, écrire des équations cartésiennes des côtés du triangle ABC, où $A(-1, 1)$, $B(3, -1)$, $C(1, 4)$.

Soit $M(x, y)$ un point du plan.

$$M \in (AB) \iff \mathrm{Det}(\overrightarrow{AM}, \overrightarrow{AB}) = 0 \iff \begin{vmatrix} x+1 & 4 \\ y-1 & -2 \end{vmatrix} = 0 \iff x + 2y - 1 = 0$$

$$M \in (BC) \iff \mathrm{Det}(\overrightarrow{BM}, \overrightarrow{BC}) = 0 \iff \begin{vmatrix} x-3 & -2 \\ y+1 & 5 \end{vmatrix} = 0 \iff 5x + 2y - 13 = 0$$

$$M \in (AC) \iff \mathrm{Det}(\overrightarrow{AM}, \overrightarrow{AC}) = 0 \iff \begin{vmatrix} x+1 & 2 \\ y-1 & 3 \end{vmatrix} = 0 \iff 3x - 2y + 5 = 0$$

© Hachette Livre – H Prépa / Math – La photocopie non autorisée est un délit

4.4. Droite définie par un point et un vecteur normal

Choisissons cette fois un repère $(O, \vec{i}, \vec{j})$ orthonormal, et considérons la droite D passant par le point $A(x_A, y_A)$ et orthogonale au vecteur non nul $\vec{n}(a, b)$ ($\vec{n}$ est appelé **vecteur normal** à D) (*Doc.* 16). Un point M de coordonnées (x, y) appartient à la droite D si et seulement si :

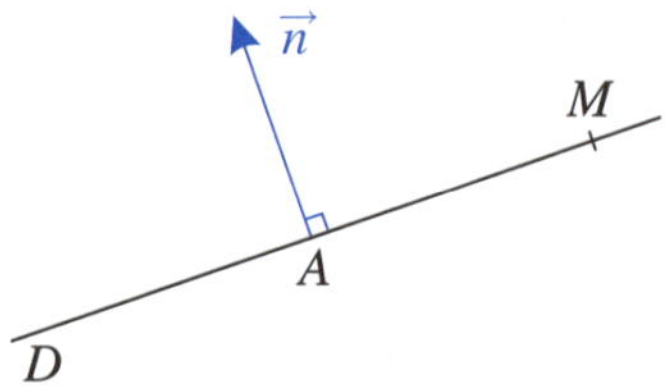

Doc. 16.

$$\overrightarrow{AM} \cdot \vec{n} = 0$$

c'est-à-dire :

$$a(x - x_A) + b(y - y_A) = 0$$

On retrouve l'équation cartésienne de D :

$$ax + by + c = 0, \quad \text{où} \quad c = -ax_A - by_A$$

Réciproquement, toute équation de la forme :

$$ax + by + c = 0$$

avec $(a, b) \neq (0, 0)$ représente une droite de vecteur normal $\vec{n}(a, b)$.

Remarque : Cette équation équivaut à $\overrightarrow{OM} \cdot \vec{n} = C^{te}$; les droites de vecteur normal $\vec{n}$ sont les lignes de niveau de l'application $M \mapsto \overrightarrow{OM} \cdot \vec{n}$.

Application 5

Orthocentre d'un triangle

Le plan étant rapporté à un repère orthonormal $(O, \vec{i}, \vec{j})$, écrire des équations cartésiennes des hauteurs du triangle ABC, où $A(-1, 1)$, $B(3, -1)$, $C(1, 4)$. Vérifier qu'elles sont concourantes. Déterminer l'orthocentre du triangle.

La hauteur issue de A est la droite passant par A, de vecteur normal $\overrightarrow{BC}$; elle a pour équation :

$$\overrightarrow{AM} \cdot \overrightarrow{BC} = 0 \iff -2(x + 1) + 5(y - 1) = 0$$
$$\iff -2x + 5y - 7 = 0$$

De même, la hauteur issue de B a pour équation :

$$\overrightarrow{BM} \cdot \overrightarrow{AC} = 0 \iff 2(x - 3) + 3(y + 1) = 0$$
$$\iff 2x + 3y - 3 = 0$$

et la hauteur issue de C :

$$\overrightarrow{CM} \cdot \overrightarrow{AB} = 0 \iff 4(x - 1) - 2(y - 4) = 0$$
$$\iff 2x - y + 2 = 0$$

On remarque qu'en retranchant membre à membre la première équation de la seconde, on obtient deux fois la troisième ; donc tout point qui appartient aux deux premières hauteurs appartient nécessairement à la troisième : elles sont concourantes.

En résolvant le système, on obtient les coordonnées de l'orthocentre H du triangle ABC :

$$H = \left(-\frac{3}{8}, \frac{5}{4}\right)$$

► *Pour s'entraîner : ex. 6.*

© Hachette Livre – H Prépa / Math – La photocopie non autorisée est un délit

4.5. Distance d'un point à une droite

Soit D une droite du plan. Pour tout point M du plan, on appelle distance de M à D la plus petite distance entre M et un point de D. Elle est notée $d(M, D)$ (*Doc.* 17).

Soit H le projeté orthogonal de M sur D. Pour tout point N de D :

$$MN^2 = MH^2 + HN^2 \geqslant MH^2$$

Le minimum de la distance MN est donc MH :

$$d(M, D) = HM$$

Comme de plus, $MN = MH \iff HN = 0$, ce minimum est atteint uniquement lorsque $N = H$.

Calculons cette distance dans un repère orthonormal $(O, \vec{i}, \vec{j})$. La droite D est déterminée par un point $A(x_A, y_A)$ et un vecteur normal $\vec{n}(a, b)$. Elle a pour équation cartésienne $ax + by + c = 0$.
On a :

$$\overrightarrow{AM} \cdot \vec{n} = (\overrightarrow{AH} + \overrightarrow{HM}) \cdot \vec{n} = \overrightarrow{HM} \cdot \vec{n} = \pm \parallel \overrightarrow{HM} \parallel \parallel \vec{n} \parallel$$

On en déduit :

$$d(M, D) = \frac{\left|\overrightarrow{AM} \cdot \vec{n}\right|}{\parallel \vec{n} \parallel}$$

Or $\overrightarrow{AM} \cdot \vec{n} = a(x - x_A) + b(y - y_A) = ax + by + c$, d'où :

$$d(M, D) = \frac{|ax + by + c|}{\sqrt{a^2 + b^2}}$$

► ***Pour s'entraîner : ex. 7.***

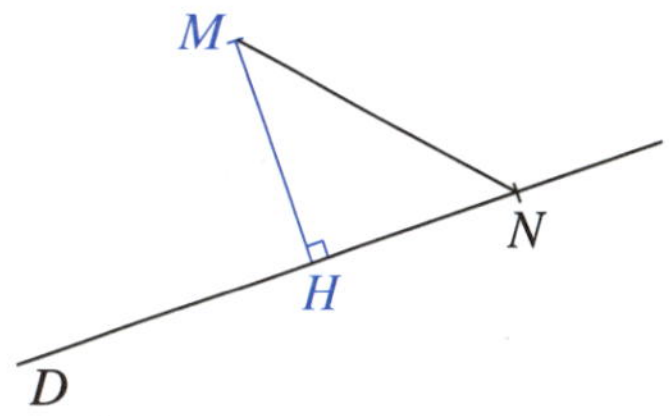

Doc. 17.

4.6. Équation normale d'une droite

Le repère étant toujours orthonormal, on peut choisir de décrire une droite D par un point et un vecteur normal unitaire $\vec{n}$ (*Doc.* 18). Si $\parallel \vec{n} \parallel = 1$, il existe $\theta \in \mathbb{R}$ tel que $\vec{n} = (\cos\theta, \sin\theta)$. Une équation cartésienne de D est alors :

$$\overrightarrow{AM} \cdot \vec{n} = 0 \iff (x - x_A)\cos\theta + (y - y_A)\sin\theta = 0$$

soit :

$$x\cos\theta + y\sin\theta = p$$

où $p = \overrightarrow{OM} \cdot \vec{n}$ pour tout point M de D.

En particulier pour le point H, projeté orthogonal de O sur D : $p = \overrightarrow{OH} \cdot \vec{n} = \overline{OH}$: le couple (p, θ) est un couple de coordonnées polaires de H (on a donc $|p| = OH = d(O, D)$) .

Cette équation est appelée **équation normale** de la droite D.

La distance d'un point M à la droite D s'exprime facilement à l'aide de cette équation normale :

$$d(M, D) = |x\cos\theta + y\sin\theta - p|$$

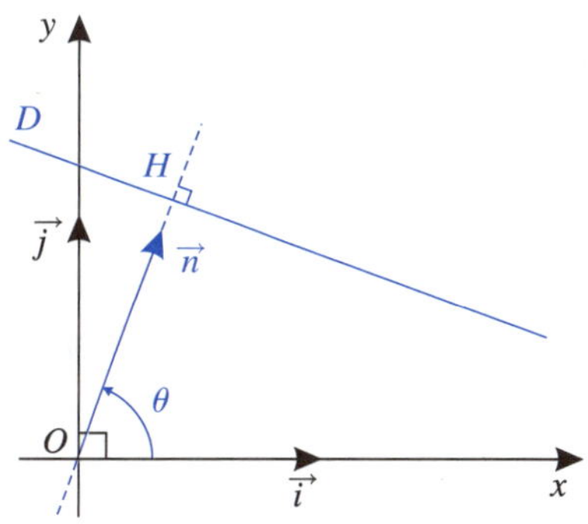

Doc. 18.

© Hachette Livre – H Prépa / Math – La photocopie non autorisée est un délit

5 Cercles

5.1. Équation cartésienne d'un cercle

Le plan est rapporté à un repère orthonormal $(O, \vec{i}, \vec{j})$. Le cercle $\mathcal{C}$ de centre $\Omega(a, b)$, de rayon R est l'ensemble des points $M(x, y)$ tels que $\| \overrightarrow{\Omega M} \|^2 = R^2$ (*Doc.* 19) ; il a donc pour équation :

$$(x - a)^2 + (y - b)^2 = R^2$$

C'est-à-dire : $x^2 + y^2 - 2ax - 2by + c = 0$, où $c = a^2 + b^2 - R^2$.

▶ ***Pour s'entraîner : ex. 8.***

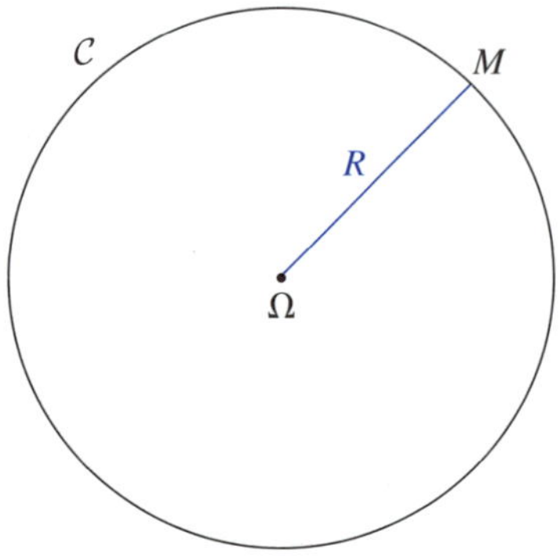

Doc. 19.

5.2. Cercle donné par un diamètre

Soit $[AB]$ un diamètre du cercle $\mathcal{C}$ de centre Ω, de rayon R (*Doc.* 20) ; pour tout point M du plan, on peut écrire :

$$\overrightarrow{MA} \cdot \overrightarrow{MB} = (\overrightarrow{M\Omega} + \overrightarrow{\Omega A}) \cdot (\overrightarrow{M\Omega} - \overrightarrow{\Omega A}) = \overrightarrow{M\Omega}^2 - \overrightarrow{\Omega A}^2 = \overrightarrow{M\Omega}^2 - R^2$$

D'où :

$$M \in \mathcal{C} \iff \overrightarrow{MA} \cdot \overrightarrow{MB} = 0$$

Le cercle $\mathcal{C}$ est donc l'ensemble des points M tels que $\overrightarrow{MA} \cdot \overrightarrow{MB} = 0$.
Si dans un repère orthonormal, les points A et B ont respectivement pour coordonnées (a, b), (a', b'), le cercle $\mathcal{C}$ a pour équation :

$$(x - a)(x - b) + (y - a')(y - b') = 0$$

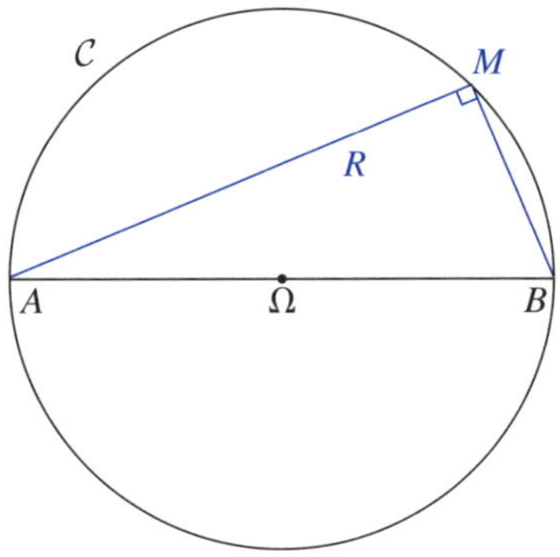

Doc. 20.

5.3. Intersection d'un cercle et d'une droite

Soit $\mathcal{C}$ un cercle de centre Ω, de rayon R, et D une droite quelconque du plan. Désignons par H le projeté orthogonal de Ω sur D. Pour tout point M de D : $\Omega M^2 = \Omega H^2 + HM^2$. Ce point appartient aussi à $\mathcal{C}$ si et seulement si : $HM^2 = R^2 - \Omega H^2$ (*Doc.* 21).

L'intersection $\mathcal{C} \cap D$ dépend donc de la distance $\Omega H = d(\Omega, D)$:

- si $d(\Omega, D) > R$: $\mathcal{C} \cap D = \varnothing$;
- si $d(\Omega, D) = R$, $\mathcal{C} \cap D = \{H\}$: D est tangente à $\mathcal{C}$;
  Par définition, $(\Omega H) \perp D$: la tangente à un cercle est orthogonale au rayon correspondant ;
- si $d(\Omega, D) < R$, $\mathcal{C} \cap D = \{A, B\}$, où A et B sont les deux points de D tels que $HA = HB = \sqrt{R^2 - d(\Omega, D)^2}$: D est sécante à $\mathcal{C}$.

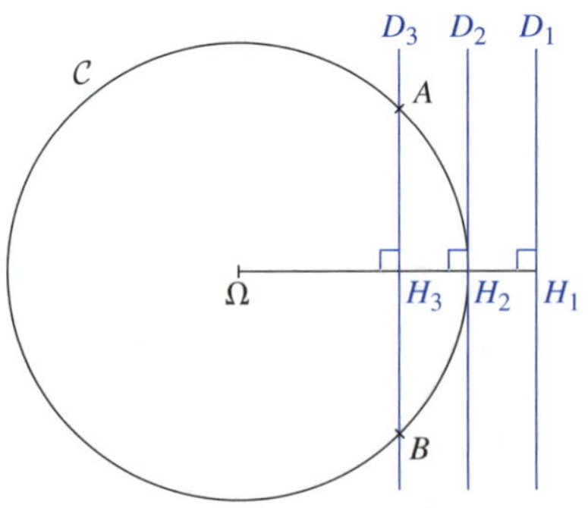

Doc. 21.

© Hachette Livre – H Prépa / Math – La photocopie non autorisée est un délit

Application 6

Équation de la tangente à un cercle en un point donné

Le plan étant rapporté à un repère orthonormal, soit $\mathcal{C}$ un cercle de centre $\Omega(a,b)$, de rayon R, et $H = (x_0, y_0)$ un point de $\mathcal{C}$. Une équation cartésienne du cercle $\mathcal{C}$ est : $x^2+y^2-2ax-2by+c=0$, où $c=a^2+b^2-R^2$. Déterminer une équation de la droite D tangente à $\mathcal{C}$ en H.

D est la droite passant par H, de vecteur normal $\overrightarrow{\Omega H}$:

$M(x,y) \in D$

$$\iff \overrightarrow{\Omega H} \cdot \overrightarrow{HM} = 0$$

$$\iff (x_0-a)(x-x_0)+(y_0-b)(y-y_0)=0$$

C'est-à-dire :

$$x_0x+y_0y-ax-by-x_0^2-y_0^2+ax_0+by_0=0$$

Comme $H \in \mathcal{C}$:

$$x_0^2+y_0^2-2ax_0-2by_0+c=0,$$

on peut écrire :

$$x_0x+y_0y-a(x+x_0)-b(y+y_0)+c=0$$

L'équation de la tangente en H à $\mathcal{C}$ est obtenue à partir de celle de $\mathcal{C}$ en « dédoublant » les termes x^2, y^2 en x_0x, y_0y, et $2ax$, $2by$ en $a(x+x_0)$, $b(y+y_0)$.

5.4. Paramétrages d'un cercle

Le plan étant rapporté à un repère orthonormal, soit $\mathcal{C}$ un cercle de centre $\Omega(a,b)$, de rayon R. Un point $M(x,y)$ appartient à $\mathcal{C}$ si et seulement si $(x-a)^2+(y-b)^2=R^2$, c'est-à-dire s'il existe $\theta \in \mathbb{R}$ tel que : $x-a=R\cos\theta$, $y-b=R\sin\theta$. Le cercle $\mathcal{C}$ peut donc être représenté paramétriquement par :

$$\begin{cases} x(\theta)=a+R\cos\theta \\ y(\theta)=b+R\sin\theta \end{cases} \qquad \theta \in \mathbb{R}$$

Ce paramétrage revient à décrire le cercle d'un mouvement uniforme. Il est périodique de période 2π. Le cercle est décrit tout entier pour $\theta \in [0, 2\pi]$.

Une autre possibilité est intéressante :

Pour $\theta \neq \pi + 2k\pi$ $(k \in \mathbb{Z})$, posons : $t = \tan\dfrac{\theta}{2}$; on a :

$$\begin{cases} \sin\theta = 2\sin\dfrac{\theta}{2}\cos\dfrac{\theta}{2} = 2\tan\dfrac{\theta}{2}\cos^2\dfrac{\theta}{2} = \dfrac{2t}{1+t^2} \\ \cos\theta = \cos^2\dfrac{\theta}{2}-\sin^2\dfrac{\theta}{2} = \cos^2\dfrac{\theta}{2}(1-\tan^2\dfrac{\theta}{2}) = \dfrac{1-t^2}{1+t^2} \end{cases}$$

On peut donc paramétrer le cercle, privé du point $A = \Omega - R\vec{i}$ (*Doc.* 22), par :

$$\begin{cases} x(t)=a+R\dfrac{1-t^2}{1+t^2} \\ y(t)=b+R\dfrac{2t}{1+t^2} \end{cases} \qquad t \in \mathbb{R}$$

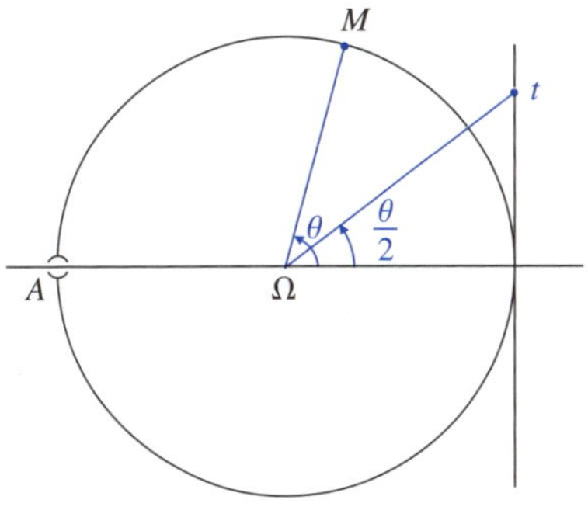

Doc. 22.

© Hachette Livre – H Prépa / Math – La photocopie non autorisée est un délit

Ce paramétrage, qui n'est plus périodique, décrit le cercle une seule fois ; le point A est la limite du point $M(t)$ lorsque t tend vers $\pm\infty$.

Ce paramétrage a l'avantage par rapport au précédent de ne faire intervenir que des fonctions rationnelles (quotients de polynômes), ce qui peut être utile, par exemple dans des calculs de primitives.

FICHE MÉTHODE

- Pour exprimer que **deux vecteurs sont orthogonaux**, on écrit que leur produit scalaire est nul.
- Pour exprimer que **deux vecteurs sont colinéaires**, on écrit que leur déterminant est nul.
- Pour représenter paramétriquement une droite D, on choisit un point A et un vecteur $\vec{u}(\alpha, \beta)$ non nul et on écrit :

$$M \in D \iff \overrightarrow{AM} = t\vec{u} \iff \begin{cases} x = x_A + \alpha t \\ y = y_A + \beta t \end{cases}$$

- Pour trouver une équation cartésienne d'une droite D, on peut :
  - choisir un point A et un vecteur non nul $\vec{u}$, et écrire :

$$M \in D \iff \text{Det}(\overrightarrow{AM}, \vec{u}) = 0$$

  - choisir un point A et un vecteur normal $\vec{n}(a, b)$, et écrire :

$$M \in D \iff \overrightarrow{AM} \cdot \vec{n} = 0 \iff ax + by + c = 0$$

si $\| \vec{n} \| = 1$, il existe un réel θ tel que $a = \cos\theta$, $b = \sin\theta$; on obtient l'équation normale de la droite :

$$x\cos\theta + y\sin\theta = p$$

- Pour trouver une équation cartésienne d'un cercle C de centre Ω de rayon R, on écrit :

$$M \in C \iff \Omega M^2 = R^2$$

- Pour trouver une équation cartésienne de la tangente au cercle C au point $M_0(x_0, y_0)$, on remplace dans l'équation de C :
  - x^2 par $x_0 x$,
  - y^2 par $y_0 y$, (principe du dédoublement)
  - $2x$ par $x + x_0$,
  - $2y$ par $y + y_0$.

© Hachette Livre – H Prépa / Math – La photocopie non autorisée est un délit

Exercice résolu

Problème de Napoléon

ÉNONCÉ

Le problème suivant fut résolu par Napoléon Bonaparte lorsqu'il était élève au collège de Brienne : construire le centre d'un cercle donné avec seulement un compas (on s'interdit l'usage de la règle). On demande de justifier la solution suivante : un point A étant choisi sur le cercle $\mathcal{C}$, on construit un cercle $\mathcal{C}_1$ de centre A coupant $\mathcal{C}$ en deux points B et C. Les cercles de centres B et C passant par A se recoupent en un point D. Le cercle de centre D passant par A coupe $\mathcal{C}_1$ en E et F. Les cercles de centres E et F passant par A se recoupent en un point G. Montrer que G est le centre du cercle $\mathcal{C}$.

CONSEILS

Choisir un repère et calculer les coordonnées de tous les points.

Utiliser la symétrie de la figure.

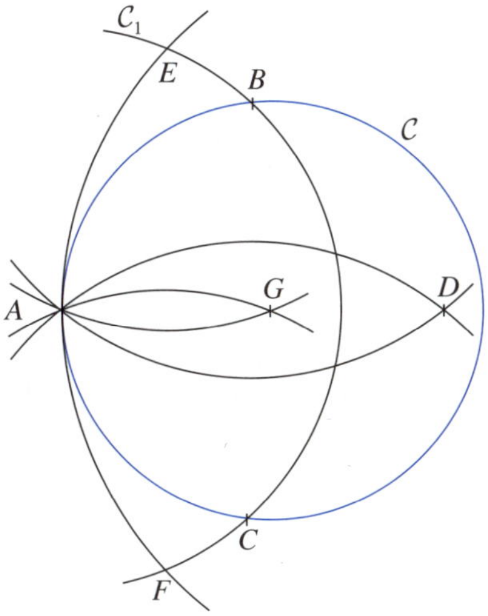

Doc. 23.

SOLUTION

Choisissons un repère orthonormal de centre O, centre du cercle $\mathcal{C}$. Ce cercle a pour équation cartésienne :

$$x^2 + y^2 = R^2 \qquad (1)$$

Soit A le point de coordonnées $(-R, 0)$. La figure étant symétrique par rapport à l'axe (Ox), les points A, D, G appartiennent à (Ox), et nous n'aurons à calculer que leurs abscisses. Le cercle $\mathcal{C}_1$ de centre A de rayon r a pour équation :

$$(x + R)^2 + y^2 = r^2 \iff x^2 + y^2 + 2Rx + R^2 - r^2 = 0 \qquad (2)$$

Les coordonnées des points B et C vérifient les équations (1) et (2), d'où $2Rx + 2R^2 - r^2 = 0$

$$x_B = x_C = \frac{r^2 - 2R^2}{2R}$$

Comme D est le symétrique de A par rapport à la droite (BC) :

$$x_D = 2x_B - x_A = \frac{r^2 - R^2}{R}$$

Le cercle de centre D passant par A a pour rayon $R + x_D = \dfrac{r^2}{R}$; une équation cartésienne de ce cercle est :

$$\left(x - \frac{r^2 - R^2}{R}\right)^2 + y^2 = \frac{r^4}{R^2}$$

c'est-à-dire :

$$x^2 + y^2 - \frac{2(r^2 - R^2)}{R}x + R^2 - 2r^2 = 0 \qquad (3)$$

Les coordonnées des points E et F vérifient les équations (2) et (3), d'où : $\left(2R + \dfrac{2(r^2 - R^2)}{R}\right)x + r^2 = 0$, et par conséquent :

$$x_E = x_F = -\frac{R}{2}$$

Le point G est le symétrique de A par rapport à la droite (EF) :

$$x_G = 2x_E - x_A = 0$$

On en conclut que le point G a pour coordonnées $(0, 0)$; c'est bien le centre du cercle $\mathcal{C}$ (*Doc.* 23).

© Hachette Livre – H Prépa / Math – La photocopie non autorisée est un délit

Exercices

1 Vrai ou faux ?

a. Pour toute base orthonormale $(\vec{i}, \vec{j})$, il existe une orientation du plan pour laquelle cette base est directe.

b. Si (r, θ) est un couple de coordonnées polaires d'un point M, $r = OM$.

c. L'équation polaire $r = \sin\theta$ représente une droite.

d. Le déterminant de deux vecteurs est nul si et seulement si ils sont colinéaires.

e. Le système $x = 2 - t; y = 1 + t$ est la représentation paramétrique d'une droite.

f. Toute droite du plan possède une équation de la forme $y = ax + b$.

g. La tangente en O au cercle d'équation $x^2+y^2-4x+2y = 0$ a pour équation $-2x + y = 0$.

Géométrie du triangle

2 Soit A, B, C, trois points non alignés du plan E et trois points $A' \in (BC)$, $B' \in (CA)$, $C' \in (AB)$, distincts de A, B, C.

1) Démontrer que A', B' et C' sont alignés si et seulement si :

$$\frac{\overline{A'B}}{\overline{A'C}}\,\frac{\overline{B'C}}{\overline{B'A}}\,\frac{\overline{C'A}}{\overline{C'B}} = 1 \qquad \text{(théorème de Ménélaüs)}$$

2) Trouver une condition analogue pour que les droites (AA'), (BB') et (CC') soient concourantes (théorème de Ceva).

3 ABC étant un triangle équilatéral, déterminer l'ensemble des points M du plan tels que $MA^2+MB^2 = MC^2$.

4 ABC étant un triangle quelconque, on pose $a = BC$, $b = CA$, $c = AB$. Déterminer la nature de l'ensemble E des points M du plan tels que :

$$a \cos A\ MA^2 + b \cos B\ MB^2 + c \cos C\ MC^2 = abc$$

Montrer que les trois sommets du triangle appartiennent à cet ensemble. En déduire le barycentre du système $(A, a\cos A), (B, b\cos B), (C, c\cos C)$.

5 ABC étant un triangle quelconque et α, β, γ trois réels strictement positifs, soit G le barycentre du système $(A, \alpha), (B, \beta), (C, \gamma)$.

1) Montrer que les aires des triangles GBC, GCA et GAB sont proportionnelles à α, β et γ.

2) Trouver (α, β, γ) pour que G soit le centre du cercle inscrit dans le triangle ABC.

3) Même question pour le centre du cercle circonscrit à ABC.

Droites du plan

6 Le plan est rapporté à un repère orthonormé. On donne un triangle par les équations de ses côtés :

$$\begin{cases} x\cos\alpha_1 + y\sin\alpha_1 = p_1 \\ x\cos\alpha_2 + y\sin\alpha_2 = p_2 \\ x\cos\alpha_3 + y\sin\alpha_3 = p_3 \end{cases}$$

Écrire les équations des trois hauteurs du triangle et vérifier qu'elles sont concourantes.
(On ne calculera les coordonnées d'aucun point...)

7 Le plan est rapporté à un repère orthonormé. Étudier l'ensemble des points équidistants des droites d'équation :

$$D_1 : \quad x\cos\alpha_1 + y\sin\alpha_1 = p_1$$
$$D_2 : \quad x\cos\alpha_2 + y\sin\alpha_2 = p_2$$

Cercles

8 Le plan est rapporté à un repère orthonormé. Soit $\mathcal{C}$ le cercle de centre $\Omega(1,0)$ de rayon 1, et $\mathcal{C}'$ le cercle de centre $\Omega'(0,1)$ de rayon $\sqrt{2}$. Soit A et B les points d'intersection des cercles $\mathcal{C}$ et $\mathcal{C}'$.

1) Déterminer une équation de la droite (AB).

2) Quelle est l'équation générale d'un cercle passant par A et B ?

3) Déterminer une équation du cercle circonscrit au triangle $(AB\Omega')$.

9 A et B étant deux points distincts du plan et k un réel strictement positif, étudier l'ensemble E_k des points M du plan tels que $\dfrac{MA}{MB} = k$.

© Hachette Livre – H Prépa / Math – La photocopie non autorisée est un délit

Géométrie élémentaire de l'espace

3

Introduction

L'étude de la géométrie dans l'espace prépare une étude plus approfondie des espaces vectoriels de dimension finie qui occupera la troisième partie de cet ouvrage. Elle est également indispensable pour l'étude de nombreux chapitres de Physique : mécanique, électromagnétisme, optique, ainsi que de Sciences de l'Ingénieur.

OBJECTIFS

- Réviser les notions de géométrie dans l'espace étudiées jusqu'en Terminale.
- Introduire des outils nouveaux : produit scalaire, produit vectoriel, produit mixte, coordonnées cylindriques et sphériques, qui serviront notamment en physique.
- Approfondir la notion de linéarité évoquée dans le chapitre précédent.

© Hachette Livre – H Prépa / Math – La photocopie non autorisée est un délit

1 Modes de repérage dans l'espace

1.1. Repère cartésien

Un **repère cartésien** de l'espace est la donnée d'un point O appelé **origine** du repère et de trois vecteurs non coplanaires $\vec{i}$, $\vec{j}$ et $\vec{k}$, appelés **vecteurs de base**. On note le repère $(O, \vec{i}, \vec{j}, \vec{k})$ (*Doc.* 1).

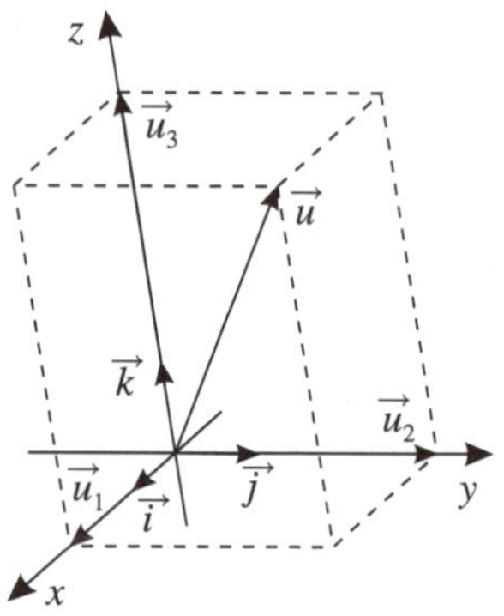

Doc. 1.

Les droites passant par O de vecteurs directeurs respectifs $\vec{i}$, $\vec{j}$ et $\vec{k}$ sont appelées **axes** du repère, et notées (Ox), (Oy), (Oz).

Étant donné un vecteur $\vec{u}$ quelconque de l'espace, soit $\vec{u}_1$ le projeté de $\vec{u}$ sur (Ox) parallèlement au plan (yOz), $\vec{u}_2$ le projeté de $\vec{u}$ sur (Oy) parallèlement à (zOx) et $\vec{u}_3$ le projeté de $\vec{u}$ sur (Oz) parallèlement à (xOy). On a : $\vec{u} = \vec{u}_1 + \vec{u}_2 + \vec{u}_3$. Comme $\vec{u}_1$, $\vec{u}_2$, $\vec{u}_3$ sont respectivement colinéaires à $\vec{i}$, $\vec{j}$ et $\vec{k}$, il existe des réels x, y, z tels que :

$$\vec{u} = x\,\vec{i} + y\,\vec{j} + z\,\vec{k}$$

Le triplet (x, y, z) est unique ; en effet, supposons que :

$$\vec{u} = x\,\vec{i} + y\,\vec{j} + z\,\vec{k} = x'\,\vec{i} + y'\,\vec{j} + z'\,\vec{k}$$

alors : $(z - z')\,\vec{k} = (x' - x)\,\vec{i} + (y' - y)\,\vec{j}$; comme $\vec{k}$ n'est pas dans le plan (xOy), cette égalité entraîne : $z - z' = 0$ et $(x' - x)\,\vec{i} + (y' - y)\,\vec{j} = 0$, d'où par unicité des coordonnées dans le plan : $x' - x = 0$ et $y' - y = 0$.

Les réels x, y et z sont appelés **coordonnées** de $\vec{u}$ dans la base $(\vec{i}, \vec{j}, \vec{k})$.

Étant donné un point M quelconque de l'espace, on appelle coordonnées de M dans le repère $(O, \vec{i}, \vec{j}, \vec{k})$ les coordonnées du vecteur $\overrightarrow{OM}$ dans la base $(\vec{i}, \vec{j}, \vec{k})$:

$$\overrightarrow{OM} = x\,\vec{i} + y\,\vec{j} + z\,\vec{k}$$

Remarque : Comme en géométrie plane, les calculs peuvent être grandement facilités par le choix judicieux d'un repère. Par exemple, dans un problème portant sur un tétraèdre $(ABCD)$, on pourra choisir le repère $(A, \overrightarrow{AB}, \overrightarrow{AC}, \overrightarrow{AD})$.

1.2. Repère orthonormal. Orientation

Si les vecteurs de base du repère sont unitaires et orthogonaux, le repère est dit **orthonormal** (*Doc.* 2) :

$$\| \vec{i} \| = \| \vec{j} \| = \| \vec{k} \| = 1 \quad ; \quad \vec{i} \cdot \vec{j} = \vec{j} \cdot \vec{k} = \vec{k} \cdot \vec{i} = 0$$

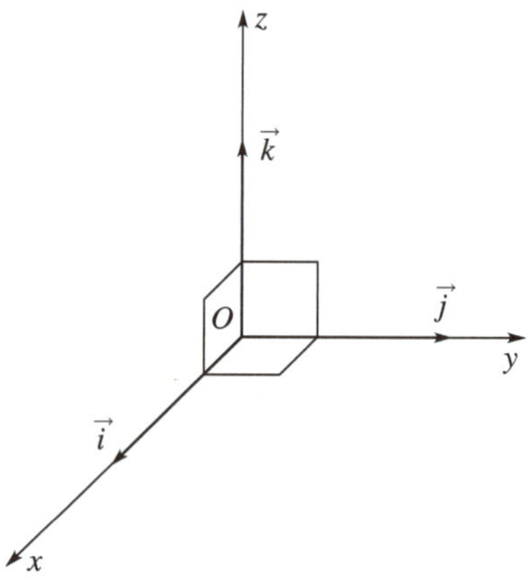

Doc. 2.

Remarque : Nous verrons plus loin que les coordonnées dans un repère orthonormal permettent une expression particulièrement simple du produit scalaire de deux vecteurs et de la norme d'un vecteur. En conséquence, on emploiera de préférence ce type de repère dans toutes les questions faisant intervenir des distances et des angles.

Nous admettrons que deux repères orthonormaux sont toujours image l'un de l'autre par un déplacement de l'espace (composée de translations et de rotations), ou par un antidéplacement (composée d'une symétrie plane et d'un déplacement). On dit que les deux repères ont la même orientation s'il s'agit d'un

© Hachette Livre – H Prépa / Math – La photocopie non autorisée est un délit

déplacement, ou une orientation contraire s'il s'agit d'un antidéplacement. Il y a donc deux classes de repères orthonormaux.

Orienter l'espace, c'est choisir l'une des classes, dont les éléments seront appelés repères orthonormaux **directs**, les autres étant dits **rétrogrades**.

Il n'existe aucun critère mathématique pour privilégier une orientation plutôt qu'une autre ; ce choix ne peut être qu'arbitraire. En général, on convient de dire que le repère $(O, \vec{i}, \vec{j}, \vec{k})$ est direct si lorsqu'on tourne de $\vec{i}$ vers $\vec{j}$, on progresse dans le sens de $\vec{k}$ en vissant (*Doc.* 3) (pensez à un tournevis, un tire-bouchon ou un robinet que l'on ferme). Ces conventions sont souvent utilisées en physique (électromagnétisme) et en chimie (molécules chirales).

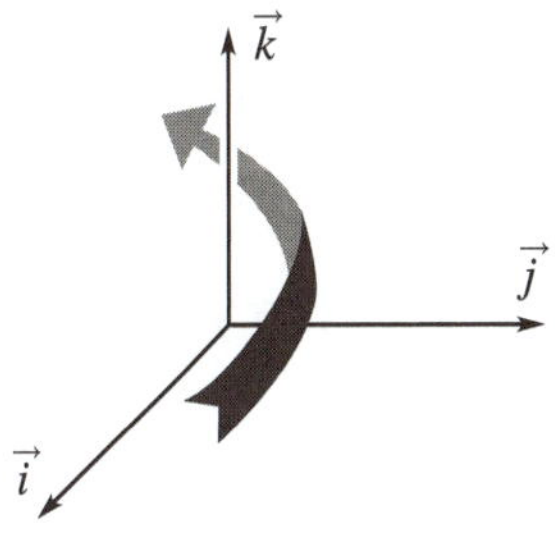

Doc. 3.

Il est important de remarquer que l'orientation de l'espace n'induit pas d'orientation particulière d'un plan de cet espace. Pour orienter un plan P, il suffit d'orienter une droite D orthogonale à P, en choisissant un vecteur $\vec{k}$ unitaire de D (il y a deux possibilités) ; une base orthonormale $(\vec{i}, \vec{j})$ de P sera dite directe si la base $(\vec{i}, \vec{j}, \vec{k})$ est directe dans l'espace. On dit alors qu'on a orienté le plan P par le vecteur normal $\vec{k}$ (*Doc.* 4).

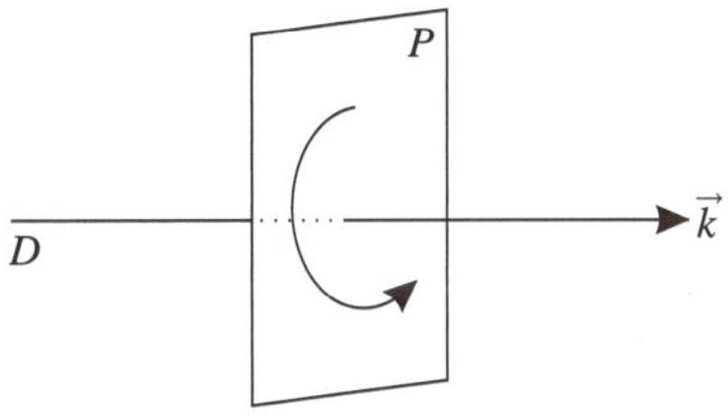

Doc. 4.

1.3. Coordonnées cylindriques

L'espace étant orienté, soit $R = (O, \vec{i}, \vec{j}, \vec{k})$ un repère orthonormal direct (*Doc.* 5). On oriente le plan (xOy) par le vecteur normal $\vec{k}$. Pour tout point M de l'espace, de coordonnées (x, y, z), on peut représenter en coordonnées polaires le projeté orthogonal H de M sur le plan (xOy) : $\overrightarrow{OH} = r\,\vec{u}(\theta)$, où $\vec{u}(\theta) = \cos\theta\,\vec{i} + \sin\theta\,\vec{j}$, d'où :

$$\overrightarrow{OM} = \overrightarrow{OH} + z\,\vec{k} = r\,\vec{u}(\theta) + z\,\vec{k}$$

On dit que (r, θ, z) est un triplet de **coordonnées cylindriques** du point M.

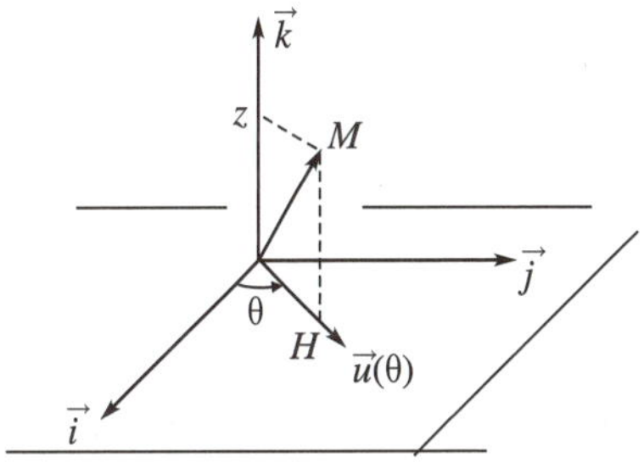

Doc. 5.

Remarque : Comme les coordonnées polaires dans le plan, les coordonnées cylindriques d'un point de l'espace ne sont pas uniques.

On privilégiera l'emploi de coordonnées cylindriques dans tout problème où une droite particulière joue un rôle remarquable (par exemple en physique, étude du champ électrique créé par un fil rectiligne uniformément chargé).

On peut facilement exprimer les coordonnées cartésiennes d'un point en fonction de coordonnées cylindriques :

$$\begin{cases} x = r\,\cos\theta \\ y = r\,\sin\theta \\ z = z \end{cases}$$

1.4. Coordonnées sphériques

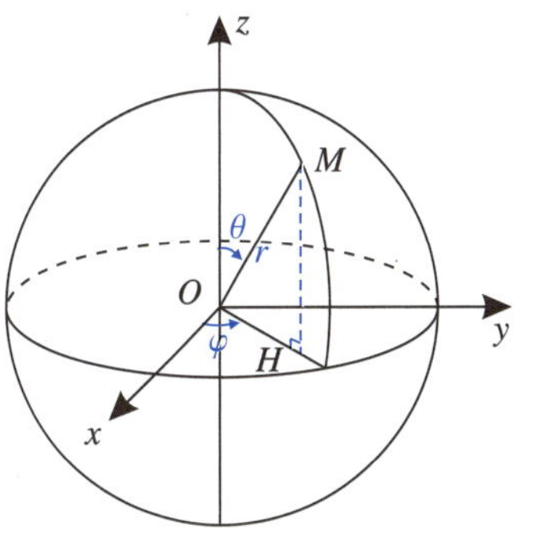

Doc. 6.

L'espace étant orienté, soit $R = (O, \vec{i}, \vec{j}, \vec{k})$ un repère orthonormal direct. On oriente le plan (xOy) par le vecteur normal $\vec{k}$. Pour tout point M de l'espace, on considère le point H, projeté orthogonal de M sur le plan (xOy) (*Doc.* 6). Soit :

- r la distance OM : $r = \| \overrightarrow{OM} \|$;
- θ une mesure dans $[0, \pi]$ de l'angle $(\vec{k}, \overrightarrow{OM})$ (on notera que cet angle n'est pas orienté, car on n'a pas défini d'orientation du plan (zOM)) ; θ est appelée **colatitude** de M ;

© Hachette Livre – H Prépa / Math – La photocopie non autorisée est un délit

- φ une mesure de l'angle orienté $(\vec{i}, \overrightarrow{OH})$ (si M appartient à (Oz), φ peut être quelconque) ; φ est appelée **longitude** de M.

On dit que (r, θ, φ) est un triplet de **coordonnées sphériques** du point M. On a :

$$\overrightarrow{OH} = r \sin\theta \ \vec{u}(\varphi) \quad ; \quad \overrightarrow{HM} = r \cos\theta \ \vec{k}$$

d'où :

$$\begin{cases} x = r \sin\theta \cos\varphi \\ y = r \sin\theta \sin\varphi \\ z = r \cos\theta \end{cases}$$

Remarque : On privilégiera l'emploi de coordonnées sphériques dans tout problème où un point central joue un rôle remarquable, par exemple en navigation maritime ou aérienne, ou en astronomie. Dans ces applications, on préfère souvent utiliser la **latitude** $\lambda = \frac{\pi}{2} - \theta$.

▶ ***Pour s'entraîner : ex.2 et exercice résolu.***

2 Produit scalaire

2.1. Définition

Soit $\vec{u}$ et $\vec{v}$ deux vecteurs de l'espace. Ils appartiennent nécessairement à un même plan P. On appelle produit scalaire de $\vec{u}$ et $\vec{v}$ leur produit scalaire dans le plan P, c'est-à-dire le réel :

$$\vec{u} \cdot \vec{v} = \| \vec{u} \| \, \| \vec{v} \| \ \cos(\vec{u}, \vec{v})$$

On remarque que cette définition ne nécessite pas de choisir une orientation du plan P, ni même de l'espace tout entier.

Comme en géométrie plane, on montre que le produit scalaire de l'espace est une application bilinéaire symétrique.

Application 1

Linéarité d'une application ; approfondissement

Revenons sur la notion d'application linéaire, évoquée dans l'*Application* 2 du chapitre *Géométrie Élémentaire du Plan*. Soit E l'ensemble des vecteurs de l'espace. On dit qu'une application f de E dans E (ou dans l'ensemble des vecteurs d'un plan, ou dans $\mathbb{R}$) est linéaire si pour tous vecteurs $\vec{u}$, $\vec{v}$ de E et tous réels α et β :

$$f(\alpha \vec{u} + \beta \vec{v}) = \alpha f(\vec{u}) + \beta f(\vec{v})$$

Soit $b = (\vec{i}, \vec{j}, \vec{k})$ une base de E ; montrons que l'application f est linéaire si et seulement si pour tout triplet $(x, y, z) \in \mathbb{R}^3$:

$$f(x\vec{i} + y\vec{j} + z\vec{k}) = x\, f(\vec{i}) + y\, f(\vec{j}) + z\, f(\vec{k}) \quad (1)$$

- Si f est linéaire, elle vérifie par définition l'égalité (1).
- Si f vérifie l'égalité (1), alors pour tous vecteurs $\vec{u} = x\vec{i} + y\vec{j} + z\vec{k}$, $\vec{v} = x'\vec{i} + y'\vec{j} + z'\vec{k}$

© Hachette Livre – H Prépa / Math – La photocopie non autorisée est un délit

de E et tous réels α et β :

$$f(\alpha \vec{u} + \beta \vec{v}) = (\alpha x + \beta x')f(\vec{i}) + (\alpha y + \beta y')f(\vec{j}) + (\alpha z + \beta z')f(\vec{k})$$

$$= \alpha\left(xf(\vec{i}) + yf(\vec{j}) + zf(\vec{k})\right)$$

$$4pt \quad + \beta\left(x'f(\vec{i}) + y'f(\vec{j}) + z'f(\vec{k})\right)$$

$$= \alpha\, f(\vec{u}) + \beta\, f(\vec{v})$$

f est linéaire.

Ainsi, une application linéaire f est entièrement déterminée par les trois images $f(\vec{i})$, $f(\vec{j})$, $f(\vec{k})$. Si l'ensemble d'arrivée est E, il suffit de connaître les coordonnées de ces vecteurs, que l'on peut disposer en colonnes dans un tableau, appelé **matrice** de f dans la base b :

$$M_b(f) = \begin{pmatrix} a_{1,1} & a_{1,2} & a_{1,3} \\ a_{2,1} & a_{2,2} & a_{2,3} \\ a_{3,1} & a_{3,2} & a_{3,3} \end{pmatrix}$$

(colonnes : $f(\vec{i})$, $f(\vec{j})$, $f(\vec{k})$)

Exemples :

- Homothétie h de rapport k.

$$h(x\vec{i} + y\vec{j} + z\vec{k}) = kx\vec{i} + ky\vec{j} + kz\vec{k} = x\,h(\vec{i}) + y\,h(\vec{j}) + z\,h(\vec{k})$$

donc h est linéaire ; sa matrice est :

$$M_b(h) = \begin{pmatrix} k & 0 & 0 \\ 0 & k & 0 \\ 0 & 0 & k \end{pmatrix}$$

- Projection p sur le plan xOy parallèlement à Oz.

$$p(x\vec{i} + y\vec{j} + z\vec{k}) = x\vec{i} + y\vec{j} = x\,p(\vec{i}) + y\,p(\vec{j}) + z\,p(\vec{k})$$

donc p est linéaire ; sa matrice est :

$$M_b(p) = \begin{pmatrix} 1 & 0 & 0 \\ 0 & 1 & 0 \\ 0 & 0 & 0 \end{pmatrix}$$

- Rotation r d'axe Oz d'angle θ.

$$r(x\vec{i} + y\vec{j} + z\vec{k}) = (x\cos\theta - y\sin\theta)\vec{i} + (x\sin\theta + y\cos\theta)\vec{j} + z\vec{k} = x\,r(\vec{i}) + y\,r(\vec{j}) + z\,r(\vec{k})$$

donc r est linéaire ; sa matrice est :

$$M_b(r) = \begin{pmatrix} \cos\theta & -\sin\theta & 0 \\ \sin\theta & \cos\theta & 0 \\ 0 & 0 & 1 \end{pmatrix}$$

Il est clair que la composée de deux applications linéaires est linéaire. Nous verrons dans le chapitre *Matrices* comment calculer la matrice de la composée.

2.2. Expression dans une base orthonormale

Soit $(\vec{i}, \vec{j}, \vec{k})$ une base orthonormale, $\vec{u}$, $\vec{v}$ deux vecteurs de coordonnées respectives : (x, y, z) et (x', y', z'). Calculons le produit scalaire de $\vec{u}$ et $\vec{v}$:

$$\vec{u} \cdot \vec{v} = (x\vec{i} + y\vec{j} + z\vec{k}) \cdot (x'\vec{i} + y'\vec{j} + z'\vec{k})$$

© Hachette Livre – H Prépa / Math – La photocopie non autorisée est un délit

On peut développer grâce la bilinéarité du produit scalaire et utiliser le fait que la base est orthonormale, c'est-à-dire que le produit scalaire de deux vecteurs de base distincts est nul, tandis que le produit scalaire d'un vecteur de base par lui-même est égal à 1. On obtient :

$$\vec{u} \cdot \vec{v} = xx' + yy' + zz'$$

On en déduit l'expression de la norme d'un vecteur :

$$\| \vec{u} \| = \sqrt{\vec{u} \cdot \vec{u}} = \sqrt{x^2 + y^2 + z^2}$$

On obtient également la distance de deux points de l'espace, en fonction de leurs coordonnées dans un repère orthonormal :

$$AB = \| \overrightarrow{AB} \| = \sqrt{(x_B - x_A)^2 + (y_B - y_A)^2 + (z_B - z_A)^2}$$

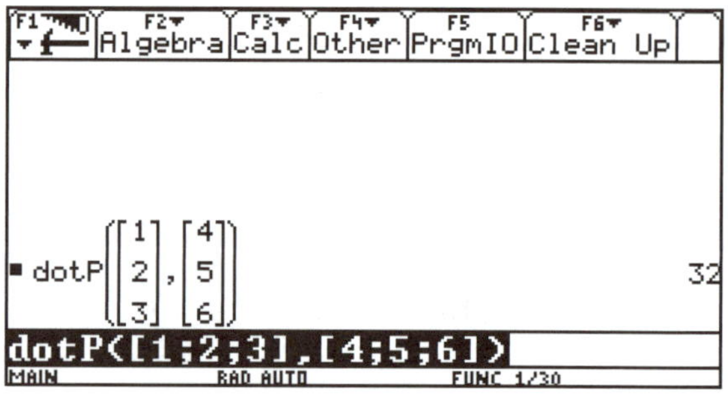

La fonction dotP calcule le produit scalaire de deux vecteurs représentés en ligne ou en colonne.

3 Produit vectoriel

3.1. Définition

L'espace étant orienté, soit $\vec{u}$, $\vec{v}$ deux vecteurs. Soit P un plan contenant $\vec{u}$ et $\vec{v}$. Orientons le plan P en choisissant un vecteur normal unitaire $\vec{k}$ (*Doc.* 7). Ceci permet de définir le déterminant $\text{Det}(\vec{u}, \vec{v})$.

On appelle **produit vectoriel** de $\vec{u}$ et $\vec{v}$ le vecteur :

$$\vec{u} \wedge \vec{v} = \text{Det}(\vec{u}, \vec{v})\vec{k}$$

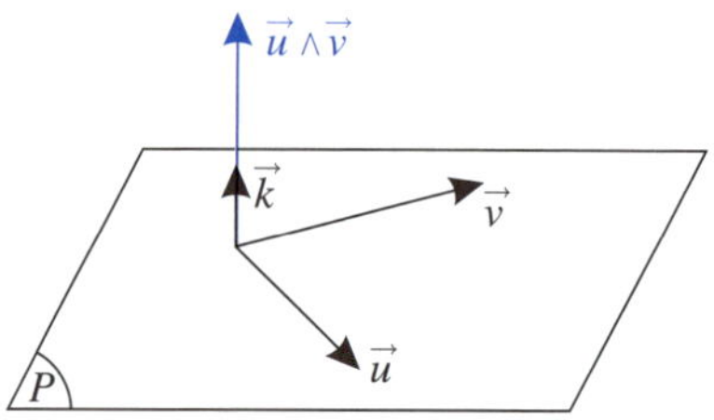

Doc. 7.

Remarque : Cette définition dépend de l'orientation choisie dans l'espace. Si on avait choisi l'orientation contraire, on aurait obtenu un produit vectoriel opposé pour les mêmes vecteurs $\vec{u}$ et $\vec{v}$.

En revanche, le résultat ne dépend pas de l'orientation choisie dans le plan P, car en choisissant l'orientation contraire, $\text{Det}(\vec{u}, \vec{v})$ et $\vec{k}$ sont tous deux changés en leur opposé.

La norme du produit vectoriel de $\vec{u}$ et $\vec{v}$ est donnée par :

$$\| \vec{u} \wedge \vec{v} \| = |\text{Det}(\vec{u}, \vec{v})| = \| \vec{u} \| \| \vec{v} \| \, |\sin(\vec{u}, \vec{v})|$$

C'est l'aire du parallélogramme construit sur les vecteurs $\vec{u}$ et $\vec{v}$ (*Doc.* 8).
Il en résulte que $\vec{u} \wedge \vec{v} = \vec{0}$ si et seulement si $\vec{u}$ et $\vec{v}$ sont colinéaires.

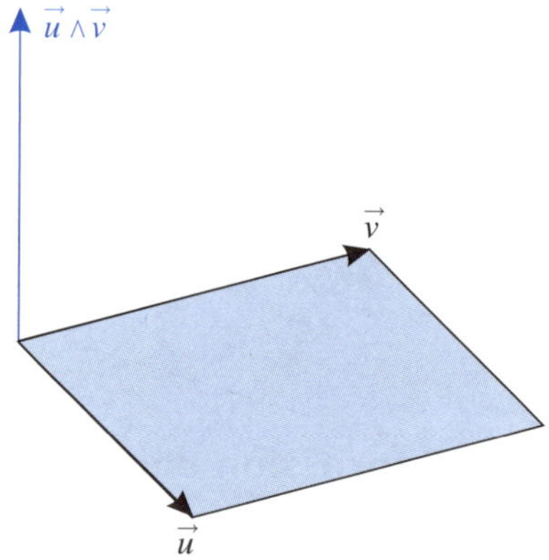

Doc. 8.

3.2. Antisymétrie

Le déterminant de deux vecteurs est antisymétrique :
$\text{Det}(\vec{v}, \vec{u}) = -\text{Det}(\vec{u}, \vec{v})$. Par conséquent :

$$\vec{v} \wedge \vec{u} = -\vec{u} \wedge \vec{v}$$

On dit que le produit vectoriel est antisymétrique.

© Hachette Livre – H Prépa / Math – La photocopie non autorisée est un délit

3.3. Bilinéarité

Soit $\vec{u}$ un vecteur non nul donné. Pour tout vecteur $\vec{v}$ de l'espace, on peut obtenir le produit vectoriel $\vec{u} \wedge \vec{v}$ en composant les applications suivantes (*Doc.* 9) :

- projection sur un plan orthogonal à $\vec{u}$, ce qui donne un vecteur $\vec{v}_1$ de norme $\| \vec{v} \| \, |\sin(\vec{u}, \vec{v})|$;
- rotation d'angle $+\dfrac{\pi}{2}$ dans ce plan orienté par le vecteur normal $\vec{u}$, ce qui donne un vecteur $\vec{v}_2$ de même norme directement orthogonal à $\vec{u}$ et $\vec{v}$;
- homothétie de rapport $\| \vec{u} \|$, ce qui donne un vecteur $\vec{v}_3$ de norme $\| \vec{u} \| \| \vec{v} \| \, |\sin(\vec{u}, \vec{v})|$ directement orthogonal à $\vec{u}$ et $\vec{v}$, c'est-à-dire le vecteur $\vec{u} \wedge \vec{v}$.

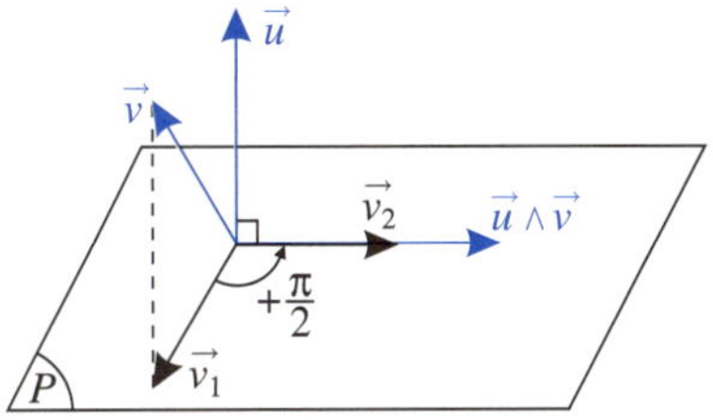

Doc. 9.

Ces trois applications sont linéaires (voir Application 1). Il en résulte que l'application $\vec{v} \mapsto \vec{u} \wedge \vec{v}$ est linéaire, comme composée d'applications linéaires. Ce résultat reste bien sûr valable si le vecteur $\vec{u}$ est nul.

Du fait de l'antisymétrie, pour tout vecteur $\vec{v}$ fixé, l'application $\vec{u} \mapsto \vec{u} \wedge \vec{v}$ est également linéaire. Le produit vectoriel est donc une application bilinéaire.

3.4. Expression dans une base orthonormale directe

L'espace étant orienté, soit $(\vec{i}, \vec{j}, \vec{k})$ une base orthonormale directe, $\vec{u}$, $\vec{v}$ deux vecteurs de coordonnées respectives : (x, y, z) et (x', y', z'). Calculons le produit vectoriel de $\vec{u}$ et $\vec{v}$:

$$\vec{u} \wedge \vec{v} = (x\,\vec{i} + y\,\vec{j} + z\,\vec{k}) \wedge (x'\,\vec{i} + y'\,\vec{j} + z'\,\vec{k})$$

On peut développer grâce à la bilinéarité du produit vectoriel en éliminant tous les produits d'un vecteur de base par lui-même :

$$\vec{u} \wedge \vec{v} = xy'\,\vec{i} \wedge \vec{j} + xz'\,\vec{i} \wedge \vec{k} + yx'\,\vec{j} \wedge \vec{i} + yz'\,\vec{j} \wedge \vec{k} + zx'\,\vec{k} \wedge \vec{i} + zy'\,\vec{k} \wedge \vec{j}$$

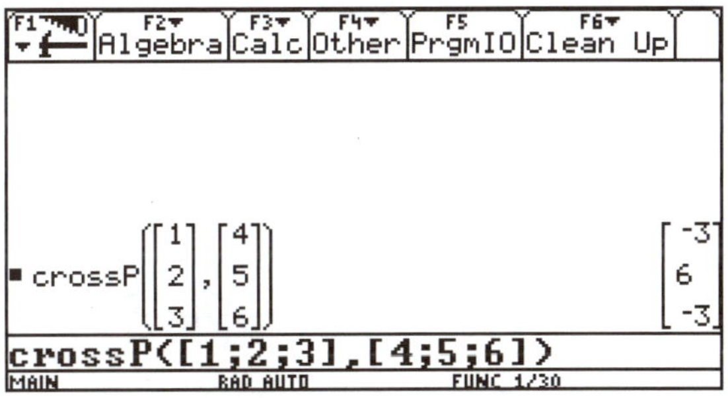

La fonction crossP calcule le produit vectoriel de deux vecteurs représentés en ligne ou en colonne.

et utiliser les relations :

$$\vec{i} \wedge \vec{j} = -\vec{j} \wedge \vec{i} = \vec{k} \quad ; \quad \vec{j} \wedge \vec{k} = -\vec{k} \wedge \vec{j} = \vec{i} \quad ; \quad \vec{k} \wedge \vec{i} = -\vec{i} \wedge \vec{k} = \vec{j}$$

d'où :

$$\vec{u} \wedge \vec{v} = (yz' - y'z)\,\vec{i} + (zx' - z'x)\,\vec{j} + (xy' - x'y)\,\vec{k}$$

soit, en utilisant la notation des déterminants de 2 vecteurs :

$$\vec{u} \wedge \vec{v} = \begin{vmatrix} y & y' \\ z & z' \end{vmatrix} \vec{i} + \begin{vmatrix} z & z' \\ x & x' \end{vmatrix} \vec{j} + \begin{vmatrix} x & x' \\ y & y' \end{vmatrix} \vec{k}$$

Remarque : Attention au signe de la deuxième coordonnée. On passe d'une coordonnée à la suivante par une permutation circulaire sur les lettres x, y et z.

© Hachette Livre – H Prépa / Math – La photocopie non autorisée est un délit

Application 2

Formule du double produit vectoriel

Montrer que pour tous vecteurs $\vec{u}, \vec{v}, \vec{w}$:

$$(\vec{u} \wedge \vec{v}) \wedge \vec{w} = (\vec{u} \cdot \vec{w})\, \vec{v} - (\vec{v} \cdot \vec{w})\, \vec{u}$$

Il existe une base orthonormale directe dans laquelle les coordonnées de $\vec{u}$, $\vec{v}$, $\vec{w}$ sont :

$$\vec{u} = (a, 0, 0) \quad \vec{v} = (b, c, 0) \quad \vec{w} = (d, e, f).$$

$$\vec{u} \wedge \vec{v} = \begin{pmatrix} a \\ 0 \\ 0 \end{pmatrix} \wedge \begin{pmatrix} b \\ c \\ 0 \end{pmatrix} = \begin{pmatrix} 0 \\ 0 \\ ac \end{pmatrix}$$

$$(\vec{u} \wedge \vec{v}) \wedge \vec{w} = \begin{pmatrix} 0 \\ 0 \\ ac \end{pmatrix} \wedge \begin{pmatrix} d \\ e \\ f \end{pmatrix} = \begin{pmatrix} -ace \\ acd \\ 0 \end{pmatrix}$$

$$(\vec{u} \cdot \vec{w})\, \vec{v} - (\vec{v} \cdot \vec{w})\, \vec{u} = ad \begin{pmatrix} b \\ c \\ 0 \end{pmatrix} - (bd + ce) \begin{pmatrix} a \\ 0 \\ 0 \end{pmatrix}$$

$$= \begin{pmatrix} -ace \\ acd \\ 0 \end{pmatrix}$$

D'où l'égalité cherchée.

► ***Pour s'entraîner : ex. 3.***

4 Produit mixte ou déterminant de trois vecteurs

4.1. Définition

L'espace étant orienté, on appelle **produit mixte** (ou **déterminant**) des trois vecteurs $\vec{u}$, $\vec{v}$, $\vec{w}$ le réel :

$$\mathrm{Det}(\vec{u}, \vec{v}, \vec{w}) = (\vec{u} \wedge \vec{v}) \cdot \vec{w}$$

On peut aussi le noter $[\vec{u}, \vec{v}, \vec{w}]$

Remarque : Cette définition dépend de l'orientation choisie dans l'espace. Si on avait choisi l'orientation contraire, on aurait obtenu un produit mixte opposé pour les mêmes vecteurs $\vec{u}$, $\vec{v}$ et $\vec{w}$.

Notons que $\mathrm{Det}(\vec{u}, \vec{v}, \vec{w}) = 0$ si et seulement si $\vec{w}$ est orthogonal à $\vec{u} \wedge \vec{v}$, c'est-à-dire si $\vec{w}$ appartient à un plan contenant $\vec{u}$ et $\vec{v}$: le déterminant de trois vecteurs est nul si et seulement si ces trois vecteurs sont coplanaires.

4.2. Interprétation géométrique

Supposons $\vec{u}$, $\vec{v}$ et $\vec{w}$ non coplanaires. Soit O, A, B, C quatre points tels que : $\vec{u} = \overrightarrow{OA}$, $\vec{v} = \overrightarrow{OB}$, $\vec{w} = \overrightarrow{OC}$, et D le point tel que $\vec{u} \wedge \vec{v} = \overrightarrow{OD}$. Soit C_1 le projeté orthogonal de C sur la droite (OD) (*Doc.* 10). On peut alors interpréter géométriquement le produit scalaire de $\vec{u} \wedge \vec{v}$ et $\vec{w}$:

$$\mathrm{Det}(\vec{u}, \vec{v}, \vec{w}) = \overline{OD} \cdot \overline{OC_1}$$

En valeur absolue, c'est le produit de l'aire d'une face du parallélépipède construit sur les vecteurs $\overrightarrow{OA}$, $\overrightarrow{OB}$, $\overrightarrow{OC}$ par la hauteur correspondante ; c'est donc le volume de ce parallélépipède.

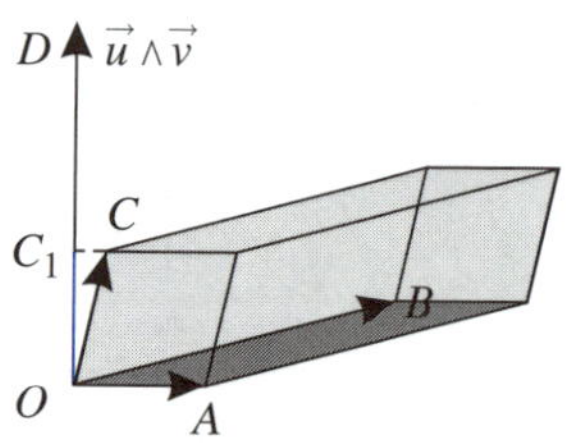

Doc. 10.

© Hachette Livre – H Prépa / Math – La photocopie non autorisée est un délit

Le signe du déterminant est celui du produit $\overline{OD} \cdot \overline{OC_1}$:

- positif si $\vec{w}$ est du même côté que $\vec{u} \wedge \vec{v}$ par rapport au plan $(\vec{u}, \vec{v})$ (on dit dans ce cas, par extension, que la base $(\vec{u}, \vec{v}, \vec{w})$ est directe) ;
- négatif si $\vec{w}$ est du côté opposé à $\vec{u} \wedge \vec{v}$ par rapport au plan $(\vec{u}, \vec{v})$ (on dit dans ce cas, par extension, que la base $(\vec{u}, \vec{v}, \vec{w})$ est rétrograde).

Si $\vec{u}$, $\vec{v}$ et $\vec{w}$ sont coplanaires, leur déterminant est nul, tout comme le volume du parallélépipède. On peut donc énoncer :

Le produit mixte, ou déterminant, de trois vecteurs $\vec{u}$, $\vec{v}$ et $\vec{w}$ est égal au volume du parallélépipède qu'ils déterminent, affecté d'un signe correspondant à l'orientation du triplet $(\vec{u}, \vec{v}, \vec{w})$.

4.3. Antisymétrie

L'échange de deux vecteurs parmi $\vec{u}$, $\vec{v}$ et $\vec{w}$ ne modifie pas le volume du parallélépipède qu'ils déterminent, mais change seulement le signe du déterminant :

$$\text{Det}(\vec{u}, \vec{v}, \vec{w}) = -\text{Det}(\vec{v}, \vec{u}, \vec{w})$$
$$\text{Det}(\vec{u}, \vec{v}, \vec{w}) = -\text{Det}(\vec{u}, \vec{w}, \vec{v})$$
$$\text{Det}(\vec{u}, \vec{v}, \vec{w}) = -\text{Det}(\vec{w}, \vec{v}, \vec{u})$$

On dit que le produit mixte (ou déterminant) est antisymétrique.

En composant deux de ces échanges, le signe reste invariant :

$$\text{Det}(\vec{u}, \vec{v}, \vec{w}) = \text{Det}(\vec{v}, \vec{w}, \vec{u}) = \text{Det}(\vec{w}, \vec{u}, \vec{v})$$

Le déterminant de trois vecteurs est invariant par une permutation circulaire de ces trois vecteurs.

4.4. Trilinéarité

Le produit vectoriel et le produit scalaire étant bilinéaires, il est clair que l'application : $(\vec{u}, \vec{v}, \vec{w}) \mapsto \text{Det}(\vec{u}, \vec{v}, \vec{w})$ est linéaire par rapport à chacune des trois variables ; on dit que le produit mixte (ou déterminant) est **trilinéaire**.

▶ ***Pour s'entraîner : ex. 4 et 5.***

4.5. Expression dans une base orthonormale directe

L'espace étant orienté, soit $(\vec{i}, \vec{j}, \vec{k})$ une base orthonormale directe, $\vec{u}$, $\vec{v}$, $\vec{w}$ trois vecteurs de coordonnées respectives : (x, y, z), (x', y', z') et (x'', y'', z''). Calculons le produit mixte de $\vec{u}$, $\vec{v}$, $\vec{w}$:

$$\text{Det}(\vec{u}, \vec{v}, \vec{w}) = \text{Det}(\, x\,\vec{i} + y\,\vec{j} + z\,\vec{k}\,,\ x'\,\vec{i} + y'\,\vec{j} + z'\,\vec{k}\,,\ x''\,\vec{i} + y''\,\vec{j} + z''\,\vec{k}\,)$$

Développons grâce à la trilinéarité du produit mixte en éliminant tous les produits mixtes où apparaît plus d'une fois le même vecteur de base :

$$\begin{aligned} \text{Det}(\vec{u}, \vec{v}, \vec{w}) &= xy'z''\text{Det}(\vec{i}, \vec{j}, \vec{k}) + xz'y''\text{Det}(\vec{i}, \vec{k}, \vec{j}) \\ &\quad + yx'z''\text{Det}(\vec{j}, \vec{i}, \vec{k}) + yz'x''\text{Det}(\vec{j}, \vec{k}, \vec{i}) \\ &\quad + zx'y''\text{Det}(\vec{k}, \vec{i}, \vec{j}) + zy'x''\text{Det}(\vec{k}, \vec{j}, \vec{i}) \end{aligned}$$

© Hachette Livre – H Prépa / Math – La photocopie non autorisée est un délit

Or :

$$\mathrm{Det}(\vec{i},\vec{j},\vec{k}) = \mathrm{Det}(\vec{j},\vec{k},\vec{i}) = \mathrm{Det}(\vec{k},\vec{i},\vec{j}) = 1$$
$$\mathrm{Det}(\vec{i},\vec{k},\vec{j}) = \mathrm{Det}(\vec{k},\vec{j},\vec{i}) = \mathrm{Det}(\vec{j},\vec{i},\vec{k}) = -1$$

D'où :

$$\mathrm{Det}(\vec{u},\vec{v},\vec{w}) = xy'z'' - xz'y'' - yx'z'' + yz'x'' + zx'y'' - zy'x''$$

Notation : on écrit ce déterminant sous la forme :

$$\mathrm{Det}(\vec{u},\vec{v},\vec{w}) = \begin{vmatrix} x & x' & x'' \\ y & y' & y'' \\ z & z' & z'' \end{vmatrix}$$

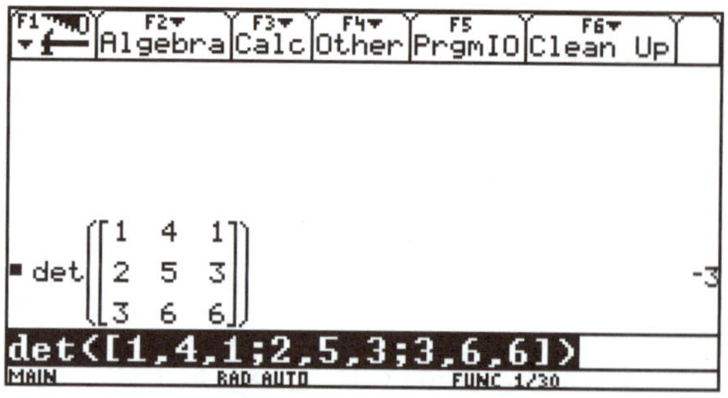

La fonction det calcule le déterminant de trois vecteurs représentés par une matrice.

Application 3

Règle de Sarrus

Comment calculer rapidement un déterminant d'ordre 3 ?

Il y a 3 termes affectés d'un signe + et 3 termes affectés d'un signe − :

$$\begin{vmatrix} x & x' & x'' \\ y & y' & y'' \\ z & z' & z'' \end{vmatrix} = xy'z'' + x'y''z + x''yz' - x''y'z - xy''z' - x'yz''$$

Un moyen de retenir ce résultat est de recopier à droite les deux premières colonnes du déterminant.

Les 3 termes affectés du signe + sont les produits des coefficients d'une parallèle à la diagonale principale, et les 3 termes affectés du signe − sont les produits des coefficients d'une parallèle à la diagonale secondaire.

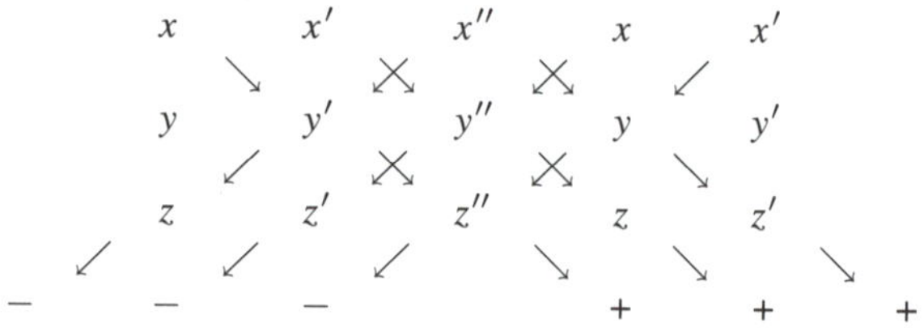

5 Droites et plans

5.1. Représentation paramétrique d'une droite de l'espace

L'espace étant rapporté à un repère $(O,\vec{i},\vec{j},\vec{k})$, considérons la droite D passant par le point $A(x_A, y_A, z_A)$ et dirigée par le vecteur non nul $\vec{u}(\alpha,\beta,\gamma)$ (*Doc.* 11). Un point M de coordonnées (x, y, z) appartient à la droite D si et seulement si $\overrightarrow{AM}$ est colinéaire à $\vec{u}$, c'est-à-dire qu'il existe un réel t tel que $\overrightarrow{AM} = t\,\vec{u}$, soit :

$$\begin{cases} x = x_A + \alpha t \\ y = y_A + \beta t \\ z = z_A + \gamma t \end{cases}$$

La droite D est décrite comme une courbe paramétrée ; ce système est appelé **représentation paramétrique** de D.

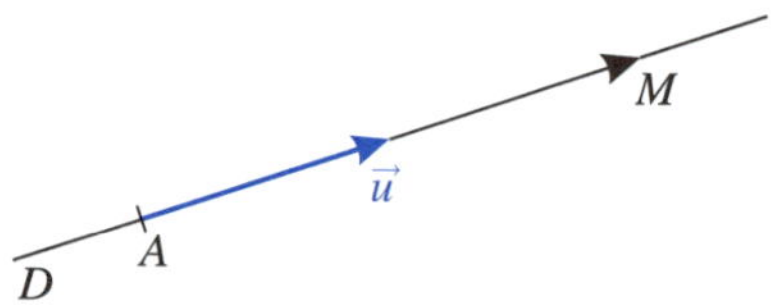

Doc. 11.

© Hachette Livre – H Prépa / Math – La photocopie non autorisée est un délit

Réciproquement, tout système de cette forme représente une droite, dont on connaît un point $A(x_A, y_A, z_A)$ et un vecteur directeur $\vec{u}(\alpha, \beta, \gamma)$.

Remarque : En limitant les variations de t, on décrit une partie de la droite D :

- $t \geqslant 0$: demi-droite fermée d'origine A dirigée par $\vec{u}$;
- $t \in [0, 1]$: segment $[AB]$ où $B = A + \vec{u}$ (unique point tel que $\overrightarrow{AB} = \vec{u}$).

5.2. Équation cartésienne d'un plan

L'espace étant rapporté à un repère $(O, \vec{i}, \vec{j}, \vec{k})$, considérons le plan P passant par le point $A(x_A, y_A, z_A)$ et dirigé par les vecteurs non colinéaires $\vec{u}(\alpha, \beta, \gamma)$, $\vec{v}(\alpha', \beta', \gamma')$ (*Doc.* 12). Un point M de coordonnées (x, y, z) appartient au plan P si et seulement si les vecteurs $\overrightarrow{AM}$, $\vec{u}$, $\vec{v}$ sont coplanaires, c'est-à-dire si $\text{Det}(\overrightarrow{AM}, \vec{u}, \vec{v}) = 0$, soit :

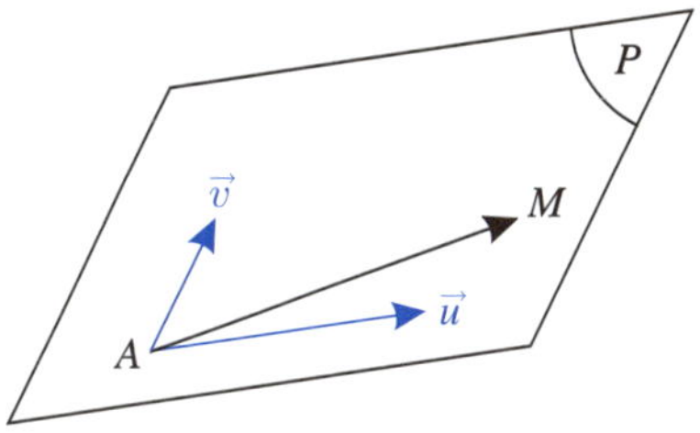

Doc. 12.

$$\begin{vmatrix} x - x_A & \alpha & \alpha' \\ y - y_A & \beta & \beta' \\ z - z_A & \gamma & \gamma' \end{vmatrix} = 0$$

ce qui équivaut à :

$$(\beta\gamma' - \beta'\gamma)(x - x_A) + (\gamma\alpha' - \gamma'\alpha)(y - y_A) + (\alpha\beta' - \alpha'\beta)(z - z_A) = 0$$

En posant : $a = \beta\gamma' - \beta'\gamma$, $b = \gamma\alpha' - \gamma'\alpha$, $c = \alpha\beta' - \alpha'\beta$ et $d = -(\beta\gamma' - \beta'\gamma)x_A - (\gamma\alpha' - \gamma'\alpha)y_A - (\alpha\beta' - \alpha'\beta)z_A$, cette équation s'écrit :

$$ax + by + cz + d = 0$$

Elle est appelée **équation cartésienne** de P ; elle caractérise l'appartenance d'un point à P, c'est-à-dire que :

$$M(x, y, z) \in P \iff ax + by + cz + d = 0$$

Remarque : Nous vérifierons un peu plus loin la réciproque, c'est-à-dire que toute équation du type $ax + by + cz + d = 0$ avec $(a, b, c) \neq (0, 0, 0)$ représente un plan. Il est important de noter qu'une telle équation ne représente JAMAIS une droite. Une droite peut être définie comme l'intersection de deux plans sécants, donc par un système de DEUX équations du type précédent. En résolvant ce système, on peut calculer deux coordonnées en fonction de la troisième, ce qui revient à une représentation paramétrique de la droite.

Exemple : Trouver une représentation paramétrique de la droite D, intersection des plans d'équations cartésiennes $x+2y-3z+1 = 0$ et $2x-y+z+2 = 0$. En résolvant le système en (x, y), où z est fixé, on obtient : $x = 7z + 1$; $y = -11z - 3$. La droite D est donc définie paramétriquement par :

$$\begin{cases} x = 1 + 7t \\ y = -3 - 11t \\ z = t \end{cases}$$

c'est-à-dire que D passe par le point $A(1, -3, 0)$, et elle est dirigée par lc vecteur $\vec{u}(7, -11, 1)$.

► ***Pour s'entraîner : ex. 7, 8, 9.***

© Hachette Livre – H Prépa / Math – La photocopie non autorisée est un délit

5.3. Plan défini par un point et un vecteur normal

Choisissons un repère $(O, \vec{i}, \vec{j}, \vec{k})$ orthonormal, et considérons le plan P passant par le point $A(x_A, y_A, z_A)$ et orthogonal au vecteur non nul $\vec{n}(a, b, c)$ ($\vec{n}$ est appelé **vecteur normal** à P) (*Doc.* 13).

Un point M de coordonnées (x, y, z) appartient au plan P si et seulement si :

$$\overrightarrow{AM} \cdot \vec{n} = 0$$

c'est-à-dire :

$$a(x - x_A) + b(y - y_A) + c(z - z_A) = 0$$

On retrouve l'équation cartésienne de P : $ax + by + cz + d = 0$, où $d = -ax_A - by_A - cz_A$.
Réciproquement, toute équation de la forme $ax + by + cz + d = 0$, avec $(a, b, c) \neq (0, 0, 0)$ représente un plan de vecteur normal $\vec{n}(a, b, c)$.

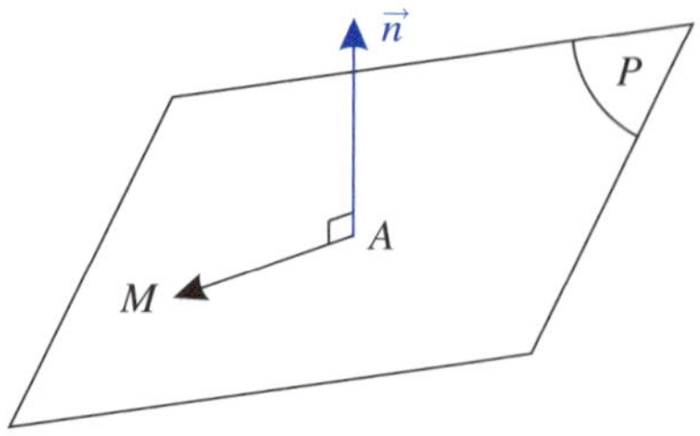

Doc. 13.

Application 4

Équation d'un plan passant par trois points

L'espace est rapporté à un repère orthonormal $(O, \vec{i}, \vec{j}, \vec{k})$. Déterminer une équation cartésienne du plan P passant par les points $A(1, 0, -2)$, $B(0, 2, 1)$, $C(-1, 1, 0)$.

Orientons l'espace en choisissant la base $(\vec{i}, \vec{j}, \vec{k})$ directe, et prenons pour vecteur normal à P le vecteur $\vec{n} = \overrightarrow{AB} \wedge \overrightarrow{AC}$:

$$\vec{n} = \begin{pmatrix} -1 \\ 2 \\ 3 \end{pmatrix} \wedge \begin{pmatrix} -2 \\ 1 \\ 2 \end{pmatrix} = \begin{pmatrix} 1 \\ -4 \\ 3 \end{pmatrix}$$

Un point M de coordonnées (x, y, z) appartient au plan P si et seulement si :

$$\overrightarrow{AM} \cdot \vec{n} = 0$$

c'est-à-dire : $(x - 1) - 4y + 3(z + 2) = 0$, soit :

$$x - 4y + 3z + 5 = 0$$

5.4. Distance d'un point à un plan

Soit P un plan. Pour tout point M de l'espace, on appelle distance de M à P la plus petite distance entre M et un point de P. Elle est notée $d(M, P)$.

Soit H le projeté orthogonal de M sur P (*Doc.* 14). Pour tout point N de P :

$$MN^2 = MH^2 + HN^2 \geqslant MH^2$$

Le minimum de la distance MN est donc MH ;

$$d(M, P) = HM$$

Comme de plus, $MN = MH \iff HN = 0$, ce minimum est atteint uniquement lorsque $N = H$.

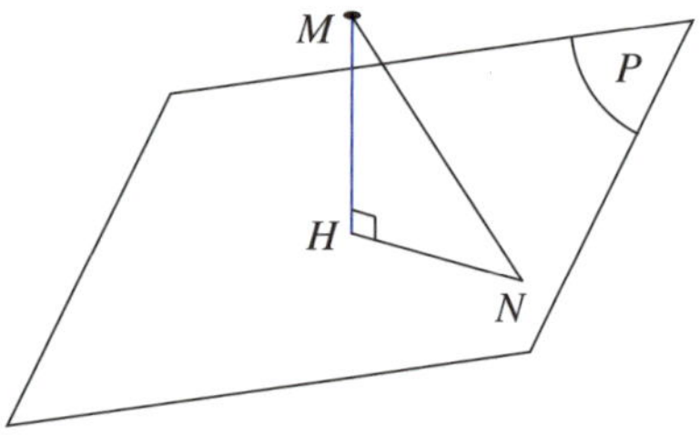

Doc. 14.

© Hachette Livre – H Prépa / Math – La photocopie non autorisée est un délit

Calculons cette distance dans un repère orthonormal $(O, \vec{i}, \vec{j}, \vec{k})$. Le plan P est déterminé par un point $A(x_A, y_A, z_A)$ et un vecteur normal $\vec{n}(a, b, c)$. Il a pour équation cartésienne $ax + by + c = 0$.
On a :

$$\overrightarrow{AM} \cdot \vec{n} = (\overrightarrow{AH} + \overrightarrow{HM}) \cdot \vec{n} = \overrightarrow{HM} \cdot \vec{n} = \pm \| \overrightarrow{HM} \| \| \vec{n} \|$$

On en déduit :

$$d(M, P) = \frac{\left|\overrightarrow{AM} \cdot \vec{n}\right|}{\| \vec{n} \|}$$

Or $\overrightarrow{AM} \cdot \vec{n} = a(x - x_A) + b(y - y_A) + c(z - z_A) = ax + by + cz + d$, d'où :

$$d(M, P) = \frac{|ax + by + cz + d|}{\sqrt{a^2 + b^2 + c^2}}$$

Si le plan P est donné par un point et deux vecteurs non colinéaires $\vec{u}$ et $\vec{v}$, on peut orienter l'espace et choisir pour vecteur normal : $\vec{n} = \vec{u} \wedge \vec{v}$:

$$d(M, P) = \frac{\left|\overrightarrow{AM} \cdot (\vec{u} \wedge \vec{v})\right|}{\| \vec{u} \wedge \vec{v} \|} = \frac{\left|\text{Det}(\overrightarrow{AM}, \vec{u}, \vec{v})\right|}{\| \vec{u} \wedge \vec{v} \|}$$

5.5. Distance d'un point à une droite de l'espace

L'espace est supposé orienté. Soit une droite D définie par un point A et un vecteur directeur $\vec{u}$. Soit M un point quelconque de l'espace et H le projeté orthogonal de M sur D (*Doc.* 15).

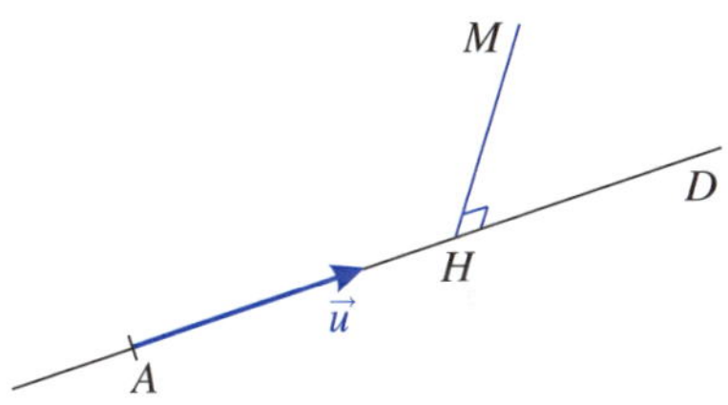

Doc. 15.

On peut écrire : $\overrightarrow{AM} = \overrightarrow{AH} + \overrightarrow{HM}$, d'où $\overrightarrow{AM} \wedge \vec{u} = \overrightarrow{HM} \wedge \vec{u}$
$\| \overrightarrow{AM} \wedge \vec{u} \| = \| \overrightarrow{HM} \| \| \vec{u} \|$, d'où :

$$d(M, D) = \frac{\| \overrightarrow{AM} \wedge \vec{u} \|}{\| \vec{u} \|}$$

► ***Pour s'entraîner : ex. 11.***

5.6. Perpendiculaire commune à deux droites

L'espace est supposé orienté. Soit D et D' deux droites de l'espace, chacune définie par un point et un vecteur directeur : $D = (A, \vec{u})$; $D' = (A', \vec{u}')$. Montrons qu'il existe toujours une droite perpendiculaire à D et à D', et que si D et D' ne sont pas parallèles, cette perpendiculaire commune est unique.

Si D et D' sont parallèles, il existe dans le plan qui les contient une infinité de droites perpendiculaires à D et D'.

Supposons maintenant D et D' non parallèles ; les vecteurs $\vec{u}$ et $\vec{u}'$ ne sont pas colinéaires, et par conséquent le vecteur $\vec{n} = \vec{u} \wedge \vec{u}'$ est non nul, et orthogonal à D et à D'. La réunion des droites dirigées par le vecteur $\vec{n}$ rencontrant D est un plan, qui est sécant avec D' en un point H'. Il existe donc une unique droite Δ dirigée par $\vec{n}$ rencontrant D en un point H et D' en H' (*Doc.* 16).

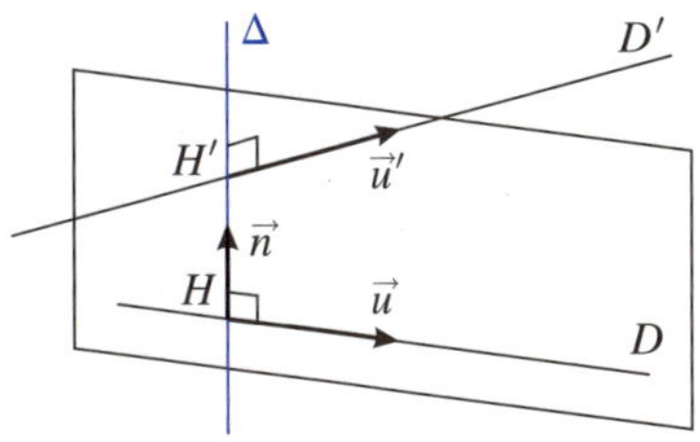

Doc. 16.

Remarque : Si les droites D et D' sont sécantes, les points H et H' sont confondus.

© Hachette Livre – H Prépa / Math – La photocopie non autorisée est un délit

La perpendiculaire commune (*Doc.* 17) permet de calculer la distance des deux droites, c'est-à-dire le minimum de la distance d'un point de D à un point de D' : en effet, quels que soient les points M et M' appartenant respectivement à D et D', on peut écrire :

$$\overrightarrow{MM'}^2 = (\overrightarrow{MH} + \overrightarrow{HH'} + \overrightarrow{H'M'})^2 = \overrightarrow{HH'}^2 + (\overrightarrow{MH} + \overrightarrow{H'M'})^2 \geqslant \overrightarrow{HH'}^2$$

Le minimum de la distance MM' est donc atteint pour $M = H$ et $M' = H'$.

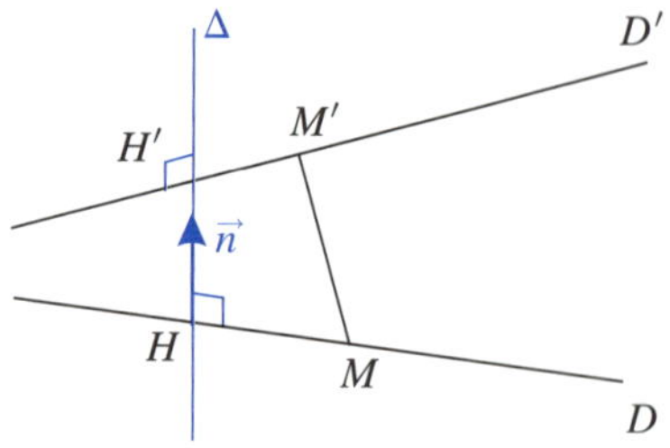

Doc. 17.

On a alors :

$$\text{Det}(\vec{u}, \vec{u}', \overrightarrow{AA'}) = \text{Det}(\vec{u}, \vec{u}', \overrightarrow{AH}+\overrightarrow{HH'}+\overrightarrow{H'A'}) = \text{Det}(\vec{u}, \vec{u}', \overrightarrow{HH'}) = (\vec{u}\wedge\vec{u}')\cdot\overrightarrow{HH'}$$

Les vecteurs $\vec{u}\wedge\vec{u}'$ et $\overrightarrow{HH'}$ étant colinéaires (*Doc.* 18) :

$$\left|\text{Det}(\vec{u}, \vec{u}', \overrightarrow{AA'})\right| = \| \vec{u} \wedge \vec{u}' \| \, \| \overrightarrow{HH'} \|$$

D'où :

$$d(D, D') = \| \overrightarrow{HH'} \| = \frac{\left|\text{Det}(\vec{u}, \vec{u}', \overrightarrow{AA'})\right|}{\| \vec{u} \wedge \vec{u}' \|}$$

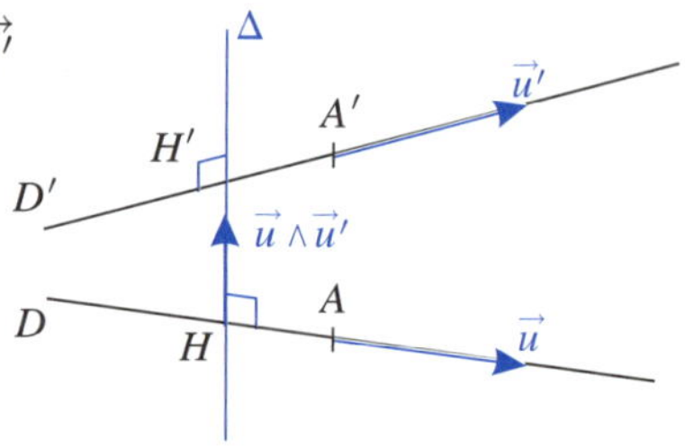

Doc. 18.

▶ ***Pour s'entraîner : ex. 10.***

6 Sphères

6.1. Équation cartésienne d'une sphère

L'espace est rapporté à un repère orthonormal $(O, \vec{i}, \vec{j}, \vec{k})$. La sphère $\mathcal{S}$ de centre $\Omega(a, b, c)$, de rayon R (*Doc.* 19) est l'ensemble des points $M(x, y, z)$ tels que $\| \overrightarrow{\Omega M} \|^2 = R^2$; elle a donc pour équation :

$$(x - a)^2 + (y - b)^2 + (z - c)^2 = R^2$$

C'est-à-dire :

$$x^2 + y^2 + z^2 - 2ax - 2by - 2cz + d = 0 \quad \text{où} \quad d = a^2 + b^2 + c^2 - R^2$$

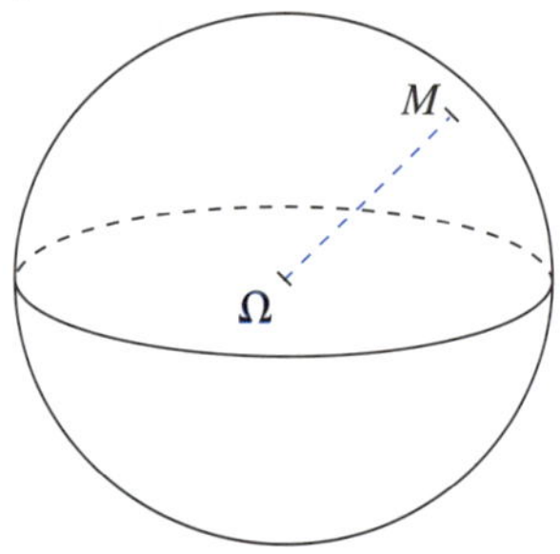

Doc. 19.

6.2. Intersection d'une sphère et d'une droite

Soit $\mathcal{S}$ une sphère de centre Ω, de rayon R, et D une droite quelconque de l'espace. Désignons par H le projeté orthogonal de Ω sur D (*Doc.* 20) Pour tout point M de D : $\Omega M^2 = \Omega H^2 + HM^2$. Ce point appartient aussi à $\mathcal{S}$ si et seulement si : $HM^2 = R^2 - \Omega H^2$.

L'intersection $\mathcal{S} \cap D$ dépend donc de la distance $\Omega H = d(\Omega, D)$:

- si $d(\Omega, D) > R$: $\mathcal{S} \cap D = \varnothing$.
- si $d(\Omega, D) = R$, $\mathcal{S} \cap D = \{H\}$: D est tangente à $\mathcal{S}$. $(\Omega H) \perp D$: la tangente à une sphère est orthogonale au rayon correspondant.
- si $d(\Omega, D) < R$, $\mathcal{S} \cap D = \{A, B\}$, où A et B sont les deux points de D tels que $HA = HB = \sqrt{R^2 - d(\Omega, D)^2}$: D est sécante à $\mathcal{S}$.

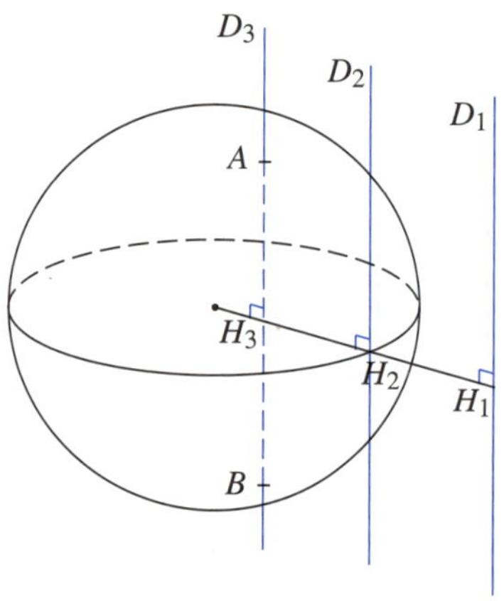

Doc. 20.

© Hachette Livre – H Prépa / Math – La photocopie non autorisée est un délit

6.3. Intersection d'une sphère et d'un plan

Soit $\mathcal{S}$ une sphère de centre Ω, de rayon R, et P un plan, H le projeté orthogonal de Ω sur P (*Doc.* 21).

L'intersection $\mathcal{S} \cap P$ dépend de la distance $\Omega H = d(\Omega, P)$:

- si $d(\Omega, P) > R$: $\mathcal{S} \cap P = \varnothing$.
- si $d(\Omega, P) = R$, $\mathcal{S} \cap P = \{H\}$: P est tangent à $\mathcal{S}$.
  $(\Omega H) \perp P$: le plan tangent à une sphère est orthogonal au rayon correspondant.
- si $d(\Omega, P) < R$, $\mathcal{S} \cap P$ est le cercle Γ du plan P, de centre H et de rayon $\sqrt{R^2 - \Omega H^2}$: P est sécant à $\mathcal{S}$.

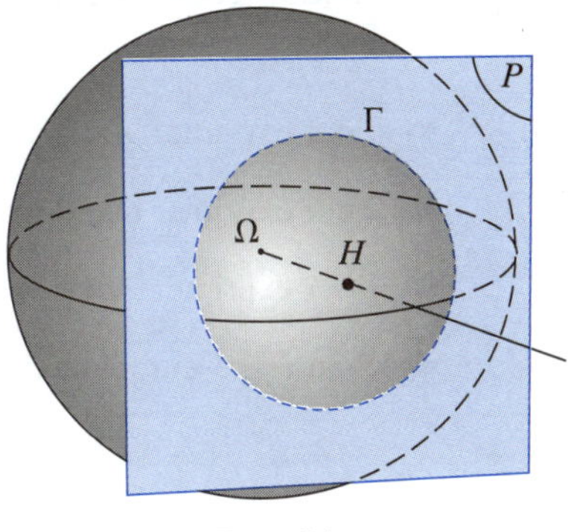

Doc. 21.

Application 5

Équation du plan tangent à une sphère en un point donné

L'espace étant rapporté à un repère orthonormal, soit $\mathcal{S}$ une sphère de centre $\Omega(a, b, c)$, de rayon R, et $H = (x_0, y_0, z_0)$ un point de $\mathcal{S}$. Une équation cartésienne de la sphère $\mathcal{S}$ est : $x^2 + y^2 + z^2 - 2ax - 2by - 2cz + d = 0$, où $d = a^2 + b^2 + c^2 - R^2$. Déterminer une équation du plan P tangent à $\mathcal{S}$ en H.

P est le plan passant par H, de vecteur normal $\overrightarrow{\Omega H}$; pour tout point $M(x, y, z)$:

$$\begin{aligned} M \in P \iff & \overrightarrow{\Omega H} \cdot \overrightarrow{HM} = 0 \\ \iff & (x_0 - a)(x - x_0) \\ & + (y_0 - b)(y - y_0) \\ & + (z_0 - c)(z - z_0) = 0 \end{aligned}$$

C'est-à-dire :

$$\begin{aligned} & x_0x + y_0y + z_0z \\ & - ax - by - cz - x_0^2 - y_0^2 - z_0^2 \\ & + ax_0 + by_0 + cz_0 = 0 \end{aligned}$$

Comme $H \in \mathcal{S}$:

$$x_0^2 + y_0^2 + z_0^2 - 2ax_0 - 2by_0 - 2cz_0 + d = 0$$

on peut écrire :

$$\begin{aligned} & x_0x + y_0y + z_0z \\ & - a(x + x_0) - b(y + y_0) \\ & - c(z + z_0) + d = 0 \end{aligned}$$

L'équation du plan tangent en H à $\mathcal{S}$ est obtenue à partir de celle de $\mathcal{S}$ en « dédoublant » les termes x^2, y^2, z^2 en x_0x, y_0y, z_0z et $2ax$, $2by$, $2cz$ en $a(x + x_0)$, $b(y + y_0)$, $c(z + z_0)$.

▶ ***Pour s'entraîner : ex. 13, 14.***

© Hachette Livre – H Prépa / Math – La photocopie non autorisée est un délit

FICHE MÉTHODE

- Pour exprimer que **deux vecteurs sont orthogonaux**, on écrit que leur produit scalaire est nul.
- Pour exprimer que **deux vecteurs sont colinéaires**, on écrit que leur produit vectoriel est nul.
- Pour exprimer que **trois vecteurs sont coplanaires**, on écrit que leur produit mixte est nul.
- Pour représenter une droite, on choisit un point A et un vecteur $\vec{u}(\alpha, \beta, \gamma)$ non nul et on écrit :

$$M \in D \iff \overrightarrow{AM} = t\vec{u} \iff \begin{cases} x = x_A + \alpha t \\ y = y_A + \beta t \\ z = z_A + \gamma t \end{cases}$$

(*cf. exercice* 12.)

- Pour représenter un plan, on peut :

• choisir un point A et deux vecteurs non colinéaires $\vec{u}$, $\vec{v}$ et écrire :

$$M \in P \iff \mathrm{Det}(\overrightarrow{AM}, \vec{u}, \vec{v}) = 0$$

(*cf. exercice* 9.)

• choisir un point A et un vecteur normal $\vec{n}(a, b, c)$, et écrire :

$$M \in P \iff \overrightarrow{AM} \cdot \vec{n} = 0 \iff ax + by + cz + d = 0$$

- Pour exprimer que trois plans sont parallèles à une même droite, on écrit que leurs vecteurs normaux sont coplanaires.
(*cf. exercices* 7 et 8.)

Exercice résolu

Orthodromies et loxodromies d'une sphère

ÉNONCÉ

1) Nous admettrons qu'à la surface d'une sphère de centre O de rayon R, le plus court chemin entre deux points est un arc de grand cercle, c'est-à-dire d'un cercle de centre O passant par ces deux points (*Doc.* 22). En navigation, maritime ou aérienne, cette route idéale est appelée **orthodromie**. On demande de représenter une orthodromie en coordonnées sphériques, par une équation reliant la longitude φ et la colatitude θ. On prendra l'intersection de la sphère avec un plan P faisant un angle θ_0 avec l'axe (Oz), et dont l'intersection avec le plan (xOy) fait un angle φ_0 avec (Ox).

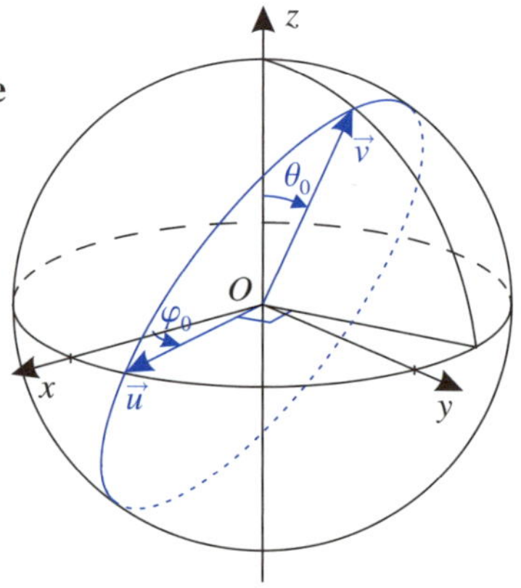

Doc. 22

© Hachette Livre – H Prépa / Math – La photocopie non autorisée est un délit

2) En pratique, cet itinéraire est difficile à calculer et les navigateurs préfèrent suivre un cap constant, quitte à changer ce cap à intervalles réguliers (par exemple chaque jour pour un navire, ou chaque heure pour un avion). On appelle **loxodromie** une courbe de la sphère qui coupe chaque méridien (ligne $\varphi = C^{te}$) suivant un angle constant α. On veut représenter une loxodromie par une équation de la forme $\varphi = \phi(\theta)$, où ϕ est une fonction dérivable sur $]0, \pi[$.

a) Calculer la dérivée $\phi'(\theta)$.

b) En déduire $\phi(\theta)$ (on vérifiera que $\theta \mapsto \ln\tan\dfrac{\theta}{2}$ est une primitive de $\theta \mapsto \dfrac{1}{\sin\theta}$).

c) Que devient la loxodromie lorsqu'on s'approche d'un pôle ?

d) Une carte Mercator représente en abscisse la longitude φ, et en ordonnées une fonction de la latitude $\lambda = \dfrac{\pi}{2} - \theta$, calculée de façon qu'une loxodromie soit représentée sur la carte par une droite. Quelle doit être cette fonction ? Quel est l'intérêt d'une carte Mercator ? Permet-elle de trouver le plus court chemin entre deux points ? Permet-elle de représenter les régions polaires ?

CONSEILS

Chercher d'abord une équation cartésienne du plan P.

On peut simplifier par R, qui est non nul.

Considérer la loxodromie comme une courbe paramétrée et chercher sa tangente.

SOLUTION

1) La sphère est représentée en coordonnées sphériques par :

$$\begin{cases} x = R\,\sin\theta\cos\varphi \\ y = R\,\sin\theta\sin\varphi \\ z = R\,\cos\theta \end{cases}$$

Le plan P passe par O et il est dirigé par les vecteurs $\vec{u}(\cos\varphi_0, \sin\varphi_0, 0)$ et $\vec{v}(-\sin\varphi_0\sin\theta_0, \cos\varphi_0\sin\theta_0, \cos\theta_0)$; il a donc pour équation cartésienne : $\mathrm{Det}(\overrightarrow{OM}, \vec{u}, \vec{v}) = 0$, soit :

$$\begin{vmatrix} x & \cos\varphi_0 & -\sin\varphi_0\sin\theta_0 \\ y & \sin\varphi_0 & \cos\varphi_0\sin\theta_0 \\ z & 0 & \cos\theta_0 \end{vmatrix} = 0$$

$$\cos\theta_0\sin\varphi_0\,x - \cos\theta_0\cos\varphi_0\,y + \sin\theta_0\,z = 0$$

L'orthodromie, intersection de la sphère et du plan est donc l'ensemble des points vérifiant :

$$\cos\theta_0\sin\varphi_0(\sin\theta\cos\varphi) - \cos\theta_0\cos\varphi_0(\sin\theta\sin\varphi) + \sin\theta_0(\cos\theta) = 0$$

c'est-à-dire :

$$\cos\theta_0\sin\theta\,(\sin\varphi_0\cos\varphi - \cos\varphi_0\sin\varphi) + \sin\theta_0\cos\theta = 0$$

$$\cos\theta_0\sin\theta\,\sin(\varphi_0 - \varphi) + \sin\theta_0\cos\theta = 0$$

En excluant les cas $\theta_0 = \dfrac{\pi}{2}$ (c'est-à-dire que le cercle cherché est un méridien), et $\theta = \dfrac{\pi}{2}$ (intersection du cercle cherché avec l'équateur), on peut simplifier l'équation de l'orthodromie :

$$\boxed{\sin(\varphi - \varphi_0)\,\tan\theta = \tan\theta_0}$$

2) a) La loxodromie est représentée paramétriquement par :

$$\begin{cases} x(\theta) = R\,\sin\theta\cos\phi(\theta) \\ y(\theta) = R\,\sin\theta\sin\phi(\theta) \qquad \theta \in\,]0, \pi[\\ z(\theta) = R\,\cos\theta \end{cases}$$

© Hachette Livre – H Prépa / Math – La photocopie non autorisée est un délit

La tangente au point de paramètre θ est dirigée par le vecteur dérivée première :

$$\vec{V}\begin{cases} x'(\theta) = R\cos\theta\cos\phi(\theta) - R\phi'(\theta)\sin\theta\sin\phi(\theta) \\ y'(\theta) = R\cos\theta\sin\phi(\theta) + R\phi'(\theta)\sin\theta\cos\phi(\theta) \\ z'(\theta) = -R\sin\theta \end{cases}$$

Le carré de la norme de ce vecteur est :

$$\| \vec{V} \|^2 = x'(\theta)^2 + y'(\theta)^2 + z'(\theta)^2 = R^2\left(1 + \phi'(\theta)^2\sin^2\theta\right)$$

Considérer de même le méridien comme une courbe paramétrée et chercher sa tangente.

Le méridien de longitude φ est représenté paramétriquement par :

$$\begin{cases} x_1(\theta) = R\sin\theta\cos\varphi \\ y_1(\theta) = R\sin\theta\sin\varphi \qquad \theta \in]0, \pi[\\ z_1(\theta) = R\cos\theta \end{cases}$$

(où φ est constant).

La tangente au point de paramètre θ est dirigée par le vecteur dérivée première :

$$\vec{U}\begin{cases} x_1'(\theta) = R\cos\theta\cos\varphi \\ y_1'(\theta) = R\cos\theta\sin\varphi \\ z_1'(\theta) = -R\sin\theta \end{cases}$$

Le carré de la norme de ce vecteur est :

$$\| \vec{U} \|^2 = x_1'(\theta)^2 + y_1'(\theta)^2 + z_1'(\theta)^2 = R^2$$

Le produit scalaire des vecteurs $\vec{U}$ et $\vec{V}$ est :

$$\vec{U}\cdot\vec{V} = x'(\theta)\,x_1'(\theta) + y'(\theta)\,y_1'(\theta) + z'(\theta)\,z_1'(\theta) = R^2$$

Calculer le cosinus de l'angle que font en un point la loxodromie et le méridien.

Exprimons que l'angle $(\vec{U}, \vec{V})$ est constant et égal à α :

$$\cos(\vec{U}, \vec{V}) = \frac{\vec{U}\cdot\vec{V}}{\| \vec{U} \| \, \| \vec{V} \|} = \cos\alpha$$

$$\frac{1}{\sqrt{1 + \phi'(\theta)^2\sin^2\theta}} = \cos\alpha$$

d'où, pour $\alpha \in]0, \frac{\pi}{2}[$:

$$1 + \phi'(\theta)^2\sin^2\theta = \frac{1}{\cos^2\alpha} = 1 + \tan^2\alpha$$

d'où en définitive, pour $\theta \in]0, \pi[$:

$$\boxed{\phi'(\theta) = \pm\frac{\tan\alpha}{\sin\theta}}$$

b) On vérifie aisément que la dérivée de $\theta \mapsto \ln\tan\frac{\theta}{2}$ est bien $\theta \mapsto \frac{1}{\sin\theta}$.

On en déduit une équation d'une loxodromie :

$$\boxed{\varphi = \varphi_0 + \varepsilon\tan\alpha\,\ln\tan\frac{\theta}{2} \quad \text{où} \quad \varepsilon = \pm 1}$$

© Hachette Livre – H Prépa / Math – La photocopie non autorisée est un délit

c) Lorsqu'on s'approche du pôle Nord ($\theta \to 0$) , ou du pôle Sud $(\theta \to \pi)$, φ tend vers $\pm\infty$: la loxodromie s'enroule en spirale autour du pôle (*Doc.* 23).

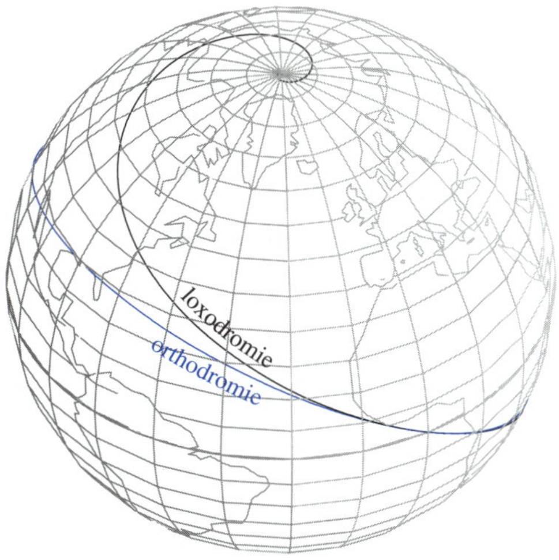

Doc. 23.

d) Sur une carte Mercator, le point de longitude φ et de latitude $\lambda = \dfrac{\pi}{2} - \theta$ est représenté par un point de coordonnées $x = \varphi$ et $y = \ln \tan\left(\dfrac{\pi}{4} - \dfrac{\lambda}{2}\right)$.
Ainsi, la loxodromie est représentée par une droite d'équation :

$$x = x_0 + \varepsilon \tan \alpha \; y$$

Cette carte permet de représenter facilement une route à cap constant. En revanche, l'image d'une orthodromie sur la carte de Mercator est une courbe compliquée : cette carte ne se prête pas à la recherche de la route la plus courte (*Doc.* 24). Il existe des cartes, dites gnomoniques, qui représentent les orthodromies comme des droites (*Doc.* 25).

Par ailleurs, la carte de Mercator ne permet pas de représenter les régions polaires, car les pôles y sont rejetés à l'infini.

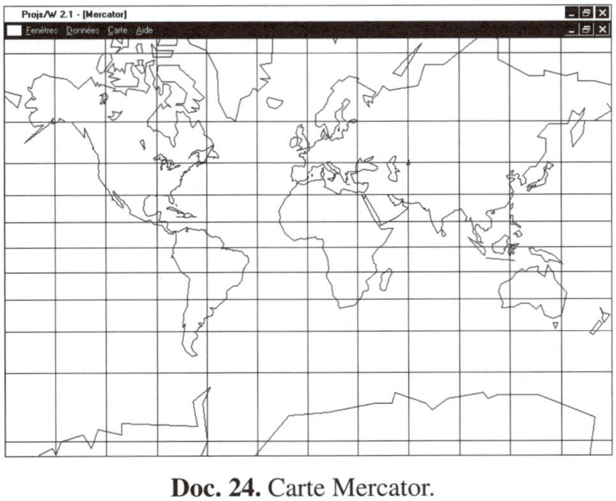

Doc. 24. Carte Mercator.

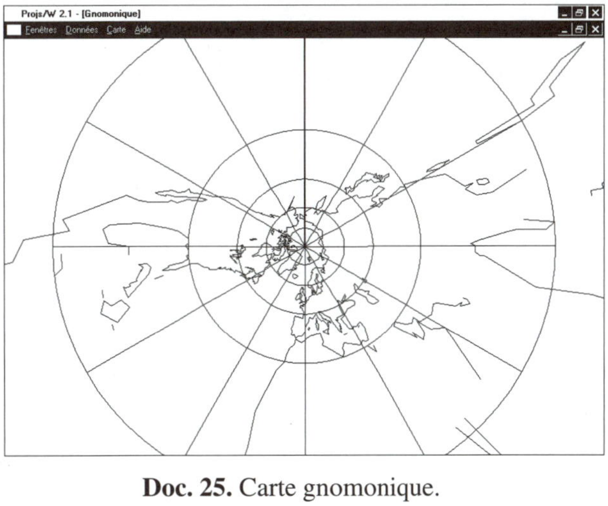

Doc. 25. Carte gnomonique.

Sources : http://www.eleves.ens.fr :8080/home/ollivier/carto/
Excellent site, très complet sur la question. On peut en particulier y télécharger un petit logiciel permettant de définir une projection et de visualiser la carte correspondante.

© Hachette Livre – H Prépa / Math – La photocopie non autorisée est un délit

Exercices

1 Vrai ou faux ?

a) Si on oriente l'espace, on oriente du même coup tous les plans de l'espace.

b) Le produit vectoriel de deux vecteurs est le même quelle que soit l'orientation choisie de l'espace.

c) Pour tous vecteurs $\vec{u}$ et $\vec{v}$ de l'espace : $(\vec{u}\cdot\vec{v})^2 + \|\vec{u}\wedge\vec{v}\|^2 = \|\vec{u}\|^2\|\vec{v}\|^2$.

d) Le déterminant de trois vecteurs est indépendant de l'ordre de ces vecteurs.

e) On peut représenter une droite de l'espace par une équation de la forme $ax+by+cz+d=0$.

f) Étant donné deux droites non parallèles D et D', il existe une droite et une seule perpendiculaire à la fois à D et à D'.

g) L'intersection d'une sphère et d'un plan est un cercle, un singleton ou l'ensemble vide.

Repérage dans l'espace

2 La Terre étant assimilée à une sphère de centre O de rayon R, calculer la distance à la surface de la Terre entre deux points A et A', de latitudes λ, λ' et de longitudes φ, φ' (attention, contrairement à la colatitude des coordonnées sphériques, la latitude est mesurée à partir de l'équateur).

Indication : Calculer le produit scalaire $\overrightarrow{OA}\cdot\overrightarrow{OA'}$.
Application : Calculer la distance de Paris ($48°52'$ N, $2°20'$ E) à Rio de Janeiro ($22°53'$ S, $43°12'$ W). On prendra $R = 6380$ km.

Produit scalaire, produit vectoriel, produit mixte

3 Montrer que pour tous vecteurs $\vec{u}, \vec{v}, \vec{w}$ de l'espace :

$$(\vec{u}\wedge\vec{v})\wedge\vec{w} + (\vec{v}\wedge\vec{w})\wedge\vec{u} + (\vec{w}\wedge\vec{u})\wedge\vec{v} = \vec{0}$$

4 Montrer que pour tous vecteurs $\vec{a}, \vec{b}, \vec{c}$ et $\vec{d}$ de l'espace :

1) $$\left(\vec{a}\wedge\vec{b}\right)\cdot\left(\vec{c}\wedge\vec{d}\right) = \begin{vmatrix} \vec{a}\cdot\vec{c} & \vec{a}\cdot\vec{d} \\ \vec{b}\cdot\vec{c} & \vec{b}\cdot\vec{d} \end{vmatrix}$$

2) $$\begin{aligned}\left(\vec{a}\wedge\vec{b}\right)\wedge\left(\vec{c}\wedge\vec{d}\right) &= \left[\vec{a},\vec{c},\vec{d}\right]\vec{b} - \left[\vec{b},\vec{c},\vec{d}\right]\vec{a} \\ &= \left[\vec{a},\vec{b},\vec{d}\right]\vec{c} - \left[\vec{a},\vec{b},\vec{c}\right]\vec{d}\end{aligned}$$

5 Soit x_1, x_2, x_3 trois vecteurs de l'espace.

1) Démontrer que :

$$[\,x_1\wedge x_2\,,\ x_2\wedge x_3\,,\ x_3\wedge x_1\,] = [x_1, x_2, x_3]^2$$

2) On suppose que x_1, x_2, x_3 ne sont pas coplanaires, et on pose :

$$x'_1 = \frac{x_2\wedge x_3}{[x_1,x_2,x_3]}\ ;\quad x'_2 = \frac{x_3\wedge x_1}{[x_1,x_2,x_3]}\ ;\quad x'_3 = \frac{x_1\wedge x_2}{[x_1,x_2,x_3]}$$

a) Calculer les produits scalaires mutuels $x'_i\cdot x_j$ pour tout $(i,j)\in[\![1,3]\!]^2$.

b) Montrer que $[x'_1, x'_2, x'_3] = \dfrac{1}{[x_1,x_2,x_3]}$.

Droites et plans de l'espace

6 Soit A, B, C trois points non alignés de l'espace et O un point n'appartenant pas au plan (ABC). Soit A', B', C' les symétriques de O par rapport aux milieux de $[BC]$, $[CA]$ et $[AB]$. Montrer que les droites (AA'), (BB') et (CC') sont concourantes.

7 Soit A, B et C trois points non alignés de l'espace. Soit $\vec{u}$ un vecteur n'appartenant pas à la direction du plan (ABC). On considère trois points A', B' et C' définis par :

$$\overrightarrow{AA'} = \alpha\vec{u}\quad,\quad \overrightarrow{BB'} = \beta\vec{u}\quad,\quad \overrightarrow{CC'} = \gamma\vec{u}$$

où $(\alpha,\beta,\gamma)\in\mathbb{R}^{*3}$.

Montrer que les trois plans $(A'BC)$, $(B'AC)$ et $(C'AB)$ sont parallèles à une même droite si et seulement si :

$$\frac{1}{\alpha}+\frac{1}{\beta}+\frac{1}{\gamma} = 0$$

8 L'espace est rapporté au repère $(O,\vec{i},\vec{j},\vec{k})$. On considère les plans P, P', P'' d'équations respectives :

$$\begin{aligned} P &: \quad ax+y+z+1=0 \\ P' &: \quad x+ay+z+a=0 \\ P'' &: \quad x+y+az+b=0 \end{aligned}$$

Déterminer les réels a et b pour que l'intersection de ces trois plans soit une droite. Donner alors une représentation paramétrique de cette droite.

© Hachette Livre – H Prépa / Math – La photocopie non autorisée est un délit

9 L'espace est rapporté au repère $(O, \vec{i}, \vec{j}, \vec{k})$. Soit D la droite représentée paramétriquement par :

$$\begin{cases} x = 1 + 2\lambda \\ y = -2 + 3\lambda \\ z = 3 + \lambda \end{cases}$$

Déterminer par son équation cartésienne le plan P contenant la droite D et le point $A(0, -1, 4)$.

10 Soit D et D' deux droites fixes non coplanaires et non orthogonales de l'espace. Une droite variable Δ est perpendiculaire à D en M et rencontre D' en M'. On désigne par Φ l'angle des plans (D, M') et (D', M). Montrer que le produit $MM' \tan \Phi$ reste constant lorsque M décrit D.

11 L'espace est rapporté à un repère orthonormé $(O, \vec{i}, \vec{j}, \vec{k})$.
Déterminer l'ensemble E des points équidistants des droites :

$$D_1 \begin{cases} x = 0 \\ z = 0 \end{cases} \quad \text{et} \quad D_2 \begin{cases} y = 0 \\ z = 1 \end{cases}$$

Tracer les intersections de E avec les trois plans de coordonnées.
Montrer que par tout point de E il passe deux droites incluses dans E.

12 **1)** Soit D_1 et D_2 deux droites non coplanaires de l'espace. Étudier l'ensemble décrit par le milieu d'un segment $[M_1M_2]$ où $M_1 \in D_1$ et $M_2 \in D_2$.

2) Soit D_1, D_2, D_3 trois droites non coplanaires deux à deux et non parallèles à un même plan. Démontrer qu'il existe un point unique A de E qui pour tout couple $(i, j) \in [\![1, 3]\!]^2$ tel que $i \neq j$, A soit le milieu d'un segment joignant un point de D_i et un point de D_j.

Sphères

13 L'espace est rapporté à un repère orthonormé $(O, \vec{i}, \vec{j}, \vec{k})$. À tout réel t, on associe le point $M(t)$ de coordonnées :

$$x(t) = \cos t + \sqrt{3} \sin t + 1 \quad y(t) = \cos t - \sqrt{3} \sin t + 1$$

$$z(t) = -2 \cos t + 1$$

Montrer que lorsque t décrit $]-\pi, \pi]$, le point $M(t)$ décrit un cercle dont on déterminera le plan, le centre et le rayon.

14 L'espace est rapporté à un repère orthonormé $(O, \vec{i}, \vec{j}, \vec{k})$. On considère les points $A(a, 0, 0)$, $B(0, b, 0)$ et $C(0, 0, c)$. Calculer le rayon du cercle circonscrit au triangle ABC.
(On pourra utiliser la sphère circonscrite à $OABC$).

© Hachette Livre – H Prépa / Math – La photocopie non autorisée est un délit

Vocabulaire relatif aux ensembles, aux applications et aux relations

4

Introduction

Les différentes parties des mathématiques ont acquis à la fin du XIXe siècle un langage commun : celui de la théorie des ensembles. La formalisation des définitions, des théorèmes et des démonstrations permet d'éviter toute ambiguïté, et d'atteindre un haut niveau de rigueur. Cependant, son usage excessif rend les énoncés mathématiques très difficiles à déchiffrer. Nous utiliserons donc ce langage avec modération, chaque fois qu'il permet de préciser et de clarifier une notion, de trancher des cas litigieux, ou de valider une démonstration, mais sans jamais perdre de vue le sens des propositions manipulées.

OBJECTIFS

- Acquisition du vocabulaire usuel sur les ensembles, les applications, les relations.
- Entraînement à la mise au point et à la rédaction de raisonnements abstraits.

© Hachette Livre – H Prépa / Math – La photocopie non autorisée est un délit

1 Ensembles

1.1. Ensembles et éléments

La notion d'ensemble est une notion première que nous ne chercherons donc pas à définir. Disons seulement qu'un ensemble est un objet auquel peut *appartenir* ou *ne pas appartenir* un autre objet.

On note : $\begin{cases} x \in E & \text{pour « } x \text{ appartient à } E \text{ »} \\ x \notin E & \text{pour « } x \text{ n'appartient pas à } E \text{ »} \end{cases}$

On appelle **élément** de l'ensemble E un objet qui appartient à E.

On ne peut pas cependant considérer n'importe quelle collection d'objets comme un ensemble sous peine d'aboutir à des contradictions, comme le montre le paradoxe suivant dû au mathématicien anglais Bertrand Russel (1902).

Paradoxe de Russel

Un ensemble peut être ou non élément de lui-même. Supposons que l'on puisse définir l'ensemble E de tous les ensembles qui ne sont pas éléments d'eux-mêmes. Cet ensemble E est-il élément de lui-même ?

- si $E \in E$, il ne satisfait pas à la définition, donc $E \notin E$;
- si $E \notin E$, il satisfait à la définition, donc $E \in E$...

Ce paradoxe est parfois présenté sous forme imagée par l'histoire d'un barbier qui se propose de raser tous les hommes qui ne se rasent pas eux-mêmes et seulement ceux-là. Le barbier doit-il se raser lui-même ?

Pour échapper à ce type de contradiction, il convient de respecter des règles précises pour définir des ensembles. Certains ensembles sont définis de façon **axiomatique** (par exemple $\mathbb{N}$). D'autres peuvent être **construits** à partir de ceux-là à l'aide d'opérations convenables (par exemple $\mathbb{Z}$, $\mathbb{Q}$, $\mathbb{R}$, $\mathbb{C}$...). Le but de la théorie des ensembles (que nous n'aborderons pas) est de valider les opérations qui ne risquent pas de conduire à des contradictions.

1.2. Sous-ensembles

Soit E et F deux ensembles. On dit que F est **inclus** dans E si tout élément de F est élément de E.

On note $F \subset E$. On dit aussi que F est un **sous-ensemble** ou une **partie** de E (*Doc.* 1).

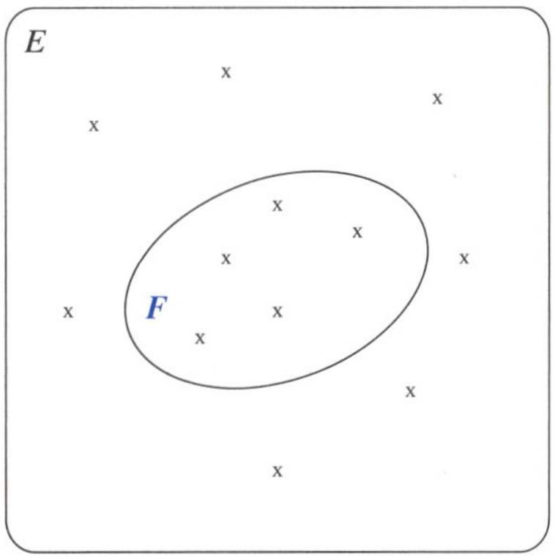

Doc. 1.

Exemple : $\mathbb{N} \subset \mathbb{Z}$.

Deux ensembles sont égaux si et seulement s'ils ont exactement les mêmes éléments, c'est-à-dire si chacun est inclus dans l'autre :

$$E = F \iff (E \subset F \text{ et } F \subset E)$$

Un sous-ensemble de E peut être défini comme l'ensemble des éléments de E vérifiant une certaine proposition.

Exemple : $\mathbb{R}_+ = \{x \in \mathbb{R} \ , \ x \geqslant 0\}$.

En particulier, si cette proposition est impossible, on obtient l'**ensemble vide**, qui doit donc être considéré comme un sous-ensemble de n'importe quel ensemble. On le note $\varnothing$.

© Hachette Livre – H Prépa / Math – La photocopie non autorisée est un délit

Exemple : $\{x \in \mathbb{R} \ , \ x > 0 \ \text{ et } \ x < 0\} = \varnothing$.

Un ensemble qui possède un unique élément est appelé **singleton**. Il ne faut pas confondre l'élément x et le singleton $\{x\}$. On peut par exemple écrire : $2 \in \mathbb{N}$ ou $\{2\} \subset \mathbb{N}$, mais pas l'inverse.

1.3. Produit cartésien

Soit E et F deux ensembles. On peut construire un nouvel ensemble appelé **produit cartésien** de E et F, noté $E \times F$, dont les éléments sont les couples formés d'un élément de E et d'un élément de F.

$$(x, y) \in E \times F \qquad \Longleftrightarrow \qquad (\, x \in E \quad \text{et} \quad y \in F \,)$$

Si $E = F$, on note $E \times E = E^2$, $E \times E \times E = E^3$ etc.

Par exemple : $(1, \sqrt{2}) \in \mathbb{R}^2$. L'ensemble $\mathbb{R}^2$ peut être identifié à un plan muni d'un repère cartésien, le couple (x, y) étant représenté par le point de coordonnées x et y (*Doc.* 2).

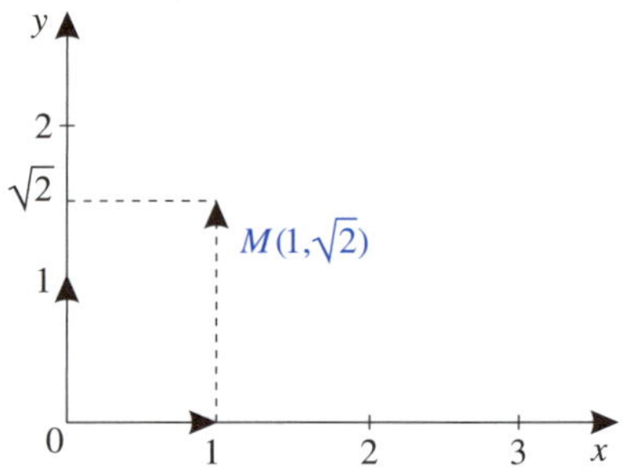

Doc. 2.

1.4. Quantificateurs

Soit $P(x)$ une proposition dépendant d'un élément x d'un certain ensemble E. La proposition $\forall x \in E \ , P(x)$ signifie que tout élément x de E vérifie la proposition $P(x)$.

$$\forall x \in E \ , P(x) \qquad \Longleftrightarrow \qquad \{x \in E \ , P(x)\} = E$$

La proposition $\exists x \in E \ , P(x)$ signifie qu'il existe au moins un élément x de E qui vérifie la proposition $P(x)$.

$$\exists x \in E \ , P(x) \qquad \Longleftrightarrow \qquad \{x \in E \ , P(x)\} \neq \varnothing$$

Remarque : Si E est l'ensemble vide, il résulte de la définition que la proposition $\forall x \in \varnothing \ , P(x)$ est toujours vraie, tandis que la proposition $\exists x \in \varnothing \ , P(x)$ est toujours fausse. Cette remarque est très utile pour trancher des cas litigieux dans des définitions ou des théorèmes. Par exemple, nous verrons en analyse qu'une partie I de $\mathbb{R}$ est un intervalle si :

> $\forall x \in \varnothing$, $P(x)$ est toujours vrai.
> $\exists x \in \varnothing$, $P(x)$ est toujours faux.

$$\forall (x, y) \in I^2 \quad \forall z \in \mathbb{R} \quad x \leqslant z \leqslant y \quad \Longrightarrow \quad z \in I$$

L'ensemble vide est-il un intervalle ? Oui, sans ambiguïté, puisque cette proposition commence par $\forall (x, y) \in \varnothing$...

L'ordre des quantificateurs peut avoir une grande importance. Par exemple, l'ensemble des nombres rationnels peut être caractérisé par :

$$\forall x \in \mathbb{Q} \quad \exists q \in \mathbb{N}^* \quad qx \in \mathbb{Z}$$

(q est le dénominateur d'une fraction représentant x). Mais la proposition $\exists q \in \mathbb{N}^* \quad \forall x \in \mathbb{Q} \quad qx \in \mathbb{Z}$ est absurde, puisqu'elle exprime l'existence d'un dénominateur commun à toutes les fractions... (Dans le premier cas, q dépend de x, ce qui est impossible dans le second cas puisqu'il est cité avant.)

Cependant, on peut permuter deux quantificateurs de même nature puisque $\forall x \in E \quad \forall y \in F$ peut s'écrire $\forall (x, y) \in E \times F$ et $\exists x \in E \quad \exists y \in F$ peut s'écrire $\exists (x, y) \in E \times F$.

© Hachette Livre – H Prépa / Math – La photocopie non autorisée est un délit

1.5. Négation d'une proposition

On note $\overline{P}$ la négation de la proposition P, c'est-à-dire la proposition qui est vraie si P est fausse, et fausse si P est vraie. Notons que :

$$\overline{P \text{ ou } Q} \iff \overline{P} \text{ et } \overline{Q}$$
$$\overline{P \text{ et } Q} \iff \overline{P} \text{ ou } \overline{Q}$$

D'autre part, comme l'implication $P \Rightarrow Q$ signifie : $\overline{P}$ ou Q, sa négation est :

$$\overline{P \Rightarrow Q} \iff (P \text{ et } \overline{Q})$$

Notons par ailleurs que :

$$(P \Rightarrow Q) \iff (\overline{Q} \Rightarrow \overline{P})$$

C'est la **contraposée** de l'implication ; elle peut parfois être plus facile à démontrer que l'implication elle-même. C'est le principe du **raisonnement par l'absurde** : on suppose le contraire de ce que l'on veut démontrer, et on cherche une contradiction avec l'une des hypothèses.

> **Remarque :** si la proposition P est fausse, l'implication $P \Rightarrow Q$ est nécessairement vraie.

1.6. Négation d'une proposition avec des quantificateurs

La proposition $\forall x \in E\ ,\ P(x)$ signifie que tous les éléments de E vérifient la propriété $P(x)$; sa négation est qu'il en existe au moins un qui ne la vérifie pas :

$$\overline{\forall x \in E\ ,\ P(x)} \iff \exists x \in E\ ,\ \overline{P(x)}$$

La proposition $\exists x \in E\ ,\ P(x)$ signifie qu'au moins un élément de E vérifie la propriété $P(x)$; sa négation est qu'aucun d'entre eux ne la vérifie :

$$\overline{\exists x \in E\ ,\ P(x)} \iff \forall x \in E\ ,\ \overline{P(x)}$$

Ceci permet de former très facilement la négation d'une proposition exprimée à l'aide de quantificateurs. Par exemple, une fonction f est dite bornée sur $\mathbb{R}$ si :

$$\exists m \in \mathbb{R} \quad \exists M \in \mathbb{R} \quad \forall x \in \mathbb{R} \quad f(x) \geqslant m \ \text{ et } \ f(x) \leqslant M$$

On en déduit que f n'est pas bornée sur $\mathbb{R}$ si et seulement si :

$$\forall m \in \mathbb{R} \quad \forall M \in \mathbb{R} \quad \exists x \in \mathbb{R} \quad f(x) < m \ \text{ ou } \ f(x) > M$$

► ***Pour s'entraîner : ex. 2 et 3.***

2 Ensemble des parties d'un ensemble

2.1. Ensemble $\mathcal{P}(E)$

Tous les sous-ensembles d'un ensemble E constituent un nouvel ensemble, appelé **ensemble des parties** de E et noté $\mathcal{P}(E)$. Ainsi :

$$A \in \mathcal{P}(E) \iff A \subset E$$

© Hachette Livre – H Prépa / Math – La photocopie non autorisée est un délit

Par exemple, si $E = \{a, b, c\}$:

$$\mathcal{P}(E) = \{\, \varnothing, \{a\}, \{b\}, \{c\}, \{a,b\}, \{a,c\}, \{b,c\}, E \,\}$$

Remarque : L'ensemble $\mathcal{P}(\varnothing)$ n'est pas vide, puisqu'il contient l'élément $\varnothing$. C'est un singleton : $\mathcal{P}(\varnothing) = \{\varnothing\}$.

2.2. Opérations dans $\mathcal{P}(E)$

Soit E un ensemble et A, B deux parties de E. On peut définir de nouvelles parties de E par les opérations suivantes :

■ Complémentaire

$\complement_E A$ est l'ensemble des éléments de E qui n'appartiennent pas à A (équivalent ensembliste de la négation) (*Doc.* 3) :

$$\forall x \in E \qquad x \in \complement_E A \quad \Longleftrightarrow \quad x \notin A$$

Exemple : $\complement_{\mathbb{R}} \{0\} = \mathbb{R}^*$.

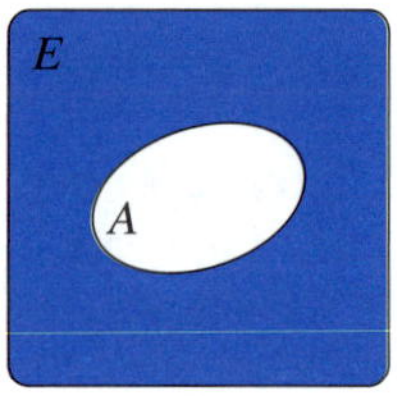

Doc. 3.

■ Intersection

$A \cap B$ est l'ensemble des éléments appartenant à la fois à A et à B (équivalent ensembliste de la conjonction) (*Doc.* 4) :

$$\forall x \in E \qquad x \in A \cap B \quad \Longleftrightarrow \quad x \in A \text{ et } x \in B$$

Exemple : $\mathbb{R}_+ \cap \mathbb{R}_- = \{0\}$

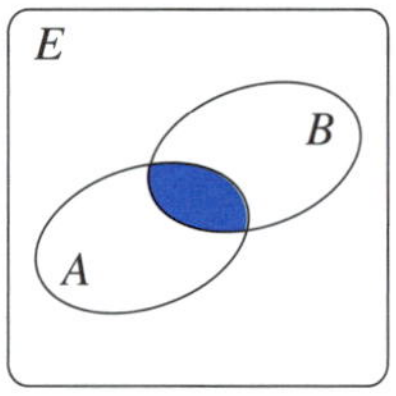

Doc. 4.

■ Réunion

$A \cup B$ est l'ensemble de tous les éléments appartenant à A ou à B (équivalent ensembliste de la disjonction) (*Doc.* 5) :

$$\forall x \in E \qquad x \in A \cup B \quad \Longleftrightarrow \quad x \in A \text{ ou } x \in B$$

Exemple : $\mathbb{R}_+ \cup \mathbb{R}_- = \mathbb{R}$.

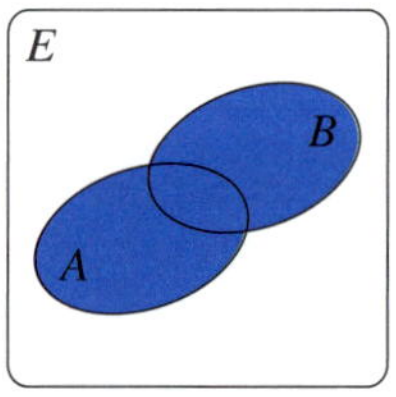

Doc. 5.

■ Différence

$A \backslash B$ est l'ensemble des éléments de E qui appartiennent à A mais pas à B (équivalent ensembliste de la négation de l'implication) (*Doc.* 6) :

$$A \backslash B = A \cap \complement_E B$$

Exemple : $\mathbb{R}_+ \backslash \mathbb{R}_- = \mathbb{R}_+^*$.

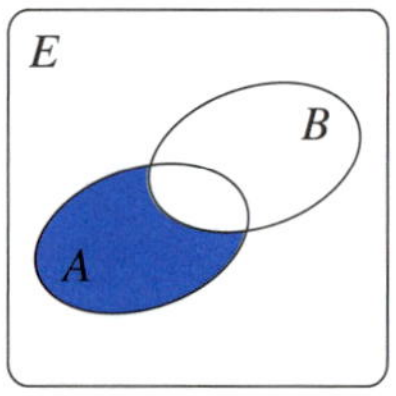

Doc. 6.

■ Différence symétrique

$A \,\triangle\, B$ est l'ensemble des éléments de E qui appartiennent soit à A soit à B, mais pas aux deux à la fois (équivalent ensembliste de la disjonction exclusive) (*Doc.* 7) :

$$A \,\triangle\, B = (A \cup B) \backslash (A \cap B)$$

Exemple : $\mathbb{R}_+ \,\triangle\, \mathbb{R}_- = \mathbb{R}^*$.

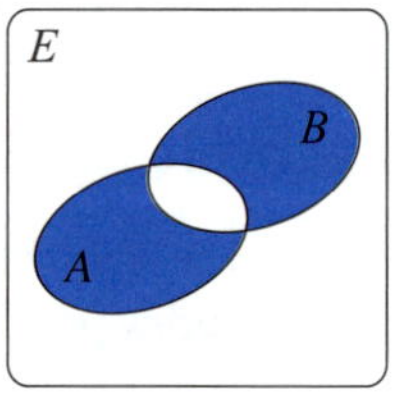

Doc. 7.

© Hachette Livre – H Prépa / Math – La photocopie non autorisée est un délit

2.3. Propriétés

Les propriétés suivantes sont faciles à établir. Leurs démonstrations sont laissées au lecteur. Pour toutes parties A, B, C d'un ensemble E :

- $A \cap B = B \cap A$;
- $A \cup B = B \cup A$;
- $A \triangle B = B \triangle A$;
- $A \cap (B \cap C) = (A \cap B) \cap C$;
- $A \cup (B \cup C) = (A \cup B) \cup C$;
- $A \triangle (B \triangle C) = (A \triangle B) \triangle C$;
- $A \cap (B \cup C) = (A \cap B) \cup (A \cap C)$;
- $A \cup (B \cap C) = (A \cup B) \cap (A \cup C)$;
- $\complement_E (A \cap B) = \complement_E A \cup \complement_E B$;
- $\complement_E (A \cup B) = \complement_E A \cap \complement_E B$;
- $A \subset B \iff \complement_E B \subset \complement_E A$;
- $A \cap B = \varnothing \iff A \subset \complement_E B \iff B \subset \complement_E A$ (les parties A et B sont dites **disjointes**).

Application 1

Démontrer une inclusion

Soit A, B, C trois parties d'un même ensemble E. Démontrer que :

$$(A \cap B) \cup (C \cap \complement_E A) \subset (A \cap \complement_E C) \cup (\complement_E A \cap \complement_E B) \cup (B \cap C)$$

Soit x un élément de $(A \cap B) \cup (C \cap \complement_E A)$. x appartient au moins à l'un des deux ensembles $A \cap B$ ou $C \cap \complement_E A$:

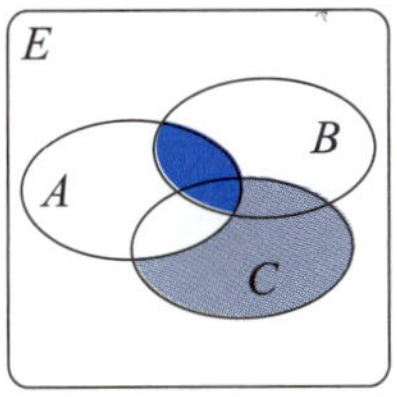

Doc. 8.

- Si $x \in A \cap B$:
  - soit $x \in C$, alors $x \in B \cap C$;
  - soit $x \notin C$, alors $x \in A \cap \complement_E C$.
- Si $x \in C \cap \complement_E A$:
  - soit $x \in B$, alors $x \in B \cap C$;
  - soit $x \notin B$, alors $x \in \complement_E A \cap \complement_E B$.

Dans tous les cas :

$$x \in (A \cap \complement_E C) \cup (\complement_E A \cap \complement_E B) \cup (B \cap C).$$

► Pour s'entraîner : ex. 4 à 7.

© Hachette Livre – H Prépa / Math – La photocopie non autorisée est un délit

3 Application d'un ensemble dans un autre

3.1. Définition

Soit E et F deux ensembles. On appelle **application** de E dans F la donnée des ensembles E, F, et d'une partie Γ de $E \times F$ telle que pour tout élément x de E il existe un élément y et un seul de F tel que $(x, y) \in \Gamma$ (*Doc.* 9).

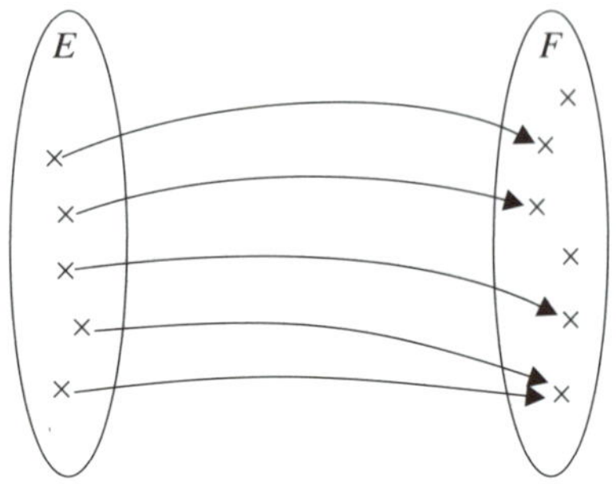

Doc. 9.

- E est appelé **ensemble de départ** de l'application.
- F est appelé **ensemble d'arrivée** de l'application.
- Γ est appelé **graphe** de l'application.
- y est appelé **image** de x par l'application. Si on désigne l'application par f, on écrit $y = f(x)$.
- x est **un antécédent** de y par l'application (mais ce n'est pas forcément le seul...).

Notation : $\left| \begin{array}{ccc} E & \stackrel{f}{\longrightarrow} & F \\ x & \longmapsto & f(x) \end{array} \right.$

Remarque : La donnée des ensembles E et F fait partie de la définition de l'application. Ainsi, deux applications sont égales si et seulement si elles ont **même ensemble de départ, même ensemble d'arrivée et même graphe**. Par exemple, les applications :

$$\left| \begin{array}{ccc} \mathbb{R} & \longrightarrow & \mathbb{R} \\ x & \longmapsto & x^2 \end{array} \right. \quad \text{et} \quad \left| \begin{array}{ccc} \mathbb{R}_+ & \longrightarrow & \mathbb{R}_+ \\ x & \longmapsto & x^2 \end{array} \right.$$

sont différentes : elles n'ont pas du tout les mêmes propriétés (parité, croissance...).

Exemples généraux

- Application identique de E : $\left| \begin{array}{ccc} E & \stackrel{\mathrm{Id}_E}{\longrightarrow} & E \\ x & \longmapsto & x \end{array} \right.$
- Injection canonique de E dans F $(E \subset F)$: $\left| \begin{array}{ccc} E & \stackrel{j_E}{\longrightarrow} & F \\ x & \longmapsto & x \end{array} \right.$
- Projections : $\left| \begin{array}{ccc} E \times F & \stackrel{p_1}{\longrightarrow} & E \\ (x, y) & \longmapsto & x \end{array} \right.$ $\quad \left| \begin{array}{ccc} E \times F & \stackrel{p_2}{\longrightarrow} & F \\ (x, y) & \longmapsto & y \end{array} \right.$
- Restriction de f à une partie A de E : $\left| \begin{array}{ccc} A & \stackrel{f|_A}{\longrightarrow} & F \\ x & \longmapsto & f(x) \end{array} \right.$

On dit que f est un **prolongement** de g si g est une restriction de f.

L'ensemble des applications de E dans F est noté $\mathcal{F}(E, F)$ ou mieux F^E. (Cette notation sera expliquée plus loin à propos de la notion de famille.)

© Hachette Livre – H Prépa / Math – La photocopie non autorisée est un délit

3.2. Composition des applications

Soit E, F, G trois ensembles, f une application de E dans F et g une application de F dans G. On appelle **application composée** de f et g l'application de E dans G qui à un élément x de E fait correspondre l'image par g de l'image par f de x.

On note cette application $g \circ f$ (*Doc.* 10). Attention à l'ordre qui peut paraître paradoxal, mais qui est en fait très commode, en effet :

$$\forall x \in E \quad g \circ f\ (x) = g[f(x)]$$

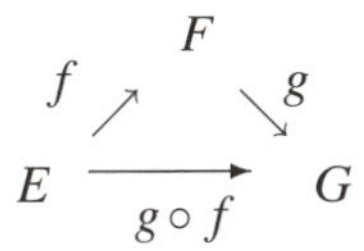

Doc. 10.

Exemples : $f \circ \mathrm{Id}_E = f$; $\mathrm{Id}_F \circ f = f$.

Théorème 1

Si E, F, G, H sont quatre ensembles et f, g, h trois applications appartenant respectivement à $\mathcal{F}(E,F)$, $\mathcal{F}(F,G)$, $\mathcal{F}(G,H)$:

$$h \circ (g \circ f) = (h \circ g) \circ f$$

Démonstration

Les deux applications $h \circ (g \circ f)$ et $(h \circ g) \circ f$ ont le même ensemble de départ : E, le même ensemble d'arrivée : H, et :

$$\forall x \in E \quad h \circ (g \circ f)\ (x) = h\big(g[f(x)]\big) = (h \circ g) \circ f\ (x)$$

Ces deux applications sont donc égales.

3.3. Famille d'éléments d'un ensemble

On appelle **famille** d'éléments d'un ensemble E indexée par un ensemble I, une application de I dans E notée :

$$\left|\begin{array}{ccc} I & \rightarrow & E \\ i & \mapsto & x_i \end{array}\right.$$

La notion de famille n'est donc pas différente de celle d'application, il s'agit seulement d'utiliser des indices pour représenter les images. Par exemple, une suite numérique est une famille de nombres réels indexée par $\mathbb{N}$, c'est-à-dire une application de $\mathbb{N}$ dans $\mathbb{R}$.

On peut identifier le produit cartésien $E \times E$ avec l'ensemble des familles d'éléments de E indexées par l'ensemble $\{1,2\}$, et plus généralement le produit cartésien E^n avec l'ensemble des familles d'éléments de E indexées par $\{1, \cdots, n\}$. Par analogie, quel que soit l'ensemble I, on note E^I l'ensemble des familles d'éléments de E indexées par I, ou, ce qui revient au même, l'ensemble des applications de I dans E.

On peut généraliser aux familles de parties d'un ensemble E les notions d'intersection et de réunion :

$$\bigcap_{i \in I} A_i = \{\, x \in E\ ,\ \forall i \in I \quad x \in A_i \,\}$$

$$\bigcup_{i \in I} A_i = \{\, x \in E\ ,\ \exists i \in I \quad x \in A_i \,\}$$

© Hachette Livre – H Prépa / Math – La photocopie non autorisée est un délit

4 Injectivité et surjectivité

4.1. Équation

Soit f une application d'un ensemble E dans un ensemble F. On appelle **équation** une égalité de la forme $f(x) = y$, où y est un élément fixé de F ; on appelle **solution** de l'équation tout élément x de E qui vérifie cette égalité, autrement dit tout antécédent de y par f.

Une équation peut avoir une solution unique, par exemple : $3x = 1$ de $\mathbb{R}$ dans $\mathbb{R}$; plusieurs solutions, par exemple : $x^2 = 1$ de $\mathbb{R}$ dans $\mathbb{R}$; une infinité de solutions, par exemple : $|x| = -x$ de $\mathbb{R}$ dans $\mathbb{R}$; ou encore aucune solution, par exemple : $x^2 = -1$ de $\mathbb{R}$ dans $\mathbb{R}$.

4.2. Application injective

Soit f une application d'un ensemble E dans un ensemble F. On dit que f est **injective** (ou que c'est une **injection**) si pour tout $y \in F$, l'équation $f(x) = y$ admet au plus une solution x dans E.
À l'aide de quantificateurs, l'injectivité de f s'écrit :

$$\forall (x, x') \in E^2 \qquad f(x) = f(x') \quad \Rightarrow \quad x = x'$$

Exemples :

1) Id_E est injective.

2) Toute application de $\varnothing$ dans F est injective.

3) L'application $\left| \begin{array}{ccc} \mathbb{R}_+ & \to & \mathbb{R} \\ x & \mapsto & x^2 \end{array} \right.$ est injective.

Théorème 2

1) La composée de deux injections est une injection.

2) Si la composée $g \circ f$ est injective, f est injective.

Démonstration

Soit E, F, G trois ensembles, f une application de E dans F, et g une application de F dans G.

1) Supposons f et g injectives. Soit $(x, x') \in E^2$ tel que $g \circ f\ (x) = g \circ f\ (x')$, c'est-à-dire $g\big(f(x)\big) = g\big(f(x')\big)$. Du fait de l'injectivité de g, $f(x) = f(x')$, et, du fait de l'injectivité de f, $x = x'$. Donc $g \circ f$ est injective.

2) Supposons $g \circ f$ injective. Soit $(x, x') \in E^2$ tel que $f(x) = f(x')$. On a alors $g \circ f\ (x) = g \circ f\ (x')$ et, du fait de l'injectivité de $g \circ f$, $x = x'$. f est donc injective.

4.3. Application surjective

Soit f une application d'un ensemble E dans un ensemble F. On dit que f est **surjective** (ou que c'est une **surjection**) si pour tout $y \in F$ l'équation $f(x) = y$ admet toujours une solution x dans E.
À l'aide de quantificateurs, la surjectivité de f s'écrit :

$$\forall y \in F \quad \exists x \in E \quad f(x) = y$$

© Hachette Livre – H Prépa / Math – La photocopie non autorisée est un délit

Exemples :

1) Id_E est surjective.

2) Toute application de E dans $\varnothing$ est surjective. (si $E \neq \varnothing$, il n'y en a aucune !)

3) L'application $\left| \begin{array}{ccc} \mathbb{R} & \to & \mathbb{R}_+ \\ x & \mapsto & x^2 \end{array} \right.$ est surjective.

Théorème 3

1) La composée de deux surjections est une surjection.

2) Si la composée $g \circ f$ est surjective, g est surjective.

Démonstration

Soit E, F, G trois ensembles, f une application de E dans F, et g une application de F dans G.

1) Supposons f et g surjectives. Soit $z \in G$. z possède un antécédent y dans F par g, et y possède un antécédent x dans E par f. $g \circ f\ (x) = g(y) = z$; x est donc un antécédent de z par $g \circ f$. Cette application est surjective.

2) Supposons $g \circ f$ surjective. Soit $z \in G$. z possède un antécédent x dans E par $g \circ f$, d'où $z = g \circ f\ (x) = g\big(f(x)\big)$; $f(x)$ est donc un antécédent de z dans F par g. L'application g est surjective.

Application 2

Équivalence de l'existence d'une injection de E dans F et d'une surjection de F dans E

Soit E et F deux ensembles, montrer qu'il existe une application injective de E dans F si et seulement si il existe une application surjective de F dans E.

Supposons qu'il existe une injection f de E dans F, et considérons un élément y de F :

- ou bien l'équation $f(x) = y$ possède une solution unique x ; on note $x = g(y)$;
- ou bien l'équation $f(x) = y$ n'a aucune solution ; on choisit alors un élément quelconque de E, a, et on pose $a = g(y)$.

g ainsi définie est une application de F dans E puisque tout élément de F possède une unique image dans E. Elle est surjective, puisque tout élément de E est l'image par g d'au moins un élément de F (son image par f) (*Doc.* 11).

Réciproquement, supposons qu'il existe une surjection h de F dans E, et considérons un élément x de E : l'équation $h(y) = x$ possède au moins une solution (*Doc.* 12). Choisissons alors l'une de ces solutions y_0, et posons $y_0 = k(x)$. k ainsi définie est une application de E dans F puisque tout élément de E possède une unique image dans F. Elle est injective, en effet $k(x) = k(x') = y_0$ entraîne que x et x' sont images par h d'un même élément de F : $x = x' = h(y_0)$.

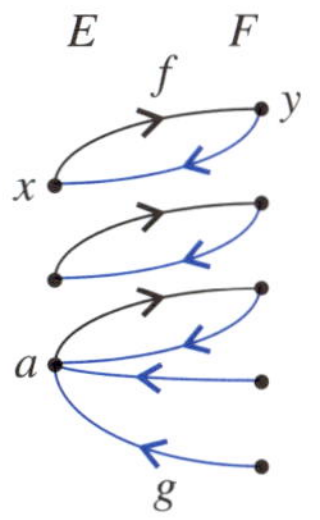

Doc. 11.

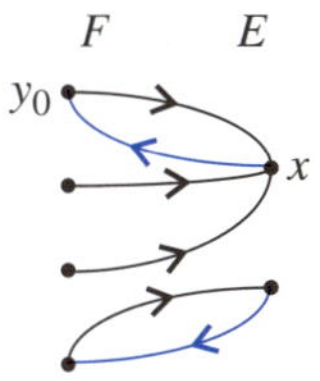

Doc. 12.

© Hachette Livre – H Prépa / Math – La photocopie non autorisée est un délit

4.4. Application bijective

Une application f de E dans F est dite **bijective** (ou on dit que c'est une **bijection**) si elle est à la fois injective et surjective, c'est-à-dire si pour tout $y \in F$, l'équation $f(x) = y$ admet une solution unique x dans E.

Exemples :

1) Id_E est bijective.

2) Toute application de $\varnothing$ dans $\varnothing$ est bijective.

3) L'application $\left|\begin{array}{ccc} \mathbb{R}_+ & \to & \mathbb{R}_+ \\ x & \mapsto & x^2 \end{array}\right.$ est bijective.

Théorème 4

1) La composée de deux bijections est une bijection.

2) Si la composée $g \circ f$ est bijective, g est surjective et f injective.

3) L'application f de E dans F est bijective si et seulement si il existe une application de F dans E notée f^{-1} telle que

$$f^{-1} \circ f = \mathrm{Id}_E \quad \text{et} \quad f \circ f^{-1} = \mathrm{Id}_F$$

L'application f^{-1} est appelée **bijection réciproque** de f.

4) Si f et g sont deux bijections, $(g \circ f)^{-1} = f^{-1} \circ g^{-1}$.

L'application f^{-1} n'existe que pour une application bijective. C'est une faute grave de l'évoquer sans vérifier que l'on a bien affaire à une bijection.

Démonstration

1) et **2)** découlent directement des théorèmes **2** et **3**.

3) Si f est bijective, tout élément de F possède un antécédent et un seul par f, ce qui permet de définir de F dans E l'application, notée f^{-1} :

$$\forall y \in E \quad f^{-1}(y) = x \quad \text{où } x \text{ est l'unique solution de l'équation} \quad f(x) = y$$

On a alors de façon immédiate :

$$\forall x \in E \quad f^{-1} \circ f\,(x) = x \quad \text{et} \quad \forall y \in F \quad f \circ f^{-1}\,(y) = y$$

4) $(f^{-1} \circ g^{-1}) \circ (g \circ f) = f^{-1} \circ g^{-1} \circ g \circ f = f^{-1} \circ f = \mathrm{Id}_E$
$(g \circ f) \circ (f^{-1} \circ g^{-1}) = g \circ f \circ f^{-1} \circ g^{-1} = g \circ g^{-1} = \mathrm{Id}_F$.

Une application f de E dans E est dite **involutive** (c'est une **involution**) si $f \circ f = \mathrm{Id}_E$, c'est-à-dire si f est bijective et si $f^{-1} = f$.

Application 3

Démontrer l'injectivité ou la surjectivité d'une application

Soit E un ensemble, A et B deux parties de E. On considère l'application :

$$\left|\begin{array}{ccc} \mathcal{P}(E) & \xrightarrow{f} & \mathcal{P}(A) \times \mathcal{P}(B) \\ X & \mapsto & (X \cap A, X \cap B) \end{array}\right.$$

Démontrer que :

***1)** f est injective si et seulement si $A \cup B = E$.*

***2)** f est surjective si et seulement si $A \cap B = \varnothing$.*

© Hachette Livre – H Prépa / Math – La photocopie non autorisée est un délit

1) Notons que $f(A \cup B) = (A, B) = f(E)$. Si f est injective, on en déduit $A \cup B = E$.

Réciproquement, supposons que $A \cup B = E$ et montrons l'injectivité de f. Considérons pour cela deux parties X et Y de E telles que $f(X) = f(Y)$, c'est-à-dire $X \cap A = Y \cap A$ et $X \cap B = Y \cap B$. On en déduit :

$$(X \cap A) \cup (X \cap B) = (Y \cap A) \cup (Y \cap B)$$

soit : $X \cap (A \cup B) = Y \cap (A \cup B)$, d'où en définitive $X = Y$. f est donc injective.

2) Si f est surjective, il existe une partie X de E telle que : $f(X) = (A, \varnothing)$, c'est-à-dire $X \cap A = A$ et $X \cap B = \varnothing$; A est inclus dans X qui est disjoint de B, il est donc lui-même disjoint de B : $A \cap B = \varnothing$.

Réciproquement, supposons que $A \cap B = \varnothing$ et montrons la surjectivité de f. Considérons pour cela un élément (A', B') de $\mathcal{P}(A) \times \mathcal{P}(B)$. On remarque que :

$$(A' \cup B') \cap A = (A' \cap A) \cup (B' \cap A) = A'$$

et

$$(A' \cup B') \cap B = (A' \cap B) \cup (B' \cap B) = B'$$

c'est-à-dire : $f(A' \cup B') = (A', B')$. L'élément (A', B') a donc un antécédent par f : f est surjective.

▶ *Pour s'entraîner : ex. 8 à 11.*

5 Image directe ou réciproque d'une partie

5.1. Image d'une partie de l'ensemble de départ

Soit f une application de E dans F, et A une partie de E. On appelle **image** de A par f l'ensemble des images des éléments de A. Par abus de notation, cet ensemble est noté $f(A)$, mais il faut bien garder à l'esprit qu'il ne s'agit pas de l'image d'un élément de E. On a donc par définition :

$$\forall y \in F \quad y \in f(A) \iff \exists x \in A \quad y = f(x)$$

Exemple : Si f est l'application $\left| \begin{array}{ccc} \mathbb{R} & \to & \mathbb{R} \\ x & \mapsto & \sin x \end{array} \right.$, $f\big([0, \pi]\big) = [0, 1]$.

> *Remarque :* La surjectivité d'une application f de E dans F peut s'écrire très simplement : $f(E) = F$.

5.2. Image réciproque d'une partie de l'ensemble d'arrivée

Soit f une application de E dans F, et B une partie de F. On appelle **image réciproque** de B par f l'ensemble des antécédents des éléments de B, autrement dit l'ensemble des éléments de E dont l'image appartient à B. Par abus de notation, cet ensemble est noté $f^{-1}(B)$, mais f^{-1} ne désigne généralement pas une application, et il faut bien se garder de croire que l'image réciproque par f soit l'image directe par une autre application... (sauf quand f est bijective ; l'image réciproque d'une partie est alors l'image de cette partie par la bijection réciproque). Par définition :

$$\forall x \in E \quad x \in f^{-1}(B) \iff f(x) \in B$$

© Hachette Livre – H Prépa / Math – La photocopie non autorisée est un délit

Exemple : Si f est l'application $\begin{vmatrix} \mathbb{R} & \to & \mathbb{R} \\ x & \mapsto & \sin x \end{vmatrix}$,

$$f^{-1}([0,1]) = \bigcup_{k\in\mathbb{Z}} [2k\pi, (2k+1)\pi]$$

▶ ***Pour s'entraîner : ex. 12, 13.***

6 Relation d'ordre

6.1. Relation binaire

On appelle **relation binaire** définie sur un ensemble E la donnée de E et d'une partie quelconque Γ de $E \times E$. On note $x\mathcal{R}y$ pour $(x, y) \in \Gamma$.

Exemples : Dans $\mathbb{Z}$: $|x| = |y|$, $x \neq y$, x divise y, etc.

6.2. Relation d'ordre

Une relation binaire $\mathcal{R}$ définie sur un ensemble E est une **relation d'ordre** si elle est :

- **réflexive** : $\forall x \in E \quad x\mathcal{R}x$;
- **antisymétrique** : $\forall (x, y) \in E^2 \quad (x\mathcal{R}y \text{ et } y\mathcal{R}x) \Rightarrow x = y$;
- **transitive** : $\forall (x, y, z) \in E^3 \quad (x\mathcal{R}y \text{ et } y\mathcal{R}z) \Rightarrow x\mathcal{R}z$.

L'ordre est dit **total** s'il permet de comparer deux éléments quelconques :

$$\forall (x, y) \in E^2 \quad x\mathcal{R}y \text{ ou } y\mathcal{R}x$$

L'ordre est dit **partiel** dans le cas contraire.
Un ensemble muni d'une relation d'ordre est dit **ordonné** (respectivement **totalement ordonné** ou **partiellement ordonné**).

6.3. Exemples

ensemble	relation	ordre
$\mathbb{R}$	$\leqslant$	total
$\mathcal{P}(E)$	$\subset$	partiel
$\mathbb{N}$	« divise »	partiel

Par analogie avec le premier exemple, une relation d'ordre est souvent notée $\leqslant$ qu'elle soit totale ou partielle. Il faut prendre garde à ne pas céder aux automatismes que pourraient suggérer cette notation : beaucoup de relations d'ordre ont des propriétés très différentes de celles de l'ordre total de $\mathbb{R}$.

Remarque : La relation, dite « d'ordre strict », $x < y$, qui signifie $x \leqslant y$ et $x \neq y$, n'est pas une relation d'ordre (puisqu'elle n'est pas réflexive).

Si E est un ensemble ordonné par la relation $\leqslant$, on peut munir le produit cartésien $E \times E$ de l'ordre dit **lexicographique** défini par :

$$(x, y) \leqslant (x', y') \iff x < x' \text{ ou } (x = x' \text{ et } y \leqslant y')$$

On peut généraliser cette définition à l'ensemble E^n. C'est le principe de l'ordre alphabétique appliqué aux suites de lettres de l'alphabet.

© Hachette Livre – H Prépa / Math – La photocopie non autorisée est un délit

6.4. Vocabulaire lié à l'ordre

Soit E un ensemble ordonné par la relation $\leqslant$, et A une partie de E. On appelle :

- **Majorant** de A un élément de E supérieur ou égal à tous les éléments de A.

$$M \text{ majore } A \iff \forall a \in A \quad a \leqslant M$$

  Une partie est dite **majorée** si elle possède un majorant.

- **Minorant** de A un élément de E inférieur ou égal à tous les éléments de A.

$$m \text{ minore } A \iff \forall a \in A \quad m \leqslant a$$

  Une partie est dite **minorée** si elle possède un minorant.

- **Plus grand élément** de A (ou élément **maximum**) un majorant de A appartenant à A. S'il existe, il est unique. On le note $\max A$.
- **Plus petit élément** de A (ou élément **minimum**) un minorant de A appartenant à A. S'il existe, il est unique. On le note $\min A$.
- **Borne supérieure** de A le plus petit des majorants de A, s'il existe. Il est alors unique, on le note $\sup A$.
  (Si A possède un plus grand élément, il est nécessairement borne supérieure.)
- **Borne inférieure** de A le plus grand des minorants de A, s'il existe. Il est alors unique, on le note $\inf A$.
  (Si A possède un plus petit élément, il est nécessairement borne inférieure.)

Les notions de borne supérieure et borne inférieure seront approfondies dans le chapitre sur les nombres réels, dont elles constituent le fondement.

Exemple : Si $E = \mathbb{R}$, la partie $A =]0,1]$ est minorée (par -1 par exemple) et majorée (par 3 par exemple). Elle admet un plus grand élément : 1, qui est donc aussi sa borne supérieure.

$$\max\,]0,1] = \sup\,]0,1] = 1$$

A n'admet pas de plus petit élément, mais une borne inférieure : 0.

$$\inf\,]0,1] = 0$$

Si E et F sont deux ensembles ordonnés, une application f de E dans F est dite **croissante** si :

$$\forall (x,y) \in E^2 \quad x \leqslant y \implies f(x) \leqslant f(y)$$

f est dite **strictement croissante** si :

$$\forall (x,y) \in E^2 \quad x < y \implies f(x) < f(y)$$

f est dite **décroissante** si :

$$\forall (x,y) \in E^2 \quad x \leqslant y \implies f(x) \geqslant f(y)$$

f est dite **strictement décroissante** si :

$$\forall (x,y) \in E^2 \quad x < y \implies f(x) > f(y)$$

© Hachette Livre – H Prépa / Math – La photocopie non autorisée est un délit

Application 4

Étude d'une relation d'ordre

On munit $\mathbb{R}^2$ *de la relation notée* $\preccurlyeq$ *définie par :*

$$(x, y) \preccurlyeq (x', y') \iff x \leqslant x' \text{ et } y \leqslant y'$$

1) *Démontrer que* $\preccurlyeq$ *est une relation d'ordre. L'ordre est-il total ou partiel ?*

2) *Le disque fermé de centre* O *de rayon 1 a-t-il des majorants ? un plus grand élément ? une borne supérieure ?*

1) La relation $\preccurlyeq$ est :

- réflexive : pour tout $(x, y) \in \mathbb{R}^2$,

$$x \leqslant x \text{ et } y \leqslant y$$

- antisymétrique : pour tous couples (x, y) et (x', y') de $\mathbb{R}^2$,

$$x \leqslant x',\ y \leqslant y',\ x' \leqslant x,\ y' \leqslant y \implies (x, y) = (x', y')$$

- transitive : pour tous couples (x, y), (x', y') et (x'', y'') de $\mathbb{R}^2$,

$$x \leqslant x',\ y \leqslant y',\ x' \leqslant x'',\ y' \leqslant y'' \implies x \leqslant x'',\ y \leqslant y''$$

C'est donc une relation d'ordre. L'ordre est partiel : on ne peut pas classer par exemple les couples $(1, 2)$ et $(2, 1)$.

2) Posons $D = \{(x, y) \in \mathbb{R}^2 \quad x^2 + y^2 \leqslant 1\}$
Supposons que D possède un plus grand élément (x_0, y_0).

$$(1, 0) \in D \quad \text{d'où} \quad x_0 \geqslant 1 \text{ et } y_0 \geqslant 0$$

$$(0, 1) \in D \quad \text{d'où} \quad x_0 \geqslant 0 \text{ et } y_0 \geqslant 1$$

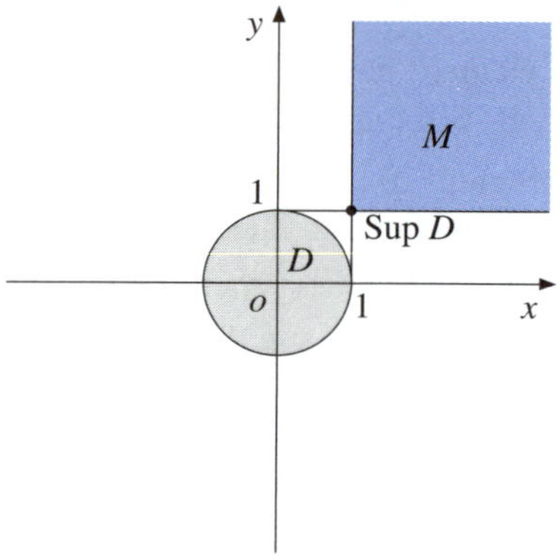

Doc. 13.

Les inégalités $x_0 \geqslant 1$ et $y_0 \geqslant 1$ sont incompatibles avec l'inégalité $x_0^2 + y_0^2 \leqslant 1$ qui caractérise l'appartenance de (x_0, y_0) à D. D n'a donc pas de plus grand élément.

L'ensemble des majorants de D est :

$$M = \{(x, y) \in \mathbb{R}^2 \quad x \geqslant 1 \text{ et } y \geqslant 1\}$$

La borne supérieure de D est le plus petit des majorants de D, c'est-à-dire $(1, 1)$.

► *Pour s'entraîner : ex. 14 à 16.*

© Hachette Livre – H Prépa / Math – La photocopie non autorisée est un délit

FICHE MÉTHODE

- Pour montrer que $E \subset F$:

- on considère un élément quelconque de E et on démontre qu'il appartient à F (*cf. Application* 1 et *exercice* 5).

- Pour montrer que $E = F$, on montre les deux inclusions : $E \subset F$ et $F \subset E$ (*cf. exercices* 4, 6 et 7).

- Pour montrer que deux applications f et g sont égales, on montre qu'elles ont le même ensemble de départ E, le même ensemble d'arrivée F, et que $\forall x \in E \quad f(x) = g(x)$.

- Pour montrer qu'une application f de E dans F est injective, on peut :

- considérer deux éléments x et x' de E tels que $f(x) = f(x')$ et montrer que $x = x'$ (*cf. Application* 3) ;
- trouver une application g définie sur F telle que $g \circ f$ est injective (*cf. exercice* 10).

- Pour montrer qu'une application f de E dans F est surjective, on peut :

- considérer un élément y de F et prouver qu'il existe $x \in E$ tel que $f(x) = y$ (*cf. Application* 3) ;
- trouver une application g arrivant dans E telle que $f \circ g$ est surjective (*cf. exercice* 10).

- Pour montrer qu'une application f de E dans F est bijective, on peut :

- considérer un élément y de F et prouver qu'il existe un unique $x \in E$ tel que $f(x) = y$ (*cf. Application* 3) ;
- montrer qu'elle est injective et surjective (*cf. exercice* 9) ;
- trouver une application g de F dans E telle que $g \circ f = \mathrm{Id}_E$ et $f \circ g = \mathrm{Id}_F$.

- Pour montrer qu'une relation binaire dans E est une relation d'ordre, on montre qu'elle est réflexive, antisymétrique et transitive (*cf. exercices* 14 et 15).

© Hachette Livre – H Prépa / Math – La photocopie non autorisée est un délit

Exercices

1 Vrai ou faux ?

a) $\forall x \in \mathbb{R}_+^* \cap \mathbb{R}_-^* \quad x = 0.$

b) $\forall x \in \mathbb{R} \qquad x^2 < 0 \Rightarrow x < 0.$

c) La négation de $(P \Rightarrow Q)$ est $(\overline{Q} \Rightarrow \overline{P})$.

d) $\mathbb{R}_+ \Delta \mathbb{R}_- = \mathbb{R}^*$.

e) $(A \cup B) \cap C = A \cup (B \cap C)$.

f) Soit $f \in F^E$,

$$f \text{ injective} \iff \forall (x, y) \in E^2 \quad x = y$$

ou $f(x) \neq f(y)$.

g) Deux applications f et g de E dans E telles que $f \circ g = \mathrm{Id}_E$ sont bijectives.

h) Si f et g sont bijectives, $(f \circ g)^{-1} = f^{-1} \circ g^{-1}$.

i) Soit $f \in F^E$. pour tout élément x de E. $f(x) \in f(A) \Rightarrow x \in A$.

j) Dans $\mathbb{R}^*$, la relation $\dfrac{y}{x} \in \mathbb{N}^*$ est une relation d'ordre.

k) Dans $\mathbb{C}$, la relation $|z| \leqslant |z'|$ est une relation d'ordre.

Quantificateurs

2 Écrire, à l'aide de quantificateurs, les propositions suivantes et leurs négations. Préciser lesquelles sont vraies.

1) Aucun entier n'est supérieur à tous les autres.

2) Il existe un entier multiple de tous les autres.

3) Tout réel possède une racine carrée dans $\mathbb{R}$.

4) Tous les réels ne sont pas des quotients d'entiers.

5) Certains réels sont strictement supérieurs à leur carré.

6) Étant donné trois réels, il y en a au moins deux de même signe.

3 Examiner la vérité de la proposition suivante, ainsi que de toutes celles que l'on peut obtenir en permutant l'ordre des quantificateurs :

$$\exists x \in \mathbb{R}^* \quad \forall y \in \mathbb{R}^* \quad \forall z \in \mathbb{R}^* \quad z = xy$$

Parties d'un ensemble

4 Démontrer que pour toutes parties A, B, C d'un même ensemble E :

1) $A \backslash B = \complement_E B \backslash \complement_E A$.

2) $A \backslash (B \cap C) = (A \backslash B) \cup (A \backslash C)$.

3) $A \backslash (B \cup C) = (A \backslash B) \cap (A \backslash C)$.

5 Démontrer que pour toutes parties A, B et C d'un même ensemble E :

$$(A \cap B \subset A \cap C) \text{ et } (A \cup B \subset A \cup C) \implies B \subset C$$

6 Démontrer que pour toutes parties A, B et C d'un même ensemble E :

$$A \cap B = A \cap C \iff A \cap \complement_E B = A \cap \complement_E C$$

7 Soit E un ensemble, et A, B, C trois parties de E.
Démontrer que :

$$A \Delta B = A \Delta C \Rightarrow B = C$$

Applications

8 * Montrer qu'il n'existe pas d'application surjective d'un ensemble E dans l'ensemble de ses parties $\mathcal{P}(E)$.

Indication : Penser à la partie $A = \{x \in E \,,\, x \notin f(x)\}$.

9 Soit E, F, G, H quatre ensembles et $f \in F^E$, $g \in G^F$, $h \in H^G$ trois applications. Démontrer que si $g \circ f$ et $h \circ g$ sont bijectives, alors f, g et h le sont aussi.

10 Soit E, F, G trois ensembles et $f \in F^E$, $g \in G^F$ deux applications.

1) Démontrer que si $g \circ f$ est surjective et g injective, alors f est surjective.

2) Démontrer que si $g \circ f$ est injective et f surjective, alors g est injective.

© Hachette Livre – H Prépa / Math – La photocopie non autorisée est un délit

11 * Soit E, F, G, H quatre ensembles tels que H possède au moins deux éléments, et f une application de F dans G. Montrer que :

$$f \text{ injective} \iff \forall (g,h) \in (F^E)^2 \quad (f \circ g = f \circ h \Rightarrow g = h)$$

$$f \text{ surjective} \iff \forall (j,k) \in (H^G)^2 \quad (j \circ f = k \circ f \Rightarrow j = k)$$

12 Soit E et F deux ensembles et f une application de E dans F. Soit B et B' deux parties de F.

1) Démontrer que :

$$B \subset B' \Rightarrow f^{-1}(B) \subset f^{-1}(B')$$

2) En déduire que :

$$f^{-1}(B \cap B') = f^{-1}(B) \cap f^{-1}(B')$$

3) Démontrer que :

$$f^{-1}(B \cup B') = f^{-1}(B) \cup f^{-1}(B')$$

4) Démontrer que :

$$f^{-1}(\complement_F B) = \complement_E f^{-1}(B)$$

13 Soit E et F deux ensembles et f une application de E dans F. Soit A et A' deux parties de E.

1) Démontrer que :

$$A \subset A' \Rightarrow f(A) \subset f(A')$$

2) En déduire que :

$$f(A \cap A') \subset f(A) \cap f(A')$$

La réciproque est-elle vraie ?

3) Démontrer que :

$$f(A \cup A') = f(A) \cup f(A')$$

4) Peut-on comparer :

$$f(\complement_E A) \quad \text{avec} \quad \complement_F f(A) \ ?$$

Relations d'ordre

14 Soit $\mathcal{C}$ et $\mathcal{C}'$ deux cercles du plan, de centres respectifs O, O' et de rayons respectifs R, R'. On dit que $\mathcal{C}$ est intérieur à $\mathcal{C}'$ si $OO' \leqslant R' - R$.

Montrer qu'il s'agit d'une relation d'ordre dans l'ensemble des cercles du plan.

15 On munit l'ensemble $\mathbb{N}^*$ de la relation $\mathcal{R}$ définie par :

$$\forall (p,q) \in \mathbb{N}^{*2} \quad p\mathcal{R}q \iff \exists n \in \mathbb{N}^* \quad p^n = q$$

1) Démontrer que $\mathcal{R}$ est une relation d'ordre. L'ordre est-il total ?

2) La partie $\{2, 3\}$ est-elle majorée ?

16 Soit E et F deux ensembles ordonnés, et f une application de E dans F.

1) Montrer que si f est croissante et injective, elle est strictement croissante.

2) Montrer que si f est strictement croissante et que l'ordre de E est total, f est injective.

Donner un contre-exemple dans le cas où l'ordre de E est partiel.

© Hachette Livre – H Prépa / Math – La photocopie non autorisée est un délit

Nombres entiers naturels Combinatoire

5

Introduction

Le plus simple des ensembles de nombres est l'ensemble des entiers naturels. C'est au mathématicien italien Giuseppe Peano (1858-1932) *que l'on doit la première axiomatisation de l'ensemble* $\mathbb{N}$ *en* 1889. *L'une des principales conséquences de ces axiomes est le théorème de récurrence, très utile dans la pratique. Les entiers naturels nous permettront aussi d'étudier les ensembles finis et de traiter les problèmes de dénombrement les concernant.*

OBJECTIFS

- Maîtrise du raisonnement par récurrence.
- Dénombrement des ensembles finis.

© Hachette Livre – H Prépa / Math – La photocopie non autorisée est un délit

1 Ensemble $\mathbb{N}$ - Récurrence

1.1. Propriétés fondamentales de $\mathbb{N}$

Nous admettrons l'existence d'un ensemble $\mathbb{N}$, non vide, totalement ordonné, vérifiant les propriétés suivantes :

$\mathbb{N}1$: toute partie non vide de $\mathbb{N}$ a un plus petit élément.

$\mathbb{N}2$: toute partie non vide majorée de $\mathbb{N}$ a un plus grand élément.

$\mathbb{N}3$: $\mathbb{N}$ n'a pas de plus grand élément.

1.2. Conséquences

Les propriétés suivantes s'en déduisent immédiatement :

- $\mathbb{N}$ a un plus petit élément, noté 0.
- $\mathbb{N}\backslash\{0\}$ a un plus petit élément, noté 1, etc.
  On peut ainsi nommer les entiers naturels successifs.
- Pour tout $n \in \mathbb{N}$, la partie $\{p \in \mathbb{N},\ p > n\}$ a un plus petit élément appelé **successeur** de n, et noté $n+1$.
  On a ainsi l'amorce de l'addition de $\mathbb{N}$.
- Pour tout $n \in \mathbb{N}^*$, la partie $\{p \in \mathbb{N},\ p < n\}$ a un plus grand élément appelé **prédécesseur** de n, et noté $n-1$.

1.3. Récurrence

Théorème 1 (théorème de récurrence)

Soit $P(n)$ une proposition dépendant d'un entier naturel n.

S'il existe un entier $n_0 \in \mathbb{N}$ tel que :

1) $P(n_0)$ est vraie ;

2) $\forall n \geqslant n_0, \quad \big(P(n) \Rightarrow P(n+1)\big)$,

alors $P(n)$ est vraie pour tout $n \geqslant n_0$.

Démonstration

Soit F l'ensemble des entiers $n \geqslant n_0$ tels que $P(n)$ soit faux.
Il faut montrer que cet ensemble est vide.
Supposons que $F \neq \varnothing$. Alors F a un plus petit élément n_1 ; donc $n_1 \geqslant n_0$ et $P(n_1)$ est faux.
D'après **1)**, $n_1 \neq n_0$, donc $n_1 > n_0$, et $n_1 - 1 \geqslant n_0$.
Comme $n_1 = \min F$, $n_1 - 1 \notin F$, donc $P(n_1 - 1)$ est vraie, ce qui contredit l'implication $P(n_1 - 1) \Rightarrow P(n_1)$.
En définitive, $F = \varnothing$; donc $\forall n \geqslant n_0 \quad P(n)$ est vraie.

© Hachette Livre – H Prépa / Math – La photocopie non autorisée est un délit

Application 1

Démontrer que $\forall n \geqslant 4, \quad n^2 \leqslant 2^n$.

1) La propriété est vérifiée pour $n = 4$, car $4^2 = 2^4 = 16$.

2) Soit $n \geqslant 4$ tel que $n^2 \leqslant 2^n$.

En multipliant par 2 les deux membres, on en déduit : $2n^2 \leqslant 2^{n+1}$.

Comparons $(n+1)^2$ et $2n^2$:
$(n+1)^2 - 2n^2 = -n^2 + 2n + 1$.
Ce trinôme admet pour racines $1 - \sqrt{2}$ et $1 + \sqrt{2}$; il est positif entre les racines, c'est-à-dire pour les entiers 0, 1, 2 et négatif au delà, c'est-à-dire pour tout entier supérieur ou égal à 3.

Ici $n \geqslant 4$, donc $(n+1)^2 \leqslant 2n^2 \leqslant 2^{n+1}$: la proposition est vérifiée pour $n + 1$.
Le théorème de récurrence permet de conclure que $\forall n \geqslant 4 \quad n^2 \leqslant 2^n$.

Cet exemple est instructif, car la proposition $P(2)$ est vraie, mais on ne peut pas choisir $n_0 = 2$, car l'implication $P(n) \Rightarrow P(n+1)$ n'est pas vraie pour $n = 2$. On ne peut pas non plus choisir $n_0 = 3$, car $P(3)$ est fausse... Le premier entier qui satisfait les deux hypothèses du théorème est donc $n_0 = 4$.

► ***Pour s'entraîner : ex. 2 à 4.***

Dans certains cas, il peut être nécessaire de regrouper dans l'hypothèse de récurrence plusieurs niveaux successifs de la proposition P ; par exemple $(P(n)$ et $P(n+1))$. Il faut alors démontrer que :

1) $P(n_0)$ et $P(n_0 + 1)$ sont vraies ;

2) $\forall n \geqslant n_0 \quad \big(P(n) \text{ et } P(n+1)\big) \Rightarrow P(n+2)$;

pour conclure que $\forall n \geqslant n_0, \quad P(n)$ est vraie.

► ***Pour s'entraîner : ex. 5.***

On peut même regrouper dans l'hypothèse de récurrence tous les niveaux jusqu'à n (récurrence forte). Il faut alors démontrer que :

1) $P(n_0)$ est vraie ;

2) $\forall n \geqslant n_0 \quad \big(\forall p \in [\![n_0, n]\!] \; P(p)\big) \Rightarrow P(n+1)$;

pour conclure que $\forall n \geqslant n_0, \; P(n)$ est vraie.

Application 2

Démontrer que tout entier $n \in \mathbb{N}^*$ *peut s'écrire de façon unique sous la forme :* $n = 2^p(2q+1)$, *où* $(p, q) \in \mathbb{N}$.

1) $1 = 2^0(2 \times 0 + 1)$; la proposition est vérifiée pour $n = 1$.

2) Soit $n \in \mathbb{N}^*$ tel que **tout entier de 1 à** $\boldsymbol{n}$ puisse s'écrire de la façon indiquée.

a) Si $n + 1$ est impair :

$$\exists q \in \mathbb{N} \;\; n + 1 = 2^0(2q+1)$$

b) Si $n + 1$ est pair, $\dfrac{n+1}{2}$ est un entier compris entre 1 et n ; il vérifie l'hypothèse de récurrence :

$$\exists (p, q) \in \mathbb{N}^2 \;\; \frac{n+1}{2} = 2^p(2q+1)$$

d'où :

$$n + 1 = 2^{p+1}(2q+1).$$

La proposition est encore vérifiée pour $n + 1$.

L'existence de la décomposition est donc établie pour tout $n \in \mathbb{N}^*$.

© Hachette Livre – H Prépa / Math – La photocopie non autorisée est un délit

Montrons l'unicité :

Supposons que $n = 2^p(2q+1) = 2^{p'}(2q'+1)$.

Si $p \geqslant p'$, $2^{p-p'}(2q+1) = 2q'+1$. Le second membre étant impair, le premier doit l'être aussi ; d'où $p = p'$. Il reste $2q+1 = 2q'+1$; d'où $q = q'$.

Remarque : On vient de mettre en évidence une bijection de $\mathbb{N}^*$ dans $\mathbb{N}^2$.

1.4. Suites définies par récurrence

Soit E un ensemble quelconque. On appelle **suite** d'éléments de E une application de $\mathbb{N}$ (ou parfois d'une partie de $\mathbb{N}$) dans E. L'image de l'entier n est noté u_n. La suite tout entière est notée (u_n) (ne pas oublier les parenthèses).

Une suite peut être définie par son premier terme, par exemple u_0, et une relation donnant chaque terme en fonction du précédent : $u_{n+1} = f(u_n)$. Le théorème de récurrence permet d'affirmer l'existence et l'unicité d'une suite vérifiant ces conditions ; on dit que la suite est définie par récurrence, ou que c'est une suite récurrente.

Exemples :

La somme $S_n = \sum_{i=1}^{n} u_i$ est définie par $S_0 = 0$ et pour tout $n \in \mathbb{N}$: $S_{n+1} = S_n + u_{n+1}$. Par exemple $\sum_{i=1}^{n} i = \dfrac{n(n+1)}{2}$.

De même, le produit $P_n = \prod_{i=1}^{n} u_i$ est défini par $P_0 = 1$ et pour tout $n \in \mathbb{N}$: $P_{n+1} = P_n \times u_{n+1}$. Par exemple : $n! = \prod_{i=1}^{n} i$.

Remarque : La notation i n'est qu'un intermédiaire permettant de décrire la somme ou le produit ; elle n'apparaît pas dans le résultat. On dit que c'est une variable muette. $\sum_{i=1}^{n} u_i$ et $\sum_{j=1}^{n} u_j$ représentent exactement la même chose.

Application 3

Changement d'indice dans une somme

Simplifier l'expression : $S_n = \sum_{p=1}^{n} \left(\dfrac{1}{p} - \dfrac{1}{p+1} \right)$.

On peut séparer la somme en deux termes :

$$S_n = \sum_{p=1}^{n} \frac{1}{p} - \sum_{p=1}^{n} \frac{1}{p+1}$$

Dans le second terme, effectuons le changement d'indice $q = p+1$:

$$S_n = \sum_{p=1}^{n} \frac{1}{p} - \sum_{q=2}^{n+1} \frac{1}{q}$$

D'après la remarque ci-dessus, on ne change rien en redonnant le nom p à l'indice servant à décrire la deuxième somme :

$$S_n = \sum_{p=1}^{n} \frac{1}{p} - \sum_{p=2}^{n+1} \frac{1}{p}$$

Tous les termes d'indice p compris entre 2 et n s'éliminent ; il reste :

$$S_n = 1 - \frac{1}{n+1}$$

Avec un peu d'habitude, on pourra effectuer ce changement d'indice sans modifier son nom ; on dira qu'on « change p en $p+1$ ».

© Hachette Livre – H Prépa / Math – La photocopie non autorisée est un délit

1.5. Suites arithmétiques et géométriques

Dans ce paragraphe, $E = \mathbb{R}$ ou $\mathbb{C}$. On généralisera plus tard à d'autres ensembles dans lesquels on peut définir une addition et une multiplication.

On appelle **suite arithmétique** une suite définie par son premier terme et la relation : $u_{n+1} = u_n + r$ (r est appelé raison de la suite). On montre par récurrence que pour tout $n \in \mathbb{N}$: $u_n = u_0 + nr$.

Toujours par récurrence, on montre que la somme des termes d'une suite arithmétique finie est égale au nombre de termes multiplié par la moyenne du premier et du dernier :

$$\sum_{i=1}^{n} u_i = n\frac{u_1 + u_n}{2}$$

On appelle **suite géométrique** une suite définie par son premier terme et la relation : $u_{n+1} = u_n\, q$ (q est appelé raison de la suite). On montre par récurrence que pour tout $n \in \mathbb{N}$: $u_n = u_0\, q^n$.

On peut calculer également la somme des termes d'une suite géométrique finie :

$$\begin{cases} \text{Si } q = 1 & \displaystyle\sum_{i=1}^{n} u_i = n\, u_1 \\ \text{Si } q \neq 1 & \displaystyle\sum_{i=1}^{n} u_i = \frac{u_1 - u_{n+1}}{1 - q} \end{cases}$$

« Le premier qui y est, moins le premier qui n'y est pas, divisé par un moins la raison. »

2 Ensembles finis

2.1. Intervalles de $\mathbb{N}$

Convenons de noter $[\![1,n]\!]$ l'ensemble des entiers naturels compris entre 1 et n : $[\![1,n]\!] = \{p \in \mathbb{N}\,,\ 1 \leqslant p \leqslant n\}$.
(Par convention, on notera : $[\![1,0]\!] = \varnothing$.)

Lemme 2.1
Soit $n \in \mathbb{N}^*$ et $a \in [\![1,n]\!]$.
Il existe une bijection de $[\![1,n]\!]\backslash\{a\}$ dans $[\![1,n-1]\!]$.

Démonstration

Si $n = 1$, $[\![1,n]\!]\backslash\{a\} = \varnothing = [\![1,n-1]\!]$.
Or il existe une application unique de $\varnothing$ dans $\varnothing$, et celle-ci est bijective.
Si $n > 1$, l'application f de $[\![1,n]\!]\backslash\{a\}$ dans $[\![1,n-1]\!]$ définie par :

$$\forall x \in [\![1,n]\!]\backslash\{a\} \quad \begin{cases} \text{si } x < a, & f(x) = x \\ \text{si } x > a, & f(x) = x - 1 \end{cases} \qquad \text{est bien bijective.}$$

© Hachette Livre – H Prépa / Math – La photocopie non autorisée est un délit

Théorème 2

Soit $(p, n) \in \mathbb{N}^2$.

1) Il existe une injection de $[\![1, p]\!]$ dans $[\![1, n]\!]$ $\iff$ $p \leqslant n$.

2) Il existe une surjection de $[\![1, p]\!]$ dans $[\![1, n]\!]$ $\iff$ $p \geqslant n$.

3) Il existe une bijection de $[\![1, p]\!]$ dans $[\![1, n]\!]$ $\iff$ $p = n$.

4) Si $n > 0$, toute injection de $[\![1, n]\!]$ dans lui-même est bijective.

5) Toute surjection de $[\![1, n]\!]$ dans lui-même est bijective.

Cette démonstration est hors programme. Le résultat pourra être admis.

Démonstration

1) Si $p \leqslant n$, $[\![1, p]\!] \subset [\![1, n]\!]$ et l'injection canonique de $[\![1, p]\!]$ dans $[\![1, n]\!]$ convient.
Réciproquement, démontrons que, s'il existe une injection de $[\![1, p]\!]$ dans $[\![1, n]\!]$, alors $p \leqslant n$. Procédons par récurrence sur p :
a) Si $p = 0$, toute application de $\varnothing$ dans $[\![1, n]\!]$ est évidemment injective.
b) Soit $p \in \mathbb{N}$ tel que la proposition soit vraie (pour tout $n \in \mathbb{N}^*$) et soit f une injection de $[\![1, p+1]\!]$ dans $[\![1, n]\!]$.
$f(p+1)$ n'ayant pas d'autre antécédent que $p+1$, la restriction de f à $[\![1, p]\!]$ est une injection de $[\![1, p]\!]$ dans $[\![1, n]\!] \setminus \{f(p+1)\}$.

En composant par la bijection donnée par le *lemme* **??**, on obtient une injection de $[\![1, p]\!]$ dans $[\![1, n-1]\!]$. D'après l'hypothèse de récurrence, on en déduit $p \leqslant n-1$, ce qui équivaut à $p+1 \leqslant n$. La proposition est vérifiée au rang $p+1$.

c) Cette proposition est donc vraie quel que soit $p \in \mathbb{N}^*$.

2) Rappelons que l'existence d'une surjection de $[\![1, p]\!]$ dans $[\![1, n]\!]$ équivaut à celle d'une injection de $[\![1, n]\!]$ dans $[\![1, p]\!]$ (*chap.* 4, *Application* 2), d'où le résultat.

3) Conséquence immédiate des points **1)** et **2)**.

4) Soit f une injection de $[\![1, n]\!]$ dans lui-même. Supposons que f ne soit pas surjective. Il existerait un élément $y \in [\![1, n]\!]$ qui n'aurait pas d'antécédent par f. L'application :

$$\left| \begin{array}{ccc} [\![1, n]\!] & \to & [\![1, n]\!] \setminus \{y\} \\ x & \mapsto & f(x) \end{array} \right.$$

serait encore injective. En composant avec la bijection donnée par le *lemme* **??**, on obtiendrait une injection de $[\![1, n]\!]$ dans $[\![1, n-1]\!]$, ce qui est impossible d'après **1)**. Par conséquent, f est surjective, donc bijective.

5) Soit f une surjection de $[\![1, n]\!]$ dans lui-même. Supposons que f ne soit pas injective. Il existerait deux éléments distincts x et x' qui auraient la même image (ce qui suppose que $n \geqslant 2$). La restriction de f à $[\![1, n]\!] \setminus \{x'\}$ serait encore surjective. En composant avec la réciproque de la bijection donnée par le *lemme* **??**, on obtiendrait une surjection de $[\![1, n-1]\!]$ dans $[\![1, n]\!]$, ce qui est impossible d'après **2)**. Par conséquent, f est injective, donc bijective.

2.2. Cardinal d'un ensemble fini

Un ensemble E est dit **fini**, s'il existe un entier naturel n et une bijection de $[\![1, n]\!]$ dans E.

On peut déduire du *théorème* **2** que cet entier n est unique : on l'appelle **cardinal** de E et on le note $\operatorname{Card} E$. En particulier, $\operatorname{Card} \varnothing = 0$.

Exemples : **1)** $\mathrm{Id}_{[\![1,n]\!]}$ est bijective, donc $[\![1, n]\!]$ est fini et son cardinal est n.

© Hachette Livre – H Prépa / Math – La photocopie non autorisée est un délit

2) Si m et n sont deux entiers naturels tels que $m \leqslant n$, montrer que l'ensemble $[\![m, n]\!] = \{p \in \mathbb{N}\ ,\ m \leqslant p \leqslant n\}$ est fini et trouver son cardinal.

3) Montrer que toute partie I de $[\![1, n]\!]$ est finie, et que son cardinal est inférieur ou égal à n. (Si I n'est pas vide, il a un plus petit élément que l'on peut appeler $f(1)$; continuer...)

Le *théorème* **2** s'étend aux ensembles finis :

Corollaire 2.1

Soit E et F deux ensembles finis.

1) Il existe une injection de E dans F $\iff$ Card $E \leqslant$ Card F.

2) Il existe une surjection de E dans F $\iff$ Card $E \geqslant$ Card F.

3) Il existe une bijection de E dans F $\iff$ Card $E =$ Card F.

4) Si Card $E =$ Card $F \neq 0$, toute injection de E dans F est bijective.

5) Si Card $E =$ Card F, toute surjection de E dans F est bijective.

► ***Pour s'entraîner : ex. 6.***

Application 4

Principe des tiroirs

Une application d'un ensemble fini dans un autre dont le cardinal est strictement inférieur au premier ne peut pas être injective : il existe donc nécessairement deux éléments qui ont la même image. C'est ce qu'on appelle familièrement le principe des tiroirs *: si on range p objets dans n tiroirs et que $n < p$, il existe au moins deux objets qui sont dans le même tiroir... Sous son air d'évidence, ce principe permet de démontrer des propriétés qui ne le sont pas toujours.*

Premier exemple : Deux pays sont dits voisins s'ils ont une frontière commune. Démontrer qu'il existe nécessairement deux pays qui ont le même nombre de voisins.

Soit n le nombre total de pays. Le nombre de voisins d'un pays varie de 0 à $n-1$. Mais, s'il existe un pays sans voisin (une île), alors aucun pays n'a $n-1$ voisins. Par conséquent, le nombre de voisins d'un pays ne peut prendre au plus que $n-1$ valeurs. L'application qui, à un pays, associe son nombre de voisins n'est donc pas injective.

Second exemple : Soit E un ensemble de 10 nombres entiers distincts compris entre 1 et 100. Démontrer qu'il existe deux sous-ensembles de E non vides et disjoints ayant la même somme.

Remarquons tout d'abord qu'il suffit de trouver deux sous-ensembles distincts non vides de même somme ; en leur retranchant leur intersection, il restera deux sous-ensembles **disjoints** de même somme, qui ne sauraient être vides.

Le nombre de sous-ensembles non vides de E est $2^{10} - 1 = 1023$. La somme des éléments d'un tel sous-ensemble est au moins égale à 1, et, au plus, égale à $91 + 92 + \cdots + 100 = 955$. Il y a donc plus de sous-ensembles non vides que de sommes possibles.

© Hachette Livre – H Prépa / Math – La photocopie non autorisée est un délit

2.3. Notions sur les cardinaux des ensembles infinis

Un ensemble qui n'est pas fini est dit **infini**. Le mathématicien allemand Georg Cantor a eu l'idée d'étendre aux ensembles infinis les définitions précédentes, et de continuer à dire que, pour tous ensembles E et F :

- Card E = Card F, s'il existe une bijection de E dans F.

Exemple : Si P est l'ensemble des entiers naturels pairs,

Card P = Card $\mathbb{N}$, car l'application $\left|\begin{array}{ccc}\mathbb{N} & \to & P \\ n & \mapsto & 2n\end{array}\right.$ est bijective ($\mathbb{N}$ a le même cardinal qu'une de ses parties strictes, ce qui serait impossible pour un ensemble fini...).

- Card $E \leqslant$ Card F, s'il existe une injection de E dans F.

Exemple : Card $\mathbb{N} \leqslant$ Card $\mathbb{R}$ (penser à l'injection canonique de $\mathbb{N}$ dans $\mathbb{R}$).

Cantor démontra les résultats suivants :

- Card $\mathbb{N}$ = Card $\mathbb{Z}$ = Card $\mathbb{Q}$ (ensembles *dénombrables*) ;
- Card $\mathbb{R}$ = Card $\mathbb{C}$ = Card $\mathbb{R}^n$ (ensembles ayant *la puissance du continu*), mais que Card $\mathbb{N} \neq$ Card $\mathbb{R}$.

Ce paragraphe est hors programme. Il est donné à titre documentaire.

⚠ *Pour les ensembles infinis, les points* **4)** *et* **5)** *du corollaire* **2.1** *ne sont plus vérifiés : il peut exister une application d'un ensemble infini dans lui-même qui soit injective sans être surjective, et réciproquement.*

Exemple :

L'application $\left|\begin{array}{ccc}\mathbb{N} & \to & \mathbb{N} \\ n & \mapsto & 2n\end{array}\right.$ *est injective, mais pas surjective. Une inverse à gauche de cette application (en imaginer une) est surjective, mais pas injective.*

3 Dénombrement

Voyons concrètement comment calculer le cardinal d'un ensemble construit sur des ensembles finis donnés.

3.1. Partie d'un ensemble fini

Théorème 3

Toute partie A d'un ensemble fini E est finie et Card $A \leqslant$ Card E.

Démonstration

Soit n = Card E. Il existe une bijection f de $[\![1,n]\!]$ dans E. La partie A est l'image par cette bijection d'une partie I de $[\![1,n]\!]$ qui est finie, de cardinal $p \leqslant n$ (*cf.* exemples d'ensembles finis). Il existe donc une bijection de I dans A, ce qui prouve que A est finie et Card A = Card $I = p \leqslant n$.

3.2. Réunion disjointe

Théorème 4

Si E et F sont deux ensembles finis disjoints ($E \cap F = \varnothing$), $E \cup F$ est fini et Card $(E \cup F)$ = Card E + Card F.

© Hachette Livre – H Prépa / Math – La photocopie non autorisée est un délit

Démonstration

Soit $n = \text{Card } E$ et $p = \text{Card } F$. Il existe une bijection f de E dans $[\![1, n]\!]$ et une bijection g de F dans $[\![n+1, n+p]\!]$. Soit h l'application de $E \cup F$ dans $[\![1, n+p]\!]$ qui, à tout élément x de $E \cup F$, associe $f(x)$ si $x \in E$, et $g(x)$ si $x \in F$. h est bijective, car $E \cap F = \varnothing$. Donc $E \cup F$ est fini et $\text{Card }(E \cup F) = n + p$.

En particulier, si $A \in \mathcal{P}(E)$, $\text{Card } \complement_E A = \text{Card } E - \text{Card } A$.

3.3. Réunion quelconque

Théorème 5

Quels que soient les ensembles finis E et F : $E \cup F$ est fini et :

$$\text{Card }(E \cup F) = \text{Card } E + \text{Card } F - \text{Card }(E \cap F)$$

Démonstration

$E \cup F = E \cup (F \backslash E)$ et $E \cap (F \backslash E) = \varnothing$, d'où $E \cup F$ est fini et :

$$\text{Card }(E \cup F) = \text{Card }(E) + \text{Card }(F \backslash E)$$

Par ailleurs, $F \backslash E = \complement_F E \cap F$; donc $\text{Card }(F \backslash E) = \text{Card } F - \text{Card }(E \cap F)$.
En définitive, $\text{Card }(E \cup F) = \text{Card } E + \text{Card } F - \text{Card }(E \cap F)$.

En ajoutant Card E et Card F, on compte deux fois les éléments de $E \cap F$. C'est pourquoi il faut retrancher le cardinal de cette intersection. Dans une situation concrète de dénombrement, on peut compter plusieurs fois les mêmes objets, à condition d'en être conscient et de les retrancher autant de fois qu'il le faut dans le résultat final.

► *Pour s'entraîner : ex. 7.*

3.4. Produit cartésien

Théorème 6

Si E et F sont deux ensembles finis, $E \times F$ est fini et :

$$\text{Card }(E \times F) = \text{Card } E \times \text{Card } F$$

Démonstration

Soit $E = \{e_1, e_2, \cdots, e_p\}$;
$E \times F = (\{e_1\} \times F) \cup (\{e_2\} \times F) \cup \cdots \cup (\{e_p\} \times F)$.
Il s'agit d'une réunion disjointe, donc $E \times F$ est fini et :

$$\text{Card }(E \times F) = \sum_{i=1}^{p} \text{Card }(\{e_i\} \times F)$$

Chacun de ces ensembles est en bijection avec F, donc $\text{Card }(\{e_i\} \times F) = \text{Card } F$.
En définitive, $\text{Card }(E \times F) = p \text{ Card } F = \text{Card } E \times \text{Card } F$.

Plus généralement, $\text{Card }(F^n) = (\text{Card } F)^n$. C'est le nombre de *n-listes* d'éléments de F. On utilise les n-listes dans tous les problèmes de choix successifs de n éléments d'un ensemble, avec d'éventuelles répétitions.

Exemple : Combien peut-on écrire de mots de trois lettres ?
Il s'agit de 3-listes d'éléments de l'alphabet, qui possède 26 éléments ;
d'où $26^3 = 17\,576$ mots distincts.

3.5. Applications

Théorème 7

Si E et F sont deux ensembles finis, F^E est fini et :

$$\text{Card }(F^E) = (\text{Card } F)^{\text{Card } E}$$

© Hachette Livre – H Prépa / Math – La photocopie non autorisée est un délit

Démonstration

Soit $E = \{e_1, e_2, \cdots, e_p\}$.

L'application $\left| \begin{array}{ccc} F^E & \to & F^p \\ f & \mapsto & (f(e_1), \cdots, f(e_p)) \end{array} \right.$ est bijective.

Donc F^E est fini et $\text{Card}\,(F^E) = \text{Card}\,(F^p) = (\text{Card}\ F)^p = (\text{Card}\ F)^{\text{Card}\ E}$.

3.6. Injections

Théorème 8

Soit E et F deux ensembles finis de cardinaux respectifs :

$$\text{Card}\ E = p \quad \text{et} \quad \text{Card}\ F = n, \qquad \text{avec} \quad 0 \leqslant p \leqslant n$$

Le nombre d'injections de E dans F est l'entier :

$$A_n^p = n(n-1)\cdots(n-p+1) = \frac{n!}{(n-p)!}$$

On rappelle que $n!$ (lire factorielle n) désigne le produit des n premiers entiers naturels non nuls.
Par convention $0! = 1$.

Démonstration

Raisonnons par récurrence sur p :

• pour $p = 0$, il existe une injection de $\varnothing$ dans F : $A_n^0 = 1 = \dfrac{n!}{(n-0)!}$;

• soit $p \in [\![1, n-1]\!]$ tel que le nombre d'injections d'un ensemble de cardinal p dans F soit A_n^p. Soit E un ensemble de cardinal $p+1$, et $a \in E$.

Une injection f de E dans F est caractérisée par :

– la restriction injective de f à $E \backslash \{a\}$: A_n^p possibilités ;

– le choix de l'élément $f(a)$ qui ne doit pas appartenir à $f(E)$: $n - p$ possibilités.

Le nombre d'injections de E dans F est donc :

$$A_n^p\,(n-p) = \frac{n!}{(n-p)!}(n-p) = \frac{n!}{(n-p-1)!} = A_n^{p+1}$$

Par récurrence, le nombre d'injections de E dans F est donc bien A_n^p pour tout $p \in [\![1, n]\!]$.

Une injection de $[\![1, p]\!]$ dans F est appelée **arrangement** de p éléments de F. C'est une p-liste d'éléments de F distincts deux à deux. On utilise les arrangements dans tous les problèmes de choix successifs de p éléments parmi n, sans répétition.

Exemple : Combien y a-t-il de tiercés dans l'ordre pour dix chevaux au départ ?
Il s'agit d'arrangements de trois chevaux parmi dix : $10 \times 9 \times 8 = 720$ tiercés dans l'ordre.

Corollaire 8.1

Si E est un ensemble fini de cardinal n, le nombre de bijections de E dans E est $n!$.

Démonstration

Comme E est fini, il est équivalent de dire qu'une application de E dans E est injective ou bijective ; le nombre de bijections de E dans E est donc $A_n^n = n!$.

© Hachette Livre – H Prépa / Math – La photocopie non autorisée est un délit

Une bijection de E dans E est appelée **permutation** des éléments de E. On utilise les permutations dans tous les problèmes de choix d'un ordre de tous les éléments d'un ensemble fini.

Exemple : De combien de façons dix convives peuvent-ils se placer autour d'une table ? $10! = 3\,628\,800$.

3.7. Parties d'un ensemble fini

Théorème 9

Si E est un ensemble fini de cardinal n, Card $\mathcal{P}(E) = 2^n$

Démonstration

Effectuons une récurrence sur n.
Pour $n = 0$, $E = \varnothing$ et $\mathcal{P}(E) = \{\varnothing\}$; Card $\mathcal{P}(E) = 1 = 2^0$.
Soit $n \in \mathbb{N}$ tel que, pour tout ensemble E de cardinal n, Card $\mathcal{P}(E) = 2^n$. Considérons un ensemble F de cardinal $n+1$, et a un élément fixé de F. L'ensemble $E = F \backslash \{a\}$ a pour cardinal n, il a donc 2^n parties.

- Les parties de F ne contenant pas a sont exactement les parties de E : il y en a 2^n.
- Les parties de F contenant a sont les réunions d'une partie de E et du singleton $\{a\}$: il y en a aussi 2^n.

Le nombre total de parties de F est donc 2×2^n, c'est-à-dire 2^{n+1}.
Par récurrence, tout ensemble de cardinal n possède 2^n parties.

Plus précisément, étudions le nombre de parties de E de cardinal fixé :

Théorème 10

Soit E un ensemble fini de cardinal n. Le nombre de parties de E de cardinal p $(0 \leqslant p \leqslant n)$ est l'entier :

$$\binom{n}{p} = \frac{n!}{p!(n-p)!}$$

On peut le noter aussi C_n^p.

Démonstration

À une injection f de $[\![1, p]\!]$ dans E correspond une image $f([\![1, p]\!])$, qui est une partie de E de cardinal p. Réciproquement, toute partie de E de cardinal p est l'image de $[\![1, p]\!]$ par $p!$ injections distinctes (correspondant aux permutations de $[\![1, p]\!]$).

Le nombre de parties de cardinal p est donc $\dfrac{A_n^p}{p!} = \dfrac{n!}{p!(n-p)!}$.

Une partie de cardinal p d'un ensemble E est appelée **combinaison** de p éléments de E. On utilise les combinaisons dans tous les problèmes de choix simultanés de p éléments distincts parmi n, sans considération d'ordre et sans répétition.

Exemple : On tire 5 cartes dans un jeu de 32. Combien y a-t-il de résultats possibles ?
Il s'agit de combinaisons de 5 éléments parmi 32 :
il y a $\binom{32}{5} = 201\,376$ possibilités.

© Hachette Livre – H Prépa / Math – La photocopie non autorisée est un délit

Application 5

Méthodes de dénombrement

Pour dénombrer un ensemble fini, il faut parfaitement identifier ce qu'est un élément de cet ensemble, c'est-à-dire connaître les spécificités de cet élément précis pour le sélectionner. On peut alors :

- *soit compter tous les éléments une fois et une seule, par exemple en s'aidant d'un arbre de sélection ;*
- *soit compter des configurations où chaque élément apparaît p fois, puis diviser le résultat obtenu par p.*

Exemple : On dispose de six couleurs pour peindre les faces d'un cube de couleurs différentes.
Combien peut-on réaliser de cubes distincts ?

– 1re méthode :
Posons le cube horizontalement sur une table. On peut toujours peindre la face supérieure de la couleur n° 1. Il y a alors 5 choix possibles pour la face opposée. Supposons que l'on choisisse pour celle-ci la couleur n° 2 ; on peut peindre la face antérieure de la couleur n° 3. Il reste $3!$ façons de peindre les 3 faces restantes. Il y a donc au total $5 \times 3! = 30$ façons de peindre le cube.

– 2e méthode :
Il existe $6!$ bijections de l'ensemble des 6 couleurs dans l'ensemble des 6 faces du cube. Mais plusieurs de ces bijections correspondent au même résultat à un déplacement près. Combien y a-t-il de façons de placer un cube peint sur notre table ? On peut choisir de 6 façons la face supérieure, puis de 4 façons la face antérieure, soit 24 positions. Le nombre de cubes distincts est donc : $6!/24 = 30$.

► *Pour s'entraîner : ex. 9 à 13.*

4 Coefficients binomiaux

Les nombres $\binom{n}{p}$ sont appelés **coefficients binomiaux** (*cf. Formule du binôme*, § 5). Ils peuvent être notés également C_n^p.

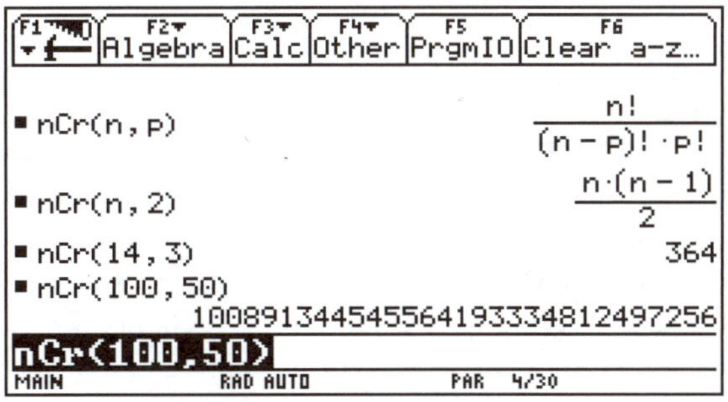

Obtention de **coefficients binomiaux** avec la calculatrice, à l'aide de la fonction `nCr` du menu `MATH/Probability`.

4.1. Propriétés

Pour tout $n \in \mathbb{N}$ et tout $p \in \mathbb{N}$ tel que $0 \leqslant p \leqslant n$:

- $\binom{n}{0} = 1$ (une seule partie vide) ;
- $\binom{n}{n} = 1$ (une seule partie de même cardinal que l'ensemble) ;
- $\binom{n}{1} = n$ (n singletons) ;
- **symétrie** : $\binom{n}{p} = \binom{n}{n-p}$ (le complémentaire d'une partie de cardinal p est une partie de cardinal $n - p$) ;

© Hachette Livre – H Prépa / Math – La photocopie non autorisée est un délit

- **somme** : $\displaystyle\sum_{p=0}^{n}\binom{n}{p} = 2^n$ (nombre total de parties) ;
- **relation de Pascal** : $\displaystyle\binom{n}{p} = \binom{n-1}{p} + \binom{n-1}{p-1}$ $(n \geqslant 1$ et $1 \leqslant p \leqslant n-1)$.

Démonstration

Soit E un ensemble de cardinal n et a un élément fixé de E. Les parties de E de cardinal p sont :

– les parties de $E\backslash\{a\}$ de cardinal p, au nombre de $\binom{n-1}{p}$;

– les parties de $E\backslash\{a\}$ de cardinal $p-1$ auxquelles on ajoute a, au nombre de $\binom{n-1}{p-1}$.

4.2. Triangle de Pascal

Les propriétés précédentes permettent de construire, de proche en proche, la table des coefficients binomiaux, appelée **triangle de Pascal**.

$n\backslash p$	0	1	2	3	4	5	6	7	8	9	10
0	1										
1	1	1									
2	1	2	1								
3	1	3	3	1							
4	1	4	6	4	1						
5	1	5	10	10	5	1					
6	1	6	15	20	15	6	1				
7	1	7	21	35	35	21	7	1			
8	1	8	28	56	70	56	28	8	1		
9	1	9	36	84	126	126	84	36	9	1	
10	1	10	45	120	210	252	210	120	45	10	1

$$\binom{n-1}{p-1} + \binom{n-1}{p} = \binom{n}{p}$$

5 Formule du binôme

Théorème 11

Soit a et b deux réels (ou deux complexes) :

$$\forall n \in \mathbb{N} \quad (a+b)^n = \sum_{p=0}^{n}\binom{n}{p} a^{n-p}\, b^p$$

Cette formule sera étendue à deux éléments a et b d'un anneau, à condition qu'ils commutent $(ab = ba)$.

Démonstration

Raisonnons par récurrence sur n :

- pour $n = 0$, $(a+b)^0 = 1$;
- soit $n \in \mathbb{N}$ tel que $(a+b)^n = \displaystyle\sum_{p=0}^{n}\binom{n}{p} a^{n-p}\, b^p$.

© Hachette Livre – H Prépa / Math – La photocopie non autorisée est un délit

On a alors :

$$(a+b)^{n+1} = (a+b)(a+b)^n = a\sum_{p=0}^{n}\binom{n}{p}a^{n-p}b^p + b\sum_{p=0}^{n}\binom{n}{p}a^{n-p}b^p$$

$$= \sum_{p=0}^{n}\binom{n}{p}a^{n-p+1}b^p + \sum_{p=0}^{n}\binom{n}{p}a^{n-p}b^{p+1}$$

$$= a^{n+1} + \sum_{p=1}^{n}\binom{n}{p}a^{n-p+1}b^p + \sum_{p=0}^{n-1}\binom{n}{p}a^{n-p}b^{p+1} + b^{n+1}$$

$$= a^{n+1} + \sum_{p=1}^{n}\binom{n}{p}a^{n-p+1}b^p + \sum_{q=1}^{n}\binom{n}{q-1}a^{n-q+1}b^q + b^{n+1}$$

(en posant $q = p+1$ dans le 3e terme)

$$= a^{n+1} + \sum_{p=1}^{n}\left(\binom{n}{p} + \binom{n}{p-1}\right)a^{n-p+1}b^p + b^{n+1}$$

$$= a^{n+1} + \sum_{p=1}^{n}\binom{n+1}{p}a^{n-p+1}b^p + b^{n+1} = \sum_{p=0}^{n+1}\binom{n+1}{p}a^{n+1-p}b^p.$$

Application 6

Trois modes de démonstration pour les formules de combinatoire

Les formules mettant en jeu des coefficients binomiaux peuvent être démontrées d'au moins trois façons :

– par récurrence ;

– par un raisonnement de dénombrement ;

– en utilisant la formule du binôme.

Exemple : Démontrer que pour tout $(n,p) \in \mathbb{N}^2$ *tel que* $p \leqslant n$:

$$\sum_{k=p}^{n}\binom{k}{p} = \binom{n+1}{p+1}$$

1) Par récurrence sur n :

• Pour $n = 0$ (ce qui implique $p = 0$), on a bien $\binom{0}{0} = \binom{1}{1}$.

• Soit n un entier vérifiant la relation quel que soit $p \leqslant n$.

– Pour tout $p \leqslant n$:

$$\sum_{k=p}^{n+1}\binom{k}{p} = \sum_{k=p}^{n}\binom{k}{p} + \binom{n+1}{p} = \binom{n+1}{p+1} + \binom{n+1}{p} = \binom{n+2}{p+1}$$

– Pour $p = n+1$, on a aussi :

$$\sum_{k=p}^{n+1}\binom{k}{p} = \binom{n+1}{n+1} = 1 = \binom{n+2}{p+1}$$

La relation est vérifiée pour $n+1$, quel que soit $p \leqslant n+1$.

Par récurrence, elle est donc vérifiée pour tout $n \in \mathbb{N}$ et tout $p \leqslant n$.

2) Dénombrement

Dénombrons les parties à $p+1$ éléments de l'intervalle $[\![0,n]\!]$. Si k est le plus grand élément d'une telle partie (k varie de p à n), il reste à choisir p éléments dans l'intervalle $[\![0,k-1]\!]$. Le nombre total de ces parties est donc :

$$\binom{n+1}{p+1} = \sum_{k=p}^{n}\binom{k}{p}$$

3) À l'aide de la formule du binôme

La factorisation du polynôme $X^{n+1} - 1$ nous donne :

$$\forall x \in \mathbb{R} \qquad (1+x)^{n+1} - 1 = x\sum_{k=0}^{n}(1+x)^k$$

En identifiant les coefficients des termes en x^{p+1}, on obtient :

$$\binom{n+1}{p+1} = \sum_{k=p}^{n}\binom{k}{p}$$

► *Pour s'entraîner : ex. 14 à 19.*

© Hachette Livre – H Prépa / Math – La photocopie non autorisée est un délit

FICHE MÉTHODE

- Pour montrer **une proposition $P(n)$ par récurrence** pour $n \geqslant n_0$, on peut :

- démontrer la proposition $P(n_0)$ et l'implication :

$$\forall n \geqslant n_0 \ \big(P(n) \Rightarrow P(n+1)\big)$$

(cf. Application 1 *et exercices* 2 *à* 4) ;

- démontrer les propositions $P(n_0)$, $P(n_0+1)$, et l'implication :

$$\forall n \geqslant n_0 \ \big[\big(P(n) \text{ et } P(n+1)\big) \Rightarrow P(n+2)\big]$$

(cf. exercice 5) ;

- démontrer la proposition $P(n_0)$ et l'implication :

$$\forall n \geqslant n_0 \ \big[\big(\forall p \in [\![n_0, n]\!] \ P(p)\big) \Rightarrow P(n+1)\big]$$

(cf. Application 2) .

- Pour montrer **l'existence de deux éléments distincts de E ayant la même image par une application f de E dans F**, il suffit de montrer que :

$$\text{Card }(E) > \text{Card } F$$

(cf. Application 4 *et exercice* 8) .

- Pour **dénombrer un ensemble fini**, on peut :

- soit compter tous les éléments une fois et une seule ;
- soit compter chaque élément p fois, puis diviser le résultat par p

(cf. Application 5 *et exercices* 9 *à* 13) .

- Pour démontrer **une formule de combinatoire**, on peut :

- effectuer une récurrence ;
- interpréter la formule en termes de dénombrement ;
- utiliser la formule du binôme *(cf. Application* 6 *et exercices* 15 *à* 19) .

© Hachette Livre – H Prépa / Math – La photocopie non autorisée est un délit

Exercice résolu

Dénombrement des surjections

ÉNONCÉ

On se propose de chercher le nombre S_n^p de surjections de $[\![1,n]\!]$ sur $[\![1,p]\!]$, où $(n,p) \in \mathbb{N}^{*2}$.

1) Calculer S_n^p pour $p > n$. Calculer S_n^n ; S_n^1 ; S_n^2.

2) Calculer S_{p+1}^p.

3) En considérant la restriction à $[\![1,n-1]\!]$ d'une surjection de $[\![1,n]\!]$ dans $[\![1,p]\!]$, montrer que :

$$\forall n > 1 \ \forall p > 1 \quad S_n^p = p\,(S_{n-1}^p + S_{n-1}^{p-1})$$

4) Construire une table des S_n^p pour $1 \leqslant n \leqslant 7$ et $1 \leqslant p \leqslant 7$.

CONSEILS

Faire des schémas.

Préciser ce qu'il faut connaître pour spécifier une surjection précise.

Appliquer la formule de proche en proche. Vérifier les valeurs données.

SOLUTION

1) Si $p > n$, il n'existe pas de surjection de $[\![1,n]\!]$ sur $[\![1,p]\!]$: $S_n^p = 0$.

- Si $p = n$, les surjections $[\![1,n]\!]$ sur $[\![1,n]\!]$ sont les bijections : $S_n^n = n!$.
- Si $p = 1$, il existe une seule application de $[\![1,n]\!]$ dans $\{1\}$, et elle est surjective : $S_n^1 = 1$.
- Si $p = 2$, seules les deux applications constantes ne sont pas surjectives :
$S_n^2 = 2^n - 2$.

2) Si $n = p+1$, un unique élément de l'ensemble d'arrivée a deux antécédents, et tous les autres en ont un seul. On peut caractériser une surjection par le choix de cet élément, de ses deux antécédents, et d'une permutation des $(p-1)$ éléments restants :

$$S_{p+1}^p = p\binom{p+1}{2}(p-1)! = \frac{p(p+1)!}{2}$$

3) Soit s une surjection de $[\![1,n]\!]$ sur $[\![1,p]\!]$. L'élément $i = s(n)$ peut être choisi de p façons. Soit s' la restriction de s à $[\![1,n-1]\!]$.

- Si s' atteint i, c'est une surjection de $[\![1,n-1]\!]$ sur $[\![1,p]\!]$: il y a S_{n-1}^p possibilités.
- Si s' n'atteint pas i, elle définit une surjection de $[\![1,n-1]\!]$ sur $[\![1,p]\!]\backslash\{i\}$: il y a S_{n-1}^{p-1} possibilités.

$$\text{D'où} \quad S_n^p = p\left(S_{n-1}^p + S_{n-1}^{p-1}\right)$$

4) À l'aide de cette formule de récurrence, compléter la table suivante :

n \ p	1	2	3	4	5	6	7
1	1						
2	1	2					
3	1		6				
4	1			24			
5	1				120		
6	1					720	
7	1			8400			5040

© Hachette Livre – H Prépa / Math – La photocopie non autorisée est un délit

Exercices

1 Vrai ou faux ?

a) Une proposition P telle que, pour tout $n \in \mathbb{N}$, $P(n) \Rightarrow P(n+1)$ est vraie pour tout $n \in \mathbb{N}$.

b) Il n'existe aucune injection d'un ensemble de cardinal 200 dans un ensemble de cardinal 100.

c) Toute application d'un ensemble de cardinal 100 dans un ensemble de cardinal 200 est injective.

d) Toute injection d'un ensemble dans lui-même est bijective.

e) Le cardinal de la réunion de deux ensembles finis est la somme de leurs cardinaux.

f) Le cardinal du produit cartésien de deux ensembles finis est le produit de leurs cardinaux.

g) A_n^p est le nombre d'injections d'un ensemble de cardinal p dans un ensemble de cardinal n.

h) $\binom{n}{p}$ est le nombre de surjections d'un ensemble de cardinal n dans un ensemble de cardinal p.

i) La somme des termes de la n^{e} ligne du triangle de Pascal est 2^n.

j) $\displaystyle\sum_{p=0}^{n} \binom{n}{p}(-2)^p = (-1)^n$.

Récurrence

2 Montrer que $\forall n \in \mathbb{N}^* \quad 2^{n-1} \leqslant n! \leqslant n^n$.

3 Montrer que $\forall n \in \mathbb{N}^* \quad (n+1)! \geqslant \displaystyle\sum_{k=1}^{n} k!$.

4 Montrer que :

1) $\forall n \in \mathbb{N} \quad 3^{2n} - 2^n$ est divisible par 7.

2) $\forall n \in \mathbb{N} \quad 3^{2n+2} + 2^{6n+1}$ est divisible par 11.

3) $\forall n \geqslant 2 \quad 2^{2^n} - 6$ est divisible par 10.

4) La somme des cubes de trois entiers consécutifs est divisible par 9.

5 La suite de Fibonacci est définie par :

$$u_0 = 1 \ , \ u_1 = 1 \quad \text{et} \quad \forall n \in \mathbb{N} \quad u_{n+2} = u_{n+1} + u_n$$

1) Calculer les dix premiers termes de cette suite.

2) Montrer que :

$$\forall n \in \mathbb{N} \quad u_n \leqslant \left(\frac{5}{3}\right)^n$$

Ensembles finis

6 Soit E un ensemble fini et A une partie de E. Démontrer que, s'il existe une bijection de A dans E, alors $A = E$.

Ce résultat est-il vrai si E est infini ?

7 E, F, G étant trois ensembles finis, exprimer : Card $(E \cup F \cup G)$ en fonction des cardinaux des ensembles E, F, G, $E \cap F$, $F \cap G$, $E \cap G$ et $E \cap F \cap G$.

8 Le service de surveillance d'une centrale nucléaire dispose de n agents ; il y a en permanence une équipe de trois agents en service. Déterminer la valeur maximale de n pour que l'on puisse repérer une équipe quelconque par une suite de deux lettres, par exemple ZX, TT ou XZ...

Dénombrements

9 Combien peut-on écrire d'anagrammes des mots : MATHS ; MOTO ; DODO ; ANAGRAMME ?

10 Quelle est la probabilité que, dans votre classe, deux élèves au moins aient leur anniversaire le même jour ? À partir de quel effectif cette probabilité est-elle supérieure à 50 % ? à 90 % ?

11 Une classe comporte 30 élèves. De combien de façons peut-on constituer des trinômes de colle ?

Plus généralement, combien existe-t-il de partitions d'un ensemble de cardinal np en n parties de cardinal p ?

12 Démontrer, de plusieurs façons, que tout ensemble fini non vide possède autant de parties de cardinal pair que de parties de cardinal impair.

13 Soit E un ensemble fini de cardinal n.

1) Déterminer le nombre de couples $(X, Y) \in \mathcal{P}(E)^2$ tels que $X \subset Y$.

2) Déterminer le nombre de couples $(X, Y) \in \mathcal{P}(E)^2$ tels que $X \cap Y = \varnothing$.

© Hachette Livre – H Prépa / Math – La photocopie non autorisée est un délit

3) Déterminer le nombre de triplets $(X, Y, Z) \in \mathcal{P}(E)^3$ tels que $X \subset Y \subset Z$.

Coefficients binomiaux

14 **1)** Démontrer par récurrence que :

$$\sum_{k=1}^{n} k = \frac{n(n+1)}{2} \ ; \qquad \sum_{k=1}^{n} k^2 = \frac{n(n+1)(2n+1)}{6} \ ;$$

$$\sum_{k=1}^{n} k^3 = \frac{n^2(n+1)^2}{4}.$$

2) En déduire $\displaystyle\sum_{k=1}^{n} k(k+1)(k+2)$.

3) Retrouver ce résultat en utilisant des coefficients binômiaux.

15 **1)** Démontrer que, si $1 \leqslant p \leqslant n$, $p\binom{n}{p} = n\binom{n-1}{p-1}$.

2) En déduire $\displaystyle\sum_{p=1}^{n} p\binom{n}{p}$.

3) Retrouver le résultat en dérivant $(1+x)^n$.

4) Calculer de même $\displaystyle\sum_{p=0}^{n} \frac{1}{p+1}\binom{n}{p}$.

16 Démontrer que, si $0 \leqslant k \leqslant p \leqslant n$:

$$\binom{n}{k}\binom{n-k}{p-k} = \binom{p}{k}\binom{n}{p}$$

en utilisant trois façons différentes :

1) à l'aide de l'expression des coefficients binômiaux ;

2) par un raisonnement de dénombrement ;

3) en développant $(a+b+c)^n$.

17 Démontrer que, si $0 \leqslant k \leqslant \min(n, p)$:

$$\sum_{i=0}^{k} \binom{n}{i}\binom{p}{k-i} = \binom{n+p}{k}$$

En déduire $\displaystyle\sum_{i=0}^{n} \binom{n}{i}^2$.

18 Calculer $(1+i)^{4n}$.

En déduire $\displaystyle\sum_{p=0}^{2n} (-1)^p \binom{4n}{2p}$ et $\displaystyle\sum_{p=0}^{2n-1} (-1)^p \binom{4n}{2p+1}$.

19 n est un entier de la forme $3k+1$ $(k \in \mathbb{N})$.
Montrer que :

$$\sum_{p=0}^{n-1} (-3)^p \binom{2n}{2p+1} = 2^{2n-1}$$

Indication : Calculer $(\cos\varphi + i\,\sin\varphi)^{2n}$, *avec* $\varphi = \dfrac{\pi}{3}$.

© Hachette Livre – H Prépa / Math – La photocopie non autorisée est un délit

Structures algébriques usuelles

6

Introduction

Beaucoup d'ensembles mathématiques possèdent des propriétés communes. Il est intéressant d'étudier ces propriétés, en premier lieu, dans le cas général pour les appliquer, en second lieu, à tous les cas particuliers. Nous étudierons successivement les structures de groupe, d'anneau et de corps que l'on rencontre très fréquemment en algèbre, en analyse et en géométrie.
La notion de groupe apparaît, en 1830, *avec Évariste Galois, largement incompris de ses contemporains ; il faut attendre l'aube du* XXe *siècle pour que les structures algébriques s'imposent dans tous les domaines des mathématiques (David Hilbert, Félix Klein, Elie Cartan).*

OBJECTIFS

- Acquisition du vocabulaire concernant les structures algébriques usuelles.
- Étude élémentaire des structures de groupe, d'anneau et de corps.
- Notions sur la divisibilité dans l'anneau $\mathbb{Z}$.

© Hachette Livre – H Prépa / Math – La photocopie non autorisée est un délit

Lois de composition interne

1.1. Loi de composition interne – Partie stable

Soit E un ensemble. On appelle **loi de composition interne** dans E (en abrégé : l.c.i.) une application de $E \times E$ dans E, notée :

$$\left| \begin{array}{ccc} E \times E & \to & E \\ (a,b) & \mapsto & a * b \end{array} \right.$$

Une partie F de E est dite **stable** par la l.c.i. $*$, si :

$$\forall (a,b) \in F^2 \quad a * b \in F$$

On appelle **l.c.i. induite** par $*$ dans F la restriction de $*$ à $F \times F$.

Exemples :

- La partie $\mathbb{R}_-$ de $\mathbb{R}$ est stable par $+$.
- La partie $\mathbb{R}_+$ est stable par $\times$.
- La partie $\mathbb{R}_-$ n'est pas stable par $\times$.

1.2. Propriétés d'une l.c.i.

Une l.c.i. $*$ dans un ensemble E est dite :

- **commutative**, si : $\forall (a,b) \in E^2 \quad a * b = b * a$;
- **associative**, si : $\forall (a,b,c) \in E^3 \quad a * (b * c) = (a * b) * c$.

Si $*$ est associative, on peut écrire sans ambiguïté : $a * b * c$ ou $\underset{1 \leqslant i \leqslant n}{\bigstar} a_i$

Exemples : $a_1 + a_2 + \cdots + a_n = \sum_{i=1}^{n} a_i$ et $a_1 \times a_2 \times \cdots \times a_n = \prod_{i=1}^{n} a_i$.

Un élément $e \in E$ est dit :

- **élément neutre**, si :

$$\forall a \in E \quad a * e = e * a = a$$

S'il existait deux éléments neutres e et f, on aurait :

- $f * e = f$, car e est neutre.
- $f * e = e$, car f est neutre.

Donc $e = f$.

L'élément neutre, s'il existe, est donc unique.

Si E possède un élément neutre e, un élément a de E est dit :

- **symétrisable**, si : $\exists a' \in E \quad a * a' = a' * a = e$

  a' est appelé **symétrique** de a.

Supposons la l.c.i. $*$ associative ; si un élément a possède deux symétriques a' et a'', on a :

$$a'' * a * a' = (a'' * a) * a' = e * a' = a'$$

$$a'' * a * a' = a'' * (a * a') = a'' * e = a'', \quad \text{donc} \quad a' = a''$$

© Hachette Livre – H Prépa / Math – La photocopie non autorisée est un délit

Le symétrique d'un élément, s'il existe, est donc unique.

Le plus souvent, une l.c.i. associative est notée de façon additive : $a+b$ ou multiplicative : ab. La notation additive n'est employée que pour une l.c.i. commutative.

	notation additive	**notation multiplicative**
associativité	$a+(b+c)=(a+b)+c$	$a(bc)=(ab)c$
neutre	$a+0=0+a=a$	$ae=ea=a$
symétrique de *a*	opposé : $-a$ $a+(-a)=(-a)+a=0$	inverse : a^{-1} $aa^{-1}=a^{-1}a=e$
itéré : $\forall n \in \mathbb{N}^*$ si $n=0$ si a est symétrisable $\forall n \in \mathbb{N}^*$	$na=a+a+\cdots+a$ $0a=0$ $(-n)a=n(-a)$	$a^n=aa\cdots a$ $a^0=e$ $a^{-n}=(a^{-1})^n$
$\forall (n,m) \in \mathbb{Z}^2$	$na+ma=(n+m)a$	$a^n a^m = a^{n+m}$

► ***Pour s'entraîner : ex. 2 à 4.***

2 Structure de groupe

2.1. Définition d'un groupe

On appelle **groupe** un ensemble G muni d'une loi de composition interne $*$ telle que :

G1. $*$ est associative : $\forall (a,b,c) \in G^3 \quad a*(b*c)=(a*b)*c$

G2. G possède un élément neutre e : $\forall a \in G \quad a*e=e*a=a$

G3. Tous les éléments de G sont symétrisables :

$$\forall a \in G \quad \exists a' \in G \quad a*a'=a'*a=e$$

Si de plus $*$ est commutative, le groupe est dit commutatif ou **abélien**.

Exemples :

- $(\mathbb{Z},+)$, $(\mathbb{Q},+)$, $(\mathbb{R},+)$, $(\mathbb{C},+)$
- $(\mathbb{Q}^*,\times)$, $(\mathbb{R}^*,\times)$, $(\mathbb{C}^*,\times)$
- $(\mathrm{Bij}(E),\circ)$, où $\mathrm{Bij}(E)$ est l'ensemble des bijections de E dans E.

Dans la suite du chapitre, la l.c.i. d'un groupe quelconque est souvent notée multiplicativement (ou additivement, uniquement si le groupe est abélien). S'il n'y a pas d'ambiguïté, on notera le groupe G sans préciser la l.c.i.

Évariste Galois (1811-1832) inventa le mot groupe pour décrire les permutations des racines d'une équation algébrique.

© Hachette Livre – H Prépa / Math – La photocopie non autorisée est un délit

2.2. Propriétés

1) Un groupe est non vide : il contient au moins son élément neutre.

2) L'élément neutre est unique.

3) Le symétrique d'un élément est unique.

4) Pour tout élément a de G, $ax = ay \Rightarrow x = y$
(il suffit de multiplier à gauche par a^{-1}).
De même : $xa = ya \Rightarrow x = y$ (multiplier à droite par a^{-1}).
On dit que a est **régulier**.

5) Pour tout $(a,b) \in G^2$, l'équation $ax = b$ a une solution unique : $x = a^{-1}b$.
De même l'équation $xa = b$ a une solution unique : $x = ba^{-1}$.

6) $\forall (a,b) \in G^2 \quad (ab)^{-1} = b^{-1}a^{-1}$

▶ ***Pour s'entraîner : ex. 5 et 6.***

3 Sous-groupe

3.1. Définition et caractérisation

On appelle **sous-groupe** d'un groupe G toute partie H de G, stable par la l.c.i. du groupe et qui, munie de la l.c.i. induite, est encore un groupe.

Exemple : $\mathbb{Z}$ est un sous-groupe de $(\mathbb{R}, +)$.

Théorème 1

Une partie H d'un groupe G est un sous-groupe si et seulement si :

1) H est non vide.

2) H est stable par la l.c.i. de G.

3) H contient les symétriques de tous ses éléments.

En notation additive : $\begin{cases} \textbf{1)}\ H \neq \varnothing \\ \textbf{2)}\ \forall (x,y) \in H^2 \quad x + y \in H \\ \textbf{3)}\ \forall x \in H \quad -x \in H \end{cases}$

En notation multiplicative : $\begin{cases} \textbf{1)}\ H \neq \varnothing \\ \textbf{2)}\ \forall (x,y) \in H^2 \quad xy \in H \\ \textbf{3)}\ \forall x \in H \quad x^{-1} \in H \end{cases}$

On peut condenser la caractérisation d'un sous-groupe en :
– notation additive :
$\begin{cases} \textbf{1)}\ H \neq \varnothing \\ \textbf{2)}\ \forall (x,y) \in H^2 \quad x - y \in H \end{cases}$
– notation multiplicative :
$\begin{cases} \textbf{1)}\ H \neq \varnothing \\ \textbf{2)}\ \forall (x,y) \in H^2 \quad xy^{-1} \in H \end{cases}$

Démonstration

Adoptons la notation multiplicative et notons e l'élément neutre de G.
– Si H est un sous-groupe de G, il est non vide et stable par $\times$.
Soit e' l'élément neutre de H. $e'e' = e'e$; comme e' est régulier, $e' = e$.
Soit $x \in H$. x a un inverse x^{-1} au sens de G et un inverse x' au sens de H. $x'x = e = x^{-1}x$, d'où $x' = x^{-1}$; donc $x^{-1} \in H$: H contient les inverses de tous ses éléments.
– Soit H une partie de G vérifiant les points **1)**, **2)** et **3)**. H est stable. Vérifions que, munie de sa loi induite, c'est un groupe. La loi induite est évidemment associative. Comme $H \neq \varnothing$, il existe $x \in H$; alors $x^{-1} \in H$, d'où $xx^{-1} \in H$, c'est-à-dire $e \in H$. H possède donc un élément neutre. De plus, tout élément de H a un inverse dans G, qui, d'après **3)**, est dans H : H est un groupe, donc un sous-groupe de G.

Pour montrer que H est non vide, on peut montrer que $e \in H$; en effet, si cette condition n'est pas réalisée, H n'est certainement pas un sous-groupe de G et il est inutile d'examiner la suite.

© Hachette Livre – H Prépa / Math – La photocopie non autorisée est un délit

3.2. Exemples

On montre facilement, à l'aide du théorème de caractérisation d'un sous-groupe, que :

- $\{e\}$ et G sont des sous-groupes de G.
- L'intersection de deux sous-groupes de G est un sous-groupe de G.
- $\mathcal{U} = \{z \in \mathbb{C}, \quad |z| = 1\}$ est un sous-groupe de $(\mathbb{C}^*, \times)$.
- $\mathcal{U}_n = \{z \in \mathbb{C}, \quad z^n = 1\}$ est un sous-groupe de $(\mathcal{U}, \times)$.
- L'ensemble des suites convergentes est un sous-groupe de $(\mathbb{R}^{\mathbb{N}}, +)$.
- L'ensemble des fonctions continues est un sous-groupe de $(\mathbb{R}^{\mathbb{R}}, +)$.
- L'ensemble des isométries du plan P est un sous-groupe de $(\mathrm{Bij}(P), \circ)$.
- L'ensemble des déplacements de P est un sous-groupe du groupe des isométries de P.
- L'ensemble des symétries centrales et translations de P est un sous-groupe du groupe des déplacements de P.

  etc.

Pour montrer qu'un ensemble G muni d'une l.c.i. est un groupe, on pourra souvent montrer que c'est un sous-groupe d'un groupe déjà connu que l'on précisera.

► ***Pour s'entraîner : ex. 7 à 10.***

4 Morphisme de groupes

4.1. Définition générale d'un morphisme

Soit E et F deux ensembles munis respectivement des l.c.i. $*$ et T. On appelle **morphisme** de $(E, *)$ dans (F, T) une application f de E dans F telle que :

$$\forall (x, y) \in E^2 \quad f(x * y) = f(x) \, T \, f(y)$$

Exemples :

$$\left| \begin{array}{ccc} (\mathbb{Z}, +) & \to & (\mathbb{R}_+^*, \times) \\ n & \mapsto & 2^n \end{array} \right| \begin{array}{ccc} (\mathbb{R}_+^*, \times) & \to & (\mathbb{R}, +) \\ x & \mapsto & \ln x \end{array} \left| \begin{array}{ccc} (\mathbb{C}, \times) & \to & (\mathbb{C}, \times) \\ z & \mapsto & \bar{z} \end{array} \right.$$

- La composée de deux morphismes est un morphisme.
- Un morphisme d'un ensemble dans lui-même avec la même l.c.i. est appelé **endomorphisme**.
- Un morphisme bijectif est appelé **isomorphisme**.
  La bijection réciproque d'un isomorphisme est un isomorphisme.
  Deux ensembles sont dits **isomorphes** s'il existe un isomorphisme de l'un dans l'autre.
- Un endomorphisme bijectif est appelé **automorphisme**.
  L'ensemble des automorphismes de $(E, *)$ est un sous-groupe de $(\mathrm{Bij}(E), T)$, noté $\mathrm{Aut}(E)$.

© Hachette Livre – H Prépa / Math – La photocopie non autorisée est un délit

4.2. Propriétés des morphismes de groupes

Soit G et G' deux groupes multiplicatifs, d'éléments neutres respectifs e et e', et f un morphisme de G dans G'.

$$f(e) = e'$$

En effet, $f(e) = f(ee) = f(e)f(e)$ et $f(e) = f(e)e'$, d'où $f(e)f(e) = f(e)e'$, et, comme $f(e)$ est régulier, $f(e) = e'$.

$$\forall x \in G \quad f(x^{-1}) = f(x)^{-1}$$

En effet, $f(xx^{-1}) = f(x)f(x^{-1})$ et $f(xx^{-1}) = f(e) = e'$, d'où $f(x)f(x^{-1}) = e'$, c'est-à-dire $f(x^{-1}) = f(x)^{-1}$.

4.3. Noyau d'un morphisme de groupes

Soit G et G' deux groupes multiplicatifs, d'éléments neutres respectifs e et e', et f un morphisme de G dans G'.

On appelle **noyau** de f l'ensemble des éléments de G qui ont pour image l'élément neutre de G'. On le note :

$$\text{Ker } f = \{x \in G\ ,\ f(x) = e'\} = f^{-1}(\{e'\})$$

Théorème 2

Pour tout morphisme f du groupe G dans le groupe G' :

- Ker f est un sous-groupe de G.
- Ker $f = \{e\}$ si et seulement si f est injectif.

Démonstration

(Adoptons la notation multiplicative.)

1) Comme $f(e) = e'$, $e \in \text{Ker } f$, donc $\text{Ker } f \neq \varnothing$.

$\forall (x, y) \in (\text{Ker } f)^2$, $f(xy) = f(x)f(y) = e'e' = e'$, donc $xy \in \text{Ker } f$: Ker f est stable.

$\forall x \in \text{Ker } f$, $f(x^{-1}) = f(x)^{-1} = e'^{-1} = e'$, donc $x^{-1} \in \text{Ker } f$: Ker f contient les inverses de tous ses éléments. Ker f est donc un sous-groupe de G.

2) Si f est injectif, $\forall x \in \text{Ker } f$, $f(x) = e' = f(e)$, donc $x = e$. $\text{Ker } f = \{e\}$.

Réciproquement, si $\text{Ker } f = \{e\}$, soit $(x, y) \in G^2$ tel que $f(x) = f(y)$.

Alors $f(x)f(y)^{-1} = e'$; d'où $f(xy^{-1}) = e'$, d'où $xy^{-1} \in \text{Ker } f$, d'où $xy^{-1} = e$.

Donc $x = y$: f est injectif.

Exemple : L'application $\left| \begin{array}{ccc} (\mathbb{R}, +) & \to & (\mathbb{C}^*, \times) \\ x & \mapsto & e^{ix} \end{array} \right.$ est un morphisme de groupes, dont le noyau est $\text{Ker } f = \{x \in \mathbb{R}\ ,\ e^{ix} = 1\} = 2\pi\mathbb{Z}$, sous-groupe de $(\mathbb{R}, +)$.

© Hachette Livre – H Prépa / Math – La photocopie non autorisée est un délit

4.4. Image d'un morphisme de groupes

Soit G et G' deux groupes, et f un morphisme de G dans G'. On appelle **image** de f l'ensemble des éléments de G' qui ont un antécédent dans G. On le note :

$$\text{Im } f = \{y \in G' \text{ , } \exists x \in G \ y = f(x)\} = f(G)$$

Théorème 3

Pour tout morphisme f du groupe G dans le groupe G' :

- $\text{Im } f$ est un sous-groupe de G'.
- $\text{Im } f = G'$ si et seulement si f est surjectif.

Démonstration

1) (Adoptons la notation multiplicative.)
$e' = f(e) \in \text{Im } f$, donc $\text{Im } f \neq \varnothing$.
$\forall (y, y') \in (\text{Im } f)^2$, $\exists (x, x') \in G^2 \ \ y = f(x)$ et $y' = f(x')$.
D'où $yy' = f(x)f(x') = f(xx') \in \text{Im } f$: $\text{Im } f$ est stable.
$\forall y \in \text{Im } f$, $\exists x \in G \quad y = f(x)$. D'où $y^{-1} = f(x)^{-1} = f(x^{-1}) \in \text{Im } f$.
$\text{Im } f$ contient les inverses de tous ses éléments. $\text{Im } f$ est donc un sous-groupe de G'.
2) $f(G) = G'$ est la définition même de la surjectivité de f.

Exemple : L'image du morphisme $\left| \begin{array}{ccc} (\mathbb{R},+) & \rightarrow & (\mathbb{C}^*,\times) \\ x & \mapsto & e^{ix} \end{array} \right.$

est $\text{Im } f = \mathcal{U} = \{z \in \mathbb{C} \text{ , } |z| = 1\}$, qui est un sous-groupe de $(\mathbb{C}^*, \times)$.

► ***Pour s'entraîner : ex. 11 à 13.***

5 Structure d'anneau

★ *Ce paragraphe n'est pas au programme des étudiants de PTSI qui n'ont pas choisi l'option PSI.*

5.1. Anneau

On appelle **anneau** un ensemble A muni de deux l.c.i., notées respectivement $+$ et $\times$, telles que :

A1. $(A, +)$ est un groupe abélien. Le neutre est noté 0_A (élément nul).

A2. La l.c.i. $\times$ est associative.

A3. A possède un élément neutre pour la l.c.i. $\times$, noté 1_A (élément unité).

A4. $\times$ est distributive par rapport à $+$, c'est-à-dire :

$$\forall (a, b, c) \in A^3 \quad a(b+c) = ab + ac \quad \text{et} \quad (b+c)a = ba + ca$$

Si de plus $\times$ est commutative, l'anneau est dit commutatif.

Exemples :

- $(\mathbb{Z}, +, \times)$, $(\mathbb{Q}, +, \times)$, $(\mathbb{R}, +, \times)$, $(\mathbb{C}, +, \times)$
- $(\mathbb{R}^{\mathbb{N}}, +, \times)$, $(\mathbb{R}^{\mathbb{R}}, +, \times)$

© Hachette Livre – H Prépa / Math – La photocopie non autorisée est un délit

5.2. Propriétés

On peut définir dans un anneau A une l.c.i., notée $-$, par :

$$\forall (a,b,c) \in A^2 \quad a - b = a + (-b)$$

- $\forall (a,b,c) \in A^3 \quad a(b-c) = ab - ac.$
  En effet, $a(b-c) + ac = a((b-c)+c) = ab.$

- De même, $\forall (a,b,c) \in A^3 \quad (b-c)a = ba - ca.$

- $\forall a \in A \quad a\,0_A = 0_A\,a = 0_A.$
  Il suffit de choisir $b = c$ dans les égalités précédentes.

- La réciproque n'est pas toujours vraie : on appelle **diviseurs de zéro** des éléments non nuls dont le produit est 0_A.

Exemple : Dans l'anneau $\mathbb{R}^{\mathbb{R}}$, les fonctions $f : x \mapsto x+|x|$ et $g : x \mapsto x-|x|$ sont des diviseurs de zéro, car fg est la fonction nulle, alors que ni f ni g ne sont nulles.

- On peut généraliser la distributivité de $\times$ par rapport à $+$: $\displaystyle\sum_{i=1}^{n} ab_i = a \sum_{i=1}^{n} b_i$

- On peut appliquer la formule du binôme à deux éléments d'un anneau, **s'ils commutent** :

$$ab = ba \quad \Longrightarrow \quad \forall n \in \mathbb{N} \quad (a+b)^n = \sum_{p=0}^{n} \binom{n}{p} a^{n-p}\, b^p$$

- De même, pour la factorisation de $a^n - b^n$:

$$ab = ba \quad \Longrightarrow \quad \forall n \in \mathbb{N}^* \quad a^n - b^n = (a-b) \sum_{p=0}^{n-1} a^{n-1-p}\, b^p$$

  En particulier, comme tout élément x de l'anneau commute avec l'élément unité, noté simplement 1 :

$$\forall n \in \mathbb{N}^* \quad 1 - x^n = (1-x) \sum_{p=0}^{n-1} x^p = \sum_{p=0}^{n-1} x^p (1-x)$$

  Si $1-x$ est inversible, on retrouve la formule donnant la somme des termes d'une suite géométrique :

$$1 + x + x^2 + \cdots + x^{n-1} = (1-x^n)(1-x)^{-1}$$

▶ ***Pour s'entraîner : ex. 14 et 15.***

© Hachette Livre – H Prépa / Math – La photocopie non autorisée est un délit

5.3. Sous-anneau

On appelle **sous-anneau** d'un anneau A, toute partie B de A stable par $+$ et $\times$ et qui, munie des l.c.i. induites, est encore un anneau **avec la même unité**.

Théorème 4

Une partie B d'un anneau A est un sous-anneau de A si et seulement si :

1) $1_A \in B$.

2) $\forall (x,y) \in B^2 \quad x - y \in B$.

3) $\forall (x,y) \in B^2 \quad xy \in B$.

Démonstration

- Soit B un sous-anneau de A. Il contient 1_A. Il est stable par $+$ et contient les opposés de ses éléments, donc il est stable par $-$. De plus, il est stable par $\times$.
- Soit B une partie de A vérifiant les points **1)**, **2)** et **3)**. D'après **1)** et **2)**, $(B,+)$ est un sous-groupe de $(A,+)$ (caractérisation condensée). De plus, il est stable par $\times$ et la l.c.i. induite est évidemment associative et distributive par rapport à $+$. D'après **1)**, B possède un élément unité qui est le même que celui de A : $(B,+,\times)$ est un sous-anneau de A.

Exemples : L'ensemble des fonctions polynomiales, l'ensemble des fonctions continues, l'ensemble des fonctions bornées sont des sous-anneaux de $\mathbb{R}^{\mathbb{R}}$.
L'ensemble des suites convergentes, l'ensemble des suites périodiques sont des sous-anneaux de $\mathbb{R}^{\mathbb{N}}$.

5.4. Structure de corps

On appelle **corps** un anneau (généralement supposé commutatif), non réduit à $\{0\}$, dont tout élément non nul est inversible.
Si $\mathbb{K}$ est un corps, le groupe de ses éléments inversibles est $\mathbb{K}\backslash\{0\}$.

Exemples : $(\mathbb{Q},+,\times)$, $(\mathbb{R},+,\times)$, $(\mathbb{C},+,\times)$.

On appelle **sous-corps** d'un corps $\mathbb{K}$ une partie de $\mathbb{K}$ stable par $+$ et $\times$ et qui, munie des l.c.i. induites, est encore un corps. (Il a nécessairement la même unité que $\mathbb{K}$, car ses éléments sont réguliers pour $\times$.)

6 Anneau des entiers relatifs

6.1. Multiples et diviseurs d'un entier

Soit $(a,b) \in \mathbb{Z}^2$; s'il existe $n \in \mathbb{Z}$ tel que $a = nb$, on dit que :

– a est un **multiple** de b.

– b est un **diviseur** de a (ou « b divise a », notation : $b|a$).

L'ensemble des multiples de b est noté $b\mathbb{Z}$. Nous conviendrons de noter $D(a)$ l'ensemble des diviseurs de a.

© Hachette Livre – H Prépa / Math – La photocopie non autorisée est un délit

Propriétés (Les démonstrations, très simples, sont laissées au lecteur.)

1) La somme de deux multiples de b est un multiple de b.

2) L'opposé d'un multiple de b est un multiple de b.

3) Tout multiple d'un multiple de b est un multiple de b.

4) Si b divise deux entiers, il divise leur somme.

5) Tout diviseur d'un diviseur de a est un diviseur de a.

6) 0 est un multiple de tout entier. Tout entier divise 0.

7) Si b divise a et a divise b, alors $a = \pm b$.

8) Restreintes à $\mathbb{N}$, les relations « divise » et « est multiple de » sont des relations d'ordre partielles.

Ne pas confondre avec la notion de diviseur de zéro.

6.2. Division euclidienne dans $\mathbb{Z}$

Théorème 5

Soit $(a,b) \in \mathbb{Z}^2$ tel que $b \neq 0$.
Il existe un couple unique $(q,r) \in \mathbb{Z}^2$ tel que $a = bq + r$ et $0 \leqslant r < |b|$.

q est appelé *quotient* et r *reste* de la division de a par b.

Démonstration

Existence : L'ensemble E des multiples de b inférieurs ou égaux à a est une partie non vide de $\mathbb{Z}$ majorée par a. E possède donc un plus grand élément, que nous noterons bq. Posons $r = a - bq$. $bq \leqslant a$, donc $r \geqslant 0$. D'autre part, $bq + |b|$ est un multiple de b supérieur à bq, donc $bq + |b| > a$, d'où $r < |b|$.

Unicité : Supposons $a = bq + r = bq' + r'$ avec $0 \leqslant r < |b|$ et $0 \leqslant r' < |b|$.
On a $b(q - q') = r' - r$, $r' - r$ est donc un multiple de b. Comme il est strictement compris entre $-|b|$ et $|b|$, il ne peut être que nul. Donc $r' = r$ et par suite $q' = q$.
Le couple (q,r) est donc unique.

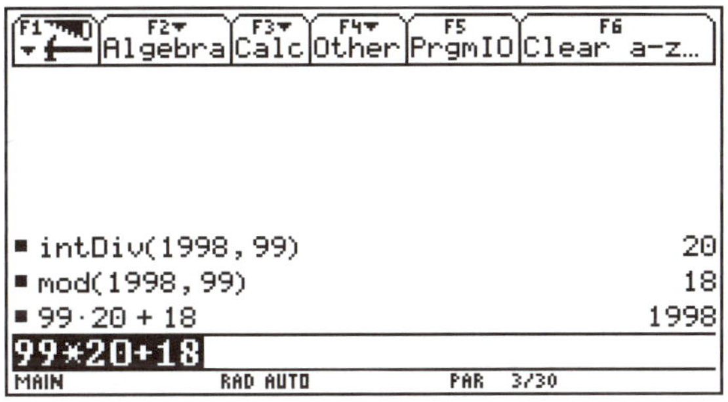

Les fonctions `intDiv` et `mod` donnent respectivement le quotient et le reste de la division euclidienne de deux entiers.

► ***Pour s'entraîner : ex. 16 à 18.***

6.3. Sous-groupes de $(\mathbb{Z}, +)$

Théorème 6

Pour tout $n \in \mathbb{Z}$, l'ensemble $n\mathbb{Z}$ des multiples de n est un sous-groupe de $\mathbb{Z}$. Tout sous-groupe de $\mathbb{Z}$ est de cette forme.

Démonstration

1) Pour tout $n \in \mathbb{Z}$, $n\mathbb{Z}$ est non vide, stable par addition et il contient les opposés de tous ses éléments. C'est donc un sous-groupe de $\mathbb{Z}$.

2) Réciproquement, soit H un sous-groupe de $\mathbb{Z}$. Si $H = \{0\}$, $H = 0\mathbb{Z}$.
Si $H \neq \{0\}$, pour tout élément n non nul de H, $|n| \in H$ et $|n| > 0$. L'ensemble des éléments strictement positifs de H est une partie non vide de $\mathbb{N}$, qui possède donc

© Hachette Livre – H Prépa / Math – La photocopie non autorisée est un délit

un plus petit élément n_0. Comme H est un sous-groupe de $\mathbb{Z}$, $n_0\mathbb{Z} \subset H$.
Montrons que $H \subset n_0\mathbb{Z}$.
Soit $p \in H$. Effectuons la division euclidienne de p par n_0 :

$$p = n_0 q + r \quad \text{avec} \quad 0 \leqslant r < n_0$$

p et $n_0 q$ appartiennent à H, donc r appartient à H. Comme $]0, n_0[\cap H = \varnothing$, $r = 0$. D'où $p = n_0 q \in n_0\mathbb{Z}$. On a bien montré que $H \subset n_0\mathbb{Z}$, d'où en définitive $H = n_0\mathbb{Z}$.

Application 1

P.G.C.D. et P.P.C.M. de deux entiers

Soit a et b deux entiers relatifs. Montrer que $a\mathbb{Z} + b\mathbb{Z}$ et $a\mathbb{Z} \cap b\mathbb{Z}$ sont des sous-groupes de $\mathbb{Z}$.
Que peut-on en déduire ?

1) $a\mathbb{Z} + b\mathbb{Z}$ est l'ensemble des entiers de la forme $au + bv$ avec $(u, v) \in \mathbb{Z}^2$. Cet ensemble est non vide, stable par addition et il contient les opposés de ses éléments : c'est un sous-groupe de $(\mathbb{Z}, +)$. C'est donc l'ensemble des multiples d'un entier d, qui est appelé plus grand commun diviseur de a et b.

2) $a\mathbb{Z} \cap b\mathbb{Z}$ est l'intersection de deux sous-groupes de $(\mathbb{Z}, +)$; c'est donc un sous-groupe de $(\mathbb{Z}, +)$, c'est-à-dire l'ensemble des multiples d'un entier m, qui est appelé plus petit commun multiple de a et b.

6.4. Nombres premiers

Un entier p strictement supérieur à 1 est dit **premier** si ses seuls diviseurs positifs sont 1 et p.

Application : Crible d'Ératosthène.

On obtient la liste des nombres premiers inférieurs à n en supprimant, pour tout entier p de 2 à n, tous les multiples de p autres que p.

Dans la pratique, pour savoir si un entier n est premier, on cherche à le diviser par tous les entiers premiers inférieurs ou égaux à $\sqrt{n}$.
En effet, si $n = pq$, $\quad p > \sqrt{n} \;\Rightarrow\; q < \sqrt{n}$.

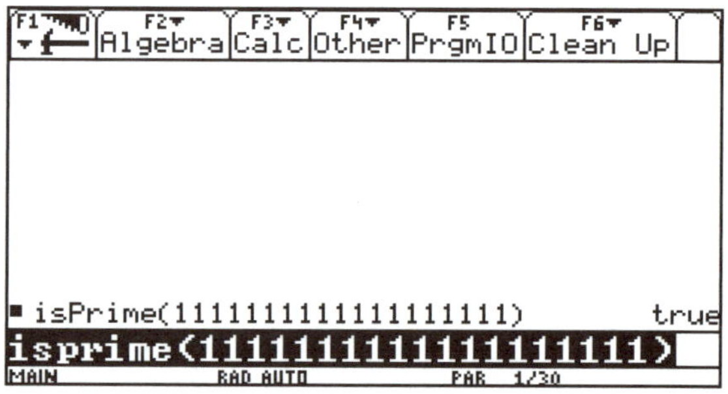

Voyage 200 : la fonction `isprime` teste si un entier est premier.

1	2	3	4	5	6	7	8	9	10
11	12	13	14	15	16	17	18	19	20
21	22	23	24	25	26	27	28	29	30
31	32	33	34	35	36	37	38	39	40
41	42	43	44	45	46	47	48	49	50
51	52	53	54	55	56	57	58	59	60
61	62	63	64	65	66	67	68	69	70
71	72	73	74	75	76	77	78	79	80
81	82	83	84	85	86	87	88	89	90
91	92	93	94	95	96	97	98	99	100

Doc. 1. Le crible d'Ératosthène.
(mathématicien grec, 284-192 av. J.-C.)

© Hachette Livre – H Prépa / Math – La photocopie non autorisée est un délit

Exemple : 167 n'est pas divisible par 2, 3, 5, 7, 11. Il est inutile d'essayer 13, car $167 < 13^2$. 167 est donc premier.

Nous admettrons sans démonstration le théorème suivant :

Théorème 7
Tout entier $n > 1$ est un produit de facteurs premiers.
La décomposition est unique, à l'ordre près.

Exemple : $43560 = 2^3 \times 3^2 \times 5 \times 11^2$

L'exposant du nombre premier p dans la décomposition de l'entier n s'appelle la ***p*-valuation** de n.

▶ ***Pour s'entraîner : ex. 19 et 20.***

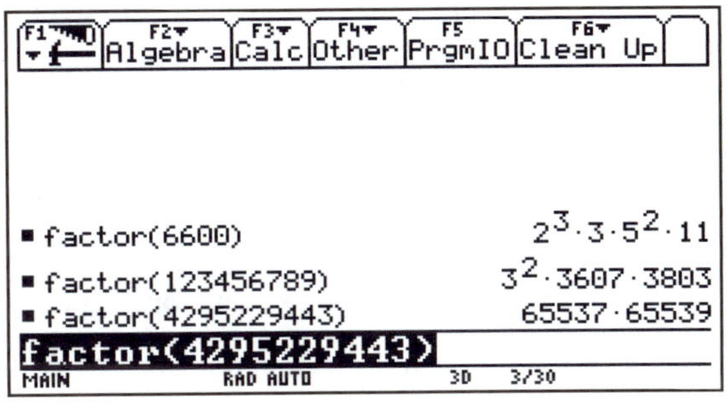

La fonction `factor`, appliquée à un entier, donne sa décomposition en produit de facteurs premiers.

FICHE MÉTHODE

● Pour montrer qu'**un ensemble E muni d'une l.c.i. est un groupe** :

- s'il s'agit d'une l.c.i. tout à fait nouvelle, il faut vérifier :
  – qu'elle est associative ;
  – qu'il existe un élément neutre ;
  – que tout élément possède un symétrique *(cf. exercices* 5 *et* 6) ;
- s'il s'agit de la restriction à E de la l.c.i. d'un groupe G contenant E, il suffit de vérifier que E est un sous-groupe de G (voir ci-après).

● Pour montrer qu'**une partie H d'un groupe G est un sous-groupe de G**, on peut :

- appliquer la caractérisation :
  – H est non vide (on a intérêt à montrer tout de suite que $e \in H$) ;
  – H est stable par la l.c.i. de G ;
  – H contient les symétriques de ses éléments *(cf. exercices* 7 *à* 9) ;
- montrer que c'est une intersection de sous-groupes ;
- montrer que c'est le sous-groupe engendré par un élément ;
- montrer que H est le noyau d'un morphisme de groupes ;
- montrer que H est l'image d'un morphisme de groupes *(cf. exercice* 13) .

© Hachette Livre – H Prépa / Math – La photocopie non autorisée est un délit

FICHE MÉTHODE

- Pour montrer qu'**un ensemble E muni de deux l.c.i. est un anneau** :

- s'il s'agit de l.c.i. tout à fait nouvelles, il faut vérifier :
  - que E muni de sa première l.c.i. est un groupe abélien ;
  - que la deuxième l.c.i. est associative ;
  - qu'il existe un élément neutre pour la deuxième l.c.i. ;
  - que la deuxième l.c.i. est distributive par rapport à la première ;
- s'il s'agit de restrictions à E des l.c.i. d'un anneau A contenant E, il suffit de vérifier que E est un sous-anneau de A (voir ci-après).

- Pour montrer qu'**une partie B d'un anneau A (dont les deux l.c.i. sont notées $+$ et $\times$) est un sous-anneau de A**, on montre que :

- B contient l'élément unité de A ;
- B est stable par « soustraction » ;
- B est stable par « multiplication ».

- Pour montrer qu'**un anneau A est un corps**, on montre que tout élément non nul de A est inversible.

- Pour **exprimer la division euclidienne de l'entier a par l'entier non nul b**, on écrit :

$$a = bq + r \quad \text{avec} \quad 0 \leqslant r < |b|$$

(cf. exercices 16 *à* 18*)*.

Exercice résolu

Groupes de cardinal inférieur ou égal à 4

ÉNONCÉ

Trouver, à un isomorphisme près, tous les groupes de cardinal inférieur ou égal à 4.

© Hachette Livre – H Prépa / Math – La photocopie non autorisée est un délit

CONSEILS

On se propose de définir par leur table tous les groupes à 1, 2, 3 ou 4 éléments, à un isomorphisme près. La construction de la table d'un groupe obéit à quelques règles simples :

- Il doit y avoir un élément neutre e.
- Pour tout élément a de G, l'application $x \mapsto a * x$ est injective, donc bijective (G est fini). Il s'ensuit que dans la ligne de a, on doit trouver tous les éléments de G une fois et une seule. De même pour chaque ligne et chaque colonne de la table.
- En particulier, dans la ligne de chaque élément on doit trouver l'élément neutre e au niveau du symétrique de cet élément.
- Il reste l'associativité, qui n'est pas facile à interpréter à partir de la table. En fait, la simple application des règles précédentes donne très peu de solutions. On vérifiera que chacune d'entre elles est isomorphe à un groupe existant.

SOLUTION

1) Il n'y a évidemment qu'une seule façon de construire la table d'un groupe à un élément :

$*$	e
e	e

2) Il n'y a également qu'une façon de remplir la table d'un groupe à 2 éléments, chacun devant être son propre symétrique :

$*$	e	a
e	e	a
a	a	e

On peut vérifier que cette table est celle du groupe $\mathcal{U}_2 = (\{1, -1\}, \times)$. Pour la composition des applications, tout groupe constitué de l'élément neutre et d'un élément involutif est isomorphe à ce groupe ; par exemple $\{\text{Id}, S\}$, où S est une symétrie centrale.

3) Il n'y a encore qu'une façon de remplir la table d'un groupe à 3 éléments ; on s'aperçoit que les deux éléments autres que l'élément neutre ne peuvent pas être égaux à leur propre symétrique ; ils sont donc symétriques l'un de l'autre :

$*$	e	a	b
e	e	a	b
a	a	b	e
b	b	e	a

Cette table est celle du groupe $\mathcal{U}_3 = (\{1, j, \overline{j}\}, \times)$, ou du groupe $(\{\text{Id}, R, R^{-1}\}, \circ)$, où R est une rotation d'angle $\dfrac{2\pi}{3}$.

4) Dans un groupe à 4 éléments $G = \{e, a, b, c\}$, il existe au moins un élément autre que e qui est son propre symétrique. On peut distinguer deux cas :
– un seul élément autre que e est son propre symétrique. On peut supposer que c'est b, à un isomorphisme près. a et c sont alors symétriques l'un de l'autre ;
– tous les éléments sont leur propre symétrique.
On obtient les deux tables suivantes :

$*$	e	a	b	c
e	e	a	b	c
a	a	b	c	e
b	b	c	e	a
c	c	e	a	b

$*$	e	a	b	c
e	e	a	b	c
a	a	e	c	b
b	b	c	e	a
c	c	b	a	e

La première table est celle du groupe $\mathcal{U}_4 = (\{1, i, -1, -i\}, \times)$, ou du groupe $(\{\text{Id}, R, S, R^{-1}\}, \circ)$, où R est une rotation de centre O d'angle $\dfrac{\pi}{2}$, et S la symétrie centrale de centre O.
La seconde table est celle du groupe des isométries conservant un rectangle : identité, symétrie centrale, deux réflexions d'axes perpendiculaires. On l'appelle **groupe de Klein**.

Ces deux groupes à quatre éléments ne sont pas isomorphes, car la propriété « être son propre symétrique » se conserve dans un isomorphisme.

© Hachette Livre – H Prépa / Math – La photocopie non autorisée est un délit

Exercices

1 Vrai ou faux ?

a) 0 est élément neutre de la soustraction dans $\mathbb{Z}$.

b) $(\mathbb{Z}, \times)$ est un groupe abélien.

c) $\mathbb{N}$ est un sous-groupe de $(\mathbb{Z}, +)$.

d) Le noyau d'un morphisme de groupe est le singleton $\{e\}$.

e) Tous les éléments d'un anneau sont réguliers pour les deux opérations.

f) Tous les éléments d'un anneau sont inversibles.

g) Un diviseur de zéro d'un anneau n'est jamais inversible.

h) $(\mathbb{Q}, +, \times)$ est un corps commutatif.

i) La somme de deux diviseurs d'un entier est un diviseur de cet entier.

j) Tout diviseur de deux entiers est un diviseur de leur somme.

k) Deux nombres premiers distincts n'ont pas de diviseurs communs.

Lois de composition interne

2 Étudier les propriétés (commutativité, associativité, élément neutre, symétrique d'un élément,...) des l.c.i. $\cap$, $\cup$ et Δ dans $\mathcal{P}(E)$.

3 Soit E un ensemble muni de deux l.c.i. $\circ$ et $*$ admettant des éléments neutres respectifs e et f, et telles que :

$$\forall (x, y, u, v) \in E^4 \quad (x * y) \circ (u * v) = (x \circ u) * (y \circ v)$$

Montrer que : **1)** $e = f$; **2)** $\circ = *$;

3) $*$ est associative et commutative.

4 Soit E et F deux ensembles non vides et $*$ une l.c.i. sur F. On définit, dans l'ensemble F^E des applications de E dans F, la l.c.i. T par :

$$\forall (f, g) \in (F^E)^2 \quad \forall x \in E \quad (f\,T\,g)(x) = f(x) * g(x)$$

1) Montrer que, si $*$ est commutative, il en est de même de T.

2) Montrer que, si $*$ est associative, il en est de même de T.

3) Montrer que, si $*$ admet un élément neutre e, il en est de même de T.

Donner des exemples.

Groupes

5 On définit sur $\mathbb{R}$ la l.c.i. $*$ par $a * b = a + b - ab$.

1) $(\mathbb{R}, *)$ est-il un groupe ?

2) Déterminer un sous-ensemble de $\mathbb{R}$ qui soit un groupe pour la loi $*$.

6 On définit dans $\mathbb{R}^2$ la l.c.i. $*$ par :

$$(x, y) * (x', y') = (x + x', y e^{x'} + y' e^{-x})$$

Démontrer que $(\mathbb{R}^2, *)$ est un groupe. Est-il abélien ?

7 Montrer que l'ensemble des éléments d'un groupe qui commutent avec tous les autres est un sous-groupe. On l'appelle centre du groupe.

8 Montrer que l'ensemble $\{z \in \mathbb{C}\,,\ \exists n \in \mathbb{N}^* \ z^n = 1\}$ est un sous-groupe de $(\mathbb{C}^*, \times)$.

9 Soit G un groupe noté multiplicativement, H un sous-groupe de G et a un élément quelconque de G.

Montrer que $a^{-1}Ha$ est un sous-groupe de G.

10 On considère les applications suivantes de $\mathbb{R}\backslash\{0, 1\}$ dans lui-même :

$$f_1 : x \mapsto x\,; \quad f_2 : x \mapsto 1 - x\,; \quad f_3 : x \mapsto \frac{1}{1-x};$$

$$f_4 : x \mapsto \frac{1}{x}\,; \quad f_5 : x \mapsto \frac{x}{x-1}\,; \quad f_6 : x \mapsto \frac{x-1}{x}.$$

Montrer que $G = \{f_1, f_2, f_3, f_4, f_5, f_6\}$ est un groupe pour la composition des applications. Déterminer tous ses sous-groupes. Quel est le plus petit sous-groupe de G contenant f_2 ? f_3 ? f_2 et f_3 ?

Morphismes

11 Soit G et G' deux groupes notés multiplicativement et f un morphisme de G dans G'. Montrer que l'image par f d'un sous-groupe de G est un sous-groupe de G' et que l'image réciproque d'un sous-groupe de G' est un sous-groupe de G. Retrouver les cas particuliers de l'image et du noyau de f.

12 On munit $\mathbb{R}$ de la l.c.i. définie par :

$$a * b = \sqrt[3]{a^3 + b^3}$$

© Hachette Livre – H Prépa / Math – La photocopie non autorisée est un délit

Montrer que $(\mathbb{R}, *)$ est isomorphe à $(\mathbb{R}, +)$. En déduire que $(\mathbb{R}, *)$ est un groupe abélien.

13 Soit G un groupe noté multiplicativement et a un élément de G.

On désigne par f_a l'application : $\left| \begin{array}{ccc} & f_a & \\ G & \longrightarrow & G \\ x & \longmapsto & axa^{-1} \end{array} \right.$

1) Démontrer que f_a est un automorphisme de G. On l'appelle *automorphisme intérieur* ; on désigne par $\operatorname{Int} G$ l'ensemble des automorphismes intérieurs de G.

2) Démontrer que l'application : $\left| \begin{array}{ccc} & \varphi & \\ G & \longrightarrow & \operatorname{Aut} G \\ a & \longmapsto & f_a \end{array} \right.$ est un morphisme de groupes, dont on déterminera l'image et le noyau.

3) En déduire que $\operatorname{Int} G$ est un groupe pour la composition des applications.

Anneaux – corps

14 Soit A un anneau. Un élément x de A est dit *nilpotent* si :

$$\exists n \in \mathbb{N} \quad x^n = 0$$

1) Démontrer que, si xy est nilpotent, yx l'est aussi.

2) Démontrer que, si x et y sont deux éléments nilpotents qui commutent, alors xy et $x + y$ sont nilpotents.

3) Soit x un élément nilpotent. Démontrer que $1 - x$ est inversible et calculer son inverse.

15 Soit A un anneau tel que $\forall x \in A \quad x^2 = x$.

1) Démontrer que $\forall x \in A \quad x + x = 0$.

2) Démontrer que l'anneau A est commutatif.

Anneau des entiers relatifs

16 Trouver deux entiers positifs a et b sachant que $a < 4000$ et que la division euclidienne de a par b donne un quotient de 82 et un reste de 47.

17 On divise deux entiers a et b par leur différence $a - b$.

Comparer les quotients et les restes obtenus.

18 Soit a, b, n trois entiers tels que $a \geqslant 1$, $b \geqslant 1$ et $n \geqslant 0$. On note q le quotient de la division euclidienne de $a - 1$ par b.

Trouver le quotient de la division euclidienne de $a\,b^n - 1$ par b^{n+1}.

19 Les entiers 11, 111, 1111, 11111, 111111, 1111111 sont-ils premiers ?

20 Soit n un entier supérieur ou égal à 2.

Démontrer qu'aucun des entiers successifs de $n! + 2$ à $n! + n$ n'est premier. Comment obtenir n entiers consécutifs non premiers ?

Donner cinq entiers naturels consécutifs non premiers les plus petits possibles.

© Hachette Livre – H Prépa / Math – La photocopie non autorisée est un délit

Polynômes

7

Introduction

Les bacheliers connaissent les fonctions polynomiales. Nous allons définir ici un polynôme, indépendamment de la notion de fonction, comme la simple succession de ses coefficients. Les polynômes servent en effet à bien d'autres choses qu'à construire des fonctions. Nous retrouverons, dans le cas où le corps des coefficients est infini, l'isomorphisme entre polynômes et fonctions polynomiales.

Dans tout ce chapitre, $\mathbb{K}$ est le corps commutatif $\mathbb{R}$ ou $\mathbb{C}$.

OBJECTIFS

- Étude de l'anneau des polynômes à une indéterminée à coefficients dans $\mathbb{R}$ ou $\mathbb{C}$.
- Utilisation des polynômes formels pour la résolution de problèmes portant sur les équations algébriques et les fonctions numériques.

© Hachette Livre – H Prépa / Math – La photocopie non autorisée est un délit

I Ensemble $\mathbb{K}[X]$

1.1. Définition formelle d'un polynôme

Soit $\mathbb{K}$ le corps commutatif $\mathbb{R}$ ou $\mathbb{C}$. On appelle **polynôme** à coefficients dans $\mathbb{K}$ une suite $(a_0, a_1, \cdots)$ d'éléments de $\mathbb{K}$ nuls à partir d'un certain rang. L'ensemble des polynômes à coefficients dans $\mathbb{K}$ est noté $\mathbb{K}[X]$.

Donc, par définition, deux polynômes $A = (a_0, a_1, \cdots)$ et $B = (b_0, b_1, \cdots)$ sont égaux si et seulement si leurs coefficients sont égaux, c'est-à-dire :

$$\forall i \in \mathbb{N} \quad a_i = b_i$$

On appelle **polynôme nul** le polynôme dont tous les coefficients sont nuls.

On appelle **degré** d'un polynôme non nul $A = (a_0, a_1, \cdots)$ le plus grand entier n tel que $a_n \neq 0$. Le coefficient a_n correspondant est appelé **coefficient dominant** du polynôme A. Si le coefficient dominant est 1, le polynôme est dit **unitaire**.

Par convention, on dit que le degré du polynôme nul est $-\infty$. On convient que, pour tout $n \in \mathbb{N}$:
$-\infty < n$ et $(-\infty)+n = n+(-\infty) = -\infty$, $(-\infty)+(-\infty) = -\infty$.

1.2. Opérations dans $\mathbb{K}[X]$

On définit dans $\mathbb{K}[X]$:

1) Une addition

Soit $A = (a_0, a_1, \cdots)$ et $B = (b_0, b_1, \cdots)$ deux polynômes. On pose :

$$A + B = (a_0 + b_0,\ a_1 + b_1, \cdots)$$

Il est clair que cette suite s'annule à partir d'un rang au plus égal au successeur du plus grand des degrés de A et B. Il s'agit bien d'un polynôme et :

$$\deg(A + B) \leqslant \max(\deg A, \deg B)$$

L'addition est donc une loi de composition interne (l.c.i.) dans $\mathbb{K}[X]$. Elle est évidemment commutative, associative ; le polynôme nul est élément neutre et tout polynôme $A = (a_0, a_1, \cdots)$ a un opposé $-A = (-a_0, -a_1, \cdots)$.

$(\mathbb{K}[X],+)$ est un groupe abélien.

2) Une multiplication interne

Soit $A = (a_0, a_1, \cdots)$ et $B = (b_0, b_1, \cdots)$ deux polynômes. On pose :

$$AB = (a_0 b_0,\ a_0 b_1 + a_1 b_0, \cdots, \sum_{i+j=n} a_i b_j, \cdots)$$

© Hachette Livre – H Prépa / Math – La photocopie non autorisée est un délit

Cette suite s'annule à partir du rang égal au successeur de la somme des degrés de A et B. Il s'agit bien d'un polynôme et :

$$\deg(AB) = \deg A + \deg B$$

La multiplication est donc une l.c.i. dans $\mathbb{K}[X]$. Elle est commutative.

Montrons qu'elle est associative.
Soit $A = (a_0, a_1, \cdots)$, $B = (b_0, b_1, \cdots)$, $C = (c_0, c_1, \cdots)$ trois polynômes.
Posons $(AB)C = (d_0, d_1, \cdots)$, $A(BC) = (e_0, e_1, \cdots)$.

$$d_n = \sum_{m+k=n} \Big(\sum_{i+j=m} a_i b_j \Big) c_k = \sum_{i+j+k=n} a_i b_j c_k$$

$$e_n = \sum_{i+p=n} \Big(a_i \sum_{j+k=p} b_j c_k \Big) = \sum_{i+j+k=n} a_i b_j c_k$$

D'où $(AB)C = A(BC)$.

De plus, la multiplication admet pour élément neutre le polynôme $1_{\mathbb{K}[X]} = (1, 0, 0, \cdots)$ et elle est distributive par rapport à l'addition.

$(\mathbb{K}[X], +, \times)$ est un anneau commutatif.

3) Une multiplication externe par les réels

Soit $P = (a_0, a_1, \cdots)$ un polynôme. On pose $\alpha.P = (\alpha a_0, \alpha a_1, \cdots)$

On vérifie aisément que :

$(\mathbb{K}[X], +, \times, .)$ est un $\mathbb{K}$-espace vectoriel.

Voir au chapitre 8 la définition d'un $\mathbb{K}$-espace vectoriel.

Pour tout $n \in \mathbb{N}$, l'ensemble des polynômes de degré inférieur ou égal à n est un sous-espace vectoriel de $\mathbb{K}[X]$, noté $\mathbb{K}_n[X]$.

1.3. Notation définitive

Considérons le polynôme $X = (0, 1, 0, \cdots)$. On calcule facilement les puissances de X :

$$X^0 = (1, 0, 0, 0, \cdots) \qquad X^1 = (0, 1, 0, 0, \cdots)$$
$$X^2 = (0, 0, 1, 0, \cdots) \qquad X^3 = (0, 0, 0, 1, \cdots) \qquad \text{etc.}$$

On remarque que tout polynôme est combinaison linéaire d'un nombre fini de polynômes X^k (où $k \in \mathbb{N}$) :

$$P = (a_0, a_1, a_2, \cdots, a_n, 0, \cdots) = a_0 X^0 + a_1 X + a_2 X^2 + \cdots + a_n X^n = \sum_{k=0}^{n} a_k X^k$$

Nous adopterons désormais cette notation pour les polynômes. Il ne faut pas perdre de vue que la lettre X désigne un polynôme et non un élément du corps $\mathbb{K}$.

► ***Pour s'entraîner : ex. 2 à 4.***

© Hachette Livre – H Prépa / Math – La photocopie non autorisée est un délit

2 Divisibilité dans $\mathbb{K}[X]$

2.1. Multiples et diviseurs d'un polynôme

Comme dans $\mathbb{Z}$, on peut définir les notions de multiple et de diviseur d'un polynôme.
Soit $(A, B) \in \mathbb{K}[X]^2$; s'il existe $C \in \mathbb{K}[X]$ tel que $A = BC$, on dit que :

- A est un **multiple** de B ;
- B est un **diviseur** de A (ou « B divise A », notation : $B|A$).

On note $B\mathbb{K}[X]$ l'ensemble des polynômes multiples de B. Nous conviendrons de noter $D(A)$ l'ensemble des polynômes qui divisent A.

Les propriétés sont exactement les mêmes que pour les entiers :

1) la somme de deux multiples de B est un multiple de B ;

2) l'opposé d'un multiple de B est un multiple de B ;

3) tout multiple d'un multiple de B est un multiple de B ;

4) si B divise deux polynômes, il divise leur somme ;

5) tout diviseur d'un diviseur de A est un diviseur de A ;

6) 0 est un multiple de tout polynôme. Tout polynôme divise 0.

Mais un polynôme non nul n'est pas un diviseur-de-zéro... piège du vocabulaire.

2.2. Division euclidienne dans $\mathbb{K}[X]$

Théorème 1

Soit A et B deux polynômes de $\mathbb{K}[X]$ tels que $B \neq 0$.
Il existe un couple unique (Q, R) de polynômes tels que :

$$A = BQ + R \quad \text{et} \quad \deg R < \deg B$$

Q est appelé *quotient*, et R *reste* de la division euclidienne de A par B.

Démonstration

1) Existence

Soit p le degré de B. Démontrons par récurrence que, pour tout $n \in \mathbb{N}$, il existe un couple (Q, R) pour tout polynôme A de degré strictement inférieur à n.

- Si $\deg(A) < p$, le couple (O, A) convient : la récurrence est fondée pour tout $n \leqslant p$.
- Soit n un entier supérieur ou égal à p tel qu'il existe un couple (Q, R) pour tout polynôme A de degré strictement inférieur à n, et soit A un polynôme de degré n. Posons $A = a_n X^n + \cdots + a_0$ et $B = b_p X^p + \cdots + b_0$ $(b_p \neq 0)$.

Soit $Q_1 = \dfrac{a_n}{b_p} X^{n-p}$. Le monôme dominant de $Q_1 B$ est $a_n X^n$, de sorte que le polynôme $A' = A - Q_1 B$ a un degré strictement inférieur à n. On peut donc lui appliquer l'hypothèse de récurrence :

$$\exists (Q, R) \in \mathbb{K}[X]^2 \quad A' = QB + R \quad \text{avec} \quad \deg R < p$$

$$A - Q_1 B = QB + R, \quad \text{d'où} \quad A = (Q_1 + Q)B + R \quad \text{avec} \quad \deg R < p.$$

L'existence est établie pour tout polynôme A de degré n donc pour tout polynôme de degré strictement inférieur à $n + 1$.

© Hachette Livre – H Prépa / Math – La photocopie non autorisée est un délit

2) Unicité

Supposons que $A = BQ + R = BQ' + R'$ avec $\deg R < \deg B$ et $\deg R' < \deg B$.
Alors $\deg(R - R') \leqslant \max(\deg R, \deg R') < \deg B$.
Or $R - R' = B(Q' - Q)$. D'où $\deg(Q' - Q) < 0$, ce qui signifie que $Q' - Q = 0$.
On en déduit $Q = Q'$ et $R = R'$.

Calculatrice :

a) Degré d'un polynôme

```
degre(p,x)
Func
If limit(p,x, ∞) =0 Then
Return  -∞
Else
limit(x*d(p,x)/p,x, ∞)
EndIf
EndFunc
```

b) Quotient de la division euclidienne

```
quotient(a,b,x)
Func
Local da,db,q
degre(a,x) → da
degre(b,x) → db
If da<db Then
Return 0
Else
a/(b*x ∧ (da-db)) → q
limit(q,x, ∞) → q
q*x ∧ (da-db) → q
q+quotient(a-q*b,b,x)
EndIf
EndFunc
```

c) Reste de la division

```
reste(a,b,x)
Func
a-b*quotient(a,b,x)
EndFunc
```

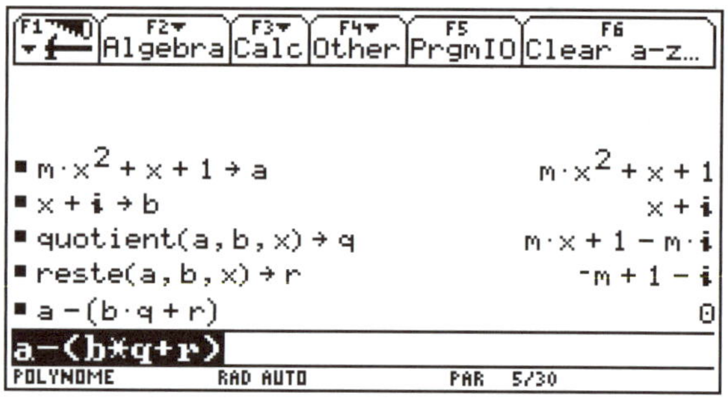

La TI-92/Voyage 200 n'effectue pas directement la division euclidienne de deux polynômes. Nous vous proposons pour cela les fonctions ci-contre.

Notons que ces procédures fonctionnent aussi bien sur des polynômes à coefficients réels que complexes, dépendant éventuellement de paramètres.

Disposition pratique des calculs :

On peut poser une division de polynômes exactement comme une division d'entiers :

$$\begin{array}{c|c} A & B \\ \cline{2-2} -BQ_1 & Q_1 \\ \hline A - BQ_1 & \end{array}$$

et on recommence jusqu'à l'obtention d'un reste de degré strictement inférieur à celui de B.

Exemple :

$$\begin{array}{rrrrr|l} 2X^4 & -X^3 & +X^2 & +X & -1 & X^2 + X + 2 \\ \cline{6-6} -2X^4 & -2X^3 & -4X^2 & & & 2X^2 - 3X \\ \cline{1-5} & -3X^3 & -3X^2 & +X & -1 & \\ & +3X^3 & +3X^2 & +6X & & \\ \cline{2-5} & & & 7X & -1 & \end{array}$$

D'où $2X^4 - X^3 + X^2 + X - 1 = (X^2 + X + 2)(2X^2 - 3X) + 7X - 1.$

On voit sur cet exemple qu'une étape de la division peut abaisser le degré de plus d'une unité. C'est ce qui nécessite la récurrence forte de la démonstration d'existence.

▶ ***Pour s'entraîner : ex. 5 à 9.***

© Hachette Livre – H Prépa / Math – La photocopie non autorisée est un délit

3 Racines d'un polynôme

3.1. Fonction polynomiale

À un polynôme $P = \sum_{k=0}^{n} a_k X^k$ de $\mathbb{K}[X]$, on peut attacher une application de $\mathbb{K}$ dans $\mathbb{K}$:

$$\widetilde{P} : \left| \begin{array}{ccc} \mathbb{K} & \to & \mathbb{K} \\ x & \mapsto & \sum_{k=0}^{n} a_k x^k \end{array} \right.$$

appelée **fonction polynomiale** associée à P. Il ne faut pas confondre *a priori* le polynôme P et la fonction $\widetilde{P}$. Dans certains corps $\mathbb{K}$, deux polynômes distincts peuvent donner la même fonction polynomiale... Cependant, pour simplifier, on notera le plus souvent $P(x)$ au lieu de $\widetilde{P}(x)$.

Nous verrons plus loin que cela ne peut pas se produire avec les corps $\mathbb{R}$ ou $\mathbb{C}$.

3.2. Racine

Soit $P \in \mathbb{K}[X]$. On appelle **racine** de P (ou **zéro**) tout élément a du corps $\mathbb{K}$ tel que $P(a) = 0$.

Théorème 2

Soit $P \in \mathbb{K}[X]$. Un élément a de $\mathbb{K}$ est une racine de P si et seulement si $(X - a)$ divise P.

Démonstration

Effectuons la division euclidienne de P par $(X - a)$:

$$P = (X - a)Q + R \quad \text{avec} \quad \deg R < 1$$

Le polynôme R est donc constant. En remplaçant X par a, on obtient $R = P(a)$. On en déduit que P est divisible par $(X - a)$ si et seulement si $P(a) = 0$.

Corollaire 2.1

Un polynôme de degré $n \geqslant 0$ possède au plus n racines distinctes.

Démonstration

Soit P un polynôme de degré n. Supposons que P possède $(n+1)$ racines distinctes $(a_1, a_2, \cdots, a_{n+1})$. P est divisible par $(X - a_1)$: $P(X) = (X - a_1)Q_1(X)$. $P(a_2) = (a_2 - a_1)Q_1(a_2) = 0$, d'où $Q_1(a_2) = 0$. On en déduit que Q_1 est divisible par $(X - a_2)$: $Q_1(X) = (X - a_2)Q_2(X)$, d'où $P(X) = (X - a_1)(X - a_2)Q_2(X)$: P est divisible par $(X - a_1)(X - a_2)$.
Par récurrence, on montre facilement que P est divisible par le produit $(X - a_1)(X - a_2)\cdots(X - a_{n+1})$, qui est de degré $(n+1)$: contradiction. Donc P a, au plus, n racines distinctes.

Si a est une racine de P, P peut être divisible par $(X - a)^2$ ou $(X - a)^3$. On appelle **ordre de multiplicité** de la racine a, le plus grand entier m tel que P soit divisible par $(X - a)^m$. On appelle racine double une racine d'ordre 2, racine triple une racine d'ordre 3, etc.

▶ ***Pour s'entraîner : ex. 10.***

© Hachette Livre – H Prépa / Math – La photocopie non autorisée est un délit

3.3. Isomorphisme entre polynômes et fonctions polynomiales

Théorème 3

L'application de $\mathbb{K}[X]$ dans $\mathbb{K}^{\mathbb{K}}$, qui à un polynôme P associe la fonction polynomiale $\widetilde{P}$, est un morphisme de $\mathbb{K}$-espaces vectoriels et d'anneaux. Si le corps $\mathbb{K}$ est infini (par exemple, si $\mathbb{K} = \mathbb{R}$ ou $\mathbb{C}$), ce morphisme est injectif. C'est alors un isomorphisme de $\mathbb{K}[X]$ dans l'ensemble des fonctions polynomiales.

Démonstration

L'application est un morphisme de $\mathbb{K}$-espaces vectoriels et d'anneaux, car pour tout $(P, Q) \in \mathbb{K}[X]$:

$$\widetilde{1} = 1 \qquad \forall(\alpha,\beta) \in \mathbb{K}^2 \ \widetilde{\alpha P + \beta Q} = \alpha\widetilde{P} + \beta\widetilde{Q} \qquad \widetilde{PQ} = \widetilde{P}\widetilde{Q}$$

Soit P et Q deux polynômes tels que $\widetilde{P} = \widetilde{Q}$. Alors $\forall x \in \mathbb{K} \ \ \widetilde{P}(x) = \widetilde{Q}(x)$. Le polynôme $P - Q$ admet tout élément du corps $\mathbb{K}$ pour racine. Si $\mathbb{K}$ est infini, $P - Q$ a une infinité de racines, il est donc nul : $P = Q$. Le morphisme $P \mapsto \widetilde{P}$ est injectif. C'est un isomorphisme de $\mathbb{K}[X]$ dans son image, c'est-à-dire l'ensemble des fonctions polynomiales.

C'est cet isomorphisme qui permet « d'identifier » les coefficients de deux polynômes admettant la même fonction polynomiale, c'est-à-dire :

$$\left(\forall x \in \mathbb{K} \quad \sum_{k=0}^{n} a_k x^k = \sum_{k=0}^{n} a'_k x^k\right) \iff \left(\forall k \in [\![0,n]\!] \quad a_k = a'_k\right)$$

4 Factorisation dans $\mathbb{K}[X]$

4.1. Factorisation dans $\mathbb{C}[X]$

Le corps des complexes possède une propriété tout à fait remarquable, à tel point qu'elle est parfois nommée **théorème fondamental de l'algèbre**. Elle est plus connue sous les noms de d'Alembert, qui l'a conjecturée, et Gauss qui l'a démontrée.

Jean Le Rond d'Alembert *(*1717-1783*), philosophe, écrivain et mathématicien français.*

Théorème 4 (théorème de d'Alembert-Gauss)

Tout polynôme non constant de $\mathbb{C}[X]$ possède au moins une racine.

La démonstration, qui relève de l'analyse, est complètement hors programme. Les conséquences de ce théorème sont immédiates et très importantes dans la pratique :

Corollaire 4.1

1) Tout polynôme non constant de $\mathbb{C}[X]$ est un produit de polynômes de degré 1.

2) Tout polynôme de degré $n \geqslant 0$ de $\mathbb{C}[X]$ possède exactement n racines, comptées avec leur ordre de multiplicité.

© Hachette Livre – H Prépa / Math – La photocopie non autorisée est un délit

Démonstration

1) Raisonnons par récurrence sur le degré de P. Si P est de degré 1, le résultat est trivial. Soit $n \in \mathbb{N}^*$ tel que tout polynôme de degré n soit un produit de polynômes de degré 1, et soit P un polynôme de degré $n+1$. P n'étant pas constant, il possède une racine a; il est donc divisible par $(X-a)$: $P(X) = (X-a)Q(X)$. Le polynôme Q est de degré n; d'après l'hypothèse de récurrence, c'est un produit de polynômes de degré 1. *A fortiori*, P est un produit de polynômes de degré 1.

2) P est donc de la forme :

$$P = \lambda(X-a_1)^{m_1}(X-a_2)^{m_2}\cdots(X-a_p)^{m_p} \quad \text{avec} \quad \sum_{k=1}^{p} m_k = n \quad \text{et} \quad \lambda \in \mathbb{C}^*,$$

$a_1, a_2, \cdots, a_p$ étant des complexes distincts 2 à 2.

P a donc n racines, à condition que chaque racine a_k soit comptée m_k fois.

Karl Friedrich Gauss (1777-1855), *mathématicien, physicien et astronome allemand. L'un des plus grands génies des mathématiques, il s'intéressa à l'arithmétique, aux nombres complexes, à la théorie des surfaces, aux géométries non euclidiennes ainsi qu'aux probabilités.*

4.2. Factorisation dans $\mathbb{R}[X]$

Soit P un polynôme de degré $n \geqslant 0$ de $\mathbb{R}[X]$. P possède n racines complexes, comptées avec leur ordre de multiplicité. Si z est une racine d'ordre m :

$$P(z) = P'(z) = \cdots = P^{(m-1)}(z) = 0 \quad \text{et} \quad P^{(m)}(z) \neq 0$$

En conjuguant, on obtient :

$$P(\overline{z}) = P'(\overline{z}) = \cdots = P^{(m-1)}(\overline{z}) = 0 \quad \text{et} \quad P^{(m)}(\overline{z}) \neq 0$$

$\overline{z}$ est donc aussi racine de P, avec le même ordre de multiplicité que z.

Les racines complexes de P sont donc :
- soit réelles,
- soit non réelles conjuguées deux à deux, avec le même ordre de multiplicité.

Dans la décomposition en produit de facteurs irréductibles de P dans $\mathbb{C}[X]$, regroupons les facteurs correspondant à deux racines non réelles conjuguées :

$$(X-z)^m(X-\overline{z})^m = (X^2+bX+c)^m\,, \quad \text{avec} \quad b = -2\text{Re}\,(z)\,,\ c = |z|^2$$

On obtient un polynôme de degré 2 à coefficients réels, irréductible dans $\mathbb{R}[X]$. Son discriminant b^2-4c est strictement négatif.

Le polynôme P peut donc se décomposer dans $\mathbb{R}[X]$ sous la forme :

$$P = \lambda(X-a_1)^{m_1}\cdots(X-a_p)^{m_p}(X^2+b_1X+c_1)^{n_1}\cdots(X^2+b_qX+c_q)^{n_q}$$

où $(a_i)_{1\leqslant i\leqslant p}$ sont les racines réelles de P, et $(X^2+b_jX+c_j)_{1\leqslant j\leqslant q}$ des trinômes réels à discriminant strictement négatif.

Tout polynôme réel pouvant se décomposer de cette façon, il en résulte que :

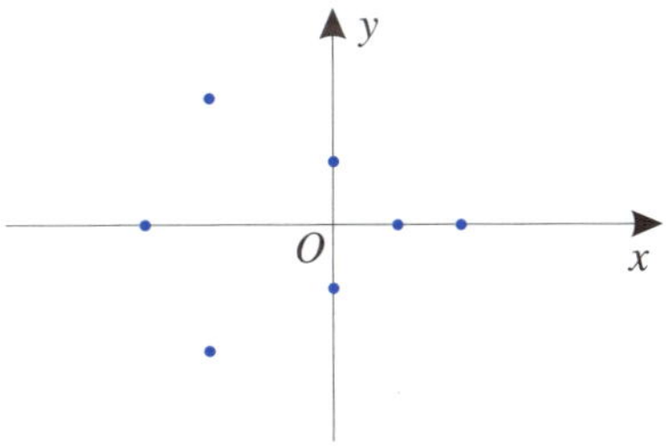

Doc. 1. *Racines complexes d'un polynôme à coefficients réels.*

Théorème 5

Tout polynôme de $\mathbb{R}[X]$ est un produit :
- de polynômes de degré 1 ;
- de polynômes de degré 2 à discriminant strictement négatif.

Corollaire 5.1

Tout polynôme de degré impair de $\mathbb{R}[X]$ possède au moins une racine réelle.

Il ne faut pas croire qu'un polynôme qui n'a pas de racine réelle ne peut pas se factoriser dans $\mathbb{R}[X]$, par exemple :

$$X^4+1 = (X^2+1)^2 - 2X^2 = (X^2+\sqrt{2}X+1)(X^2-\sqrt{2}X+1).$$

© Hachette Livre – H Prépa / Math – La photocopie non autorisée est un délit

Démonstration

Les racines non réelles de P sont conjuguées deux à deux ; elles sont donc en nombre pair. Si le nombre total de racines complexes de P est impair, le nombre de racines réelles est impair ; il n'est donc jamais nul.

► *Pour s'entraîner : ex. 11 à 14.*

Application 1

Caractérisation des polynômes positifs de $\mathbb{R}[X]$

Soit E l'ensemble des polynômes de $\mathbb{R}[X]$ sommes de deux carrés :

$$E = \{P \in \mathbb{R}[X],\ \exists (A,B) \in \mathbb{R}[X]^2\ P = A^2 + B^2\}$$

1) *Montrer que l'ensemble E est stable par multiplication.*

2) *Soit $P = X^2 + bX + c$, avec $b^2 - 4c < 0$. Montrer que $P \in E$.*

3) *Montrer que les trois propositions suivantes sont équivalentes :*

(1) $P \in E$

(2) $\forall x \in \mathbb{R}\ P(x) \geqslant 0$

(3) P *a un coefficient dominant positif et aucune racine réelle d'ordre impair.*

Soit $P = A^2 + B^2 = |A + iB|^2$

et $Q = A'^2 + B'^2 = |A' + iB'|^2$

deux éléments de E.

$$PQ = |(A + iB)(A' + iB')|^2 = (AA' - BB')^2 + (AB' + A'B)^2$$

Donc PQ appartient à E.

2) Écrivons P sous la forme canonique :

$$X^2 + bX + c = \left(X + \frac{b}{2}\right)^2 + \left(\frac{\sqrt{4c - b^2}}{2}\right)^2$$

P est bien la somme de deux carrés.

3) Effectuons une démonstration circulaire :

(1) $\Rightarrow$ (2) : si P est la somme de deux carrés, il est positif sur $\mathbb{R}$.

(2) $\Rightarrow$ (3) : au voisinage d'une racine réelle d'ordre impair, un polynôme change de signe.
Donc si P reste toujours positif, c'est que toutes ses racines réelles sont d'ordre pair. Le signe du polynôme est alors partout celui de son coefficient dominant.

(3) $\Rightarrow$ (1) : si P a un coefficient dominant positif et aucune racine réelle d'ordre impair, ses facteurs irréductibles unitaires dans $\mathbb{R}[X]$ sont :
– soit des carrés de la forme $(X - a)^{2m}$;
– soit des trinômes unitaires à discriminant strictement négatif, dont on a vu à la question précédente qu'ils étaient sommes de deux carrés.

De plus, le coefficient dominant de P est également somme de deux carrés.

P est donc un produit d'éléments de E, donc d'après la question **1)**, il est lui-même élément de E.

Les trois propriétés sont donc équivalentes.

5 Relations entre coefficients et racines

5.1. Polynôme scindé

Un polynôme $P \in \mathbb{K}[X]$ est dit **scindé**, si c'est un produit de polynômes de degré 1. Un polynôme de degré n ($n \geqslant 1$) est scindé si et seulement si il possède exactement n racines dans $\mathbb{K}$ comptées chacune avec son ordre de multiplicité (c'est-à-dire plus précisément, si la somme des ordres de multiplicité de ses racines est n).

© Hachette Livre – H Prépa / Math – La photocopie non autorisée est un délit

Il découle du théorème de d'Alembert-Gauss que tout polynôme de $\mathbb{C}[X]$ est scindé. Un polynôme de $\mathbb{R}[X]$ est donc toujours scindé dans $\mathbb{C}[X]$; il est scindé dans $\mathbb{R}[X]$ si toutes ses racines complexes sont réelles.

5.2. Racines d'un polynôme scindé de degré $\leqslant 3$

Rappelons le calcul classique de la somme et du produit des racines d'un trinôme du second degré.
Soit P un polynôme scindé de degré 2 de $\mathbb{K}[X]$. Désignons par x_1, x_2 les racines, distinctes ou non, de P.

P peut s'écrire sous forme développée et sous forme factorisée :

$$P = aX^2 + bX + c = a(X - x_1)(X - x_2) \quad \text{avec} \quad a \neq 0$$

En développant le second membre et en identifiant avec le premier, on obtient :

$$\begin{cases} b = a\,(-x_1 - x_2) \\ c = a\,x_1 x_2 \end{cases} \quad \text{d'où} \quad \begin{cases} x_1 + x_2 = -\dfrac{b}{a} \\ x_1 x_2 = \dfrac{c}{a} \end{cases}$$

Reprenons ce calcul pour un polynôme scindé de degré 3, admettant pour racines x_1, x_2, x_3, distinctes ou non :

$$P = aX^3 + bX^2 + cX + d = a(X - x_1)(X - x_2)(X - x_3) \quad \text{avec} \quad a \neq 0$$

$$\begin{cases} b = a\,(-x_1 - x_2 - x_3) \\ c = a\,(x_1x_2 + x_1x_3 + x_2x_3) \\ d = -a\,x_1x_2x_3 \end{cases} \quad \text{d'où} \quad \begin{cases} x_1 + x_2 + x_3 = -\dfrac{b}{a} \\ x_1x_2 + x_1x_3 + x_2x_3 = \dfrac{c}{a} \\ x_1x_2x_3 = -\dfrac{d}{a} \end{cases}$$

5.3. Généralisation

Généralisons au cas d'un polynôme P scindé de degré $n \in \mathbb{N}^*$ de $\mathbb{K}[X]$. Désignons par $x_1, \cdots, x_n$ les racines de P, distinctes ou non (chacune étant répétée avec son ordre de mutiplicité).
P peut s'écrire sous forme développée et sous forme factorisée, avec $a_n \neq 0$:

$$a_n X^n + a_{n-1} X^{n-1} + \cdots + a_1 X + a_0 = a_n (X - x_1)(X - x_2) \cdots (X - x_n)$$

En développant le second membre et en identifiant avec le premier, on obtient :

$$\begin{cases} a_{n-1} = a_n\,(-x_1 - x_2 - \cdots - x_n) \\ a_{n-2} = a_n\,(x_1x_2 + x_1x_3 + \cdots x_{n-1}x_n) \\ \cdots \\ a_0 = a_n\,(-1)^n\, x_1 x_2 \cdots x_n \end{cases}$$

$$\text{D'où} \quad \begin{cases} x_1 + x_2 + \cdots + x_n = -\dfrac{a_{n-1}}{a_n} \\ x_1x_2 + x_1x_3 + \cdots + x_{n-1}x_n = \dfrac{a_{n-2}}{a_n} \\ \cdots \\ x_1 x_2 \cdots x_n = (-1)^n \dfrac{a_0}{a_n} \end{cases}$$

La relation la plus générale donne la somme des $\binom{n}{p}$ produits possibles de p racines :

$$\sum_{1 \leqslant i_1 < i_2 < \cdots < i_p \leqslant n} x_{i_1} x_{i_2} \cdots x_{i_p} = (-1)^p \frac{a_{n-p}}{a_n}$$

© Hachette Livre – H Prépa / Math – La photocopie non autorisée est un délit

Application : Ces relations permettent de calculer des fonctions symétriques des racines, c'est-à-dire des expressions dans lesquelles toutes les racines jouent le même rôle. Par exemple, calculons la somme des carrés des racines d'un polynôme scindé :

$$\sum_{i=1}^{n} x_i^2 = \left(\sum_{i=1}^{n} x_i\right)^2 - 2 \sum_{1 \leqslant i < j \leqslant n} x_i x_j = \left(-\frac{a_{n-1}}{a_n}\right)^2 - 2\frac{a_{n-2}}{a_n}$$

$$= \frac{a_{n-1}^2 - 2a_n a_{n-2}}{a_n^2}$$

▶ ***Pour s'entraîner : ex. 16 à 19.***

FICHE MÉTHODE

- Pour caractériser **la division euclidienne de A par B**, on écrit $A = BQ + R$, sans oublier la condition $\deg R < \deg B$ *(cf. exercices* 5 *et* 6).

- Pour montrer que **B divise A**, on peut :
  - montrer que le reste de la division euclidienne de A par B est nul ;
  - si B est scindé, montrer que toute racine d'ordre m de B est une racine d'ordre $m' \geqslant m$ de A *(cf. exercices* 7 *à* 9).

- Pour montrer que **a est une racine d'ordre m du polynôme P**, on peut : montrer que P est divisible par $(X-a)^m$, mais pas par $(X-a)^{m+1}$.

- Pour démontrer **des propriétés des racines d'un polynôme scindé**, on peut utiliser l'ensemble des relations entre coefficients et racines *(cf. exercices* 16 *à* 19).

Exercice résolu

Polynômes d'interpolation de Lagrange

ÉNONCÉ

Soit $(a_1, a_2, \cdots, a_n)$ et $(b_1, b_2, \cdots, b_n)$ deux n-uplets de réels. On demande de déterminer l'ensemble des polynômes P de $\mathbb{R}[X]$ qui prennent en chaque point a_i la valeur b_i,

On considère le polynôme $Q = \prod_{i=1}^{n}(X - a_i)$ et pour tout $i \in [\![1, n]\!]$ le polynôme Q_i défini par $Q = (X - a_i)Q_i$,

1) Déterminer les coefficients réels α_i pour que le polynôme $P = \sum_{i=1}^{n} \alpha_i Q_i$ vérifie pour tout $i \in [\![1, n]\!]$, $P(a_i) = b_i$,

2) En déduire l'ensemble des polynômes vérifiant cette propriété. Quel est celui qui a le plus petit degré ?

3) Application : déterminer l'ensemble des polynômes P tels que $P(-1) = 1$, $P(0) = -1$, $P(1) = -1$,

4) Soit P un polynôme tel que pour tout $x \in \mathbb{Z}$, $P(x) \in \mathbb{Z}$, Démontrer que les coefficients de P sont des rationnels.

© Hachette Livre – H Prépa / Math – La photocopie non autorisée est un délit

CONSEILS

Le polynôme Q_i s'annule pour tous les a_j où $j \neq i$.

SOLUTION

1) Le polynôme Q_i est donné par : $Q_i(X) = \prod_{\substack{1 \leqslant j \leqslant n \\ j \neq i}} (X - a_j)$, Par conséquent, si $j \neq i$, $Q_i(a_j) = 0$, On a donc, pour $P = \sum_{i=1}^{n} \alpha_i Q_i$, $P(a_i) = \alpha_i Q_i(a_i)$,
Le polynôme P satisfait donc la condition cherchée si et seulement si : $\alpha_i = \dfrac{b_i}{Q_i(a_i)}$, c'est-à-dire :

$$P(X) = \sum_{i=1}^{n} \frac{b_i}{Q_i(a_i)} Q_i(X) = \sum_{i=1}^{n} b_i \frac{\prod\limits_{\substack{1 \leqslant j \leqslant n \\ j \neq i}} (X - a_j)}{\prod\limits_{\substack{1 \leqslant j \leqslant n \\ j \neq i}} (a_i - a_j)}$$

Comparer une solution quelconque avec la solution particulière trouvée à la question **1)**.

2) Appelons P_0 le polynôme trouvé à la première question. Un polynôme P quelconque est solution si et seulement si le polynôme $P - P_0$ admet $a_1, a_2, \cdots, a_n$ pour racines, c'est-à-dire s'il est divisible par Q, L'ensemble des solutions est donc l'ensemble des polynômes de la forme :

$$P = P_0 + A\, Q$$

où A est un polynôme quelconque. Comme $\deg P_0 = n - 1$ et $\deg Q = n$, le degré de $P_0 + AQ$ est supérieur ou égal à n dès que A est non nul. P_0 est donc l'unique solution de degré $n - 1$,

Calculer les coefficients α_1, α_2, α_3 à affecter aux polynômes :

$$Q_1 = X(X-1)$$
$$Q_2 = (X+1)(X-1)$$
$$Q_3 = (X+1)X$$

3) Construisons le polynôme P_0 de degré 2 tel que :

$$P_0(-1) = 1, P_0(0) = -1, P_0(1) = -1 :$$

$$P_0(X) = \frac{X(X-1)}{(-1)(-1-1)} - \frac{(X+1)(X-1)}{(0+1)(0-1)} - \frac{(X+1)X}{(1+1)(1)} = X^2 - X - 1$$

L'ensemble des solutions est donc l'ensemble des polynômes P de la forme :

$$P(X) = X^2 - X - 1 + A(X)(X^3 - X) \quad \text{où } A \in \mathbb{R}[X]$$

Choisir $(m+1)$ réels $a_1, a_2, \ldots, a_{m+1}$, de préférence entiers pour pouvoir utiliser la propriété du polynôme P.

4) Soit m le degré du polynôme P, Si $P = 0$, la propriété est évidente ; supposons donc $m \geqslant 0$, Appliquons le résultat de la question 2) avec :

$$a_1 = 1,\ a_2 = 2,\ \cdots,\ a_{m+1} = m + 1$$

P est l'unique polynôme de degré m prenant aux points $1, 2, \cdots, m+1$ les valeurs entières $P(1), P(2), \cdots, P(m+1)$, On a donc :

$$P(X) = \sum_{i=1}^{m+1} \frac{P(i)}{Q_i(i)} Q_i(X)$$

Les polynômes Q_i sont à coefficients entiers, les valeurs $Q_i(i)$ sont des entiers, tout comme les $P(i)$; les coefficients de P sont donc des rationnels.

© Hachette Livre – H Prépa / Math – La photocopie non autorisée est un délit

Exercices

1 Vrai ou faux ?

a) Le degré de la somme de deux polynômes est le plus grand des deux degrés.

b) Le degré du produit de deux polynômes est la somme des deux degrés.

c) Le reste de la division euclidienne de A par B a un degré strictement inférieur à celui de B.

d) Le quotient de la division euclidienne d'un polynôme de degré n par un polynôme de degré p est un polynôme de degré $n-p$.

e) Si un polynôme est divisible par deux polynômes, il est divisible par leur produit.

f) Tout polynôme de degré n de $\mathbb{C}[X]$ possède n racines distinctes.

g) Le produit des racines d'un polynôme scindé unitaire de degré n est $(-1)^n P(0)$.

Algèbre des polynômes

2 Montrer que :

$$\forall n \in \mathbb{N}^* \quad (X^3+X^2+X+1)\sum_{k=0}^{2n}(-1)^k X^k = X^{2n+3}+X^{2n+1}+X^2+1$$

3 **1)** Montrer qu'il existe une unique suite de polynômes $(P_n)_{n\in\mathbb{N}}$ telle que :

$$P_0 = 1, \quad P_1 = X \quad \text{et} \quad \forall n \in \mathbb{N} \quad P_{n+2} = 2XP_{n+1} - P_n$$

2) Calculer les polynômes (P_n) jusqu'à $n = 10$.

3) Montrer que $\forall n \in \mathbb{N} \quad \forall x \in \mathbb{R} \quad \cos nx = P_n(\cos x)$

4) En déduire les racines du polynôme P_n.

4 Déterminer l'ensemble des polynômes P tels que :

$$P(X^2) = (X^2+1)P(X)$$

Divisibilité dans $\mathbb{K}[X]$

5 Effectuer la division euclidienne de A par B :

1) $A = 2X^4 - 3X^3 + 4X^2 - 5X + 6$;
$B = X^2 - 3X + 1$.

2) $A = 2X^5 - 5X^3 - 8X$;
$B = X + 3$.

3) $A = X^3 - iX^2 - X$;
$B = X - 1 + i$.

4) $A = iX^4 - X^3 + 2iX + 1$;
$B = (1-i)X^2 + iX + 1 + i$.

6 Soit $P \in \mathbb{K}[X]$ et a un élément de $\mathbb{K}$.

1) Quel est le reste de la division euclidienne de P par $(X-a)$? En déduire une condition nécessaire et suffisante pour que $(X-a)$ divise P.

2) Calculer en fonction de a, $P(a)$, $P'(a)$ le reste de la division euclidienne de P par $(X-a)^2$. En déduire une condition nécessaire et suffisante pour que $(X-a)^2$ divise P.

3) Soit b un élément de $\mathbb{K}$ distinct de a. Calculer en fonction de a, b, $P(a)$, $P(b)$ le reste de la division euclidienne de P par $(X-a)(X-b)$. En déduire une condition nécessaire et suffisante pour que $(X-a)(X-b)$ divise P.

7 À quelle condition le polynôme $A = X^4 + aX^2 + bX + c$ est-il divisible par $B = X^2 + X + 1$?

8 Montrer que, pour tout entier naturel non nul n, le polynôme $A_n = nX^{n+1} - (n+1)X^n + 1$ est divisible par $(X-1)^2$. Calculer le quotient.

9 Soit $\theta \in \mathbb{R}$. Montrer que, pour tout $n \in \mathbb{N}^*$, le polynôme
$A_n = X^n \sin\theta - X \sin n\theta + \sin(n-1)\theta$ est divisible par $X^2 - 2X\cos\theta + 1$. Calculer le quotient.

Racines d'un polynôme

10 Soit a, b, c trois éléments du corps $\mathbb{K}$ non nuls et distincts deux à deux. Démontrer que le polynôme :

$$P = \frac{X(X-b)(X-c)}{a(a-b)(a-c)} + \frac{X(X-c)(X-a)}{b(b-c)(b-a)} + \frac{X(X-a)(X-b)}{c(c-a)(c-b)}$$

peut s'écrire sous la forme $P = \lambda(X-a)(X-b)(X-c) + 1$, où λ est une constante que l'on déterminera.

11 Factoriser dans $\mathbb{R}[X]$ les polynômes suivants, sachant qu'ils ont une racine réelle commune :

$$P = X^3 - 9X^2 + 26X - 24 \quad \text{et} \quad Q = X^3 - 7X^2 + 7X + 15$$

© Hachette Livre – H Prépa / Math – La photocopie non autorisée est un délit

12 Factoriser dans $\mathbb{C}[X]$, puis dans $\mathbb{R}[X]$, le polynôme :

$$P = (X^2 - X + 1)^2 + 1$$

13 Effectuer la division euclidienne de :

$$A = X^4 + 6X^3 + 10X^2 + 3X - 6 \quad \text{par} \quad B = X^2 + 3X$$

En déduire la factorisation de A dans $\mathbb{Q}[X]$, puis $\mathbb{R}[X]$ et $\mathbb{C}[X]$.

14 Montrer que, pour tout $a \in \mathbb{K}$, le polynôme de $\mathbb{K}[X]$:

$$P = X(X+a)(X+2a)(X+3a) + a^4$$

est le carré d'un polynôme.

En déduire la factorisation du polynôme :

$$Q = X(X+a)(X+2a)(X+3a) - 8a^4$$

dans $\mathbb{Q}[X]$, puis $\mathbb{R}[X]$ et $\mathbb{C}[X]$, en supposant $a \in \mathbb{Q}$.

15 * Soit $P \in \mathbb{C}[X]$ tel que $P(X^2) = P(X-1)P(X+1)$.

1) Démontrer que, si α est une racine de P, il existe une racine de P dont le module est strictement supérieur à $|\alpha|$.

2) En déduire le polynôme P.

Relations entre coefficients et racines

16 Soit a, b, c les racines complexes du polynôme $X^3 + pX^2 + qX + r \quad (r \neq 0)$.

1) Calculer $a^n + b^n + c^n$ pour $n \in \{2, 3, 4, -1, -2\}$.

2) Former le polynôme Q unitaire de degré 3 dont les racines sont a^2, b^2, c^2.

17 Factoriser le polynôme $8X^3 - 12X^2 - 2X + 3$, sachant que ses racines sont en progression arithmétique.

18 Déterminer λ pour que la somme de deux des racines du polynôme $2X^3 - X^2 - 7X + \lambda$ soit égale à 1.

19 Déterminer λ pour que l'une des racines du polynôme $X^3 - 7X + \lambda$ soit le double d'une autre.

© Hachette Livre – H Prépa / Math – La photocopie non autorisée est un délit.

Espaces vectoriels

8

Introduction

Dans toutes les branches des mathématiques, de nombreux objets se comportent comme des « vecteurs », c'est-à-dire que l'on peut les additionner et les multiplier par des constantes, en général réelles ou complexes : par exemple, les polynômes, les fonctions, les suites,... Il est donc intéressant d'étudier systématiquement cette structure pour éviter d'avoir à refaire sans cesse les mêmes démonstrations dans des contextes différents.

Issue initialement de la géométrie, l'algèbre linéaire s'est progressivement constituée en théorie autonome avec Sir William Rowan Hamilton (1805-1865), *Herman Günther Grassmann* (1809-1877) *et Arthur Cayley* (1821-1895).

OBJECTIFS

- Découvrir une structure primordiale en mathématiques, qui fonde l'algèbre linéaire, et qui a des applications dans tous les domaines.
- Utiliser les morphismes de cette structure que sont les applications linéaires.

© Hachette Livre – H Prépa / Math – La photocopie non autorisée est un délit

1 Structure d'espace vectoriel

1.1. Définition

Soit $\mathbb{K}$ le corps commutatif, $\mathbb{R}$ ou $\mathbb{C}$. On appelle **espace vectoriel** sur $\mathbb{K}$ (en abrégé $\mathbb{K}$-espace vectoriel) un ensemble E muni de deux lois :

- Une loi interne, notée +, telle que $(E, +)$ soit un groupe abélien. L'élément nul sera noté 0_E.
- Une loi externe, notée $\cdot$, application de $\mathbb{K} \times E$ dans E, telle que :

$EV1.$ $\forall(\alpha, \beta) \in \mathbb{K}^2 \quad \forall x \in E \quad (\alpha + \beta) \cdot x = \alpha \cdot x + \beta \cdot x$

$EV2.$ $\forall \alpha \in \mathbb{K} \quad \forall(x, y) \in E^2 \quad \alpha \cdot (x + y) = \alpha \cdot x + \alpha \cdot y$

$EV3.$ $\forall(\alpha, \beta) \in \mathbb{K}^2 \quad \forall x \in E \quad \alpha \cdot (\beta \cdot x) = (\alpha\beta) \cdot x$

$EV4.$ $\forall x \in E \quad 1 \cdot x = x$ (1 désigne l'élément unité du corps $\mathbb{K}$).

S'il n'y a pas d'ambiguïté, l'espace vectoriel sera noté E au lieu de $(E, +, \cdot)$.

Les éléments de $\mathbb{K}$ sont appelés **scalaires**, ceux de E **vecteurs**.

▶ ***Pour s'entraîner : ex. 2 et 3.***

1.2. Exemples

- Les vecteurs du plan de la géométrie usuelle forment un espace vectoriel sur $\mathbb{R}$, qui sert de modèle à cette structure. On se servira souvent de ce modèle pour représenter géométriquement un espace vectoriel quelconque.
- Le corps $\mathbb{K}$ lui-même est muni d'une structure de $\mathbb{K}$-espace vectoriel en prenant la multiplication interne comme loi externe.
- Le corps $\mathbb{K}$ est aussi un espace vectoriel sur un de ses sous-corps $\mathbb{K}'$, en prenant comme loi externe l'application : $\left| \begin{array}{ccc} \mathbb{K}' \times \mathbb{K} & \to & \mathbb{K} \\ (\alpha, x) & \mapsto & \alpha x \end{array} \right.$

  Il ne faut pas confondre cette structure avec la précédente. Ainsi $\mathbb{C}$ peut être muni d'une structure de $\mathbb{C}$-espace vectoriel ou de $\mathbb{R}$-espace vcctoriel, mais ces deux espaces vectoriels sont bien différents (nous verrons, par exemple, dans le chapitre suivant, qu'ils n'ont pas la même dimension).
- Le produit cartésien de deux $\mathbb{K}$-espaces vectoriels E et F est muni d'une structure de $\mathbb{K}$-espace vectoriel grâce aux deux lois :

$$(x_1, y_1) + (x_2, y_2) = (x_1 + x_2, y_1 + y_2) \quad \text{et} \quad \alpha \cdot (x, y) = (\alpha \cdot x, \alpha \cdot y)$$

  On peut généraliser au produit d'une famille finie de $\mathbb{K}$-espaces vectoriels. Par exemple, pour tout $n \in \mathbb{N}^*$, $\mathbb{K}^n$ est un $\mathbb{K}$-espace vectoriel.
- L'ensemble E^X des applications d'un ensemble X quelconque dans un $\mathbb{K}$-espace vectoriel E est muni d'une structure de $\mathbb{K}$-espace vectoriel grâce aux deux lois :

$$\left| \begin{array}{ccc} E^X \times E^X & \to & E^X \\ (f, g) & \mapsto & f + g \end{array} \right. \quad \text{définie par : } \forall x \in X \quad (f + g)(x) = f(x) + g(x)$$

$$\left| \begin{array}{ccc} \mathbb{K} \cdot E^X & \to & E^X \\ (\alpha, f) & \mapsto & \alpha \cdot f \end{array} \right. \quad \text{définie par : } \forall x \in X \quad (\alpha \cdot f)(x) = \alpha \cdot f(x)$$

  Par exemple, les ensembles $\mathbb{R}^{\mathbb{N}}$ (suites réelles), $\mathbb{C}^{\mathbb{N}}$ (suites complexes), $\mathbb{R}^{\mathbb{R}}$ (fonctions numériques d'une variable réelle), sont des espaces vectoriels.

© Hachette Livre – H Prépa / Math – La photocopie non autorisée est un délit

1.3. Premières propriétés

Soit E un $\mathbb{K}$-espace vectoriel. Le lecteur déduira facilement les propriétés suivantes des définitions données au § 1.1. :

1) $\forall x \in E \quad 0_{\mathbb{K}} \cdot x = 0_E$

2) $\forall \alpha \in \mathbb{K} \quad \alpha \cdot 0_E = 0_E$

3) $\forall (\alpha, x) \in \mathbb{K} \times E \qquad \left(\alpha \cdot x = 0_E \quad \Rightarrow \quad \alpha = 0_{\mathbb{K}} \text{ ou } x = 0_E \right)$

4) $\forall x \in E \quad (-1) \cdot x = -x$

5) $\forall (\alpha, \beta) \in \mathbb{K}^2 \quad \forall x \in E \quad (\alpha - \beta) \cdot x = \alpha \cdot x - \beta \cdot x$

6) $\forall \alpha \in \mathbb{K} \quad \forall (x, y) \in E^2 \quad \alpha \cdot (x - y) = \alpha \cdot x - \alpha \cdot y$

1.4. Combinaison linéaire

Soit E un $\mathbb{K}$-espace vectoriel et $(x_1, x_2, \cdots, x_n)$ une famille finie de vecteurs de E. On appelle **combinaison linéaire** des éléments de cette famille tout vecteur x de E qui peut s'écrire sous la forme :

$$x = \sum_{i=1}^{n} \alpha_i \cdot x_i \quad \text{où} \quad (\alpha_1, \alpha_2, \cdots, \alpha_n) \in \mathbb{K}^n$$

Plus généralement, on appelle combinaison linéaire d'une famille quelconque toute combinaison linéaire d'une sous-famille finie.

Pour simplifier les notations, la multiplication externe d'un espace vectoriel sera désormais notée de façon multiplicative, sans symbole particulier : on écrira αx au lieu de $\alpha \cdot x$.

2 Sous-espaces vectoriels

2.1. Définition

Soit E un $\mathbb{K}$-espace vectoriel. On appelle **sous-espace vectoriel** de E (en abrégé s.e.v.) toute partie F de E stable par + et $\cdot$ (c'est-à-dire telle que : $\forall (x, y) \in F^2 \quad x + y \in F$ et $\forall \alpha \in \mathbb{K} \quad \forall x \in F \quad \alpha x \in F$) et qui, munie des lois induites, est encore un $\mathbb{K}$-espace vectoriel.

2.2. Caractérisation

Théorème 1
Une partie F d'un $\mathbb{K}$-espace vectoriel E est un sous-espace vectoriel de E si et seulement si :

- F est non vide ;
- F est stable par combinaison linéaire, c'est-à-dire que :

$$\forall (\alpha, \beta) \in \mathbb{K}^2 \quad \forall (x, y) \in F^2 \quad \alpha x + \beta y \in F$$

© Hachette Livre – H Prépa / Math – La photocopie non autorisée est un délit

Démonstration

1) Si F est un sous-espace vectoriel de E, il est non vide car c'est un sous-groupe de $(E, +)$ (il contient 0_E). Il est stable par $+$ et $\cdot$, donc par combinaison linéaire.

2) Si F est non vide et stable par combinaison linéaire, en particulier :

- $\forall (x, y) \in F^2 \quad x - y \in F$: F est donc un sous-groupe de $(E, +)$; c'est donc un groupe abélien.
- F est stable par $+$ et $\cdot$ et les propriétés 1. 2. 3. 4. de la multiplication externe de E s'étendent, en particulier, à la multiplication induite dans F.
  F est donc bien un sous-espace vectoriel de E.

Pour montrer que $F \neq \varnothing$, on a intérêt à montrer que $0_E \in F$, car si ce n'est pas vrai, F n'est certainement pas un sous-espace vectoriel de E et il est inutile de poursuivre la démonstration.

Exemples :

- Pour tout espace vectoriel E, $\{0_E\}$ et E sont des sous-espaces vectoriels de E.
- L'ensemble des vecteurs d'une droite est un sous-espace vectoriel de l'ensemble des vecteurs du plan.
- L'ensemble des fonctions continues est un sous-espace vectoriel de $\mathbb{R}^{\mathbb{R}}$.
- L'ensemble des suites arithmétiques est un sous-espace vectoriel de $\mathbb{R}^{\mathbb{N}}$.

Pour montrer qu'un ensemble E est un espace vectoriel, on pourra souvent montrer que c'est un sous-espace vectoriel d'un espace vectoriel déjà connu que l'on précisera.

► ***Pour s'entraîner : ex. 4.***

2.3. Sous-espace vectoriel engendré par une partie

Commençons par remarquer le résultat suivant :

Théorème 2

L'intersection d'une famille quelconque de sous-espaces vectoriels d'un $\mathbb{K}$-espace vectoriel est un sous-espace vectoriel.

Démonstration

Soit $(F_i)_{i \in I}$ une famille de sous-espaces vectoriels de E, et F l'intersection de cette famille (c'est-à-dire l'ensemble des éléments appartenant à tous les F_i).
$\forall i \in I \quad 0_E \in F_i$, donc $0_E \in F$, F est donc non vide.

De plus, si x et y sont deux éléments quelconques de F, et α et β deux scalaires, $\forall i \in I \quad x \in F_i$, $y \in F_i$, donc $\alpha x + \beta y \in F_i$ et, par conséquent, $\alpha x + \beta y \in F$.

F est stable par combinaison linéaire. F est donc un sous-espace vectoriel de E.

En revanche, une réunion de sous-espaces vectoriels n'est pas, en général, un sous-espace vectoriel (*cf. exercice* 7).

Soit, maintenant, X une partie quelconque d'un espace vectoriel E. On appelle **sous-espace vectoriel engendré par** X l'intersection de tous les sous-espaces vectoriels de E contenant X (*Doc.* 1).

Il est clair que c'est le plus petit sous-espace vectoriel de E contenant X. On le note $\mathrm{Vect}(X)$.

Comme il est stable par combinaison linéaire, $\mathrm{Vect}(X)$ contient toute combinaison linéaire des éléments de X. Or, l'ensemble de toutes ces combinaisons linéaires est clairement un sous-espace vectoriel de E ; c'est donc le plus petit contenant X. On obtient ainsi une caractérisation de $\mathrm{Vect}(X)$, souvent plus pratique que la définition :

$\mathrm{Vect}(X)$ est l'ensemble des combinaisons linéaires des éléments de X.

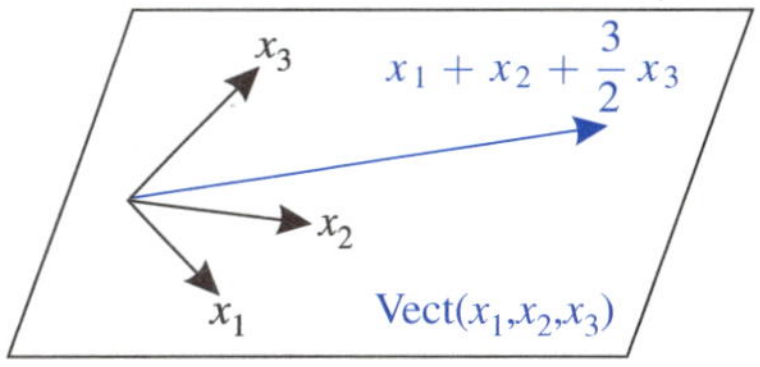

Doc. 1. *Sous-espace vectoriel engendré par trois vecteurs coplanaires.*

© Hachette Livre – H Prépa / Math – La photocopie non autorisée est un délit

Exemple :

Dans l'espace vectoriel $\mathbb{R}^{\mathbb{R}}$, l'ensemble des fonctions polynomiales est $\text{Vect}(\{x \mapsto x^n, n \in \mathbb{N}\})$.

Ainsi, pour montrer qu'une partie d'un espace vectoriel est un sous-espace vectoriel, on pourra souvent montrer que c'est l'ensemble des combinaisons linéaires des éléments d'une famille donnée.

Par exemple, si $F = \{(x, y, z) \in \mathbb{R}^3 \ , \ x + y + z = 0\}$, un élément (x, y, z) de $\mathbb{R}^3$ appartient à F si et seulement s'il s'écrit :

$$(x, y, z) = (x, y, -x - y) = x(1, 0, -1) + y(0, 1, -1)$$

d'où $F = \text{Vect}(u, v)$, où $u = (1, 0, -1)$ et $v = (0, 1, -1))$. F est donc un sous-espace vectoriel de $\mathbb{R}^3$.

2.4. Somme de deux sous-espaces vectoriels

Soit E un $\mathbb{K}$-espace vectoriel. On appelle **somme de deux sous-espaces vectoriels** F et G de E, le sous-espace vectoriel de E engendré par leur réunion :

$$F + G = \text{Vect}(F \cup G)$$

La somme d'un élément quelconque de F et d'un élément quelconque de G est élément de $F + G$. Comme l'ensemble de toutes ces sommes est un sous-espace vectoriel, c'est nécessairement le plus petit contenant $F \cup G$; d'où :

$$\boldsymbol{F + G = \{x \in E \ , \ \exists (x_1, x_2) \in F \times G \quad x = x_1 + x_2\}}$$

$F + G$ est l'ensemble des vecteurs de E qui peuvent se décomposer en la somme d'un vecteur de F et d'un vecteur de G.

► ***Pour s'entraîner : ex. 8.***

2.5. Sous-espaces supplémentaires

Soit E un $\mathbb{K}$-espace vectoriel. Deux sous-espaces vectoriels F et G sont dits **supplémentaires** si tout vecteur de E peut se décomposer de façon unique en la somme d'un vecteur de F et d'un vecteur de G (*Doc.* 2).

Théorème 3

Les sous-espaces vectoriels F et G de E sont supplémentaires si et seulement si :

$$F + G = E \qquad \text{et} \qquad F \cap G = \{0_E\}$$

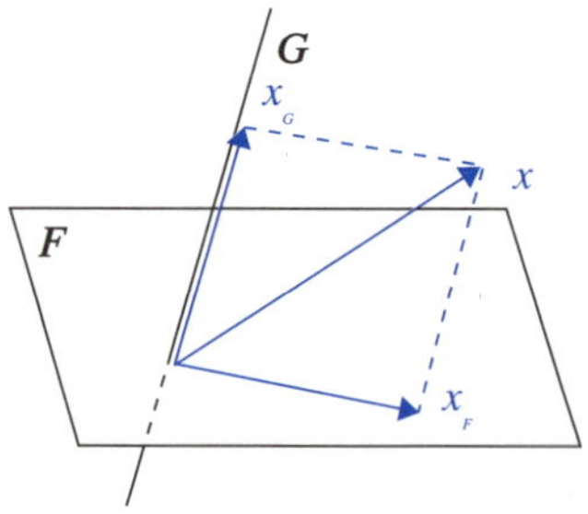

Doc. 2. *Dans l'espace de dimension 3, un plan vectoriel et une droite vectorielle non parallèles sont supplémentaires.*

Démonstration

1) Si F et G sont supplémentaires, tout vecteur de E est la somme d'un vecteur de F et d'un vecteur de G, donc $F + G = E$. Soit $x \in F \cap G$; on peut écrire : $x = x + 0_E$ $(x \in F, \ 0_E \in G)$ et $x = 0_E + x$ $(0_E \in F, \ x \in G)$. Du fait de l'unicité de la décomposition, on peut conclure que $x = 0_E$; donc $F \cap G = \{0_E\}$.

© Hachette Livre – H Prépa / Math – La photocopie non autorisée est un délit

2) Réciproquement, soit F et G deux sous-espaces vectoriels de E tels que $F + G = E$ et $F \cap G = \{0_E\}$. Tout vecteur de E peut se décomposer en la somme d'un vecteur de F et d'un vecteur de G. Supposons que le vecteur x ait deux décompositions :

$$x = x_1 + x_2 = x_1' + x_2' \qquad \text{avec } (x_1, x_1') \in F^2 \ (x_2, x_2') \in G^2$$

On a alors : $x_1 - x_1' = x_2' - x_2$; ce vecteur appartient à la fois à F et à G, donc il est nul. D'où $x_1 = x_1'$ et $x_2 = x_2'$; la décomposition est unique ; F et G sont supplémentaires.

On dit dans ce cas que la somme $F + G$ est **directe**. On écrit : $E = F \oplus G$.

Application 1

Partie paire et partie impaire d'une fonction définie sur $\mathbb{R}$

Montrer que toute fonction définie sur $\mathbb{R}$ peut se décomposer de façon unique en somme d'une fonction paire et d'une fonction impaire.

Soit $\mathcal{P}$ l'ensemble des fonctions paires et $\mathcal{I}$ l'ensemble des fonctions impaires, définies sur $\mathbb{R}$ et à valeurs dans $\mathbb{R}$. $\mathcal{P}$ et $\mathcal{I}$ sont non vides et stables par combinaison linéaire : ce sont des sous-espaces vectoriels de $\mathbb{R}^{\mathbb{R}}$. Montrons qu'ils sont supplémentaires. Soit $f \in \mathbb{R}^{\mathbb{R}}$; si $f = g + h$ où g et h sont des fonctions respectivement paire et impaire, on doit avoir :

$$\forall x \in \mathbb{R} \quad \begin{cases} f(x) = g(x) + h(x) \\ f(-x) = g(x) - h(x) \end{cases}$$

D'où :

$$\forall x \in \mathbb{R} \quad g(x) = \frac{f(x) + f(-x)}{2}$$

et

$$h(x) = \frac{f(x) - f(-x)}{2}$$

Ces relations définissent donc les seules fonctions g et h susceptibles de vérifier la décomposition cherchée.

Réciproquement, on vérifie qu'on a bien, pour tout $f \in \mathbb{R}^{\mathbb{R}}$:

$$\forall x \in \mathbb{R} \quad f(x) = \frac{f(x) + f(-x)}{2} + \frac{f(x) - f(-x)}{2}$$

où $x \mapsto \dfrac{f(x) + f(-x)}{2}$ est bien une fonction paire et $x \mapsto \dfrac{f(x) - f(-x)}{2}$ une fonction impaire.

On a donc prouvé l'existence et l'unicité de la décomposition de f en somme d'une fonction paire et d'une fonction impaire ; c'est-à-dire :

$$\mathcal{P} \oplus \mathcal{I} = \mathbb{R}^{\mathbb{R}}$$

3 Sous-espaces affines d'un espace vectoriel

3.1. Translations

Soit E un espace vectoriel sur le corps $\mathbb{K}$, et a un élément fixé de E. On appelle **translation** de vecteur a l'application de E dans E : $x \mapsto x + a$.

Les propriétés suivantes sont évidentes :

- l'identité de E est une translation, de vecteur 0_E ;
- la composée de deux translations de vecteurs respectifs a et b est la translation de vecteur $a + b$; cette composée est commutative ;

© Hachette Livre – H Prépa / Math – La photocopie non autorisée est un délit

- une translation est bijective ; la réciproque de la translation de vecteur a est la translation de vecteur $-a$.

Il en résulte que l'ensemble des translations de E est un sous-groupe du groupe des bijections de E dans E ; le groupe des translations est abélien.

3.2. Sous-espace affine

Soit E un espace vectoriel sur le corps $\mathbb{K}$. On appelle **sous-espace affine** de E l'image d'un sous-espace vectoriel par une translation. Si W est l'image du sous-espace vectoriel F par la translation de vecteur a, pour tout $x \in F$, $a + x \in W$, et pour tout $y \in W$, $y - a \in F$. W est donc l'ensemble des éléments de E obtenus en ajoutant à a un vecteur quelconque de F ; on écrit : $W = a + F$.

Il en résulte que le sous-espace vectoriel F est unique : c'est l'ensemble des vecteurs de la forme $y - a$ où $y \in W$; on l'appelle **direction** du sous-espace affine W. On peut le noter : $F = \overrightarrow{W}$.

En revanche a n'est pas unique : ce peut être en fait n'importe quel élément de W.

Exemples :

- Un singleton $\{a\}$ est un sous-espace affine, de direction $\{0_E\}$.
- En géométrie, une droite passant par le point A, dirigée par le vecteur $\vec{u}$ non nul, est un sous-espace affine de direction $\text{Vect}(\vec{u})$.
- Un plan passant par le point A, dirigé par les vecteurs $\vec{u}$, $\vec{v}$ non colinéaires, est un sous-espace affine de direction $\text{Vect}(\vec{u}, \vec{v})$.
- En analyse, l'ensemble des solutions de l'équation différentielle linéaire $y' + a(t)y = b(t)$ est un sous-espace affine de l'espace des fonctions dérivables, dont la direction est l'ensemble des solutions de l'équation sans second membre : $y' + a(t)y = 0$ (de même pour une équation différentielle linéaire du second ordre).

Par analogie avec les deux premiers exemples, on considérera souvent les éléments d'un sous-espace affine comme des points, et ceux de sa direction comme des vecteurs. Si a est représenté par le point A et b par le point B, on notera $\overrightarrow{AB}$ la différence $b - a$. Avec ces notations, la direction du sous-espace affine W est l'ensemble des vecteurs $\overrightarrow{AB}$ où A et B sont deux points quelconques de W.

3.3. Parallélisme

Soit E un $\mathbb{K}$-espace vectoriel. Deux sous-espaces affines W et W' sont dits **parallèles** si la direction de l'un est incluse dans la direction de l'autre.

Exemples :

- Une droite D est parallèle à un plan P si $\overrightarrow{D} \subset \overrightarrow{P}$, c'est-à-dire si quels que soient les points A et B de D, il existe des points A', B' de P tels que : $\overrightarrow{AB} = \overrightarrow{A'B'}$.

Deux droites parallèles à un même plan ne sont pas nécessairement parallèles entre elles, pas plus que deux plans parallèles à une même droite.

© Hachette Livre – H Prépa / Math – La photocopie non autorisée est un délit

- Deux plans P et P' sont parallèles s'ils ont la même direction : $\overrightarrow{P} = \overrightarrow{P'}$. Ici, du fait de l'égalité, cette relation est transitive : deux plans parallèles à un même plan sont parallèles entre eux.

3.4. Intersection de deux sous-espaces affines

Théorème 4

Soit E un espace vectoriel sur le corps $\mathbb{K}$. L'intersection de deux sous-espaces affines W et W' est soit vide, soit un sous-espace affine dont la direction est l'intersection des directions de W et W'.

Démonstration

Il est clair que $W \cap W'$ peut être vide (par exemple deux droites non coplanaires de l'espace).

Supposons que $W \cap W' \neq \varnothing$, et considérons un élément A de cette intersection. $\overrightarrow{W} \cap \overrightarrow{W'}$ est un sous-espace vectoriel de E. Pour tout point M de E :

$$\begin{aligned} M \in W \cap W' &\iff M \in W \text{ et } M \in W' \\ &\iff \overrightarrow{AM} \in \overrightarrow{W} \text{ et } \overrightarrow{AM} \in \overrightarrow{W'} \\ &\iff \overrightarrow{AM} \in \overrightarrow{W} \cap \overrightarrow{W'} \end{aligned}$$

Donc : $W \cap W' = A + \left(\overrightarrow{W} \cap \overrightarrow{W'}\right)$.

$W \cap W'$ est le sous-espace affine contenant A de direction $\overrightarrow{W} \cap \overrightarrow{W'}$.

4 Applications linéaires

4.1. Morphisme d'espaces vectoriels

Soit E et F deux espaces vectoriels **sur le même corps** $\mathbb{K}$. Une application f de E dans F est dite **linéaire**, si c'est un morphisme pour chacune des deux lois $+$ et $\cdot$, c'est-à-dire :

$$\begin{cases} \textbf{1)} \quad \forall (x,y) \in E^2 \quad f(x+y) = f(x) + f(y) \\ \textbf{2)} \quad \forall \alpha \in \mathbb{K} \quad \forall x \in E \quad f(\alpha x) = \alpha f(x) \end{cases}$$

ce qui équivaut à l'unique égalité :

$$\forall (\alpha, \beta) \in \mathbb{K}^2 \quad \forall (x,y) \in E^2 \quad f(\alpha x + \beta y) = \alpha f(x) + \beta f(y)$$

La linéarité d'une application donnée peut dépendre du corps $\mathbb{K}$.
S'il y a ambiguïté, on dira que f est $\mathbb{K}$-linéaire.
Par exemple, l'application : $\begin{vmatrix} \mathbb{C} & \to & \mathbb{C} \\ z & \mapsto & \overline{z} \end{vmatrix}$ est $\mathbb{R}$-linéaire, mais elle n'est pas $\mathbb{C}$-linéaire.

Une application linéaire f de E dans F est, en particulier, un morphisme de groupes de $(E,+)$ dans $(F,+)$; on a donc :

$$f(0_E) = 0_F$$
$$\forall x \in E \quad f(-x) = -f(x)$$

L'ensemble des applications linéaires de E dans F est noté $\mathcal{L}_{\mathbb{K}}(E,F)$ ou $\mathcal{L}(E,F)$ s'il n'y a pas d'ambiguïté.

© Hachette Livre – H Prépa / Math – La photocopie non autorisée est un délit

Théorème 5
Soit E et F deux $\mathbb{K}$-espaces vectoriels.
$\mathcal{L}(E, F)$ est un sous-espace vectoriel de F^E.

Démonstration

L'application nulle est linéaire.

Toute combinaison linéaire d'applications linéaires est linéaire :

Soit $(f, g) \in \mathcal{L}(E, F)^2$ et $(\lambda, \mu) \in \mathbb{K}^2$ $\forall (x, y) \in E^2$ $\forall (\alpha, \beta) \in \mathbb{K}^2$

$$\begin{aligned}(\lambda f + \mu g)(\alpha x + \beta y) &= \lambda f(\alpha x + \beta y) + \mu g(\alpha x + \beta y)\\ &= \lambda(\alpha f(x) + \beta f(y)) + \mu(\alpha g(x) + \beta g(y)) \quad \text{(linéarité de } f \text{ et } g)\\ &= \alpha\big(\lambda f(x) + \mu g(x)\big) + \beta\big(\lambda f(y) + \mu g(y)\big)\\ &= \alpha(\lambda f + \mu g)(x) + \beta(\lambda f + \mu g)(y)\end{aligned}$$

donc $\lambda f + \mu g$ est linéaire.

Cas particuliers

On appelle :

- **Endomorphisme** de E, une application linéaire de E dans E. L'ensemble des endomorphismes de E est noté $\mathcal{L}(E)$ ou $\mathcal{L}_{\mathbb{K}}(E)$. C'est un sous-espace vectoriel de E^E.
- **Isomorphisme**, une application linéaire bijective.
- **Automorphisme** de E, une application linéaire bijective de E dans E. L'ensemble des automorphismes de E est noté $\mathcal{GL}(E)$.
- **Forme linéaire** sur E, une application linéaire de E dans $\mathbb{K}$. L'ensemble des formes linéaires sur E est noté E^*. C'est un sous-espace vectoriel de $\mathbb{K}^E$, appelé **espace dual** de E.

Voir au paragraphe 4.4 la structure de groupe de cet ensemble.

k étant un scalaire non nul, l'application $k\mathrm{Id}_E$ est un automorphisme de E, appelé **homothétie** de rapport k.

► ***Pour s'entraîner : ex. 9 et 10.***

4.2. Noyau et image d'une application linéaire

Soit $f \in \mathcal{L}(E, F)$. On appelle **noyau** de f l'ensemble des antécédents de 0_F dans E. On le note $\mathrm{Ker}\, f$:

$$\mathrm{Ker}\, f = \{x \in E \,,\ f(x) = 0_F\} = f^{-1}(\{0_F\})$$

On appelle **image** de f l'ensemble des éléments de F qui ont un antécédent par f dans E. On le note $\mathrm{Im}\, f$:

$$\mathrm{Im}\, f = \{y \in F \,,\ \exists x \in E \quad f(x) = y\} = f(E)$$

Théorème 6
Soit E et F deux $\mathbb{K}$-espaces vectoriels et f une application linéaire de E dans F.

1) $\mathrm{Ker}\, f$ est un sous-espace vectoriel de E.
2) $\mathrm{Im}\, f$ est un sous-espace vectoriel de F.
3) f est injective si et seulement si $\mathrm{Ker}\, f = \{0_E\}$.
4) f est surjective si et seulement si $\mathrm{Im}\, f = F$.

© Hachette Livre – H Prépa / Math – La photocopie non autorisée est un délit

Démonstration

1) Ker f est non vide, car $f(0_E) = 0_F$, donc $0_E \in \text{Ker } f$.
Montrons que Ker f est stable par combinaison linéaire. Soit $(x, y) \in (\text{Ker } f)^2$, et $(\alpha, \beta) \in \mathbb{K}^2$, $f(x) = f(y) = 0_F$; d'où :

$$f(\alpha x + \beta y) = \alpha f(x) + \beta f(y) = 0_F$$

donc : $\alpha x + \beta y \in \text{Ker } f$.

2) Im f est non vide, car $f(0_E) = 0_F$, donc $0_F \in \text{Im } f$.
Montrons que Im f est stable par combinaison linéaire. Soit $(y_1, y_2) \in (\text{Im } f)^2$, et $(\alpha, \beta) \in \mathbb{K}^2$, $\exists (x_1, x_2) \in E^2 \; y_1 = f(x_1)\,, y_2 = f(x_2)$; d'où :

$$\alpha y_1 + \beta y_2 = \alpha\, f(x_1) + \beta\, f(x_2) = f(\alpha x_1 + \beta x_2)$$

donc $\alpha y_1 + \beta y_2 \in \text{Im } f$.

3) Si f est injective, $f(x) = f(0_E) \Rightarrow x = 0_E$, donc $\text{Ker } f = \{0_E\}$.
Réciproquement, supposons que $\text{Ker } f = \{0_E\}$. Soit $(x, y) \in E^2$ tel que $f(x) = f(y)$. Alors $f(x - y) = 0_F$, donc $x - y \in \text{Ker } f$ et, par conséquent, $x - y = 0_E$. f est donc injective.

4) La surjectivité de f équivaut, par définition, à $\text{Im } f = F$.

Pour montrer qu'une partie d'un espace vectoriel est un sous-espace vectoriel, on pourra encore montrer que c'est le noyau ou l'image d'une certaine application linéaire.

- Dans l'exemple cité plus haut, $\{(x, y, z) \in \mathbb{R}^3\,,\; x + y + z = 0\}$ est le noyau de la forme linéaire définie sur $\mathbb{R}^3$:

$$(x, y, z) \mapsto x + y + z$$

c'est donc un sous-espace vectoriel de $\mathbb{R}^3$.

- L'ensemble des fonctions de $\mathbb{R}$ dans $\mathbb{R}$ possédant des primitives est l'image de l'application linéaire de l'espace vectoriel des fonctions dérivables dans $\mathbb{R}^{\mathbb{R}}$: $f \mapsto f'$; c'est donc un sous-espace vectoriel de $\mathbb{R}^{\mathbb{R}}$.

Application 2

Une équivalence très utile : $g \circ f = 0 \iff \text{Im } f \subset \text{Ker } g$

Soit E, F et G trois $\mathbb{K}$-espaces vectoriels, $f \in \mathcal{L}(E, F)$ et $g \in \mathcal{L}(F, G)$. Démontrer que : $g \circ f = 0 \iff \text{Im } f \subset \text{Ker } g$

1) Supposons $g \circ f = 0$ et soit $y \in \text{Im } f$. Il existe $x \in E$ tel que $y = f(x)$. Alors $g(y) = g \circ f(x) = 0_G$, donc $y \in \text{Ker } g$; d'où $\text{Im } f \subset \text{Ker } g$.

2) Supposons $\text{Im } f \subset \text{Ker } g$.
Pour tout $x \in E$, $f(x) \in \text{Im } f$, donc $g \circ f(x) = g\big(f(x)\big) = 0_G$, et, par conséquent, $g \circ f = 0$.
En particulier, si f est un endomorphisme d'un espace vectoriel E :

$$f \circ f = 0 \iff \text{Im } f \subset \text{Ker } f$$

► ***Pour s'entraîner : ex. 11 et 13.***

4.3. Composition des applications linéaires

Théorème 7
Soit E, F, G trois espaces vectoriels **sur le même corps** $\mathbb{K}$, f une application linéaire de E dans F et g une application linéaire de F dans G.
$g \circ f$ est une application linéaire de E dans G.

© Hachette Livre – H Prépa / Math – La photocopie non autorisée est un délit

Démonstration

Soit $(\alpha, \beta) \in \mathbb{K}^2$ et $(x, y) \in E^2$.

$$\begin{aligned} g \circ f\,(\alpha x + \beta y) = g(f(\alpha x + \beta y)) &= g\big(\alpha\, f(x) + \beta\, f(y)\big) \quad \text{(linéarité de } f\text{)} \\ &= \alpha\, g\big(f(x)\big) + \beta g\big(f(y)\big) \quad \text{(linéarité de } g\text{)} \\ &= \alpha\, g \circ f\,(x) + \beta\, g \circ f\,(y) \end{aligned}$$

d'où $g \circ f \in \mathcal{L}(E, G)$.

Théorème 8

Soit E et F deux espaces vectoriels **sur le même corps** $\mathbb{K}$. La réciproque d'un isomorphisme de E dans F est un isomorphisme de F dans E.

Démonstration

Soit $(\alpha, \beta) \in \mathbb{K}^2$ et $(y_1, y_2) \in F^2$.

$$\begin{aligned} \alpha y_1 + \beta y_2 &= \alpha f\big(f^{-1}(y_1)\big) + \beta f\big(f^{-1}(y_2)\big) \\ &= f\big(\alpha f^{-1}(y_1) + \beta f^{-1}(y_2)\big) \quad \text{(linéarité de } f\text{)} \end{aligned}$$

donc $f^{-1}(\alpha y_1 + \beta y_2) = \alpha f^{-1}(y_1) + \beta f^{-1}(y_2)$, ce qui signifie que $f^{-1} \in \mathcal{L}(F, E)$.

Théorème 9

Soit E, F et G trois $\mathbb{K}$-espaces vectoriels. Les applications suivantes :

$$\left\{ \begin{array}{ccc} \mathcal{L}(E,F) & \rightarrow & \mathcal{L}(E,G) \\ f & \mapsto & g \circ f \end{array} \right. \quad \text{et} \quad \left\{ \begin{array}{ccc} \mathcal{L}(F,G) & \rightarrow & \mathcal{L}(E,G) \\ g & \mapsto & g \circ f \end{array} \right.$$

sont linéaires ; c'est-à-dire que pour tout $(\alpha, \beta) \in \mathbb{K}^2$:

$$\forall (f_1, f_2) \in \mathcal{L}(E,F)^2 \quad \forall g \in \mathcal{L}(F,G) \quad g \circ (\alpha f_1 + \beta f_2) = \alpha (g \circ f_1) + \beta (g \circ f_2)$$

$$\forall f \in \mathcal{L}(E,F) \; \forall (g_1, g_2) \in \mathcal{L}(F,G)^2 \quad (\alpha g_1 + \beta g_2) \circ f = \alpha (g_1 \circ f) + \beta (g_2 \circ f)$$

On dit que l'application :

$$\left\{ \begin{array}{ccc} \mathcal{L}(F,G) \times \mathcal{L}(E,F) & \rightarrow & \mathcal{L}(E,G) \\ (g, f) & \mapsto & g \circ f \end{array} \right.$$

est bilinéaire.

Démonstration

Soit $x \in E$:

$$\begin{aligned} g \circ (\alpha\, f_1 + \beta\, f_2)\,(x) = g(\alpha\, f_1(x) + \beta\, f_2(x)) &= \alpha\, g\big(f_1(x)\big) + \beta\, g\big(f_2(x)\big) \quad \text{(linéarité de } g\text{)} \\ &= \alpha\, g \circ f_1\,(x) + \beta\, g \circ f_2\,(x) = \big(\alpha\, g \circ f_1 + \beta\, g \circ f_2\big)\,(x) \end{aligned}$$

(La linéarité de f n'intervient pas.)

$$\begin{aligned} (\alpha g_1 + \beta g_2) \circ f\,(x) = (\alpha g_1 + \beta g_2)\big(f(x)\big) &= \alpha g_1\big(f(x)\big) + \beta g_2\big(f(x)\big) \\ &= \alpha\, g_1 \circ f\,(x) + \beta\, g_2 \circ f\,(x) = \big(\alpha\, g_1 \circ f + \beta\, g_2 \circ f\big)\,(x) \end{aligned}$$

(Dans ce sens, ni la linéarité de f, ni celle de g n'interviennent.)

© Hachette Livre – H Prépa / Math – La photocopie non autorisée est un délit

4.4. Anneau des endomorphismes

Soit E un $\mathbb{K}$-espace vectoriel. D'après le théorème 5, $(\mathcal{L}(E),+,\ \cdot\ )$ est un $\mathbb{K}$-espace vectoriel ; en particulier, $(\mathcal{L}(E),+)$ est un groupe abélien.

La composition des applications est une loi de composition interne dans $\mathcal{L}(E)$. Cette opération est associative. Elle possède un élément neutre qui est l'identité de E : en effet, $\mathrm{Id}_E \in \mathcal{L}(E)$ et $\forall u \in \mathcal{L}(E) \quad u \circ \mathrm{Id}_E = \mathrm{Id}_E \circ u = u$.

D'après le théorème 9, la composition des applications est également distributive par rapport à l'addition. On en déduit que $(\mathcal{L}(E),+,\circ)$ est un anneau.

Nous pouvons donc énoncer :

Théorème 10
Si E est un $\mathbb{K}$-espace vectoriel, l'ensemble de ses endomorphismes $\mathcal{L}(E)$ est un anneau.

On pourra calculer dans cet anneau presque aussi facilement que dans celui des nombres complexes ou celui des polynômes. On adoptera, le plus souvent, une simple notation multiplicative pour la composition des applications dans $\mathcal{L}(E)$, c'est-à-dire que l'on écrira uv pour $u \circ v$ et u^3 pour $u \circ u \circ u$.

Il faudra seulement prendre garde que l'anneau $\mathcal{L}(E)$ n'est, en général, **pas commutatif** (par exemple : $(u+v)^2 = u^2+uv+vu+v^2$ et non pas $u^2+2uv+v^2$). Rappelons que la formule du binôme ne s'applique dans un anneau qu'à deux éléments **qui commutent.**

Par ailleurs, on notera que l'égalité $v \circ u = 0$ n'implique pas nécessairement que $u = 0$ ou $v = 0$ (*cf. Application* 2).

L'ensemble des éléments inversibles de l'anneau $\mathcal{L}(E)$ est l'ensemble des automorphismes de E. C'est un groupe pour la composition des applications, appelé **groupe linéaire** de E et noté $\mathcal{GL}(E)$:

$$\mathcal{GL}(E) = \{u \in \mathcal{L}(E)\,,\ \exists u^{-1} \in \mathcal{L}(E) \quad uu^{-1} = u^{-1}u = \mathrm{Id}_E\}$$

► ***Pour s'entraîner : ex. 13.***

5 Projecteurs et symétries

5.1. Projection

Soit E un $\mathbb{K}$-espace vectoriel et F, G deux sous-espaces vectoriels supplémentaires de E. On sait que tout élément x de E peut s'écrire de façon unique $x = x_1 + x_2$, où $x_1 \in F$ et $x_2 \in G$ (*Doc.* 3).

On appelle **projection** sur F parallèlement à G l'application p de E dans E, qui à x associe x_1. On dit aussi que p est un **projecteur**.

On montre facilement que p est un endomorphisme de E et que :

$$\mathrm{Im}\, p = F \quad ; \quad \mathrm{Ker}\, p = G$$

Notons également que $\forall x \in F \quad p(x) = x$.

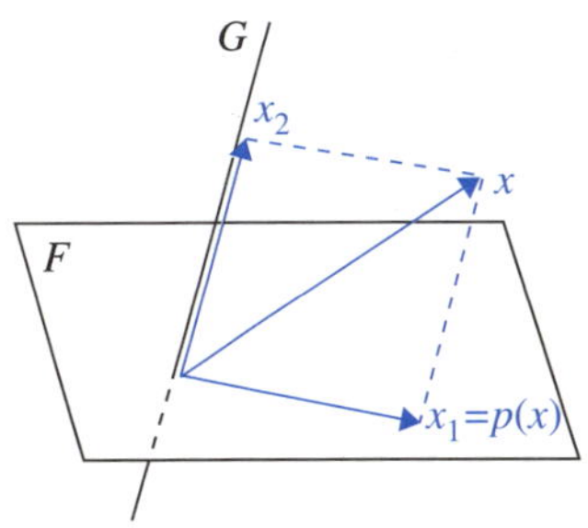

Doc. 3. *Projection vectorielle.*

© Hachette Livre – H Prépa / Math – La photocopie non autorisée est un délit

5.2. Caractérisation d'un projecteur

Théorème 11

Un endomorphisme p d'un $\mathbb{K}$-espace vectoriel E est un projecteur si et seulement si $p \circ p = p$.

Démonstration

1) Si p est la projection sur F parallèlement à G, pour tout $x = x_1 + x_2$ avec $x_1 \in F$ et $x_2 \in G$, $p(x) = x_1$ et $p \circ p\,(x) = p(x_1) = x_1 = p(x)$; d'où $p \circ p = p$.

2) Soit p un endomorphisme de E tel que $p \circ p = p$. Montrons que $\text{Im}\, p$ et $\text{Ker}\, p$ sont supplémentaires et que p est la projection sur $\text{Im}\, p$ parallèlement à $\text{Ker}\, p$.

Soit $x \in E$, $x = p(x) + \big(x - p(x)\big)$. Or $p(x) \in \text{Im}\, p$ et $x - p(x) \in \text{Ker}\, p$, car $p(x - p(x)) = p(x) - p \circ p\,(x) = 0$; donc $E = \text{Im}\, p + \text{Ker}\, p$.

Soit $x \in \text{Im}\, p \cap \text{Ker}\, p$. Comme $x \in \text{Im}\, p$, il existe $t \in E$ tel que $x = p(t)$. Comme $x \in \text{Ker}\, p$, $p(x) = 0$. Or $p(x) = p \circ p\,(t) = p(t) = x$, d'où $x = 0$; donc $\text{Im}\, p \cap \text{Ker}\, p = \{0\}$. $\text{Im}\, p$ et $\text{Ker}\, p$ sont bien supplémentaires ; la projection sur $\text{Im}\, p$ parallèlement à $\text{Ker}\, p$ est l'application $x \mapsto p(x)$, c'est-à-dire p.

► ***Pour s'entraîner : ex. 14 à 19.***

5.3. Symétrie

F et G étant toujours des sous-espaces vectoriels supplémentaires de E, on appelle **symétrie** par rapport à F parallèlement à G, l'application s de E dans E qui, à $x = x_1 + x_2$ $(x_1 \in F, x_2 \in G)$ associe $x_1 - x_2$ (*Doc.* 4).

Si l'on désigne par p_1 la projection sur F parallèlement à G, et par p_2 la projection sur G parallèlement à F, alors $s = p_1 - p_2$. s est donc un endomorphisme de E.

$$x \in \text{Ker}\, s \iff x_1 - x_2 = 0 \iff x_1 = x_2 = 0 \iff x = 0 \ :$$

$$\text{Ker}\, s = \{0\}, \ s \text{ est injectif.}$$

$\forall x \in E \quad x = x_1 + x_2 = s(x_1 - x_2)$: $\text{Im}\, s = E$, s est surjectif.

Une symétrie est donc un automorphisme de E.

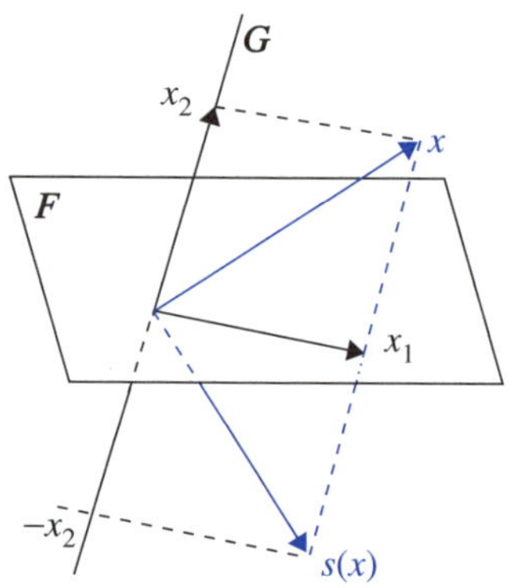

Doc. 4. *Symétrie vectorielle.*

5.4. Caractérisation d'une symétrie

Théorème 12

Un endomorphisme s d'un $\mathbb{K}$-espace vectoriel E est une symétrie si et seulement s'il est involutif, c'est-à-dire : $s \circ s = \text{Id}_E$.

Démonstration

1) Si s est la symétrie par rapport à F parallèlement à G, pour tout $x = x_1 + x_2$ avec $x_1 \in F$ et $x_2 \in G$, $s(x) = x_1 - x_2$ et $s \circ s\,(x) = x_1 + x_2 = x$; d'où $s \circ s = \text{Id}_E$.

2) Soit s un endomorphisme de E tel que $s \circ s = \text{Id}_E$. Posons $p_1 = \dfrac{1}{2}(\text{Id}_E + s)$ et $p_2 = \dfrac{1}{2}(\text{Id}_E - s)$.

© Hachette Livre – H Prépa / Math – La photocopie non autorisée est un délit

Montrons que p_1 et p_2 sont des projecteurs :

$$p_1^2 = \frac{1}{4}(\mathrm{Id}_E + 2s + s^2) = \frac{1}{2}(\mathrm{Id}_E + s) = p_1$$

et

$$p_2^2 = \frac{1}{4}(\mathrm{Id}_E - 2s + s^2) = \frac{1}{2}(\mathrm{Id}_E - s) = p_2$$

Par ailleurs, $p_1 + p_2 = \mathrm{Id}_E$: si p_1 est la projection sur F parallèlement à G, p_2 est la projection sur G parallèlement à F. Or $s = p_1 - p_2$.

s est donc la symétrie par rapport à F parallèlement à G.

FICHE MÉTHODE

Pour montrer que $(E, +, \cdot)$ est un espace vectoriel :

- s'il s'agit de lois tout à fait nouvelles, il faut vérifier :
  - que $(E, +)$ est un groupe abélien,
  - que la loi externe vérifie les points EV1, EV2, EV3, EV4 de la définition *(cf. exercices* 2 *et* 3) ;
- s'il s'agit de la restriction à E des lois d'un espace vectoriel $\mathcal{E}$ contenant E, il suffit de vérifier que E est un sous-espace vectoriel de $\mathcal{E}$ (voir ci-après).

Pour montrer qu'**une partie F d'un espace vectoriel E est un sous-espace vectoriel de E**, on peut :

- vérifier que F est non vide et stable par combinaison linéaire *(cf. exercices* 4 *à* 6) ;
- montrer que F est le sous-espace vectoriel engendré par une famille, c'est-à-dire l'ensemble des combinaisons linéaires des éléments de cette famille *(cf. exercice* 4) ;
- montrer que F est le noyau ou l'image d'une application linéaire ;
- montrer que F est une intersection de sous-espaces vectoriels ;
- montrer que F est une somme de sous-espaces vectoriels.

Pour montrer que **deux sous-espaces vectoriels F et G de E sont supplémentaires**, on peut :

- montrer que $F + G = E$ et $F \cap G = \{0\}$;
- montrer que tout élément de E se décompose de façon unique en somme d'un élément de F et d'un élément de G *(cf. Application* 1) .

Pour montrer qu'**un endomorphisme p de E est un projecteur**, on peut :

- montrer que $p \circ p = p$ *(cf. exercices* 14 *et* 17) ;
- montrer que $\mathrm{Im}\, p$ et $\mathrm{Ker}\, p$ sont supplémentaires et que :

$$\forall x \in \mathrm{Im}\, p \quad p(x) = x$$

Pour montrer qu'**un endomorphisme s de E est une symétrie**, on peut :

- montrer que $s \circ s = \mathrm{Id}_E$;
- montrer que $\mathrm{Ker}\,(s - \mathrm{Id}_E)$ et $\mathrm{Ker}\,(s + \mathrm{Id}_E)$ sont supplémentaires.

© Hachette Livre – H Prépa / Math – La photocopie non autorisée est un délit

Exercice résolu

Endomorphismes qui commutent

ÉNONCÉ

Soit E un espace vectoriel sur $\mathbb{R}$, u et v deux endomorphismes de E qui commutent : $u \circ v = v \circ u$.

1) Démontrer que $\operatorname{Im} u$ et $\operatorname{Ker} u$ sont stables par v, et $\operatorname{Im} v$, $\operatorname{Ker} v$ stables par u.

Rappel : on dit qu'un s.e.v. F est stable par un endomorphisme f si : $\forall x \in F$, $f(x) \in F$.

2) On suppose de plus que $E = \operatorname{Ker} u + \operatorname{Ker} v$; démontrer que :

$$\operatorname{Im} u \subset \operatorname{Ker} v \quad \text{et} \quad \operatorname{Im} v \subset \operatorname{Ker} u$$

CONSEILS

Prendre $x \in \operatorname{Im} u$ et montrer que $v(x) \in \operatorname{Im} u$.

Prendre $x \in \operatorname{Ker} u$ et montrer que $v(x) \in \operatorname{Ker} u$.

Prendre $x \in \operatorname{Im} u$ et montrer que $x \in \operatorname{Ker} v$.

Utiliser la symétrie entre u et v.

SOLUTION

1) Soit $x \in \operatorname{Im} u$; il existe $t \in E$ tel que $x = u(t)$; on a alors $v(x) = v \circ u\,(t)$. Comme $v \circ u = u \circ v$, $v(x) = u \circ v\,(t) = u\big(v(t)\big)$: $v(x)$ appartient à $\operatorname{Im} u$.
$\operatorname{Im} u$ est donc stable par v.

Soit $x \in \operatorname{Ker} u$; $u(x) = 0$, donc $v \circ u\,(x) = 0$. Comme $v \circ u = u \circ v$, $u \circ v\,(x) = 0$, c'est-à-dire $u\big(v(x)\big) = 0$: $v(x)$ appartient à $\operatorname{Ker} u$.
$\operatorname{Ker} u$ est donc stable par v.

Comme u et v jouent le même rôle, $\operatorname{Im} v$ et $\operatorname{Ker} v$ sont également stables par u.

2) On suppose que $E = \operatorname{Ker} u + \operatorname{Ker} v$. Soit $x \in \operatorname{Im} u$: il existe $t \in E$ tel que $x = u(t)$. Décomposons le vecteur t : $t = t_1 + t_2$, avec $t_1 \in \operatorname{Ker} u$, $t_2 \in \operatorname{Ker} v$.
$x = u(t_1) + u(t_2) = u(t_2)$, puisque $u(t_1) = 0$. On a alors

$$v(x) = v \circ u\,(t_2) = u \circ v\,(t_2) = u\big(v(t_2)\big) = 0\,,$$

puisque $v(t_2) = 0$. Donc $x \in \operatorname{Ker} v$. On a montré que $\operatorname{Im} u \subset \operatorname{Ker} v$.

Comme u et v jouent le même rôle, on a de même $\operatorname{Im} v \subset \operatorname{Ker} u$.

© Hachette Livre – H Prépa / Math – La photocopie non autorisée est un délit

Exercices

1 Vrai ou faux ?

a) $\mathbb{R}$ est un espace vectoriel sur $\mathbb{C}$.
b) L'ensemble des fonctions polynomiales de $\mathbb{R}$ dans $\mathbb{R}$ est un $\mathbb{R}$-espace vectoriel.
c) Un sous-espace vectoriel de E contient nécessairement 0_E.
d) La réunion de deux sous-espaces vectoriels est un sous-espace vectoriel.
e) La somme de deux sous-espaces vectoriels est le plus petit sous-espace vectoriel les contenant.
f) Si deux sous-espaces vectoriels de E sont supplémentaires, tout vecteur de E qui n'appartient pas l'un appartient l'autre.
g) Si f est une application linéaire de E dans F, $f(0_E) = 0_F$.
h) L'ensemble des endomorphismes d'un espace vectoriel est un anneau pour $+$ et $\circ$.
i) La somme de deux automorphismes d'un espace vectoriel E est un automorphisme de E.
j) Si p est un projecteur, les éléments de $\operatorname{Im} p$ sont invariants par p.

Structure d'espace vectoriel

2 L'ensemble $\mathbb{R}^2$ muni des opérations $+$ et $\cdot$ définies ci-dessous est-il un $\mathbb{R}$-espace vectoriel ?

a) $\begin{cases} (x,y)+(x',y') = (y+y', x+x') \\ \alpha\cdot(x,y) = (\alpha x, \alpha y) \end{cases}$

b) $\begin{cases} (x,y)+(x',y') = (x+x', y+y') \\ \alpha\cdot(x,y) = (\alpha y, \alpha x) \end{cases}$

c) $\begin{cases} (x,y)+(x',y') = (x+x', y+y') \\ \alpha\cdot(x,y) = (\alpha x, y) \end{cases}$

d) $\begin{cases} (x,y)+(x',y') = (x+x', y+y') \\ \alpha\cdot(x,y) = (\alpha x, 0) \end{cases}$

e) $\begin{cases} (x,y)+(x',y') = (x\,x', y\,y') \\ \alpha\cdot(x,y) = (\alpha x, \alpha y) \end{cases}$

f) $\begin{cases} (x,y)+(x',y') = (0,0) \\ \alpha\cdot(x,y) = (\alpha x, \alpha y) \end{cases}$

3 Soit E un $\mathbb{R}$-espace vectoriel. Montrer que le produit cartésien $E \times E$ muni de l'addition habituelle :

$$(x,y)+(x',y') = (x+x', y+y')$$

et de la multiplication externe par les complexes définie par :

$$(a+ib)\cdot(x,y) = (a\cdot x - b\cdot y, a\cdot y + b\cdot x)$$

est un espace vectoriel sur le corps $\mathbb{C}$.

(Cet espace vectoriel est appelé complexifié de E.)

Sous-espaces vectoriels

4 Les sous-ensembles suivants de $\mathbb{R}^2$ sont-ils des sous-espaces vectoriels ?

a) $\{(x,y) \in \mathbb{R}^2, \quad x+y=0\}$.
b) $\{(x,y) \in \mathbb{R}^2, \quad x+y=1\}$.
c) $\{(x,y) \in \mathbb{R}^2, \quad xy \geqslant 0\}$.
d) $\{(x,y) \in \mathbb{R}^2, \quad x=0\}$.
e) $\{(x,y) \in \mathbb{R}^2, \quad x \leqslant y\}$.
f) $\{(x,y) \in \mathbb{R}^2, \quad 2x+3y=0\}$.

5 Les sous-ensembles suivants de $\mathbb{R}^{\mathbb{N}}$ sont-ils des sous-espaces vectoriels ?

a) Ensemble des suites croissantes.
b) Ensemble des suites monotones.
c) Ensemble des suites bornées.
d) Ensemble des suites convergeant vers 0.
e) Ensemble des suites périodiques.
f) Ensemble des suites arithmétiques.
g) Ensemble des suites géométriques.
h) Ensemble des suites (x_n) telles que :

$$\forall n \in \mathbb{N} \quad x_{n+2} = x_{n+1} + x_n$$

6 Les sous-ensembles suivants de $\mathbb{R}^{\mathbb{R}}$ sont-ils des sous-espaces vectoriels ?

a) Ensemble des fonctions positives.
b) Ensemble des fonctions s'annulant en 0.
c) Ensemble des fonctions continues sur $\mathbb{R}$.
d) Ensemble des fonctions dérivables sur $\mathbb{R}$.
e) Ensemble des fonctions périodiques.
f) Ensemble des fonctions support borné (nulles en dehors d'un segment).
g) Ensemble des fonctions en escalier sur $[a,b]$.
h) Ensemble des solutions d'une équation différentielle linéaire sans second membre.

7 Montrer que la réunion de deux sous-espaces vectoriels d'un $\mathbb{K}$-e.v. E est un sous-espace vectoriel de E si et seulement si l'un est inclus dans l'autre.

8 Soit F, G, H trois s.e.v. d'un $\mathbb{K}$-e.v. E.
Comparer :

a) $F \cap (G+H)$ et $(F\cap G)+(F\cap H)$
b) $F+(G\cap H)$ et $(F+G)\cap(F+H)$

Montrer que :

$$F\cap(G+(F\cap H)) = (F\cap G)+(F\cap H)$$

© Hachette Livre – H Prépa / Math – La photocopie non autorisée est un délit

Applications linéaires

9 Les applications suivantes sont-elles $\mathbb{R}$-linéaires ?

a) $\begin{array}{ccc} \mathbb{R}^3 & \to & \mathbb{R}^2 \\ (x,y,z) & \mapsto & (x-y,y-z) \end{array}$

b) $\begin{array}{ccc} \mathbb{R}^2 & \to & \mathbb{R} \\ (x,y) & \mapsto & xy \end{array}$

c) $\begin{array}{ccc} \mathbb{C} & \to & \mathbb{R} \\ z & \mapsto & \text{Re}\,(z) \end{array}$ **d)** $\begin{array}{ccc} \mathbb{R}^{\mathbb{N}} & \to & \mathbb{R}^3 \\ (u_n) & \mapsto & (u_0,u_1,u_2) \end{array}$

e) $\begin{array}{ccc} \left\{ \begin{array}{c} \text{suites} \\ \text{convergentes} \end{array} \right\} & \to & \mathbb{R} \\ (u_n) & \mapsto & \lim\limits_{n\to+\infty} u_n \end{array}$

10 On considère les éléments de $\mathbb{R}^2$: $e_1 = (1,0)$ et $e_2 = (0,1)$.

1) Démontrer que tout élément de $\mathbb{R}^2$ est combinaison linéaire de e_1 et e_2.

2) Soit f un endomorphisme de $\mathbb{R}^2$.
Démontrer qu'il existe quatre réels a,b,c,d tels que :

$$\forall (x,y) \in \mathbb{R}^2 \quad f(x,y) = (ax+by, cx+dy)$$

3) Réciproquement, vérifier que l'application f définie ci-dessus est linéaire, quels que soient les réels a,b,c,d.

11 Démontrer qu'il existe une application linéaire unique de $\mathbb{R}^3$ dans $\mathbb{R}^2$ telle que :

$$f(1,0,0) = (0,1) \quad f(1,1,0) = (1,0) \quad f(1,1,1) = (1,1)$$

Calculer $f(x,y,z)$. Déterminer le noyau et l'image de f.

12 Démontrer qu'il existe une application linéaire unique de $\mathbb{R}^2$ dans $\mathbb{R}^3$ telle que :

$$f(1,2) = (1,1,0) \qquad f(2,1) = (0,1,1)$$

Calculer $f(x,y)$. Déterminer le noyau et l'image de f.

13 Soit E un $\mathbb{K}$-e.v. et $f \in \mathcal{L}(E)$. Montrer que :

$$E = \text{Im}\, f + \text{Ker}\, f \iff \text{Im}\, f = \text{Im}\, f^2$$

$$\text{Im}\, f \cap \text{Ker}\, f = \{0\} \iff \text{Ker}\, f = \text{Ker}\, f^2$$

Projecteurs

14 Soit E un $\mathbb{K}$-e.v. et p un projecteur de E.

1) Montrer que $\text{Id}_E - p$ est un projecteur.

2) Comparer les images et les noyaux de p et $\text{Id}_E - p$.

15 Soit E un $\mathbb{K}$-e.v et $u \in \mathcal{L}(E)$. On dit qu'un s.e.v. F de E est stable par u si $\forall x \in F \quad u(x) \in F$. Soit p un projecteur de E. Montrer que $\text{Im}\, p$ et $\text{Ker}\, p$ sont stables par u si et seulement si u commute avec p.

16 Soit E un $\mathbb{K}$-e.v. et p, q deux projecteurs de E. Montrer que :

$$pq = p \iff \text{Ker}\, q \subset \text{Ker}\, p$$

$$pq = q \iff \text{Im}\, q \subset \text{Im}\, p$$

17 Soit E un $\mathbb{K}$-e.v. et p, q deux projecteurs de E.

1) Montrer que $p+q$ est un projecteur si et seulement si $pq = qp = 0$.

2) Montrer que, dans ce cas :

$$\text{Im}\,(p+q) = \text{Im}\, p \oplus \text{Im}\, q \quad \text{et} \quad \text{Ker}\,(p+q) = \text{Ker}\, p \cap \text{Ker}\, q$$

18 * Soit E un $\mathbb{K}$-e.v. et f un endomorphisme de E. On suppose qu'il existe deux scalaires α et β distincts tels que :

$$(f - \alpha\, \text{Id}_E)(f - \beta\, \text{Id}_E) = 0$$

1) Démontrer que :

$$\text{Im}\,(f - \beta\, \text{Id}_E) \subset \text{Ker}\,(f - \alpha\, \text{Id}_E)$$

2) Démontrer que :

$$(f - \beta\, \text{Id}_E)(f - \alpha\, \text{Id}_E) = 0$$

En déduire que :

$$\text{Im}\,(f - \alpha\, \text{Id}_E) \subset \text{Ker}\,(f - \beta\, \text{Id}_E)$$

3) Démontrer que :

$$\text{Ker}\,(f - \alpha\, \text{Id}_E) \quad \text{et} \quad \text{Ker}\,(f - \beta\, \text{Id}_E)$$

sont supplémentaires dans E.

4) On note p la projection sur $\text{Ker}\,(f - \alpha\, \text{Id}_E)$ parallèlement à $\text{Ker}\,(f - \beta\, \text{Id}_E)$, et q la projection sur $\text{Ker}\,(f - \beta\, \text{Id}_E)$ parallèlement à $\text{Ker}\,(f - \alpha\, \text{Id}_E)$.
Démontrer que $f = \alpha p + \beta q$.

5) En déduire que pour tout $n \in \mathbb{N}$:

$$f^n = \alpha^n p + \beta^n q$$

6) On suppose que $\alpha\beta \neq 0$.
Démontrer que f est bijectif et calculer f^m pour tout $m \in \mathbb{Z}$.

19 * Soit E un $\mathbb{C}$-e.v. et f un endomorphisme de E tel que $f^2 = -\text{Id}_E$.

On pose :

$$F = \{\, x \in E, \quad f(x) = ix \,\}$$

et

$$G = \{\, x \in E, \quad f(x) = -ix \,\}$$

1) Montrer que F et G sont des s.e.v. supplémentaires de E.

2) Exprimer f en fonction des projecteurs associés F et G.

© Hachette Livre – H Prépa / Math – La photocopie non autorisée est un délit

Dimension des espaces vectoriels

9

Introduction

Certains espaces vectoriels peuvent être engendrés par une famille finie de vecteurs. Ils possèdent alors des propriétés particulières qui simplifient de nombreuses démonstrations. On dit que ces espaces vectoriels sont de dimension finie.

OBJECTIFS

- Étudier les espaces vectoriels engendrés par une famille finie de vecteurs.
- Mettre en place la notion de dimension d'un espace vectoriel.
- Étudier les propriétés particulières des applications linéaires liées à la dimension.

© Hachette Livre – H Prépa / Math – La photocopie non autorisée est un délit

Remarque préliminaire : Une famille finie $(x_1, x_2, \cdots, x_p)$ d'éléments de E est appelée « famille à p éléments », que les x_i soient distincts ou non. L'entier p désigne le nombre d'indices et non le cardinal de l'image $\{x_1, x_2, \cdots, x_p\}$.

Comme dans le chapitre précédent, $\mathbb{K}$ désigne le corps commutatif $\mathbb{R}$ ou $\mathbb{C}$.

I Familles libres ou liées

1.1. Définitions

Soit E un $\mathbb{K}$-espace vectoriel. Une famille finie $(x_1, x_2, \cdots, x_p)$ d'éléments de E est dite **libre** si la seule combinaison linéaire des x_i qui s'annule est celle dont tous les coefficients sont nuls. C'est-à-dire si :

$$\forall(\alpha_1, \cdots, \alpha_p) \in \mathbb{K}^p \quad \alpha_1 x_1 + \cdots + \alpha_p x_p = 0 \Longrightarrow \alpha_1 = \cdots = \alpha_p = 0$$

On dit aussi que les vecteurs $x_1, \cdots, x_p$ sont **linéairement indépendants**.

Une famille qui n'est pas libre est dite **liée**. Ses éléments sont dits **linéairement dépendants**. La famille finie $(x_1, \cdots, x_p)$ est liée si et seulement si :

$$\exists(\alpha_1, \cdots, \alpha_p) \in \mathbb{K}^p \quad \alpha_1 x_1 + \cdots + \alpha_p x_p = 0 \quad \text{et} \quad \exists i \in [\![1, p]\!] \quad \alpha_i \neq 0$$

1.2. Propriétés

On peut vérifier que :

1) $\varnothing$ est libre (la proposition commence par $\forall \alpha \in \varnothing \cdots$).

2) La famille (x) à un élément est libre si et seulement si $x \neq 0$.

3) Toute famille contenue dans une famille libre est libre.

4) Toute famille contenant une famille liée est liée.

5) En particulier, toute famille contenant le vecteur nul est liée.

1.3. Caractérisation d'une famille liée

Théorème 1
Une famille $(x_1, \cdots, x_p)$ de vecteurs d'un $\mathbb{K}$-espace vectoriel E est liée si et seulement si l'un au moins des x_i est combinaison linéaire des $(p-1)$ autres.

© Hachette Livre – H Prépa / Math – La photocopie non autorisée est un délit

Démonstration

1) Si la famille $(x_1, \cdots, x_p)$ est liée, il existe une combinaison linéaire des éléments de la famille qui s'annule avec au moins un coefficient non nul. Soit $\alpha_1 x_1 + \cdots + \alpha_p x_p = 0$ avec, par exemple, $\alpha_p \neq 0$. On peut alors écrire :

$$x_p = \sum_{j=1}^{p-1} -\frac{\alpha_j}{\alpha_p} x_j$$

x_p est donc combinaison linéaire des $(p-1)$ autres vecteurs.

2) Si l'un des vecteurs, par exemple x_p, est combinaison linéaire des autres :

$$x_p = \sum_{j=1}^{p-1} \beta_j x_j \ ; \quad \text{on a alors} \quad \sum_{j=1}^{p-1} \beta_j x_j - x_p = 0$$

ce qui représente une combinaison linéaire des éléments de la famille avec un coefficient égal à -1 : la famille est liée.

Exemples :

1) Une famille de deux vecteurs (x, y) est liée si et seulement s'il existe un scalaire α tel que $y = \alpha x$ ou $x = \alpha y$. On dit que x et y sont **colinéaires**.

2) Toute famille contenant plusieurs fois le même élément est liée.

3) La famille $(x, y, x+y)$ est liée.

Application 1

Un exemple important

Dans l'espace vectoriel $\mathbb{K}[X]$, montrer qu'une famille finie de polynômes non nuls de degrés tous distincts est libre.

On peut supposer les polynômes de la famille classés par degrés strictement croissants. Raisonnons par récurrence sur le nombre n de polynômes de la famille.

• $n = 1$

Le polynôme P_1 étant non nul, il forme une famille libre.

• Soit $n \in \mathbb{N}^*$ tel que la famille de polynômes $(P_1, \cdots, P_n)$, de degrés strictement croissants, soit libre. Soit P_{n+1} un polynôme tel que $\deg(P_{n+1}) > \deg(P_n)$ et $(\alpha_1, \cdots, \alpha_{n+1})$ des scalaires tels que $\sum_{i=1}^{n+1} \alpha_i P_i = 0$. Si α_{n+1} n'était pas nul, cette somme serait de même degré que P_{n+1}, donc $\alpha_{n+1} = 0$.

Il reste $\sum_{i=1}^{n} \alpha_i P_i = 0$ et comme la famille $(P_1, \cdots, P_n)$ est libre, pour tout $i \in [\![1, n]\!]$, $\alpha_i = 0$. La famille $(P_1, \cdots, P_{n+1})$ est donc libre.

On a montré par récurrence que toute famille finie de polynômes non nuls de degrés tous distincts est libre.

▶ *Pour s'entraîner : ex. 2 et 3.*

© Hachette Livre – H Prépa / Math – La photocopie non autorisée est un délit

2 Familles génératrices

2.1. Définition

Soit E un $\mathbb{K}$-espace vectoriel. Une famille $(x_i)_{i\in I}$ d'éléments de E est dite **génératrice** si le sous-espace vectoriel qu'elle engendre est E tout entier.

L'espace vectoriel E est dit de **dimension finie** s'il existe une famille génératrice finie $(x_1, x_2, \cdots, x_m) \in E^m$. Tout élément x de E est alors combinaison linéaire des x_i, c'est-à-dire qu'il existe une famille de scalaires $(\alpha_1, \alpha_2, \cdots, \alpha_m) \in \mathbb{K}^m$ telle que $x = \alpha_1 x_1 + \alpha_2 x_2 + \cdots + \alpha_m x_m$.

Exemples :

1) La famille (x_1, x_2, x_3) suivante est génératrice de $\mathbb{R}^3$:

$$x_1 = (1, 1, -1) \quad x_2 = (1, -1, 1) \quad x_3 = (-1, 1, 1)$$

En effet : $\forall (a, b, c) \in \mathbb{R}^3 \quad (a, b, c) = \dfrac{a+b}{2} x_1 + \dfrac{c+a}{2} x_2 + \dfrac{b+c}{2} x_3$

2) Soit $a \in \mathbb{K}$. La famille $(1,\ X - a,\ (X-a)^2,\ (X-a)^3\ )$ est génératrice de $\mathbb{K}_3[X]$, car tout polynôme P de degré inférieur ou égal à 3 s'écrit :

$$P = P(a) + P'(a)(X - a) + \frac{P''(a)}{2!}(X - a)^2 + \frac{P^{(3)}(a)}{3!}(X - a)^3$$

(formule de Taylor).

3) Remarquons qu'une famille vide est génératrice de $\{0\}$, car $\text{Vect}(\varnothing) = \{0\}$.

2.2. Propriété fondamentale d'un e.v. de dimension finie

La notion de dimension d'un espace vectoriel repose sur la propriété suivante :

Théorème 2

Dans un espace vectoriel de dimension finie, une famille libre ne peut avoir plus d'éléments qu'une famille génératrice.

Démonstration

Soit E un $\mathbb{K}$-espace vectoriel de dimension finie et $(g_1, \cdots, g_m)$ une famille génératrice de E. Supposons l'existence d'une famille libre $(l_1, \cdots, l_{m+1})$ ayant $m+1$ éléments. Comme $(g_1, \cdots, g_m)$ est génératrice, on peut écrire : $l_1 = \alpha_1 g_1 + \cdots + \alpha_m g_m$. l_1 étant non nul, les α_i ne sont pas tous nuls. Quitte à effectuer une permutation d'indices, on peut supposer que $\alpha_1 \neq 0$. On a alors :

$$g_1 = \frac{1}{\alpha_1} l_1 - \frac{\alpha_2}{\alpha_1} g_2 - \cdots - \frac{\alpha_m}{\alpha_1} g_m$$

Toute combinaison linéaire de $(g_1, \cdots, g_m)$ est donc combinaison linéaire de :

$$(l_1, g_2, \cdots, g_m).$$

De ce fait, la famille $(l_1, g_2, \cdots, g_m)$ est génératrice.

© Hachette Livre – H Prépa / Math – La photocopie non autorisée est un délit

Raisonnant par récurrence, supposons que l'on puisse ainsi remplacer g_i par l_i jusqu'à l'indice k $(k < m)$ en conservant le caractère générateur de la famille, et vérifions qu'on peut encore le faire à l'indice $k+1$.

$(l_1, \cdots, l_k, g_{k+1}, \cdots, g_m)$ étant génératrice, on peut écrire :

$$l_{k+1} = \alpha_1 l_1 + \cdots + \alpha_k l_k + \alpha_{k+1} g_{k+1} + \cdots + \alpha_m g_m$$

La famille $(l_1, \cdots, l_{k+1})$ étant libre, les coefficients $\alpha_{k+1}, \cdots, \alpha_m$ ne sont pas tous nuls. Quitte à effectuer une permutation d'indices, on peut supposer que $\alpha_{k+1} \neq 0$; d'où :

$$g_{k+1} = -\frac{\alpha_1}{\alpha_{k+1}} l_1 - \cdots - \frac{\alpha_k}{\alpha_{k+1}} l_k + \frac{1}{\alpha_{k+1}} l_{k+1} - \frac{\alpha_{k+2}}{\alpha_{k+1}} g_{k+2} - \cdots - \frac{\alpha_m}{\alpha_{k+1}} g_m$$

Toute combinaison linéaire de $(l_1, \cdots, l_k, g_{k+1}, \cdots, g_m)$ est donc combinaison linéaire de $(l_1, \cdots, l_{k+1}, g_{k+2}, \cdots, g_m)$ qui est, par conséquent, génératrice.

Par récurrence, on peut donc conclure que $(l_1, \cdots, l_m)$ est génératrice. On en déduit alors que l_{m+1} est combinaison linéaire des l_i de $i = 1$ à m, ce qui contredit la liberté de la famille $(l_1, .., l_{m+1})$.

Conclusion : S'il existe une famille génératrice à m éléments, une famille libre ne peut avoir plus de m éléments.

3 Bases d'un e.v. de dimension finie

3.1. Définition et caractérisation

On appelle **base** d'un espace vectoriel E une famille à la fois libre et génératrice. Le *théorème* 2 permet d'étudier les bases des espaces vectoriels de dimension finie :

Théorème 3

1) Tout espace vectoriel de dimension finie possède des bases.

2) Toutes les bases d'un espace vectoriel E de dimension finie ont le même nombre d'éléments, appelé dimension de E et noté $\dim E$.

On peut démontrer que tout espace vectoriel, même de dimension infinie, possède des bases, mais c'est beaucoup plus difficile.

Démonstration

1) Soit E un $\mathbb{K}$-espace vectoriel possédant une famille génératrice à m éléments. L'ensemble $\mathcal{L}$ des cardinaux des familles libres de E est une partie de $\mathbb{N}$ non vide (elle contient 0, car $\varnothing$ est libre) et majorée par m. $\mathcal{L}$ a donc un plus grand élément n. Soit $(e_1, \cdots, e_n)$ une famille libre à n éléments. Pour tout x de E, la famille $(e_1, \cdots, e_n, x)$ est liée. Il existe donc une combinaison linéaire nulle : $\alpha_1 e_1 + \cdots + \alpha_n e_n + \beta x = 0$, avec au moins un coefficient non nul. Comme $(e_1, \cdots, e_n)$ est libre, β est nécessairement non nul. x est donc combinaison linéaire des e_i : la famille $(e_1, \cdots, e_n)$ est génératrice ; c'est une base de E.

2) Supposons l'existence de deux bases $b = (e_1, \cdots, e_n)$ et $b' = (e'_1, \cdots, e'_p)$. Comme b est libre et b' génératrice, $n \leqslant p$. Comme b' est libre et b génératrice, $p \leqslant n$; d'où $n = p$. Le cardinal d'une base est donc une caractéristique de l'espace vectoriel E, que l'on appelle sa **dimension**.

© Hachette Livre – H Prépa / Math – La photocopie non autorisée est un délit

Théorème 4
Si $\dim E = n$:

1) toute famille libre a au plus n éléments ;

2) toute famille libre à n éléments est une base ;

3) toute famille génératrice a au moins n éléments ;

4) toute famille génératrice à n éléments est une base.

Démonstration

Soit $b = (e_1, \cdots, e_n)$ une base de E.

1) b étant génératrice, une famille libre ne peut avoir plus de n éléments.

2) On a montré, dans la preuve du *théorème* 3, qu'une famille libre à n éléments était nécessairement une base.

3) b étant libre, une famille génératrice a au moins n éléments.

4) Supposons $n \geqslant 2$. Soit $(g_1, \cdots, g_n)$ une famille génératrice à n éléments. Si elle était liée, l'un des g_i serait combinaison linéaire des autres qui formeraient donc une famille génératrice à $n-1$ éléments, ce qui est impossible. Par conséquent, la famille $(g_1, \cdots, g_n)$ est libre, c'est donc une base.

Si $n = 0$ ou $n = 1$, le résultat est immédiat.

Corollaire 4.1
Toute famille génératrice contient une base.

Toute famille libre peut être prolongée en une base.

Ce dernier résultat est connu sous le nom de **théorème de la base incomplète**.

Démonstration

Soit E un espace vectoriel de dimension $n \geqslant 1$.

Une famille génératrice a au moins n éléments ; si cette famille est liée, l'un au moins de ses éléments est combinaison linéaire des autres : on peut le retirer sans nuire au caractère générateur de la famille. On peut ainsi retirer des éléments jusqu'à ce qu'il n'y en ait plus que n ; on a alors une base.

Une famille libre a au plus n éléments ; si cette famille n'est pas génératrice, il existe au moins un élément de E qui n'est pas combinaison linéaire des éléments de cette famille : on peut l'adjoindre à la famille sans nuire à sa liberté. On peut ainsi compléter la famille jusqu'à ce qu'elle ait n éléments ; on obtient alors une base.

► ***Pour s'entraîner : ex. 5 à 7.***

3.2. Coordonnées d'un vecteur dans une base

Soit E un $\mathbb{K}$-espace vectoriel de dimension $n \geqslant 1$, et $b = (e_1, \cdots, e_n)$ une base de E. b étant génératrice, tout vecteur x de E s'écrit sous la forme :

$$x = \xi_1 e_1 + \cdots + \xi_n e_n \quad \text{avec} \quad (\xi_1, \cdots, \xi_n) \in \mathbb{K}^n$$

© Hachette Livre – H Prépa / Math – La photocopie non autorisée est un délit

Supposons qu'il existe une autre décomposition : $x = \xi'_1 e_1 + \cdots + \xi'_n e_n$ avec $(\xi'_1, \cdots, \xi'_n) \in \mathbb{K}^n$. On aurait alors : $(\xi_1 - \xi'_1)e_1 + \cdots + (\xi_n - \xi'_n)e_n = 0$. Comme b est libre, cela entraîne $\xi_1 - \xi'_1 = \cdots = \xi_n - \xi'_n = 0$.

La décomposition de x sur b est donc unique.

Les scalaires $\xi_1, \cdots, \xi_n$ s'appellent **coordonnées** de x dans la base b (*Doc.* 1).

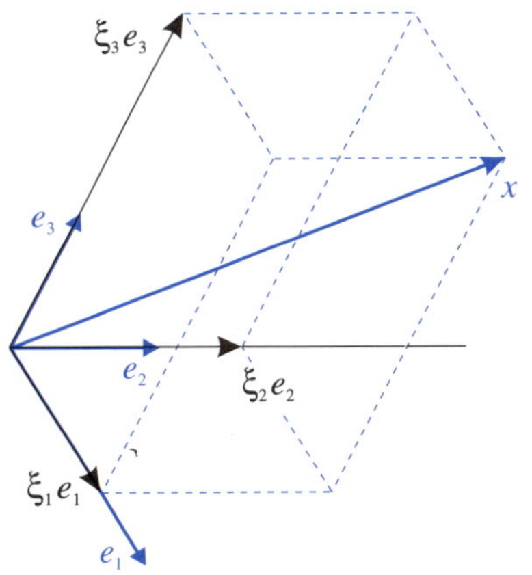

Doc. 1. *Coordonnées d'un vecteur x dans la base (e_1, e_2, e_3).*

Exemples de bases et de coordonnées :

1) Dans $\mathbb{K}^n$, la famille $(e_1, \cdots, e_n)$ définie par :

$$e_1 = (1, 0, 0, \cdots, 0) \quad e_2 = (0, 1, 0, \cdots, 0) \quad \cdots \quad e_n = (0, 0, 0, \cdots, 1)$$

est une base, appelée **base canonique** de $\mathbb{K}^n$. $\dim \mathbb{K}^n = n$.

Les coordonnées de $(a_1, \cdots, a_n)$ dans cette base sont les scalaires $a_1, \cdots, a_n$.

2) Dans $\mathbb{K}_n[X]$, la famille :

$$(1, X, X^2, \cdots, X^n)$$

est une base, appelée **base canonique** de $\mathbb{K}_n[X]$. $\dim \mathbb{K}_n[X] = n + 1$.

Les coordonnées d'un polynôme dans cette base sont ses coefficients.

3) Si E et F sont deux K-espaces vectoriels munis de bases $(e_1, \cdots, e_p)$ et $(f_1, \cdots, f_n)$, la famille :

$$(e_i, 0)_{i \in [\![1,p]\!]}, \quad (0, f_j)_{j \in [\![1,n]\!]}$$

est une base de l'espace vectoriel produit $E \times F$.

$$\dim E \times F = \dim E + \dim F$$

Les coordonnées de (x, y) dans cette base sont celles de x suivies de celles de y.

4 Sous-espaces vectoriels en dimension finie

4.1. Dimension d'un sous-espace vectoriel

Théorème 5

Soit E un $\mathbb{K}$-espace vectoriel de dimension finie.

Tout sous-espace vectoriel F de E est de dimension finie, et :

$$\dim F \leqslant \dim E$$

Si $\dim F = \dim E$, alors $F = E$.

© Hachette Livre – H Prépa / Math – La photocopie non autorisée est un délit

Démonstration

Posons $n = \dim E$. Les familles libres de F sont des familles libres de E; elles ont donc au plus n éléments. L'ensemble des cardinaux des familles libres de F est une partie non vide de $\mathbb{N}$ majorée par n ; il admet donc un plus grand élément p. Comme dans la première partie du *théorème* **??**, on en déduit l'existence d'une base de F à p éléments. Donc $\dim F = p$ et $\dim F \leqslant \dim E$.

Si $\dim F = \dim E$, une base de F est une famille libre de E à n éléments : c'est aussi une base de E, et $F = E$.

Plus généralement, si F et G sont deux sous-espaces vectoriels de E, de dimension finie, tels que $F \subset G$ et $\dim F = \dim G$, alors $F = G$. Cette propriété est très utile dans les exercices, car elle permet d'éviter d'avoir à démontrer l'autre inclusion, parfois difficile.

4.2. Rang d'une famille de vecteurs

Soit E un espace vectoriel de dimension n. On appelle **rang** d'une famille $(x_1, \cdots, x_p)$ de p vecteurs de E, la dimension du sous-espace vectoriel engendré par cette famille. On a donc :

- $\text{rg}\,(x_1, \cdots, x_p) \leqslant p$, car $(x_1, \cdots, x_p)$ est génératrice de $\text{Vect}(x_1, \cdots, x_p)$.
- $\text{rg}\,(x_1, \cdots, x_p) \leqslant n$, car $\text{Vect}(x_1, \cdots, x_p)$ est un sous-espace vectoriel de E.
- D'où $\text{rg}\,(x_1, \cdots, x_p) \leqslant \min(p, n)$.
- $\text{rg}\,(x_1, \cdots, x_p) = p \iff (x_1, \cdots, x_p)$ est libre.
- $\text{rg}\,(x_1, \cdots, x_p) = n \iff (x_1, \cdots, x_p)$ est génératrice de E.

▶ ***Pour s'entraîner : ex. 8.***

4.3. Dimensions de deux s.e.v. supplémentaires

Théorème 6

Soit E un espace vectoriel de dimension finie. Deux sous-espaces vectoriels F et G de E sont supplémentaires si et seulement si :

$$\dim F + \dim G = \dim E \quad \text{et} \quad F \cap G = \{0\}$$

Démonstration

Soit $(f_1, \cdots, f_p)$ une base de F et $(g_1, \cdots, g_q)$ une base de G.

1) Supposons F et G supplémentaires. Alors $F \cap G = \{0\}$.

Comme $E = F + G$, la famille $(f_1, \cdots, f_p, g_1, \cdots, g_q)$ est génératrice de E. Montrons qu'elle est libre. Si $\alpha_1 f_1 + \cdots + \alpha_p f_p + \beta_1 g_1 + \cdots + \beta_q g_q = 0$, on en déduit : $\alpha_1 f_1 + \cdots + \alpha_p f_p = -\beta_1 g_1 - \cdots - \beta_q g_q$ qui appartient donc à F et à G.

Comme $F \cap G = \{0\}$, on a donc $\alpha_1 f_1 + \cdots + \alpha_p f_p = 0$ et, puisque $(f_1, \cdots, f_p)$ est libre, $\alpha_1 = \cdots = \alpha_p = 0$; de même, $\beta_1 g_1 + \cdots + \beta_q g_q = 0$; d'où $\beta_1 = \cdots = \beta_q = 0$. En définitive, $(f_1, \cdots, f_p, g_1, \cdots, g_q)$ est une base de E ; d'où $\dim E = p + q = \dim F + \dim G$.

2) Réciproquement, supposons que $\dim F + \dim G = \dim E$ et $F \cap G = \{0\}$. On montre, comme ci-dessus, que la famille $(f_1, \cdots, f_p, g_1, \cdots, g_q)$ est libre. Son cardinal est $p + q$, c'est-à-dire $\dim E$. C'est donc une base de E. Tout élément de E se décompose sur cette base et par conséquent $E = F + G$. Comme $F \cap G = \{0\}$, cette somme est directe. F et G sont donc supplémentaires.

© Hachette Livre – H Prépa / Math – La photocopie non autorisée est un délit

Ce théorème démontre en même temps que tout sous-espace vectoriel F d'un espace vectoriel E de dimension finie possède des supplémentaires : les vecteurs utilisés dans le théorème de la base incomplète pour prolonger une base de F en une base de E engendrent un supplémentaire de E.

On peut démontrer que dans tout espace vectoriel, tout sous-espace vectoriel possède des supplémentaires ; mais c'est beaucoup plus difficile.

4.4. Dimension d'une somme de s.e.v.

Soit F et G deux sous-espaces vectoriels d'un $\mathbb{K}$-espace vectoriel E. Si la somme $F+G$ est directe, le théorème précédent permet d'écrire :

$$\dim(F \oplus G) = \dim F + \dim G$$

Dans le cas général, on cherche à se ramener à cette situation :

Théorème 7

Soit E un $\mathbb{K}$-espace vectoriel de dimension finie, F et G deux sous-espaces vectoriels de E.

$$\dim(F+G) = \dim F + \dim G - \dim(F \cap G)$$

On remarquera l'analogie avec les cardinaux des ensembles finis.

Démonstration

Soit F' un supplémentaire de $F \cap G$ dans F. Montrons que $F+G = F' \oplus G$.

Il est clair que $F'+G \subset F+G$. De plus :

$$\forall x \in F+G \quad \exists (y,z) \in F \times G \quad x = y+z$$

et $\exists (y', y'') \in F' \times (F \cap G) \quad y = y' + y''$

d'où $x = y' + y'' + z$ avec $y' \in F'$ et $y'' + z \in G$. Donc $x \in F' + G$.

D'où $F+G = F'+G$.

Or $F' \cap G \subset F' \cap (F \cap G)$, donc $F' \cap G = \{0\}$.

La somme $F'+G$ est donc directe.

De $F+G = F' \oplus G$, on déduit $\dim(F+G) = \dim F' + \dim G$.

Or $\dim F' = \dim F - \dim(F \cap G)$;

d'où $\dim(F+G) = \dim F + \dim G - \dim(F \cap G)$.

5 Applications linéaires en dimension finie

5.1. Image d'une base

Montrons qu'en dimension finie, une application linéaire est entièrement déterminée par l'image d'une base.

© Hachette Livre – H Prépa / Math – La photocopie non autorisée est un délit

Théorème 8

Soit E un $\mathbb{K}$-espace vectoriel de dimension finie p muni d'une base $b = (e_1, \cdots, e_p)$ et F un $\mathbb{K}$-espace vectoriel quelconque.

Pour toute famille $(y_1, \cdots, y_p)$ de p éléments de F, il existe une application linéaire f de E dans F, et une seule, telle que :

$$\forall i \in [\![1, p]\!] \quad f(e_i) = y_i$$

Démonstration

Si f existe, elle associe nécessairement au vecteur $x = \xi_1 e_1 + \cdots + \xi_p e_p$ de E, le vecteur $f(x) = \xi_1 f(e_1) + \cdots + \xi_p f(e_p) = \xi_1 y_1 + \cdots + \xi_p y_p$.

Réciproquement, on vérifie que l'application ainsi définie est bien linéaire.

5.2. Rang d'une application linéaire

Soit E un $\mathbb{K}$-espace vectoriel de dimension finie p muni d'une base b avec $b = (e_1, \cdots, e_p)$ et F un $\mathbb{K}$-espace vectoriel quelconque. Soit $f \in \mathcal{L}(E, F)$. On appelle **rang** de f le rang de la famille $(f(e_1), \cdots, f(e_p))$, qui est aussi la dimension de $\operatorname{Im} f$.

Théorème 9

Soit E un $\mathbb{K}$-espace vectoriel de dimension finie p muni d'une base $b = (e_1, \cdots, e_p)$ et F un $\mathbb{K}$-espace vectoriel de dimension finie n.

Soit $f \in \mathcal{L}(E, F)$:

1) f est injective $\Leftrightarrow$ $f(b)$ est libre dans F $\Leftrightarrow$ $\operatorname{rg} f = p$

2) f est surjective $\Leftrightarrow$ $f(b)$ est génératrice de F $\Leftrightarrow$ $\operatorname{rg} f = n$

3) f est bijective $\Leftrightarrow$ $f(b)$ est une base de F $\Leftrightarrow$ $\operatorname{rg} f = p = n$

Démonstration

1) Supposons f injective, et considérons une combinaison linéaire des $f(e_i)$ qui s'annule : $\alpha_1 f(e_1) + \cdots + \alpha_p f(e_p) = 0$. f étant linéaire, $f(\alpha_1 e_1 + \cdots + \alpha_p e_p) = 0$, et, comme $\operatorname{Ker} f = \{0\}$, $\alpha_1 e_1 + \cdots + \alpha_p e_p = 0$. La famille $(e_1, \cdots, e_p)$ étant libre, on en déduit que $\alpha_1 = \cdots = \alpha_p = 0$; c'est-à-dire que la famille $(f(e_1), \cdots, f(e_p))$ est libre. Son rang est donc p.

Réciproquement, si $(f(e_1), \cdots, f(e_p))$ est libre, soit x un élément de $\operatorname{Ker} f$.

Décomposons x sur la base b : $\quad x = \xi_1 e_1 + \cdots + \xi_p e_p$.

$f(x) = \xi_1 f(e_1) + \cdots + \xi_p f(e_p) = 0$.

D'où $\xi_1 = \cdots = \xi_p = 0$ et $x = 0$. On en déduit que $\operatorname{Ker} f = \{0\}$, c'est-à-dire que f est injective.

2) La famille $(f(e_1), \cdots, f(e_p))$ engendre $\operatorname{Im} f$. Donc f est surjective si et seulement si elle engendre F tout entier. Son rang est alors n.

3) f est bijective si elle est à la fois injective et surjective.

© Hachette Livre – H Prépa / Math – La photocopie non autorisée est un délit

La conséquence suivante est immédiate, mais très utile dans la pratique :

Corollaire 9.1
Si E et F sont des espaces vectoriels **de dimension finie**, et si $\dim E = \dim F$, une application linéaire f de E dans F est bijective si et seulement si elle est injective ou surjective.

En particulier, un endomorphisme d'un espace vectoriel **de dimension finie** est inversible si et seulement s'il est inversible à gauche ou inversible à droite.

On retrouve ici l'analogie entre ensembles finis et espaces vectoriels de dimension finie.

Par ailleurs, une condition nécessaire pour qu'il existe un isomorphisme entre E et F est qu'ils aient même dimension. Cette condition est suffisante puisqu'elle permet de construire un isomorphisme en faisant correspondre à une base b de E une base quelconque de F. On peut donc énoncer :

Corollaire 9.2
Deux $\mathbb{K}$-espaces vectoriels de dimension finie sont isomorphes si et seulement s'ils ont même dimension.

5.3. Théorème du rang

Le résultat suivant, très important dans la pratique, relie les dimensions de l'image et du noyau d'une application linéaire :

Théorème 10 (théorème du rang)
Soit E un $\mathbb{K}$-espace vectoriel de dimension finie et F un $\mathbb{K}$-espace vectoriel quelconque. Soit f une application linéaire de E dans F.

1) $\operatorname{Im} f$ est isomorphe à tout supplémentaire de $\operatorname{Ker} f$ dans E.

2) $\dim \operatorname{Ker} f + \dim \operatorname{Im} f = \dim E$.

Démonstration

1) Soit G un supplémentaire de $\operatorname{Ker} f$ dans E, et g la restriction de f à G comme ensemble de départ et $\operatorname{Im} f$ comme ensemble d'arrivée.

$\operatorname{Ker} g = G \cap \operatorname{Ker} f = \{0\}$, donc g est injective.

$\operatorname{Im} g \subset \operatorname{Im} f$. Réciproquement, soit $y \in \operatorname{Im} f$, ce qui signifie que $\exists x \in E \quad y = f(x)$. Comme $E = G \oplus \operatorname{Ker} f$, $x = x_1 + x_2$, avec $x_1 \in G$ et $x_2 \in \operatorname{Ker} f$.

$f(x) = f(x_1) + f(x_2)$.

$f(x_2) = 0$, donc $y = f(x_1) = g(x_1)$; d'où $y \in \operatorname{Im} g$. Donc $\operatorname{Im} f \subset \operatorname{Im} g$. En définitive $\operatorname{Im} g = \operatorname{Im} f$, donc g est surjective.

g est donc un isomorphisme de G dans $\operatorname{Im} f$.

2) On en déduit que $\dim G = \dim \operatorname{Im} f$.

Or $\dim G = \dim E - \dim \operatorname{Ker} f$.

On a bien $\dim E = \dim \operatorname{Ker} f + \dim \operatorname{Im} f$.

► *Pour s'entraîner : ex. 9 et 10.*

© Hachette Livre – H Prépa / Math – La photocopie non autorisée est un délit

Application 2

Utilisation du théorème du rang

Soit E un $\mathbb{K}$-e.v. de dimension n et u , v deux endomorphismes de E tels que :

$$E = \text{Im}\, u + \text{Im}\, v = \text{Ker}\, u + \text{Ker}\, v$$

Démontrer que ces sommes sont directes.

$$\dim(\text{Im}\, u + \text{Im}\, v) = \dim \text{Im}\, u + \dim \text{Im}\, v - \dim(\text{Im}\, u \cap \text{Im}\, v) = \dim E.$$

$$\dim(\text{Ker}\, u + \text{Ker}\, v) = \dim \text{Ker}\, u + \dim \text{Ker}\, v - \dim(\text{Ker}\, u \cap \text{Ker}\, v) = \dim E.$$

En ajoutant membre à membre, on obtient :

$$(\dim \text{Im}\, u + \dim \text{Ker}\, u) + (\dim \text{Im}\, v + \dim \text{Ker}\, v) - \dim(\text{Im}\, u \cap \text{Im}\, v) - \dim(\text{Ker}\, u \cap \text{Ker}\, v) = 2\dim E.$$

Or, d'après le théorème du rang :

$$\dim \text{Im}\, u + \dim \text{Ker}\, u = \dim \text{Im}\, v + \dim \text{Ker}\, v = \dim E.$$

Il reste donc :

$$-\dim(\text{Im}\, u \cap \text{Im}\, v) - \dim(\text{Ker}\, u \cap \text{Ker}\, v) = 0 ;$$

d'où :

$$\dim(\text{Im}\, u \cap \text{Im}\, v) = 0 \text{ et } \dim(\text{Ker}\, u \cap \text{Ker}\, v) = 0.$$

On a donc bien :

$$\text{Im}\, u \cap \text{Im}\, v = \text{Ker}\, u \cap \text{Ker}\, v = \{0\}.$$

Donc $E = \text{Im}\, u \oplus \text{Im}\, v = \text{Ker}\, u \oplus \text{Ker}\, v$.

FICHE MÉTHODE

- Pour montrer qu'**une famille finie de vecteurs d'un e.v. E est libre**, on peut :
  - écrire une combinaison linéaire des éléments de cette famille qui s'annule et démontrer que tous les coefficients sont nuls *(cf. Application* 1 *et exercices* 2 *et* 3) ;
  - supposer que l'un des éléments de cette famille est combinaison linéaire des autres et aboutir à une contradiction.

- Pour montrer qu'**une famille de vecteurs d'un e.v. E est génératrice**, on montre que tout élément de E est combinaison linéaire des éléments de cette famille.

- Pour montrer qu'**une famille de vecteurs b d'un e.v. E est une base** :
  - si on ne connaît pas la dimension de E, il suffit de montrer que b est libre et génératrice ;
  - si on sait que E est de dimension finie n, il suffit de montrer que b possède n éléments et qu'elle est libre (ou qu'elle possède n éléments et qu'elle est génératrice) *(cf. Exercice résolu).*

- Pour **construire une base d'un e.v. de dimension finie**, on peut :
  - compléter une famille libre à l'aide du théorème de la base incomplète *(cf. exercice* 7) ;
  - en particulier, compléter une base d'un sous-espace vectoriel ;
  - retirer d'une famille génératrice finie, un élément qui est combinaison linéaire des autres, et recommencer jusqu'à obtenir une famille libre *(cf. exercices* 5 *et* 6) ;
  - réunir des bases de deux s.e.v. supplémentaires.

© Hachette Livre – H Prépa / Math – La photocopie non autorisée est un délit

FICHE MÉTHODE

● Pour raisonner sur **les dimensions de sous-espaces vectoriels F et G d'un e.v. de dimension finie E,** on utilise les relations :

- $F \subset G \quad \Rightarrow \quad \dim F \leqslant \dim G$
- $\dim(F+G) = \dim F + \dim G - \dim(F \cap G)$
- $\dim(F \oplus G) = \dim F + \dim G$

● Pour raisonner sur **des applications linéaires entre deux e.v. E et F,** où E est de dimension finie, l'outil essentiel est le théorème du rang :

$$\dim \operatorname{Im} f + \dim \operatorname{Ker} f = \dim E$$

(*cf. exercices* 9, 10 *et* 14) .

● Pour montrer qu'**une application linéaire f entre deux e.v. E et F de dimension finie est un isomorphisme,** il suffit de montrer qu'elle est injective $(\operatorname{Ker} f = \{0\})$, et que $\dim E = \dim F$.

Exercice résolu

Méthode des différences finies

ÉNONCÉ

Soit Δ l'application de $\mathbb{R}[X]$ dans lui-même : $P \mapsto \Delta P = P(X+1) - P(X)$.

1) Montrer que Δ est un endomorphisme de l'e.v. $\mathbb{R}[X]$.

2) Déterminer le noyau de Δ.

3) Montrer que : $\forall n \geqslant 1 \quad \Delta(\mathbb{R}_n[X]) = \mathbb{R}_{n-1}[X]$. En déduire $\operatorname{Im} \Delta$.

4) Soit F l'ensemble des polynômes P de $\mathbb{R}[X]$ tels que $P(0) = 0$.

a) Montrer que F est un s.e.v. de $\mathbb{R}[X]$ supplémentaire de $\operatorname{Ker} \Delta$.

b) Montrer que la restriction Δ_F de Δ à F est un isomorphisme d'e.v. de F sur $\mathbb{R}[X]$.

5) a) Montrer qu'il existe une suite $(N_n)_{n \in \mathbb{N}}$, et une seule, d'éléments de $\mathbb{R}[X]$ telle que $N_0 = 1$ et, pour tout $n \in \mathbb{N}^*$: $\quad N_n(0) = 0 \quad ; \quad \Delta N_n = N_{n-1}$.

b) Montrer que $\forall n \in \mathbb{N}^* \quad N_n(X) = \dfrac{X(X-1)\cdots(X-n+1)}{n!}$.

c) Montrer que $(N_0, N_1, \cdots, N_n)$ est une base de $\mathbb{R}_n[X]$.

6) Soit $Q \in \mathbb{R}_n[X]$.

a) Montrer que les coordonnées de Q dans la base $(N_0, N_1, \cdots, N_n)$ sont :

$$(Q(0), \Delta Q(0), \Delta^2 Q(0), \cdots, \Delta^n Q(0))$$

b) *Application* : Déterminer l'unique polynôme Q de $\mathbb{R}_3[X]$ tel que :

$$Q(0) = 1\,, \quad Q(1) = 2\,, \quad Q(2) = -1\,, \quad Q(3) = -2$$

© Hachette Livre – H Prépa / Math – La photocopie non autorisée est un délit

CONSEILS

Une fonction polynomiale peut-elle être périodique sans être constante ?

On ne peut pas appliquer le théorème du rang à Δ, mais seulement à sa restriction à $\mathbb{R}_n[X]$.

On reprend ici la démonstration du théorème du rang : Im Δ est isomorphe à tout supplémentaire de Ker Δ.

SOLUTION

1) Quels que soient $(\alpha, \beta) \in \mathbb{R}^2$ et $(P_1, P_2) \in \mathbb{R}[X]^2$,

$$\begin{aligned}\Delta(\alpha P_1 + \beta P_2) &= (\alpha P_1 + \beta P_2)(X+1) - (\alpha P_1 + \beta P_2)(X) \\ &= \alpha(P_1(X+1) - P_1(X)) + \beta(P_2(X+1) - P_2(X)) \\ &= \alpha \Delta P_1 + \beta \Delta P_2.\end{aligned}$$

L'application Δ est donc linéaire.

2) Soit $P \in \text{Ker}\,\Delta$: $P(X+1) - P(X) = 0$. Par récurrence, $\forall n \in \mathbb{N}$ $P(n) = P(0)$. Le polynôme $P(X) - P(0)$ a une infinité de racines ; il est donc nul. P est un polynôme constant. Réciproquement, tout polynôme constant est élément de $\text{Ker}\,\Delta$. $\text{Ker}\,\Delta = \mathbb{R}_0[X]$.

3) $\deg(\Delta P) < \deg(P)$, donc $\Delta(\mathbb{R}_n[X]) \subset \mathbb{R}_{n-1}[X]$. Soit Δ_n la restriction de Δ à $\mathbb{R}_n[X]$. Appliquons le théorème du rang à Δ_n : $\dim \text{Ker}\,\Delta_n = 1$, donc $\dim \text{Im}\,\Delta_n = n$.

On a donc $\dim \Delta(\mathbb{R}_n[X]) = \dim \mathbb{R}_{n-1}[X]$, d'où l'égalité :

$$\Delta(\mathbb{R}_n[X]) = \mathbb{R}_{n-1}[X].$$

On en déduit que Δ est surjective : $\text{Im}\,\Delta = \mathbb{R}[X]$.

4) a) F est non vide et stable par combinaison linéaire : c'est un sous-espace vectoriel de $\mathbb{R}[X]$. Il est clair que $F \cap \text{Ker}\,\Delta = \{0\}$. De plus, tout polynôme $P \in \mathbb{R}[X]$ peut s'écrire $P = P(0) + XQ$, où $P(0) \in \text{Ker}\,\Delta$ et $XQ \in F$. D'où $\text{Ker}\,\Delta \oplus F = \mathbb{R}[X]$.

b) $\text{Ker}\,\Delta_F = \text{Ker}\,\Delta \cap F = \{0\}$, donc Δ_F est injectif. Montrons qu'il est surjectif. Tout polynôme P de $\mathbb{R}[X]$ a un antécédent Q par Δ, que l'on peut décomposer en $Q = Q_1 + Q_2$, avec $Q_1 \in \text{Ker}\,\Delta$ et $Q_2 \in F$. On a $P = \Delta Q = \Delta Q_1 + \Delta Q_2$; or $\Delta Q_1 = 0$, donc $P = \Delta Q_2$. P a bien un antécédent dans F par Δ ou, ce qui revient au même, par Δ_F.

Δ_F est donc un isomorphisme de F dans $\mathbb{R}[X]$.

5) a) Par récurrence, chaque polynôme N_i a un antécédent unique N_{i+1} dans F par l'isomorphisme Δ_F.

b) Vérifions que cette suite satisfait bien aux hypothèses de la question précédente : pour tout $n \in \mathbb{N}^*$, $N_n(0) = 0$ et :

$$\begin{aligned}\Delta N_n &= N_n(X+1) - N_n(X) \\ &= \frac{(X+1)X\cdots(X-n+2)}{n!} - \frac{X(X-1)\cdots(X-n+1)}{n!} \\ &= \frac{X(X-1)\cdots(X-n+2)}{n!}(X+1-(X-n+1)) \\ &= \frac{X(X-1)\cdots(X-n+2)}{(n-1)!} = N_{n-1}\end{aligned}$$

c) Les polynômes $(N_0, \cdots, N_n)$ sont de degrés tous distincts ; ils forment donc une famille libre de $\mathbb{R}_n[X]$ (*cf. Application* 1). Comme il y en a $(n+1)$, c'est une base de $\mathbb{R}_n[X]$.

6) a) Écrivons *a priori* $Q = \alpha_0 N_0 + \alpha_1 N_1 + \cdots + \alpha_n N_n$. On a successivement $Q(0) = \alpha_0$, $\Delta Q = \alpha_1 N_0 + \alpha_2 N_1 + \cdots + \alpha_n N_{n-1}$, $\Delta Q(0) = \alpha_1$, etc. De proche en proche, on montre que pour tout $k \in [\![0, n]\!]$, $\alpha_k = \Delta^k Q(0)$.

© Hachette Livre – H Prépa / Math – La photocopie non autorisée est un délit

b) On peut obtenir facilement les coordonnées de Q dans la base (N_0, N_1, N_2, N_3) :

$$Q(0) = 1 \qquad Q(1) = 2 \qquad Q(2) = -1 \qquad Q(3) = -2$$

$$\Delta Q(0) = 1 \qquad \Delta Q(1) = -3 \qquad \Delta Q(2) = -1$$

$$\Delta^2 Q(0) = -4 \qquad \Delta^2 Q(1) = 2$$

$$\Delta^3 Q(0) = 6$$

Chercher d'autres méthodes pour déterminer le polynôme Q.

D'où :

$$Q = N_0 + N_1 - 4N_2 + 6N_3 = 1 + X - 4\,\frac{X(X-1)}{2} + 6\,\frac{X(X-1)(X-2)}{6}$$

soit $$Q = X^3 - 5X^2 + 5X + 1$$

© Hachette Livre – H Prépa / Math – La photocopie non autorisée est un délit

Exercices

1 Vrai ou faux ?

a) Une famille de vecteurs est libre si et seulement si ses éléments ne sont pas colinéaires deux à deux.

b) Une famille (x_i) est liée si :

$$\sum_{i=1}^{n} \alpha_i x_i = 0 \Rightarrow (\alpha_1, \alpha_2, \cdots, \alpha_n) \neq (0, 0, \cdots, 0)$$

c) Une famille est liée si et seulement si chacun de ses éléments est combinaison linéaire des autres.

d) Une famille génératrice finie ne peut avoir moins d'éléments qu'une famille libre.

e) Dans un espace vectoriel de dimension n, toute famille de plus de n éléments est liée.

f) Dans un espace vectoriel de dimension n, toute famille de moins de n éléments est libre.

g) Dans un espace vectoriel de dimension n, toute famille de n éléments est une base.

h) Si F et G sont deux s.e.v. supplémentaires dans E, $\dim F + \dim G = \dim E$.

i) Tout endomorphisme injectif d'un espace vectoriel de dimension finie est un automorphisme.

j) Pour tout endomorphisme f de E, $\operatorname{Im} f$ et $\operatorname{Ker} f$ sont supplémentaires.

Familles libres ou liées

2 Les familles suivantes de $\mathbb{R}^3$ sont-elles libres ou liées ?

a) $x_1 = (1, 1, 0)$ $x_2 = (0, 1, 1)$

b) $x_1 = (0, 0, 1)$ $x_2 = (0, 1, 1)$ $x_3 = (1, 1, 1)$

c) $x_1 = (0, 1, -1)$ $x_2 = (1, 0, -1)$ $x_3 = (1, -1, 0)$

d) $x_1 = (1, 1, -1)$ $x_2 = (1, -1, 1)$ $x_3 = (-1, 1, 1)$ $x_4 = (1, 1, 1)$

3 Les familles suivantes de $\mathbb{R}^{\mathbb{R}}$ sont-elles libres ou liées ?

a) $f_1 : x \mapsto \cos x$ $f_2 : x \mapsto \sin x$ $f_3 : x \mapsto 1$;

b) $f_1 : x \mapsto \cos^2 x$ $f_2 : x \mapsto \cos 2x$ $f_3 : x \mapsto 1$;

c) $f_i : x \mapsto e^{\lambda_i x}$
$(\lambda_1, \cdots, \lambda_n)$ étant n réels distincts deux à deux ;

d) $f_k : x \mapsto \sin kx$ $k \in [\![1, n]\!]$.

4 * **1)** Soit E un $\mathbb{K}$-e.v. et f un endomorphisme non nul de E tel que, pour tout $x \in E$, x et $f(x)$ soient colinéaires, c'est-à-dire qu'il existe $\lambda_x \in \mathbb{K}$ tel que $f(x) = \lambda_x x$.

Démontrer que f est une homothétie vectorielle.

2) En déduire l'ensemble des endomorphismes de E qui commutent avec tout endomorphisme de E.

Bases et dimension

5 Déterminer la dimension des espaces vectoriels suivants :

a) $\{(x, y, z) \in \mathbb{R}^3,\ x - 2y + 3z = 0\}$;

b) $\{(x, y, z) \in \mathbb{R}^3,\ x = 2y = 3z\}$;

c) $\{(x, y, z, t) \in \mathbb{R}^4,\ x + y = 0 ;\ y + z = 0 ;\ z + t = 0 ;\ t + x = 0\}$;

d) $\{P \in \mathbb{R}_4[X],\ P(1) = 0\}$;

e) ensemble des suites arithmétiques ;

f) ensemble des fonctions dont la dérivée seconde est nulle ;

g) ensemble des solutions de l'équation différentielle

$$y'' + 4y = 0.$$

6 Déterminer une base de l'image et une base du noyau des applications linéaires suivantes :

a) $\mathbb{R}^2 \to \mathbb{R}^3$ $(x, y) \mapsto (x - y, y - x, 0)$;

b) $\mathbb{R}^3 \to \mathbb{R}^3$ $(x, y, z) \mapsto (x - y, y - z, z - x)$;

c) $\mathbb{C} \to \mathbb{C}$ $z \mapsto z + i\bar{z}$;

d) $\mathbb{R}_3[X] \to \mathbb{R}_3[X]$ $P \mapsto P - (X + 1)P'$.

7 Compléter en une base de $\mathbb{R}^4$ la famille :

$$e_1 = (1, 1, 1, 1) \quad e_2 = (1, 1, -1, -1).$$

8 Déterminer le rang des familles suivantes de $\mathbb{R}^4$:

a) $x_1 = (1, 1, 0, 1)$ $x_2 = (1, -1, 1, 0)$
$x_3 = (2, 0, 1, 1)$ $x_4 = (0, -2, 1, -1)$

b) $x_1 = (0, 1, 1, 1)$ $x_2 = (1, 0, 1, 1)$
$x_3 = (1, 1, 0, 1)$ $x_4 = (1, 1, 1, 0)$

c) $x_1 = (0, 1, 0, 1)$ $x_2 = (1, -1, 1, -1)$
$x_3 = (1, -1, -1, 1)$ $x_4 = (1, 1, 1, 1)$

© Hachette Livre – H Prépa / Math – La photocopie non autorisée est un délit

Applications linéaires en dimension finie

9 Soit E un $\mathbb{K}$-e.v. de dimension n et F, G deux s.e.v. de E. Donner une condition nécessaire et suffisante pour qu'il existe un endomorphisme u de E tel que $\text{Im } u = F$ et $\text{Ker } u = G$.

10 Soit E un $\mathbb{K}$-e.v. de dimension n. Montrer qu'il existe un endomorphisme u de E tel que $\text{Im } u = \text{Ker } u$ si et seulement si n est pair.

11 Soit E et F deux $\mathbb{K}$-e.v. de dimension finie et f, g deux applications linéaires de E dans F. Montrer que :

$$|\text{rg } f - \text{rg } g| \leqslant \text{rg } (f+g) \leqslant \text{rg } f + \text{rg } g$$

12 Soit E un $\mathbb{K}$-e.v. de dimension $n \geqslant 1$ et f un endomorphisme nilpotent de E, c'est-à-dire que : $\exists p \in \mathbb{N}^* \ f^p = 0 \quad (1)$

Soit p_0 le plus petit entier vérifiant (1) (on l'appelle indice de nilpotence de f). Montrer qu'il existe $x \in E$ tel que $f^{p_0-1}(x) \neq 0$ et que la famille $(x, f(x), f^2(x), \cdots, f^{p_0-1}(x))$ est libre.
Comparer p_0 et n. En déduire que $f^n = 0$.

On rappelle dans la suite que si f et g sont deux endomorphismes de E, on note $f \circ g = fg$.

13 * Soit E et F deux $\mathbb{K}$-e.v. de dimension finie et $f \in \mathcal{L}(E,F)$, $g \in \mathcal{L}(F,E)$ telles que $fgf = f$ et $gfg = g$.

1) Montrer que $\text{Im } g$ et $\text{Ker } f$ sont supplémentaires dans E, et que $\text{Im } f$ et $\text{Ker } g$ sont supplémentaires dans F.

2) Montrer que f, g, fg et gf ont le même rang.

14 * Soit E, F, G, H quatre $\mathbb{K}$-e.v. de dimension finie et $f \in \mathcal{L}(E,F)$, $g \in \mathcal{L}(F,G)$, $h \in \mathcal{L}(G,H)$.

1) Montrer que $\text{rg } (gf) = \text{rg } f - \dim (\text{Im } f \cap \text{Ker } g)$ (appliquer le théorème du rang à la restriction de g à $\text{Im } f$).

2) En déduire que :

$$\text{rg } f + \text{rg } g - \dim F \leqslant \text{rg } (gf) \leqslant \min (\text{rg } f, \text{rg } g)$$

3) Montrer que $\text{rg } (gf) + \text{rg } (hg) \leqslant \text{rg } g + \text{rg } (hgf)$ (réutiliser le résultat de la question **1**).

© Hachette Livre – H Prépa / Math – La photocopie non autorisée est un délit

Matrices

10

Introduction

Une application linéaire d'un espace vectoriel E *de dimension* p *dans un espace vectoriel* F *de dimension* n*, tous deux munis de bases, est entièrement déterminée par* np *scalaires, coordonnées dans* F *des images des éléments de la base de* E*. On peut disposer ces scalaires en un tableau à* n *lignes et* p *colonnes, appelé matrice. Tout se ramène alors à un calcul sur ces nouveaux objets. Les algorithmes de calcul sur les matrices sont facilement programmables, et servent de support à l'étude de problèmes d'algèbre linéaire à l'aide de calculatrices ou d'ordinateurs.*

L'invention du calcul matriciel est l'œuvre d'Arthur Cayley (1821-1895).

OBJECTIFS

- Initiation au calcul matriciel.
- Maîtrise de la représentation matricielle des applications linéaires.
- Pratique du changement de bases.

© Hachette Livre – H Prépa / Math – La photocopie non autorisée est un délit

I Espace vectoriel $\mathcal{M}_{np}(\mathbb{K})$

1.1. Matrices à n lignes et p colonnes

Soit $\mathbb{K}$ le corps commutatif $\mathbb{R}$ ou $\mathbb{C}$, et n, p deux entiers naturels non nuls. On appelle **matrice** à n lignes et p colonnes (ou de type (n, p)) à coefficients dans $\mathbb{K}$, une application :

$$\begin{array}{|ccc} & A & \\ [\![1,n]\!] \times [\![1,p]\!] & \rightarrow & \mathbb{K} \\ (i,j) & \mapsto & a_{ij} \end{array}$$

c'est-à-dire la donnée de np éléments de $\mathbb{K}$, que l'on peut disposer en tableau :

$$A = \begin{pmatrix} a_{11} & a_{12} & \cdots & a_{1p} \\ a_{21} & a_{22} & \cdots & a_{2p} \\ \cdots & \cdots & \cdots & \cdots \\ a_{n1} & a_{n2} & \cdots & a_{np} \end{pmatrix}$$

Une matrice étant définie comme une application, deux matrices sont égales si et seulement si elles sont de même type et si leurs coefficients correspondants sont égaux.

Lorsqu'il n'y a pas d'ambiguïté sur les valeurs de n et p, la matrice A sera notée $A = (a_{ij})$. Le premier indice du coefficient a_{ij} est appelé **indice de ligne** et le second, **indice de colonne**. L'ensemble des matrices de type (n, p) à coefficients dans $\mathbb{K}$ est noté $\mathcal{M}_{np}(\mathbb{K})$.

On appelle **matrice carrée** d'ordre n une matrice de type (n, n). Ses coefficients dont les indices de ligne et de colonne sont égaux sont appelés **coefficients diagonaux**. La famille des coefficients diagonaux est appelée **diagonale** de la matrice. L'ensemble des matrices carrées d'ordre n à coefficients dans $\mathbb{K}$ est noté $\mathcal{M}_n(\mathbb{K})$.

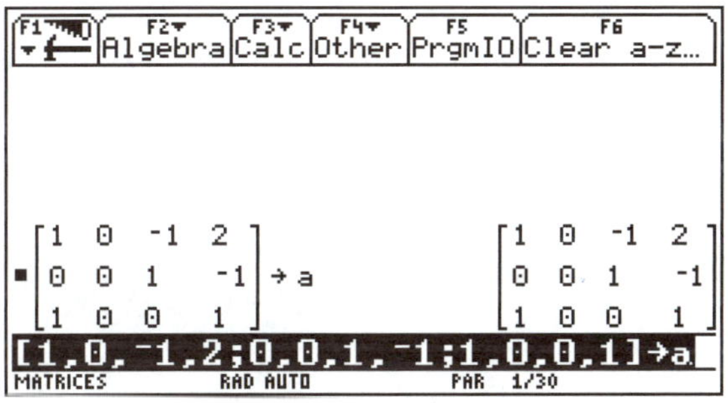

On peut saisir une matrice en donnant entre crochets la liste de ses coefficients, séparés par des virgules ; on change de ligne par un point-virgule.
Le menu `MATH/Matrix` donne accès à de nombreuses fonctions concernant les matrices. Consulter le manuel de la calculatrice.

1.2. Addition des matrices

Soit $A = (a_{ij})$ et $B = (b_{ij})$ deux matrices de $\mathcal{M}_{np}(\mathbb{K})$. On appelle somme des matrices A et B, la matrice $A + B = (c_{ij})$ de $\mathcal{M}_{np}(\mathbb{K})$ définie par :

$$\forall (i,j) \in [\![1,n]\!] \times [\![1,p]\!] \quad c_{ij} = a_{ij} + b_{ij}$$

Exemple :

$$\begin{pmatrix} 1 & 0 & -2 & -3 \\ 2 & -1 & 0 & 1 \\ 3 & 1 & 1 & -2 \end{pmatrix} + \begin{pmatrix} 0 & -1 & 2 & 2 \\ 1 & 1 & -1 & -1 \\ -2 & 2 & -1 & 2 \end{pmatrix} = \begin{pmatrix} 1 & -1 & 0 & -1 \\ 3 & 0 & -1 & 0 \\ 1 & 3 & 0 & 0 \end{pmatrix}$$

Cette addition est une opération interne dans $\mathcal{M}_{np}(\mathbb{K})$. On vérifie facilement qu'elle est commutative et associative ; la **matrice nulle** de $\mathcal{M}_{np}(\mathbb{K})$ (matrice dont tous les coefficients sont nuls) est élément neutre ; toute matrice $A = (a_{i,j}) \in \mathcal{M}_{np}(\mathbb{K})$ possède une opposée : $-A = (-a_{i,j})$. On peut donc énoncer :

$(\mathcal{M}_{np}(\mathbb{K}), +)$ est un groupe abélien.

© Hachette Livre – H Prépa / Math – La photocopie non autorisée est un délit

1.3. Multiplication d'une matrice par un scalaire

Soit $A = (a_{ij}) \in \mathcal{M}_{np}(\mathbb{K})$ et $\alpha \in \mathbb{K}$. On appelle produit de la matrice A par le scalaire α la matrice $\alpha A = (b_{ij})$ de $\mathcal{M}_{np}(\mathbb{K})$ définie par :

$$\forall (i,j) \in [\![1,n]\!] \times [\![1,p]\!] \quad b_{ij} = \alpha a_{ij}$$

Exemple :

$$3 \cdot \begin{pmatrix} 1 & 0 & -2 & -3 \\ 2 & -1 & 0 & 1 \\ 3 & 1 & 1 & -2 \end{pmatrix} = \begin{pmatrix} 3 & 0 & -6 & -9 \\ 6 & -3 & 0 & 3 \\ 9 & 3 & 3 & -6 \end{pmatrix}$$

On vérifie facilement que cette opération externe satisfait aux quatre propriétés de la définition d'un espace vectoriel sur le corps $\mathbb{K}$.

$(\mathcal{M}_{np}(\mathbb{K}), +, \cdot)$ est un $\mathbb{K}$-espace vectoriel.

1.4. Base de $\mathcal{M}_{np}(\mathbb{K})$

Soit $A = (a_{ij}) \in \mathcal{M}_{np}(\mathbb{K})$. On remarque que $A = \sum_{i=1}^{n} \sum_{j=1}^{p} a_{ij} E_{ij}$, où E_{ij} est la matrice de $\mathcal{M}_{np}(\mathbb{K})$ dont tous les coefficients sont nuls, sauf celui de la ligne i et de la colonne j qui vaut 1.

Par exemple, dans $\mathcal{M}_{3,4}(\mathbb{R})$:

$$E_{2,3} = \begin{pmatrix} 0 & 0 & 0 & 0 \\ 0 & 0 & 1 & 0 \\ 0 & 0 & 0 & 0 \end{pmatrix}$$

La famille $(E_{ij})_{(i,\,j) \in [\![1,n]\!] \times [\![1,p]\!]}$ engendre donc $\mathcal{M}_{np}(\mathbb{K})$. Or :

$$\sum_{i=1}^{n} \sum_{j=1}^{p} a_{ij} E_{ij} = 0 \quad \Longrightarrow \quad \forall (i,j) \in [\![1,n]\!] \times [\![1,p]\!] \quad a_{ij} = 0$$

La famille (E_{ij}) est donc libre. C'est une base de $\mathcal{M}_{np}(\mathbb{K})$, appelée **base canonique**. On en déduit :

$$\dim \mathcal{M}_{np}(\mathbb{K}) = np$$

2 Multiplication matricielle

2.1. Produit de deux matrices

Soit n, p, q trois entiers strictement positifs, A une matrice de $\mathcal{M}_{np}(\mathbb{K})$ et B une matrice de $\mathcal{M}_{pq}(\mathbb{K})$ (le nombre de colonnes de A est égal au nombre de lignes de B).

Posons $A = (a_{ij})$ et $B = (b_{jk})$ (par commodité, on choisit de donner le même nom à l'indice de colonne de A et à l'indice de ligne de B, qui parcourent le même intervalle $[\![1,p]\!]$).

On appelle produit des matrices A et B, la matrice $AB = (c_{ik})$ de $\mathcal{M}_{nq}(\mathbb{K})$ (elle a le même nombre de lignes que A et le même nombre de colonnes que B) définie par :

$$\forall (i,k) \in [\![1,n]\!] \times [\![1,q]\!] \quad c_{ik} = \sum_{j=1}^{p} a_{ij} b_{jk}$$

© Hachette Livre – H Prépa / Math – La photocopie non autorisée est un délit

Dans la pratique, pour calculer le coefficient de la i -ième ligne, k -ième colonne de la matrice AB, on considère la i -ième ligne de A, la k -ième colonne de B et on fait la somme de leurs produits terme à terme :

$$c_{ik} = a_{i1}b_{1k} + a_{i2}b_{2k} + \cdots + a_{in}b_{nk}$$

On peut adopter la disposition :

$$\begin{array}{cc} & \begin{pmatrix} b_{1k} \\ b_{2k} \\ \vdots \\ b_{pk} \end{pmatrix} \\ \begin{pmatrix} \\ a_{i1} & a_{i2} & \cdots & a_{ip} \\ \end{pmatrix} & \begin{pmatrix} \\ c_{ik} \\ \end{pmatrix} \end{array}$$

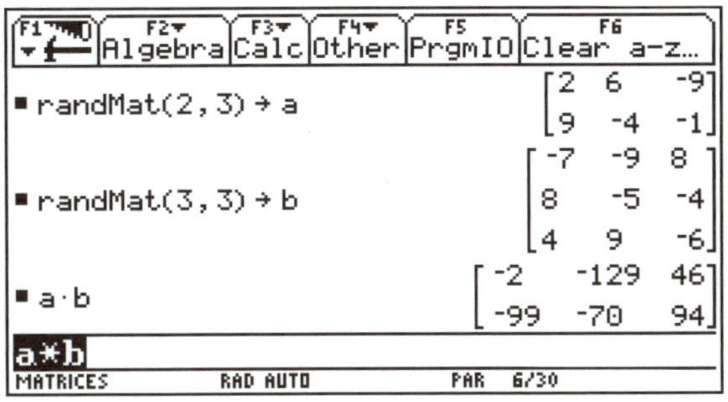

Produit de deux matrices. (`randMat(n,p)` définit une matrice aléatoire à n lignes p colonnes à coefficients entiers.)

Exemple : Utilisation de la calculatrice *(cf. ci-contre)*.

2.2. Associativité

Soit n, p, q et r quatre entiers strictement positifs et A, B, C trois matrices telles que : $A \in \mathcal{M}_{np}(\mathbb{K})$, $B \in \mathcal{M}_{pq}(\mathbb{K})$ et $C \in \mathcal{M}_{qr}(\mathbb{K})$.

Posons : $A = (a_{ij}), \quad B = (b_{jk}), \quad C = (c_{kl})$

$$AB = (d_{ik}), \quad (AB)C = (e_{il}), \quad BC = (f_{jl}), \quad A(BC) = (g_{il})$$

$$\forall (i,l) \in [\![1,n]\!] \times [\![1,r]\!] \quad e_{il} = \sum_{k=1}^{q} d_{ik}c_{kl} = \sum_{k=1}^{q}\sum_{j=1}^{p} a_{ij}b_{jk}c_{kl}$$

$$\forall (i,l) \in [\![1,n]\!] \times [\![1,r]\!] \quad g_{il} = \sum_{j=1}^{p} a_{ij}f_{jl} = \sum_{j=1}^{p}\sum_{k=1}^{q} a_{ij}b_{jk}c_{kl}$$

L'ordre des sommations n'a pas d'importance :

$$\forall (i,l) \in [\![1,n]\!] \times [\![1,r]\!] \quad e_{il} = g_{il}$$

d'où : $$(AB)C = A(BC)$$

La multiplication matricielle est associative.

2.3. Bilinéarité

Théorème 1
Soit n, p, q trois entiers strictement positifs.

Pour toute matrice A fixée de $\mathcal{M}_{np}(\mathbb{K})$:

l'application $\left| \begin{array}{ccc} \mathcal{M}_{pq}(\mathbb{K}) & \to & \mathcal{M}_{nq}(\mathbb{K}) \\ B & \mapsto & AB \end{array} \right.$ est linéaire.

© Hachette Livre – H Prépa / Math – La photocopie non autorisée est un délit

Pour toute matrice B fixée de $\mathcal{M}_{pq}(\mathbb{K})$:

l'application $\left| \begin{array}{ccc} \mathcal{M}_{np}(\mathbb{K}) & \to & \mathcal{M}_{nq}(\mathbb{K}) \\ A & \mapsto & AB \end{array} \right.$ est linéaire.

On dit que l'application :

$\left| \begin{array}{ccc} \mathcal{M}_{nq} \times \mathcal{M}_{pq}(\mathbb{K}) & \to & \mathcal{M}_{nq}(\mathbb{K}) \\ (A, B) & \mapsto & AB \end{array} \right.$

est bilinéaire.

Démonstration

Soit $A \in \mathcal{M}_{np}(\mathbb{K})$, $(B, B') \in \mathcal{M}_{pq}(\mathbb{K})^2$ et $(\alpha, \beta) \in \mathbb{K}^2$.

Posons :

$$A = (a_{ij}), \quad B = (b_{jk}), \quad B' = (b'_{jk})$$

$$AB = (c_{ik}), \quad AB' = (d_{ik}), \quad A(\alpha B + \beta B') = (e_{ik}), \quad \alpha AB + \beta AB' = (f_{ik})$$

$$\forall (i,k) \in [\![1,n]\!] \times [\![1,q]\!] \quad e_{ik} = \sum_{j=1}^{p} a_{ij}(\alpha b_{jk} + \beta b'_{jk})$$

$$= \sum_{j=1}^{p} (\alpha a_{ij} b_{jk} + \beta a_{ij} b'_{jk}) = \alpha c_{ik} + \beta d_{ik} = f_{ik}$$

d'où : $$A(\alpha B + \beta B') = \alpha\, AB + \beta\, AB'$$

De même pour toute matrice $A' \in \mathcal{M}_{np}(\mathbb{K})$:

$$(\alpha A + \beta A')B = \alpha\, AB + \beta\, A'\, B$$

Application 1

Produit par blocs

Soit A une matrice de type (n, p) où $n = n_1 + n_2$ et $p = p_1 + p_2$ (n_1, n_2, p_1 et p_2 étant des entiers strictement positifs).

On peut écrire A sous forme de « blocs » :

$$A = \begin{pmatrix} A_{11} & A_{12} \\ A_{21} & A_{22} \end{pmatrix}$$

où A_{11}, A_{12}, A_{21}, A_{22} sont des matrices de types respectifs (n_1, p_1), (n_1, p_2), (n_2, p_1) et (n_2, p_2).

Considérons une seconde matrice B de type (p, q) où $q = q_1 + q_2$ (q_1 et q_2 étant des entiers strictement positifs).

On peut également écrire B sous forme de blocs :

$$B = \begin{pmatrix} B_{11} & B_{12} \\ B_{21} & B_{22} \end{pmatrix}$$

où B_{11}, B_{12}, B_{21}, B_{22} sont des matrices de types respectifs (p_1, q_1), (p_1, q_2), (p_2, q_1) et (p_2, q_2).

Calculons le produit AB :

Pour $(i,k) \in [\![1, n_1]\!] \times [\![1, q_1]\!]$:

$$c_{ik} = \sum_{j=1}^{p} a_{ij} b_{jk} = \sum_{j=1}^{p_1} a_{ij} b_{jk} + \sum_{j=p_1+1}^{p_1+p_2} a_{ij} b_{jk}$$

On reconnaît le coefficient (i,k) de la matrice $A_{11}B_{11} + A_{12}B_{21}$.

Le calcul est le même quelle que soit la place de i par rapport à n_1 et de k par rapport à q_1.

Si bien que l'on peut écrire :

$$AB = \begin{pmatrix} A_{11} & A_{12} \\ A_{21} & A_{22} \end{pmatrix} \begin{pmatrix} B_{11} & B_{12} \\ B_{21} & B_{22} \end{pmatrix}$$

$$= \begin{pmatrix} A_{11}B_{11} + A_{12}B_{21} & A_{11}B_{12} + A_{12}B_{22} \\ A_{21}B_{11} + A_{22}B_{21} & A_{21}B_{12} + A_{22}B_{22} \end{pmatrix}$$

Tout se passe comme si A et B étaient des hypermatrices de type $(2, 2)$, dont les coefficients seraient les blocs...

Ce principe de calcul se généralise à un nombre quelconque de blocs, du moment que la partition des colonnes de A coïncide avec celle des lignes de B.

© Hachette Livre – H Prépa / Math – La photocopie non autorisée est un délit

3 Anneau des matrices carrées d'ordre n

3.1. Structure de $\mathcal{M}_n(\mathbb{K})$

L'ensemble des matrices carrées d'ordre n, $\mathcal{M}_n(\mathbb{K})$, est muni de deux opérations internes :

- L'addition $\left|\begin{array}{ccc} \mathcal{M}_n(\mathbb{K})^2 & \to & \mathcal{M}_n(\mathbb{K}) \\ (A,B) & \mapsto & A+B \end{array}\right.$

Nous savons déjà que $\mathcal{M}_n(\mathbb{K})$ muni de cette opération est un groupe commutatif.

- La multiplication $\left|\begin{array}{ccc} \mathcal{M}_n(\mathbb{K})^2 & \to & \mathcal{M}_n(\mathbb{K}) \\ (A,B) & \mapsto & AB \end{array}\right.$

Nous savons que cette opération est associative et, du fait de la bilinéarité, distributive par rapport à l'addition de $\mathcal{M}_n(\mathbb{K})$. Elle admet pour élément neutre la matrice :

$$I_n = \begin{pmatrix} 1 & & & \\ & 1 & & 0 \\ & & \ddots & \\ & 0 & & 1 \end{pmatrix}$$

appelée **matrice unité d'ordre n** .

$(\mathcal{M}_n(\mathbb{K}), +, \times)$ est un anneau.

Remarques :

1) La multiplication dans $\mathcal{M}_n(\mathbb{K})$ n'est pas commutative (sauf si $n = 1$). Par exemple :

$$\begin{pmatrix} 0 & 1 \\ 1 & 0 \end{pmatrix}\begin{pmatrix} 0 & -1 \\ 1 & 0 \end{pmatrix} = \begin{pmatrix} 1 & 0 \\ 0 & -1 \end{pmatrix}$$

alors que :

$$\begin{pmatrix} 0 & -1 \\ 1 & 0 \end{pmatrix}\begin{pmatrix} 0 & 1 \\ 1 & 0 \end{pmatrix} = \begin{pmatrix} -1 & 0 \\ 0 & 1 \end{pmatrix}$$

En particulier, il faudra prendre garde à n'appliquer la formule du binôme qu'à la somme de deux matrices **qui commutent**.

2) Il existe dans $\mathcal{M}_n(\mathbb{K})$ des diviseurs de zéro, c'est-à-dire des matrices non nulles dont le produit peut être nul.

Exemple :

$$\begin{pmatrix} 1 & 1 \\ 1 & 1 \end{pmatrix}\begin{pmatrix} 1 & 1 \\ -1 & -1 \end{pmatrix} = \begin{pmatrix} 0 & 0 \\ 0 & 0 \end{pmatrix}$$

Il existe aussi des matrices carrées **nilpotentes**, c'est-à-dire des matrices dont une puissance est nulle :

Exemple :

$$\begin{pmatrix} 0 & 1 \\ 0 & 0 \end{pmatrix}^2 = \begin{pmatrix} 0 & 0 \\ 0 & 0 \end{pmatrix}$$

► ***Pour s'entraîner : ex. 2 à 4.***

© Hachette Livre – H Prépa / Math – La photocopie non autorisée est un délit

Application 2

Calcul des puissances d'une matrice carrée

On considère la matrice :

$$A = \begin{pmatrix} 1 & 1 & 1 & 1 \\ 0 & 1 & 1 & 1 \\ 0 & 0 & 1 & 1 \\ 0 & 0 & 0 & 1 \end{pmatrix}$$

On pose $B = A - I_4$. *Calculer* B^n, *puis* A^n.

$$B = \begin{pmatrix} 0 & 1 & 1 & 1 \\ 0 & 0 & 1 & 1 \\ 0 & 0 & 0 & 1 \\ 0 & 0 & 0 & 0 \end{pmatrix}$$

$$B^2 = \begin{pmatrix} 0 & 0 & 1 & 2 \\ 0 & 0 & 0 & 1 \\ 0 & 0 & 0 & 0 \\ 0 & 0 & 0 & 0 \end{pmatrix}$$

$$B^3 = \begin{pmatrix} 0 & 0 & 0 & 1 \\ 0 & 0 & 0 & 0 \\ 0 & 0 & 0 & 0 \\ 0 & 0 & 0 & 0 \end{pmatrix}$$

et $\forall n \geqslant 4 \quad B^n = 0$. On en déduit A^n par la formule du binôme (car $BI_4 = I_4 B$) :

$$\forall n \geqslant 4$$
$$A^n = \sum_{k=0}^{3} \binom{n}{k} B^k$$
$$= I_4 + nB + \frac{n(n-1)}{2} B^2 + \frac{n(n-1)(n-2)}{6} B^3.$$

On vérifie directement que cette formule reste vraie pour $n \in [\![0, 3]\!]$.

► ***Pour s'entraîner : ex. 5 à 7.***

3.2. Éléments inversibles de $\mathcal{M}_n(\mathbb{K})$

Une matrice carrée $A \in \mathcal{M}_n(\mathbb{K})$ est dite **inversible** s'il existe une matrice $A^{-1} \in \mathcal{M}_n(\mathbb{K})$ telle que :

$$AA^{-1} = A^{-1}A = I_n.$$

Comme dans tout anneau, on sait que l'ensemble des éléments inversibles de $\mathcal{M}_n(\mathbb{K})$ est un groupe multiplicatif. On l'appelle **groupe linéaire** et il est noté $\mathcal{GL}_n(\mathbb{K})$.

Théorème 2
Une matrice carrée de $\mathcal{M}_n(\mathbb{K})$ est inversible si et seulement si elle est inversible à droite *ou* inversible à gauche.

Démonstration

Il est clair que si A est inversible, elle est inversible à gauche et à droite. Supposons A inversible à gauche, c'est-à-dire que :

$$\exists A' \in \mathcal{M}_n(\mathbb{K}) \quad A'A = I_n$$

Soit f_A l'application : $\left| \begin{array}{ccc} \mathcal{M}_n(\mathbb{K}) & \to & \mathcal{M}_n(\mathbb{K}) \\ X & \mapsto & AX \end{array} \right.$.

f_A est un endomorphisme de l'espace vectoriel $\mathcal{M}_n(\mathbb{K})$.

Or :

$$X \in \operatorname{Ker} f_A \implies AX = 0 \implies A'AX = 0 \implies X = 0.$$

© Hachette Livre – H Prépa / Math – La photocopie non autorisée est un délit

f_A est injectif, et comme c'est un endomorphisme d'un espace vectoriel de dimension finie, il est bijectif. La matrice I_n possède donc un antécédent, c'est-à-dire une matrice $A'' \in \mathcal{M}_n(\mathbb{K})$ telle que $AA'' = I_n$. A est donc aussi inversible à droite (ce qui implique, on le sait, que ses inverses à droite et à gauche sont égaux : $A' = A''$).

On procède de même en supposant A inversible à droite (il faut considérer l'application $X \mapsto XA$).

Nous étudierons dans le chapitre suivant une méthode de calcul de l'inverse d'une matrice carrée inversible. En attendant, nous pourrons nous servir de la calculatrice *(cf. ci-contre)*.

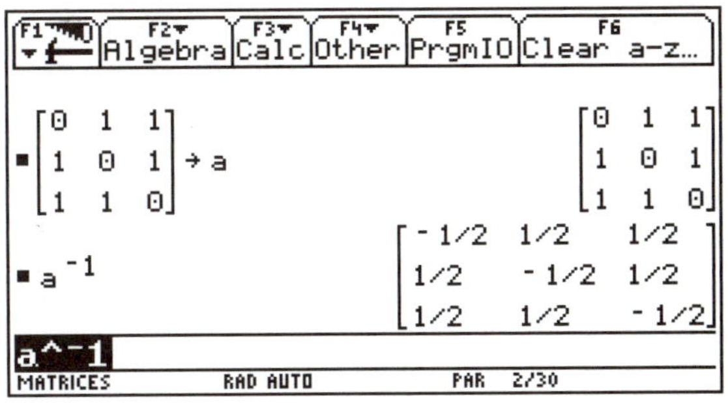

Calcul de l'inverse d'une matrice carrée inversible.

▶ ***Pour s'entraîner : ex. 8 et 11.***

4 Matrice d'une application linéaire

4.1. Représentation matricielle d'une famille de vecteurs

Soit E un $\mathbb{K}$-espace vectoriel de dimension $n \geqslant 1$, muni d'une base $b = (e_1, e_2, \cdots, e_n)$. On peut représenter un vecteur x de E par la matrice unicolonne, notée $M_b(x)$, formée par ses coordonnées dans la base b :

$$\text{Si} \quad x = \sum_{i=1}^{n} \xi_i e_i \quad , \quad M_b(x) = X = \begin{pmatrix} \xi_1 \\ \xi_2 \\ \vdots \\ \xi_n \end{pmatrix}$$

Plus généralement, on peut représenter une famille de p vecteurs de E $(p \in \mathbb{N}^*)$ par la matrice de type (n, p) dont la j-ième colonne représente les coordonnées du j-ième vecteur de la famille dans la base b :

$$\text{Si} \quad x_j = \sum_{i=1}^{n} \xi_{ij} e_i \quad , \quad M_b(x_1, \cdots, x_p) = \begin{pmatrix} \xi_{11} & \xi_{12} & \cdots & \xi_{1p} \\ \xi_{21} & \xi_{22} & \cdots & \xi_{2p} \\ \cdots & \cdots & & \cdots \\ \xi_{n1} & \xi_{n2} & \cdots & \xi_{np} \end{pmatrix}$$

4.2. Représentation matricielle d'une application linéaire

Soit E un $\mathbb{K}$-espace vectoriel de dimension $p \geqslant 1$, muni d'une base $b = (e_1, e_2, \cdots, e_p)$, et F un $\mathbb{K}$-espace vectoriel de dimension $n \geqslant 1$, muni d'une base :

$$b' = (e'_1, e'_2, \cdots, e'_n)$$

Une application linéaire f de E dans F est caractérisée par l'image de la base b, c'est-à-dire par la famille de p vecteurs de F :

$$\big(f(e_1), f(e_2), \cdots, f(e_p)\big)$$

© Hachette Livre – H Prépa / Math – La photocopie non autorisée est un délit

D'après ce qui précède, on peut représenter cette famille par une matrice de $\mathcal{M}_{np}(\mathbb{K})$, que l'on appelle **matrice de f relativement au système de bases** (b, b') et que nous noterons $M_{b'}^{b}(f)$:

Si $\forall j \in [\![1, p]\!] \quad f(e_j) = \sum_{i=1}^{n} a_{ij} e'_i$, $\quad M_{b'}^{b}(f) = \begin{pmatrix} a_{11} & a_{12} & \cdots & a_{1p} \\ a_{21} & a_{22} & \cdots & a_{2p} \\ \cdots & \cdots & & \cdots \\ a_{n1} & a_{n2} & \cdots & a_{np} \end{pmatrix}$

Exemple : Soit f : $\left| \begin{array}{ccc} \mathbb{R}_2[X] & \to & \mathbb{R}_3[X] \\ P & \mapsto & (X+1)P - P' \end{array} \right.$

Soit $b = (X^2, X, 1)$ la base canonique de $\mathbb{R}_2[X]$ et $b' = (X^3, X^2, X, 1)$ celle de $\mathbb{R}_3[X]$. Cherchons les images par f des éléments de la base b :

$$f(X^2) = X^3 + X^2 - 2X \qquad f(X) = X^2 + X - 1 \qquad f(1) = X + 1$$

La matrice de f dans le système de bases (b, b') est donc :

$$M_{b'}^{b}(f) = \begin{pmatrix} 1 & 0 & 0 \\ 1 & 1 & 0 \\ -2 & 1 & 1 \\ 0 & -1 & 1 \end{pmatrix}$$

Réciproquement, toute matrice de $\mathcal{M}_{np}(\mathbb{K})$ définit une application linéaire, et une seule, d'un espace vectoriel de dimension p dans un espace vectoriel de dimension n munis chacun d'une base.

En conclusion, des bases b et b' de E et F étant choisies, l'application :

$$\left| \begin{array}{ccc} \mathcal{L}(E, F) & \to & \mathcal{M}_{np}(\mathbb{K}) \\ f & \mapsto & M_{b'}^{b}(f) \end{array} \right.$$

est bijective.

En particulier, la matrice A représente une unique application linéaire de $\mathbb{K}^p$ dans $\mathbb{K}^n$ relativement aux bases canoniques de ces espaces vectoriels ; on l'appelle **application linéaire canoniquement associée à A.**

On peut exploiter dans les deux sens cette correspondance entre matrices et applications linéaires : tout problème portant sur des applications linéaires en dimension finie peut avoir une traduction matricielle, qui a l'avantage d'être plus concrète et de bien se prêter aux calculs, y compris sur machine.

Réciproquement, tout problème portant sur des matrices peut être interprété en termes d'applications linéaires, ce qui donne accès à de puissants moyens de démonstration (image, noyau, dimensions, bases, etc.).

4.3. Expression matricielle de l'application linéaire

Voyons comment utiliser la matrice d'une application linéaire pour calculer l'image d'un vecteur donné.

Soit E un $\mathbb{K}$-espace vectoriel de dimension p, muni d'une base $b = (e_1, e_2, \cdots, e_p)$, et F un $\mathbb{K}$-espace vectoriel de dimension n, muni d'une base $b' = (e'_1, e'_2, \cdots, e'_n)$, f une application linéaire de E dans F représentée dans les bases b et b' par la matrice A.

Soit x un vecteur de E représenté dans la base b par la matrice unicolonne :

$$X = M_b(x) = \begin{pmatrix} \xi_1 \\ \xi_2 \\ \vdots \\ \xi_p \end{pmatrix}$$

© Hachette Livre – H Prépa / Math – La photocopie non autorisée est un délit

Cela signifie que $x = \sum_{j=1}^{p} \xi_j e_j$.

D'où :

$$f(x) = \sum_{j=1}^{p} \xi_j f(e_j) = \sum_{j=1}^{p} \xi_j \sum_{i=1}^{n} a_{ij} e'_i = \sum_{i=1}^{n} \left(\sum_{j=1}^{p} a_{ij} \xi_j \right) e'_i$$

La matrice représentant le vecteur $f(x)$ dans la base b' est donc :

$$Y = M_{b'}(f(x)) = \begin{pmatrix} y_1 \\ y_2 \\ \vdots \\ y_n \end{pmatrix} \quad \text{où} \quad y_i = \sum_{j=1}^{p} a_{ij} \xi_j$$

On reconnaît la définition d'un produit de matrices :

$$Y = AX$$

L'effet de l'application linéaire f revient donc pour les matrices unicolonnes représentant les vecteurs à une multiplication à gauche par la matrice A.

Dans le cas $n = p = 1$, on retrouve la définition d'une application linéaire de $\mathbb{K}$ dans $\mathbb{K}$: $x \mapsto ax$.

► *Pour s'entraîner : ex. 12 à 15.*

4.4. Matrice de la somme de deux applications linéaires

Soit f et g deux applications linéaires de E dans F, représentées respectivement par les matrices A et B relativement aux bases b et b'.

$\forall x \in E \quad (f+g)(x) = f(x) + g(x)$, soit matriciellement :

$$Y = AX + BX = (A+B)X$$

La matrice représentant $f+g$ dans les bases b et b' étant unique, c'est nécessairement $A+B$.

$$M_{b'}^{b}(f+g) = M_{b'}^{b}(f) + M_{b'}^{b}(g)$$

On montre de même que, pour tout scalaire α :

$$M_{b'}^{b}(\alpha f) = \alpha\, M_{b'}^{b}(f)$$

Ces deux relations expriment que l'application :

$$\left| \begin{array}{ccc} \mathcal{L}(E,F) & \to & \mathcal{M}_{np}(\mathbb{K}) \\ f & \mapsto & M_{b'}^{b}(f) \end{array} \right.$$

est linéaire. Comme elle est évidemment bijective, c'est un isomorphisme d'espaces vectoriels.

On a, en particulier, l'égalité des dimensions :

$$\dim \mathcal{L}(E,F) = \dim \mathcal{M}_{np}(\mathbb{K}) = np$$

© Hachette Livre – H Prépa / Math – La photocopie non autorisée est un délit

4.5. Matrice de la composée de deux applications linéaires

Soit : E un $\mathbb{K}$-espace vectoriel de dimension $p \geqslant 1$, muni d'une base b,
F un $\mathbb{K}$-espace vectoriel de dimension $n \geqslant 1$, muni d'une base b',
G un $\mathbb{K}$-espace vectoriel de dimension $q \geqslant 1$, muni d'une base b''.

Soit : $f \in \mathcal{L}(E, F) \quad A = M_{b'}^{b}(f)$
$g \in \mathcal{L}(F, G) \quad B = M_{b''}^{b'}(g)$

Soit $x \in E$, tel que $M_b(x) = X$. Alors :

$$M_{b'}(f(x)) = Y = AX \quad \text{et} \quad M_{b''}(g \circ f(x)) = Z = BY = BAX.$$

La matrice représentant $g \circ f$ dans les bases b et b'' étant unique, c'est nécessairement BA.

$$M_{b''}^{b}(g \circ f) = M_{b''}^{b'}(g)\, M_{b'}^{b}(f)$$

C'est cette relation qui justifie la définition de la multiplication matricielle. En fait, la multiplication des matrices a été inventée pour décrire des compositions d'applications linéaires.

4.6. Matrice carrée d'un isomorphisme

Si f est un isomorphisme de E dans F (ce qui n'est possible que si $\dim E = \dim F$), on a : $f \circ f^{-1} = \mathrm{Id}_F$ et $f^{-1} \circ f = \mathrm{Id}_E$. D'où :

$$M_{b'}^{b}(f)\, M_{b}^{b'}(f^{-1}) = M_{b'}^{b'}(\mathrm{Id}_F) = I_n \quad \text{et} \quad M_{b}^{b'}(f^{-1})\, M_{b'}^{b}(f) = M_{b}^{b}(\mathrm{Id}_E) = I_n$$

On en déduit que la matrice $M_{b'}^{b}(f)$ est inversible et :

$$M_{b'}^{b}(f)^{-1} = M_{b}^{b'}(f^{-1})$$

4.7. Matrice carrée d'un endomorphisme

Dans le cas d'un endomorphisme, on peut choisir la même base dans E en tant qu'espace de départ et en tant qu'espace d'arrivée. On écrira alors simplement $M_b(u)$ pour la matrice représentant l'endomorphisme u dans la base b.

L'application : $\left| \begin{array}{ccc} \mathcal{L}(E) & \rightarrow & \mathcal{M}_n(\mathbb{K}) \\ u & \mapsto & M_b(u) \end{array} \right.$

est un isomorphisme d'espace vectoriels et d'anneaux.

u est un automorphisme de E si et seulement si la matrice $M_b(u)$ est inversible et :

$$M_b(u)^{-1} = M_b(u^{-1})$$

Ceci explique la terminologie commune utilisée pour décrire l'ensemble des automorphismes de E (groupe linéaire de E) et l'ensemble des matrices carrées inversibles d'ordre n (groupe linéaire d'ordre n de $\mathbb{K}$).

L'application $\left| \begin{array}{ccc} \mathcal{GL}(E) & \rightarrow & \mathcal{GL}_n(\mathbb{K}) \\ u & \mapsto & M_b(u) \end{array} \right.$ est un isomorphisme de groupes.

© Hachette Livre – H Prépa / Math – La photocopie non autorisée est un délit

5 Changement de bases

5.1. Effet d'un changement de bases sur les coordonnées d'un vecteur

Soit E un $\mathbb{K}$-espace vectoriel de dimension $n \geqslant 1$, muni de deux bases $b = (e_1, \cdots, e_n)$ et $b' = (e'_1, \cdots, e'_n)$. Soit x un vecteur de E ; on peut le représenter dans chacune des bases par une matrice unicolonne :

Si $x = \sum_{i=1}^{n} \xi_i e_i = \sum_{i=1}^{n} \xi'_i e'_i$

$$M_b(x) = X = \begin{pmatrix} \xi_1 \\ \vdots \\ \xi_n \end{pmatrix} \quad \text{et} \quad M_{b'}(x) = X' = \begin{pmatrix} \xi'_1 \\ \vdots \\ \xi'_n \end{pmatrix}$$

Comme $x = \mathrm{Id}_E(x)$, on peut écrire : $M_b(x) = M_b^{b'}(\mathrm{Id}_E)\, M_{b'}(x)$

C'est-à-dire :

$$X = P\, X'$$

où P est la matrice représentant l'identité de E relativement aux bases b' au départ et b à l'arrivée. La j-ième colonne de P représente les coordonnées de e'_j dans la base b. Cette matrice P est appelée **matrice de passage** de la base b à la base b' (attention à l'ordre !).

Comme elle représente l'identité, une matrice de passage est inversible. L'inverse de la matrice de passage de b à b' est la matrice de passage de b' à b.

Réciproquement, toute matrice de $\mathcal{GL}_n(\mathbb{K})$ peut être considérée comme la matrice de passage de la base canonique de $\mathbb{K}^n$ dans la base constituée des vecteurs colonnes.

Quand on effectue le changement de base de b à b', on appelle volontiers b « ancienne base » et b' « nouvelle base ». La matrice de passage donne les coordonnées des vecteurs de la nouvelle base dans l'ancienne base, ce qui correspond bien à ce que l'on connaît en général. La formule $X = PX'$ exprime les anciennes coordonnées d'un vecteur en fonction des nouvelles, et c'est aussi dans ce sens qu'on en a besoin.

Exemple : Soit dans l'espace vectoriel $\mathbb{R}_3[X]$ les bases :

$$b = (X^3, X^2, X, 1) \quad \text{et} \quad b' = \big((X-1)^3, (X-1)^2, X-1, 1\big)$$

(b' est une base parce qu'elle a quatre éléments de degrés tous distincts).

La matrice de passage de b à b' est :

$$P = \begin{pmatrix} 1 & 0 & 0 & 0 \\ -3 & 1 & 0 & 0 \\ 3 & -2 & 1 & 0 \\ -1 & 1 & -1 & 1 \end{pmatrix}$$

Soit un polynôme :

$Q = aX^3 + bX^2 + cX + d = a'(X-1)^3 + b'(X-1)^2 + c'(X-1) + d'$

$$\begin{pmatrix} a \\ b \\ c \\ d \end{pmatrix} = \begin{pmatrix} 1 & 0 & 0 & 0 \\ -3 & 1 & 0 & 0 \\ 3 & -2 & 1 & 0 \\ -1 & 1 & -1 & 1 \end{pmatrix} \begin{pmatrix} a' \\ b' \\ c' \\ d' \end{pmatrix}$$

D'où :
$$\begin{cases} a = a' \\ b = -3a' + b' \\ c = 3a' - 2b' + c' \\ d = -a' + b' - c' + d' \end{cases}$$

© Hachette Livre – H Prépa / Math – La photocopie non autorisée est un délit

5.2. Effet d'un changement de bases sur la matrice d'une application linéaire

Soit E un $\mathbb{K}$-espace vectoriel muni de deux bases b_1 et b'_1, P la matrice de passage de b_1 à b'_1, et F un $\mathbb{K}$-espace vectoriel muni de deux bases b_2 et b'_2, Q la matrice de passage de b_2 à b'_2.

Soit f une application linéaire de E dans F ; on peut la représenter matriciellement dans chacun des systèmes de bases :

$$A = M_{b_2}^{b_1}(f) \qquad A' = M_{b'_2}^{b'_1}(f)$$

En remarquant que $f = \mathrm{Id}_F \circ f \circ \mathrm{Id}_E$, on peut écrire :

$$M_{b'_2}^{b'_1}(f) = M_{b'_2}^{b_2}(\mathrm{Id}_F)\, M_{b_2}^{b_1}(f)\, M_{b_1}^{b'_1}(\mathrm{Id}_E)$$

C'est-à-dire :

$$A' = Q^{-1} A\, P$$

Deux matrices A et A' de $\mathcal{M}_{np}(\mathbb{K})$, telles qu'il existe $P \in \mathcal{GL}_p(\mathbb{K})$ et $Q \in \mathcal{GL}_n(\mathbb{K})$ vérifiant $A' = Q^{-1} A\, P$, sont dites **équivalentes**. En interprétant P et Q comme des matrices de passage, on voit que deux matrices sont équivalentes si et seulement si elles représentent une même application linéaire dans des bases différentes.

5.3. Effet d'un changement de bases sur la matrice d'un endomorphisme

Soit E un $\mathbb{K}$-espace vectoriel muni de deux bases b et b', et P la matrice de passage de b à b'. Soit u un endomorphisme de E ; on peut le représenter matriciellement dans chacune des bases (en choisissant à chaque fois la même base pour E en tant qu'espace de départ et en tant qu'espace d'arrivée) :

$$A = M_b(u) \qquad \text{et} \qquad A' = M_{b'}(u)$$

On peut reprendre le même calcul que pour une application linéaire quelconque, en remarquant qu'ici $Q = P$.

D'où :

$$A' = P^{-1} A\, P$$

Deux matrices A et A' de $\mathcal{M}_n(\mathbb{K})$, telles qu'il existe $P \in \mathcal{GL}_n(\mathbb{K})$ vérifiant $A' = P^{-1} A\, P$, sont dites **semblables**. En interprétant P comme une matrice de passage, on voit que deux matrices carrées sont semblables si et seulement si elles représentent un même endomorphisme dans deux bases, prises simultanément comme base de départ et d'arrivée.

▶ **Pour s'entraîner : ex. 18 et 19.**

⚠ *Il ne faut pas confondre les notions de matrices équivalentes et matrices semblables. Tout d'abord, cette dernière ne concerne que les matrices carrées. Ensuite, s'il est clair que deux matrices carrées semblables sont équivalentes, la réciproque est fausse : deux matrices carrées équivalentes représentent un même endomorphisme d'un espace vectoriel E dans des systèmes de bases où l'on ne choisit pas nécessairement la même base pour décrire l'espace de départ et l'espace d'arrivée.*
Par exemple, n'importe quelle matrice inversible d'ordre n est équivalente à I_n, tandis que la seule matrice semblable à I_n est I_n elle-même.

© Hachette Livre – H Prépa / Math – La photocopie non autorisée est un délit

Application 3

Un exemple de réduction de matrice

Soit u l'endomorphisme de $\mathbb{R}^3$ représenté dans la base canonique b par la matrice :

$$A = \begin{pmatrix} 0 & -1 & 1 \\ 1 & 2 & -3 \\ 1 & 1 & -2 \end{pmatrix}$$

1) *Déterminer les s.e.v.* Ker u, Ker $(u - \mathrm{Id})$ *et* Ker $(u + \mathrm{Id})$.

2) *En déduire une base b' de $\mathbb{R}^3$ dans laquelle la matrice D représentant l'endomorphisme u soit diagonale.*

3) *Exprimer A en fonction de D.*

4) *En déduire A^n pour tout $n \in \mathbb{N}^*$*

1) Soit $X = \begin{pmatrix} x \\ y \\ z \end{pmatrix}$.

$AX = 0 \iff x = y = z$, d'où :

$$\mathrm{Ker}\, u = \mathrm{Vect}\big((1,1,1)\big)$$

$AX = X \iff x = -y$ et $z = 0$, d'où :

$$\mathrm{Ker}\,(u - \mathrm{Id}) = \mathrm{Vect}\big((1,-1,0)\big)$$

$AX = -X \iff x = 0$ et $y = z$, d'où :

$$\mathrm{Ker}\,(u + \mathrm{Id}_E) = \mathrm{Vect}\big((0,1,1)\big)$$

2) La famille $b' = (e'_1, e'_2, e'_3)$ où $e'_1 = (1,1,1)$, $e'_2 = (1,-1,0)$ et $e'_3 = (0,1,1)$ est une base de $\mathbb{R}^3$.

Comme $u(e'_1) = 0$, $u(e'_2) = e'_2$ et $u(e'_3) = -e'_3$, la matrice représentant u dans cette base est :

$$D = \begin{pmatrix} 0 & 0 & 0 \\ 0 & 1 & 0 \\ 0 & 0 & -1 \end{pmatrix}$$

3) La matrice de passage de b à b' est :

$$P = \begin{pmatrix} 1 & 1 & 0 \\ 1 & -1 & 1 \\ 1 & 0 & 1 \end{pmatrix}$$

Son inverse est :

$$P^{-1} = \begin{pmatrix} 1 & 1 & -1 \\ 0 & -1 & 1 \\ -1 & -1 & 2 \end{pmatrix}$$

On a $D = P^{-1}AP$, d'où $A = PDP^{-1}$.

4) On en déduit : $\forall n \in \mathbb{N}^* \quad A^n = P\,D^n\,P^{-1}$

- Si n est impair, $D^n = D$, d'où $A^n = A$.
- Si n est pair : $D^n = \begin{pmatrix} 0 & 0 & 0 \\ 0 & 1 & 0 \\ 0 & 0 & 1 \end{pmatrix}$

d'où : $A^n = A^2 = \begin{pmatrix} 0 & -1 & 1 \\ -1 & 0 & 1 \\ -1 & -1 & 2 \end{pmatrix}$

6 Transposition

6.1. Transposée d'une matrice

Soit $A \in \mathcal{M}_{np}(\mathbb{K})$. On appelle **transposée** de A la matrice de $\mathcal{M}_{pn}(\mathbb{K})$ dont les lignes sont les colonnes de A et vice versa.

Si

$$A = (a_{ij}), \quad {}^tA = (a'_{ij})$$

où

$$\forall (i,j) \in [\![1,p]\!] \times [\![1,n]\!] \quad a'_{ij} = a_{ji}$$

Exemple :

$${}^t\begin{pmatrix} 1 & 3 & 5 \\ 2 & 4 & 6 \end{pmatrix} = \begin{pmatrix} 1 & 2 \\ 3 & 4 \\ 5 & 6 \end{pmatrix}$$

© Hachette Livre – H Prépa / Math – La photocopie non autorisée est un délit

Théorème 3

L'application $\left|\begin{array}{ccc} \mathcal{M}_{np}(\mathbb{K}) & \to & \mathcal{M}_{pn}(\mathbb{K}) \\ A & \mapsto & {}^tA \end{array}\right.$ est un isomorphisme d'espace vectoriel.

Démonstration

On montre facilement que cette application est linéaire :
$\forall (A,B) \in \mathcal{M}_{np}(\mathbb{K})^2 \quad \forall (\alpha,\beta) \in \mathbb{K}^2 \quad {}^t(\alpha A + \beta B) = \alpha\, {}^tA + \beta\, {}^tB$
Par ailleurs, toute matrice C de $\mathcal{M}_{pn}(\mathbb{K})$ est la transposée d'une unique matrice de $\mathcal{M}_{np}(\mathbb{K})$, qui est ${}^tC$: notre application est donc bijective.

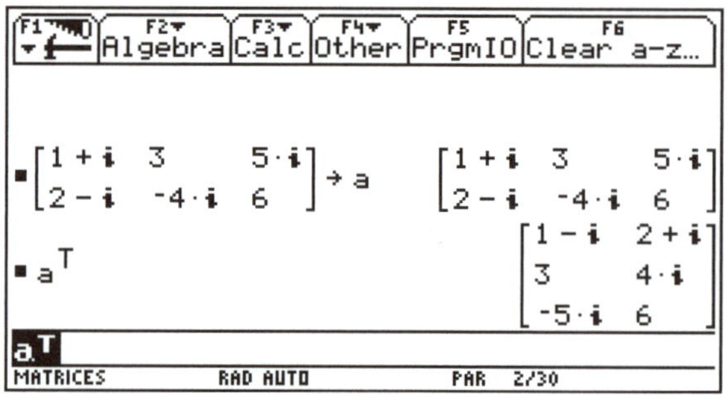

Adjointe d'une matrice
La TI-92/Voyage 200 permet de transposer une matrice **réelle** (il faut écrire A^T).
Attention : Pour une matrice à coefficients complexes, cette fonction donne **la conjuguée de la transposée** (qui est appelée matrice adjointe).

6.2. Transposée d'un produit

Théorème 4

Pour toutes matrices $A \in \mathcal{M}_{np}(\mathbb{K})$ et $B \in \mathcal{M}_{pq}(\mathbb{K})$:

$${}^t(AB) = {}^tB\, {}^tA$$

⚠ *Attention à l'ordre !*

Démonstration

Posons $A = (a_{ij})$, $B = (b_{ij})$ et $AB = (c_{ij})$.
${}^tA = (a'_{ij})$, ${}^tB = (b'_{ij})$, ${}^t(AB) = (c'_{ij})$, ${}^tB\, {}^tA = (d_{ij})$.

$$c'_{ij} = c_{ji} = \sum_{k=1}^{p} a_{jk} b_{ki} = \sum_{k=1}^{p} b'_{ik} a'_{kj} = d_{ij} \quad \text{, d'où } {}^t(AB) = {}^tB\, {}^tA.$$

Corollaire 4.1

La transposée d'une matrice carrée inversible est inversible et :

$${}^t(A^{-1}) = ({}^tA)^{-1}$$

Démonstration

Soit $A \in \mathcal{GL}_n(\mathbb{K})$. En transposant l'égalité $AA^{-1} = A^{-1}A = I_n$, on obtient : ${}^t(A^{-1})\, {}^tA = {}^tA\, {}^t(A^{-1}) = {}^tI_n = I_n$. ${}^t(A^{-1})$ est donc l'inverse de ${}^tA$.

▶ ***Pour s'entraîner : ex. 21.***

6.3. Matrices carrées symétriques et antisymétriques

Soit $A = (a_{ij}) \in \mathcal{M}_n(\mathbb{K})$ une matrice carrée.
A est dite **symétrique** si ${}^tA = A$, c'est-à-dire si :

$$\forall (i,j) \in [\![1,n]\!]^2 \quad a_{ji} = a_{ij}$$

(les coefficients symétriques par rapport à la diagonale sont égaux).

© Hachette Livre – H Prépa / Math – La photocopie non autorisée est un délit

A est dite **antisymétrique** si ${}^tA = -A$, c'est-à-dire si :

$$\forall (i,j) \in [\![1,n]\!]^2 \quad a_{ji} = -a_{ij}$$

(les coefficients symétriques par rapport à la diagonale sont opposés ; en particulier, les coefficients diagonaux sont nuls).

Théorème 5

Si $\mathbb{K}$ est un sous-corps de $\mathbb{C}$, l'ensemble $\mathcal{S}_n(\mathbb{K})$ des matrices symétriques et l'ensemble $\mathcal{A}_n(\mathbb{K})$ des matrices antisymétriques sont des sous-espaces vectoriels supplémentaires de $\mathcal{M}_n(\mathbb{K})$.

Démonstration

Soit T l'endomorphisme de $\mathcal{M}_n(\mathbb{K})$: $A \mapsto {}^tA$. On remarque que $\mathcal{S}_n(\mathbb{K})$ est le noyau de $T - \mathrm{Id}$ et $\mathcal{A}_n(\mathbb{K})$ le noyau de $T + \mathrm{Id}$. Ce sont donc bien des sous-espaces vectoriels de $\mathcal{M}_n(\mathbb{K})$.

Montrons que leur intersection est le singleton nul. Soit A une matrice carrée à la fois symétrique et antisymétrique : ${}^tA = A = -A$, d'où $A = 0$. Montrons ensuite que toute matrice carrée est la somme d'une matrice symétrique et d'une matrice antisymétrique :

$$\forall A \in \mathcal{M}_n(\mathbb{K}) \quad A = \frac{1}{2}(A + {}^tA) + \frac{1}{2}(A - {}^tA)$$

Or ${}^t\left(\frac{1}{2}(A + {}^tA)\right) = \frac{1}{2}({}^tA + A)$: la matrice $\frac{1}{2}(A + {}^tA)$ est symétrique.

${}^t\left(\frac{1}{2}(A - {}^tA)\right) = \frac{1}{2}({}^tA - A)$: la matrice $\frac{1}{2}(A - {}^tA)$ est antisymétrique.

On aurait pu aussi démontrer que $\mathcal{S}_n(\mathbb{K}) \cap \mathcal{A}_n(\mathbb{K}) = \{0\}$ et que :

$$\begin{cases} \dim \mathcal{S}_n(\mathbb{K}) = \dfrac{n(n+1)}{2} \\ \dim \mathcal{A}_n(\mathbb{K}) = \dfrac{n(n-1)}{2} \end{cases}$$

puis montrer que la somme de ces deux dimensions est celle de $\mathcal{M}_n(\mathbb{K})$, c'est-à-dire n^2.

T est un endomorphisme involutif de $\mathcal{M}_n(\mathbb{K})$, c'est donc une symétrie. C'est précisément la symétrie par rapport à $\mathcal{S}_n(\mathbb{K})$ parallèlement à $\mathcal{A}_n(\mathbb{K})$.

► *Pour s'entraîner : ex. 22.*

Application 4

Trace d'une matrice carrée

Soit $A = (a_{ij}) \in \mathcal{M}_n(\mathbb{K})$. On appelle **trace** *de A la somme de ses coefficients diagonaux :*

$$\mathrm{Tr}(A) = \sum_{i=1}^{n} a_{ii}$$

1) *Montrer que l'application Tr est une forme linéaire sur $\mathcal{M}_n(\mathbb{K})$.*

2) *Montrer que*

$$\forall (A,B) \in \mathcal{M}_n(\mathbb{K})^2 \quad \mathrm{Tr}(AB) = \mathrm{Tr}(BA).$$

3) *En déduire que deux matrices carrées semblables ont la même trace. La réciproque est-elle vraie ?*

4) *Soit E un $\mathbb{K}$-espace vectoriel non réduit à $\{0\}$, et f, g deux endomorphismes de E tels que $fg - gf = \mathrm{Id}_E$.*
Démontrer que E n'est pas de dimension finie. Donner un exemple.

1) Soit $A = (a_{ij})$ et $B = (b_{ij})$ deux matrices de $\mathcal{M}_n(\mathbb{K})$ et α, β deux scalaires.

$$\begin{aligned} \mathrm{Tr}(\alpha A + \beta B) &= \sum_{i=1}^{n} (\alpha a_{ii} + \beta b_{ii}) \\ &= \alpha \sum_{i=1}^{n} a_{ii} + \beta \sum_{i=1}^{n} b_{ii} \\ &= \alpha\, \mathrm{Tr}(A) + \beta\, \mathrm{Tr}(B) \end{aligned}$$

© Hachette Livre – H Prépa / Math – La photocopie non autorisée est un délit

L'application Tr est donc bien une forme linéaire sur $\mathcal{M}_n(\mathbb{K})$.

2) $$\mathrm{Tr}(AB) = \sum_{i=1}^{n}\sum_{j=1}^{n} a_{ij}b_{ji} = \sum_{j=1}^{n}\sum_{i=1}^{n} b_{ji}a_{ij} = \mathrm{Tr}(BA).$$

3) Si A et B sont semblables, il existe $P \in \mathcal{GL}_n(\mathbb{K})$ tel que $B = PAP^{-1}$.

On a alors :

$$\mathrm{Tr}(B) = \mathrm{Tr}(PAP^{-1}) = \mathrm{Tr}(P^{-1}PA) = \mathrm{Tr}(A).$$

Deux matrices semblables ont la même trace.

La réciproque est fausse : une matrice de trace nulle n'est pas nécessairement semblable à la matrice nulle (c'est-à-dire également nulle) !

4) Si E était de dimension n $(n \in \mathbb{N}^*)$, les matrices A et B représentant f et g dans une base de E vérifieraient :

$$AB - BA = I_n$$

Or $\mathrm{Tr}(AB - BA) = \mathrm{Tr}(AB) - \mathrm{Tr}(BA) = 0$, tandis que $\mathrm{Tr}(I_n) = n$. On aboutit donc à une contradiction.

L'égalité $fg - gf = \mathrm{Id}_E$ est, en revanche, possible dans un espace vectoriel qui n'est pas de dimension finie, par exemple dans $\mathbb{K}[X]$ avec :

$$f : P \mapsto P' \text{ et } g : P \mapsto XP$$

pour tout polynôme P :

$$(fg - gf)(P) = (XP)' - XP' = (P + XP') - XP' = P$$

FICHE MÉTHODE

- Pour calculer **les puissances d'une matrice carrée**, on peut :

- conjecturer le résultat à partir des premiers exposants, puis vérifier par récurrence *(cf. exercice* 5 a) b) c)*)*;
- décomposer la matrice en une somme de deux matrices qui commutent et dont on calcule plus facilement les puissances; utiliser ensuite la formule du binôme *(cf. Application* 2, *Exercice résolu, exercices* 5 d) e) *et* 6) ;
- chercher une matrice plus simple semblable à la matrice donnée *(cf. Application* 3) ;
- chercher un polynôme P qui annule la matrice donnée $(P(A) = 0)$, et effectuer la division euclidienne de P par X^n *(cf. exercice* 7).

- Pour **représenter une application linéaire par une matrice**, il faut :

- choisir des bases dans les e.v. de départ et d'arrivée ;
- écrire en colonnes les coordonnées des images des éléments de la base de départ relativement à la base d'arrivée *(cf. exercices* 12, 13 *et* 15 *)*.

- Pour montrer qu'**une matrice carrée A est inversible**, on peut :

- chercher une matrice carrée B telle que $AB = I_n$ *(cf. exercice* 11) ;
- montrer que A représente un isomorphisme relativement à une base donnée *(cf. exercices* 17 *et* 20).

© Hachette Livre – H Prépa / Math – La photocopie non autorisée est un délit

Exercice résolu

Suites mutuellement récurrentes

ÉNONCÉ

Soit (x_n), (y_n) et (z_n) trois suites réelles définies par leurs premiers termes x_0, y_0, z_0 et les relations de récurrence :

$$\forall n \in \mathbb{N} \quad \begin{cases} x_{n+1} = \frac{2}{3}x_n + \frac{1}{6}y_n + \frac{1}{6}z_n \\ y_{n+1} = \frac{1}{6}x_n + \frac{2}{3}y_n + \frac{1}{6}z_n \\ z_{n+1} = \frac{1}{6}x_n + \frac{1}{6}y_n + \frac{2}{3}z_n \end{cases}$$

Étudier la convergence de ces trois suites.

CONSEILS

Peut-on utiliser une autre décomposition de A ?

Attention : La formule du binôme n'est pas toujours applicable dans $\mathcal{M}_3(\mathbb{R})$.

Écrire la matrice A^n.

SOLUTION

On peut écrire les formules de récurrence sous forme matricielle :

$$\begin{pmatrix} x_{n+1} \\ y_{n+1} \\ z_{n+1} \end{pmatrix} = \begin{pmatrix} \frac{2}{3} & \frac{1}{6} & \frac{1}{6} \\ \frac{1}{6} & \frac{2}{3} & \frac{1}{6} \\ \frac{1}{6} & \frac{1}{6} & \frac{2}{3} \end{pmatrix} \begin{pmatrix} x_n \\ y_n \\ z_n \end{pmatrix}$$

Soit, en abrégé : $X_{n+1} = A\,X_n$. On montre facilement par récurrence que $\forall n \in \mathbb{N} \quad X_n = A^n\,X_0$. Il nous faut donc calculer la matrice A^n.

Notons pour cela que $A = \frac{1}{2}I + \frac{1}{6}J$, où :

$$I = \begin{pmatrix} 1 & 0 & 0 \\ 0 & 1 & 0 \\ 0 & 0 & 1 \end{pmatrix} \quad \text{et} \quad J = \begin{pmatrix} 1 & 1 & 1 \\ 1 & 1 & 1 \\ 1 & 1 & 1 \end{pmatrix}$$

Comme I et J commutent, on peut appliquer la formule du binôme :

$$A^n = \sum_{k=0}^{n} \binom{n}{k} \left(\frac{1}{6}J\right)^k \left(\frac{1}{2}I\right)^{n-k}$$

On vérifie par récurrence que $\forall k \in \mathbb{N}^* \quad J^k = 3^{k-1}J$. Il faut distinguer le cas $k = 0$, où $J^0 = I$.

$$\text{Si } n \geqslant 1 \quad A^n = \frac{1}{2^n}I + \sum_{k=1}^{n} \binom{n}{k} \frac{1}{6^k} \cdot \frac{1}{2^{n-k}} \cdot 3^{k-1}\,J = \frac{1}{2^n}I + \frac{1}{3 \cdot 2^n} \sum_{k=1}^{n} \binom{n}{k}\,J$$

D'où :

$$A^n = \frac{1}{2^n}I + \frac{1}{3} \cdot \frac{2^n - 1}{2^n}\,J \quad \text{ceci pour tout } n \in \mathbb{N}.$$

© Hachette Livre – H Prépa / Math – La photocopie non autorisée est un délit

Donc

$$\forall n \in \mathbb{N} \quad \begin{cases} x_n = \dfrac{1}{3}\left((1+\dfrac{1}{2^{n-1}})x_0 + (1-\dfrac{1}{2^n})y_0 + (1-\dfrac{1}{2^n})z_0\right) \\ y_n = \dfrac{1}{3}\left((1-\dfrac{1}{2^n})x_0 + (1+\dfrac{1}{2^{n-1}})y_0 + (1-\dfrac{1}{2^n})z_0\right) \\ z_n = \dfrac{1}{3}\left((1-\dfrac{1}{2^n})x_0 + (1-\dfrac{1}{2^n})y_0 + (1+\dfrac{1}{2^{n-1}})z_0\right) \end{cases}$$

Faire tendre n vers $+\infty$.

On en déduit que les trois suites (x_n), (y_n) et (z_n) convergent vers la même limite : $\frac{1}{3}(x_0 + y_0 + z_0)$.

© Hachette Livre – H Prépa / Math – La photocopie non autorisée est un délit

Exercices

1 Vrai ou faux ?

a) $\mathcal{M}_{np}(\mathbb{K})$ est un $\mathbb{K}$-espace vectoriel de dimension np.

b) $\mathcal{M}_{np}(\mathbb{K})$ est un anneau.

c) $\mathcal{GL}_n(\mathbb{K})$ est un sous-espace vectoriel de $\mathcal{M}_n(\mathbb{K})$.

d) Soit $A \in \mathcal{M}_n(\mathbb{K})$. S'il existe $A' \in \mathcal{M}_n(\mathbb{K})$ telle que $AA' = I_n$, alors $A'A = I_n$.

e) Une matrice représentant un isomorphisme dans des bases quelconques est inversible.

f) La matrice de passage d'une base b à une base b' est la matrice de l'identité relativement à b en tant que base de départ, et b' en tant que base d'arrivée.

g) Deux matrices semblables sont équivalentes.

h) Deux matrices carrées équivalentes sont semblables.

i) La transposée du produit AB est le produit ${}^tA\,{}^tB$.

j) Toute matrice carrée est de façon unique la somme d'une matrice symétrique et d'une matrice antisymétrique.

Structure d'un ensemble de matrices

2 Soit E l'ensemble des matrices de $\mathcal{M}_2(\mathbb{K})$ de la forme :

$$A = \begin{pmatrix} a+b & b \\ -b & a-b \end{pmatrix} \quad \text{où} \quad (a,b) \in \mathbb{K}^2$$

1) Montrer que E est un sous-espace vectoriel de $\mathcal{M}_2(\mathbb{K})$; en donner une base.

2) Montrer que E est un anneau commutatif. Est-ce un corps ?

3) Déterminer les diviseurs de zéro de E.

4) Déterminer le groupe des éléments inversibles de E.

3 Soit E l'ensemble des matrices de $\mathcal{M}_2(\mathbb{R})$ de la forme :

$$A = \begin{pmatrix} a & -b \\ b & a \end{pmatrix} \quad \text{où} \quad (a,b) \in \mathbb{R}^2$$

1) Démontrer que E est un corps isomorphe à $\mathbb{C}$.

2) En déduire le calcul de la matrice suivante, pour tout $n \in \mathbb{Z}$:

$$\begin{pmatrix} \cos\theta & -\sin\theta \\ \sin\theta & \cos\theta \end{pmatrix}^n$$

4 Soit E l'ensemble des matrices de $\mathcal{M}_3(\mathbb{K})$ de la forme :

$$A = \begin{pmatrix} a & b & c \\ 3c & a-3c & b \\ 3b & 3c-3b & a-3c \end{pmatrix} \quad \text{où} \quad (a,b,c) \in \mathbb{K}^3$$

1) Montrer que E est un sous-espace vectoriel de $\mathcal{M}_3(\mathbb{K})$; en donner une base.

2) Montrer que E est un anneau commutatif.

Puissances d'une matrice carrée

5 Calculer A^n pour tout $n \in \mathbb{N}$:

a) $A = \begin{pmatrix} 1 & -1 \\ -1 & 1 \end{pmatrix}$ **b)** $A = \begin{pmatrix} a & b \\ 0 & a \end{pmatrix}$

c) $A = \begin{pmatrix} 1 & 1 \\ 0 & 2 \end{pmatrix}$ **d)** $A = \begin{pmatrix} 1 & 2 \\ 2 & 1 \end{pmatrix}$

e) $A = \begin{pmatrix} 0 & 1 & 1 \\ 1 & 0 & 1 \\ 1 & 1 & 0 \end{pmatrix}$

6 On considère la matrice :

$$A = \begin{pmatrix} 0 & 1 & -\sin\theta \\ -1 & 0 & \cos\theta \\ -\sin\theta & \cos\theta & 0 \end{pmatrix}$$

Calculer A^3. En déduire $(I_3 + A)^n$ pour $n \geqslant 3$.

7 On considère la matrice :

$$A = \begin{pmatrix} 7 & 5 \\ -6 & -4 \end{pmatrix}$$

1) Calculer la matrice $A^2 - 3A + 2I_2$.

2) En déduire que A est inversible et déterminer A^{-1}.

3) Soit n un entier supérieur ou égal à 2. Déterminer le reste de la division euclidienne du polynôme X^n par $X^2 - 3X + 2$.

4) En déduire la matrice A^n.

Calculs dans l'anneau des matrices carrées

8 Soit A une matrice carrée d'ordre n nilpotente, c'est-à-dire qu'il existe un entier p tel que $A^p = 0$. Montrer que la matrice $I_n - A$ est inversible et préciser son inverse.

9 * Soit E_{ij}^{np} la matrice de $\mathcal{M}_{np}(\mathbb{K})$ comportant un 1 à la i-ième ligne, j-ième colonne et des 0 partout ailleurs.

Calculer le produit $E_{ij}^{np} E_{kl}^{pq}$.

10 * Déterminer le centre de l'anneau $\mathcal{M}_n(\mathbb{K})$, c'est-à-dire l'ensemble des matrices carrées d'ordre n qui commutent avec toute matrice carrée d'ordre n.
(On pourra se servir des matrices E_{ij} définies dans l'exercice précédent.)

© Hachette Livre – H Prépa / Math – La photocopie non autorisée est un délit

11 * Soit $A \in \mathcal{M}_n(\mathbb{K})$ telle que la matrice $I_n + A$ soit inversible. On pose :

$$B = (I_n - A)(I_n + A)^{-1}$$

1) Montrer que $B = (I_n + A)^{-1}(I_n - A)$.

2) Montrer que $I_n + B$ est inversible et exprimer A en fonction de B.

Matrice d'une application linéaire

12 Déterminer les matrices relativement aux bases canoniques des applications linéaires suivantes :

a) $\begin{array}{|ccc} \mathbb{R}^3 & \to & \mathbb{R}^2 \\ (x,y,z) & \mapsto & (x-y\,,\, y-z) \end{array}$

b) $\begin{array}{|ccc} \mathbb{R}^3 & \to & \mathbb{R} \\ (x,y,z) & \mapsto & x-5y+4z \end{array}$

c) $\begin{array}{|ccc} \mathbb{R}_2[X] & \to & \mathbb{R}_2[X] \\ P & \mapsto & P-XP' \end{array}$

d) $\begin{array}{|ccc} \mathbb{R}_3[X] & \to & \mathbb{R}^3 \\ P & \mapsto & (P(-1), P(0), P(1)) \end{array}$

13 Soit E un espace vectoriel de dimension $n \geqslant 1$ et f un endomorphisme de E tel que $f^{n-1} \neq 0$ et $f^n = 0$. Soit $x \in E$ tel que $f^{n-1}(x) \neq 0$. Montrer que la famille $(x, f(x), f^2(x), \cdots, f^{n-1}(x))$ est une base de E.

Écrire la matrice de f dans cette base.

14 Soit f l'endomorphisme de $\mathbb{R}^3$ dont la matrice dans la base canonique est :

$$A = \begin{pmatrix} 2 & -1 & -1 \\ -1 & 2 & -1 \\ -1 & -1 & 2 \end{pmatrix}$$

Déterminer Ker f et Im f. Démontrer que ces deux sous-espaces sont supplémentaires dans $\mathbb{R}^3$. En déduire une base de $\mathbb{R}^3$, réunion d'une base de Ker f et d'une base de Im f. Écrire la matrice de f dans cette base. Décrire f comme la composée de deux endomorphismes très simples.

15 Soit $A = \begin{pmatrix} a & c \\ b & d \end{pmatrix} \in \mathcal{M}_2(\mathbb{K})$.

À toute matrice $X \in \mathcal{M}_2(\mathbb{K})$, on associe la matrice $f_A(X) = AX$. Montrer que f_A est un endomorphisme de l'espace vectoriel $\mathcal{M}_2(\mathbb{K})$. Écrire la matrice de f_A dans la base canonique $(E_{11}, E_{21}, E_{12}, E_{22})$ de $\mathcal{M}_2(\mathbb{K})$.

16 Soit $A \in \mathcal{M}_{n,p}(\mathbb{K})$. Démontrer que :

1) $(\exists A' \in \mathcal{M}_{p,n}(\mathbb{K}) \quad A\,A' = I_n) \implies n \leqslant p$

2) $(\exists A'' \in \mathcal{M}_{p,n}(\mathbb{K}) \quad A''A = I_p) \implies n \geqslant p$

Que peut-on en déduire lorsque $n \neq p$?

Montrer que lorsque $n = p$, $\quad A\,A' = I_n \iff A'\,A = I_n$.

17 Soit $A \in \mathcal{M}_{n,p}(\mathbb{K})$ et $B \in \mathcal{M}_{p,n}(\mathbb{K})$, avec $n \neq p$.

Montrer que les matrices carrées AB et BA ne sont pas toutes deux inversibles.

18 * Soit $P \in \mathcal{GL}_n(\mathbb{K})$. Démontrer que l'application de $\mathcal{M}_n(\mathbb{K})$ dans lui-même : $A \mapsto P^{-1}AP$ est un automorphisme d'espace vectoriel et d'anneau.

En déduire que s'il existe un polynôme Q annulant la matrice A (c'est-à-dire tel que $Q(A) = 0$), alors Q annule aussi toute matrice semblable à A.

19 * Montrer que les matrices $A = \begin{pmatrix} 3 & 2 \\ 4 & 3 \end{pmatrix}$ et $B = \begin{pmatrix} 0 & 1 \\ -1 & 6 \end{pmatrix}$ sont semblables.

20 * Soit $A = (a_{ij}) \in \mathcal{M}_n(\mathbb{C})$ une matrice carrée à coefficients complexes telle que :

$$\forall (i,j) \in [\![1,n]\!]^2 \quad |a_{ij}| < \frac{1}{n}$$

Démontrer que la matrice $I_n + A$ est inversible.

Transposition

21 Soit $A \in \mathcal{M}_{mn}(\mathbb{R})$.

1) Démontrer que $\quad A\,{}^tA = 0 \implies A = 0$.

Le résultat subsiste-t-il si l'on remplace le corps des réels par celui des complexes ?

2) Soit $B \in \mathcal{M}_{pm}(\mathbb{R})$. Montrer que :

$$B\,A\,{}^tA = 0 \implies B\,A = 0$$

3) Soit $C \in \mathcal{M}_{pm}(\mathbb{R})$. Montrer que :

$$B\,A\,{}^tA = C\,A\,{}^tA \implies B\,A = C\,A$$

22 Trouver une condition nécessaire et suffisante pour que le produit de deux matrices symétriques soit symétrique.

Trouver une condition nécessaire et suffisante pour que le produit de deux matrices antisymétriques soit antisymétrique.

© Hachette Livre – H Prépa / Math – La photocopie non autorisée est un délit

Rang d'une matrice et systèmes linéaires

11

Introduction

L'un des problèmes essentiels concernant une matrice est la détermination de son rang. La méthode du pivot de Gauss permet de transformer une matrice sans changer son rang, jusqu'à obtenir une forme très simple. Dans le cas d'une matrice carrée inversible, cette méthode permet même de calculer l'inverse de cette matrice.

OBJECTIFS

- Définir le rang d'une matrice.
- Étudier les opérations sur les lignes d'une matrice qui conservent son rang.
- Combiner ces opérations par la méthode du pivot de Gauss pour déterminer le rang d'une matrice et, dans le cas où elle est inversible, calculer son inverse.
- Utiliser ces méthodes pour résoudre les systèmes d'équations linéaires.

© Hachette Livre – H Prépa / Math – La photocopie non autorisée est un délit

Rang d'une matrice

1.1. Rang des applications linéaires représentées par une même matrice

Soit A une matrice de $\mathcal{M}_{np}(\mathbb{K})$. A peut représenter diverses applications linéaires entre divers espaces vectoriels relativement à diverses bases. Montrons que le rang de ces applications linéaires est indépendant du choix de ces espaces vectoriels et de ces bases : il ne dépend que de la matrice et on peut l'appeler **rang** de A.

$$0 \leqslant \text{rg}\,(A) \leqslant \min(n, p)$$

Théorème 1
Deux applications linéaires susceptibles d'être représentées par la même matrice ont le même rang.

Démonstration

Soit $A \in \mathcal{M}_{np}(\mathbb{K})$. Soit E_1 et E_2 deux $\mathbb{K}$-espaces vectoriels de dimension p, munis de bases respectives b_1 et b_2 ; F_1 et F_2 deux $\mathbb{K}$-espaces vectoriels de dimension n munis de bases respectives b'_1 et b'_2. Soit u_1 l'application linéaire de E_1 dans F_1 représentée dans les bases b_1 et b'_1 par la matrice A ; u_2 l'application linéaire de E_2 dans F_2 représentée dans les bases b_2 et b'_2 par la matrice A.

$$M_{b'_1}^{b_1}(u_1) = M_{b'_2}^{b_2}(u_2) = A$$

Soit φ l'isomorphisme de E_1 dans E_2 transformant la base b_1 en b_2 et ψ l'isomorphisme de F_1 dans F_2 transformant la base b'_1 en b'_2. Les coordonnées dans b'_1 des vecteurs de la famille $u_1(b_1)$ étant les mêmes que celles dans b'_2 des vecteurs de la famille $u_2(b_2)$, on a :

$$\psi \circ u_1 = u_2 \circ \varphi$$

On en déduit que :

$$\psi(\text{Im}\, u_1) = \text{Im}\,(\psi \circ u_1) = \text{Im}\,(u_2 \circ \varphi) = \text{Im}\,(u_2)$$

La restriction de ψ à $\text{Im}\, u_1$ est un isomorphisme de $\text{Im}\, u_1$ dans $\text{Im}\, u_2$.
D'où $\text{rg}\,(u_1) = \text{rg}\,(u_2)$.

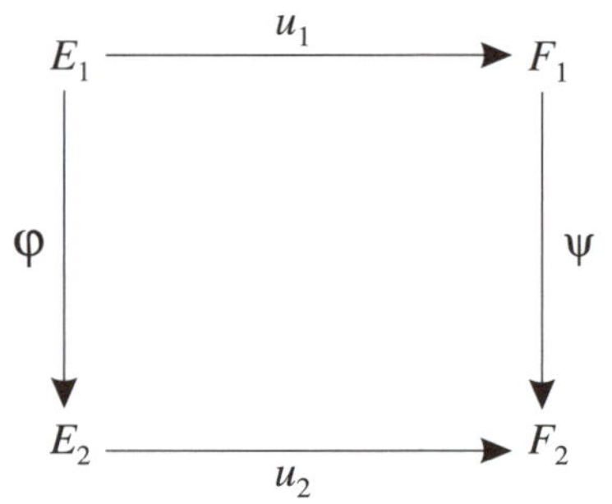

Doc. 1. *Deux applications linéaires représentées par la même matrice.*

En particulier, le rang de A est le rang de l'application linéaire canoniquement associée, c'est-à-dire aussi le rang de la famille de vecteurs de $\mathbb{K}^n$ constituée par les colonnes de A, appelés **vecteurs colonnes** de A.

1.2. Rang des matrices équivalentes

★ *Les paragraphes 1.2 et 1.3 ne sont pas au programme des étudiants de PTSI qui n'ont pas choisi l'option PSI.*

Corollaire 1.1
Deux matrices équivalentes ont le même rang.

Démonstration

Soit A et B deux matrices de $\mathcal{M}_{np}(\mathbb{K})$, u_0 et v_0 les applications linéaires qui leur sont canoniquement associées. Si A et B sont équivalentes, elles représentent par ailleurs une même application linéaire u dans d'autres bases. D'après le théorème,

$$\text{rg}\,(u_0) = \text{rg}\,(u) = \text{rg}\,(A) \text{ et } \text{rg}\,(v_0) = \text{rg}\,(u) = \text{rg}\,(B)\,, \quad \text{d'où} \quad \text{rg}\,(A) = \text{rg}\,(B).$$

© Hachette Livre – H Prépa / Math – La photocopie non autorisée est un délit

Une matrice $A' \in \mathcal{M}_{np}(\mathbb{K})$ est équivalente à A si et seulement s'il existe deux matrices inversibles $P \in \mathcal{GL}_n(\mathbb{K})$ et $Q \in \mathcal{GL}_p(\mathbb{K})$ telles que $A' = PAQ$. On ne change donc pas le rang d'une matrice en la multipliant à droite ou à gauche par des matrices inversibles. C'est ce que nous utiliserons plus loin pour la détermination pratique du rang.

Montrons qu'une matrice de $\mathcal{M}_{np}(\mathbb{K})$ est équivalente à une matrice très simple, uniquement caractérisée par son rang. Soit A une matrice de $\mathcal{M}_{np}(\mathbb{K})$ de rang r, et u l'application linéaire de $\mathbb{K}^p$ dans $\mathbb{K}^n$ canoniquement associée. Cherchons des bases mieux appropriées pour représenter u.

Soit G un supplémentaire de $\text{Ker}\, u$ dans $\mathbb{K}^p$: d'après le théorème du rang, $\dim G = r$. Soit $(e_1, \cdots, e_r)$ une base de G et $(e_{r+1}, \cdots, e_p)$ une base de $\text{Ker}\, u$. Alors $b = (e_1, \cdots, e_p)$ est une base de $\mathbb{K}^p$.

Montrons que la famille $(u(e_1), \cdots, u(e_r))$ est libre dans $\mathbb{K}^n$:

si $\sum_{i=1}^{r} \alpha_i u(e_i) = 0$, $u\left(\sum_{i=1}^{r} \alpha_i e_i\right) = 0$, c'est-à-dire $\sum_{i=1}^{r} \alpha_i e_i \in (\text{Ker}\, u) \cap G$.

Comme $(\text{Ker}\, u) \cap G = \{0\}$, $\sum_{i=1}^{r} \alpha_i e_i = 0$; ce qui implique, du fait que $(e_1, \cdots, e_r)$ est libre, que $\alpha_i = 0$ pour tout $i \in [\![1, r]\!]$.

On peut donc compléter la famille $(u(e_1), \cdots, u(e_r))$ en une base $b' = (u(e_1), \cdots, u(e_r), e'_{r+1}, \cdots, e'_n)$ de $\mathbb{K}^n$.

La matrice de u dans les bases b et b' s'écrit :

$$M_{b'}^{b}(u) = \begin{pmatrix} 1 & 0 & \cdots & & \cdots & 0 \\ 0 & 1 & \cdots & & & \vdots \\ \vdots & \vdots & \ddots & & & \\ & & & 1 & & \\ \vdots & & & & 0 & \\ 0 & \cdots & & & & \end{pmatrix} \quad \begin{matrix} r \text{ colonnes}, \; p-r \text{ colonnes} \\ r \text{ lignes}, \; n-r \text{ lignes} \end{matrix}$$

Cette matrice (m_{ij}), à n lignes et p colonnes dont tous les coefficients sont nuls sauf les m_{ii} pour $i \in [\![1, r]\!]$ qui valent 1, est notée J_{npr}. Il résulte de cette étude que toute matrice de rang r de $\mathcal{M}_{np}(\mathbb{K})$ est équivalente à J_{npr}. Deux matrices de $\mathcal{M}_{np}(\mathbb{K})$ de même rang sont donc équivalentes : c'est la réciproque du corollaire 1.1. On peut donc affirmer :

Il existe des matrices inversibles $P \in \mathcal{GL}_p(\mathbb{K})$ et $Q \in \mathcal{GL}_n(\mathbb{K})$ telles que :
$$A = Q^{-1} J_{npr} P.$$

Théorème 2
Deux matrices de $\mathcal{M}_{np}(\mathbb{K})$ sont équivalentes si et seulement si elles ont le même rang.

1.3. Rang de la transposée

Soit $A \in \mathcal{M}_{np}(\mathbb{K})$, de rang r. A étant équivalente à J_{npr}, il existe des matrices inversibles $P \in \mathcal{GL}_p(\mathbb{K})$ et $Q \in \mathcal{GL}_n(\mathbb{K})$ telles que $A = Q^{-1} J_{npr} P$.

En transposant cette égalité, on obtient ${}^tA = {}^tP \; {}^tJ_{npr} \; {}^tQ^{-1}$.

© Hachette Livre – H Prépa / Math – La photocopie non autorisée est un délit

Or ${}^t J_{npr} = J_{pnr}$. Donc ${}^tA = {}^tP\ J_{pnr}\ {}^tQ^{-1}$. Ainsi ${}^tA$ est équivalente à J_{pnr}, et son rang est donc r.

$$\forall A \in \mathcal{M}_{np}(\mathbb{K}) \quad \text{rg}\ {}^tA = \text{rg}\ A$$

Ce résultat a une conséquence pratique très intéressante : dans la recherche du rang, on peut indifféremment travailler sur les lignes ou sur les colonnes de la matrice, puisque les colonnes de A sont les lignes de ${}^tA$ et vice versa.

2 Opérations conservant le rang

2.1. Opérations élémentaires

Pour qu'une opération sur les lignes (ou les colonnes) d'une matrice conserve son rang, il faut et il suffit qu'elle la transforme en une matrice équivalente, c'est-à-dire qu'elle corresponde à une multiplication à gauche ou à droite par une matrice inversible. Nous allons voir trois exemples très simples de telles opérations, qu'il suffira ensuite de combiner pour aboutir à la matrice J_{npr}.

■ Échange de deux lignes $L_i \leftrightarrow L_j$

Échanger les lignes i et j d'une matrice A de $\mathcal{M}_{np}(\mathbb{K})$ revient à la multiplier à gauche par une matrice L_{ij}, obtenue en échangeant les lignes i et j de la matrice I_n :

$$\begin{array}{c} \\ i \\ \\ j \\ \\ \end{array}\begin{pmatrix} 1 & & & & \\ \cdots & 0 & \cdots & 1 & \cdots \\ & & & & \\ \cdots & 1 & \cdots & 0 & \cdots \\ & & & & 1 \end{pmatrix}\begin{pmatrix} \cdots & & & \cdots \\ a_{i1} & a_{i2} & \cdots & a_{ip} \\ \cdots & & & \cdots \\ a_{j1} & a_{j2} & \cdots & a_{jp} \\ \cdots & & & \cdots \end{pmatrix} = \begin{pmatrix} \cdots & & & \cdots \\ a_{j1} & a_{j2} & \cdots & a_{jp} \\ \cdots & & & \cdots \\ a_{i1} & a_{i2} & \cdots & a_{ip} \\ \cdots & & & \cdots \end{pmatrix}$$

(colonnes i et j indiquées au-dessus de la première matrice)

Il est clair qu'on peut annuler l'effet de cette opération en échangeant à nouveau les lignes i et j, c'est-à-dire que $L_{ij}^2 = I_n$; donc L_{ij} est inversible.

L'échange de deux lignes conserve donc le rang.

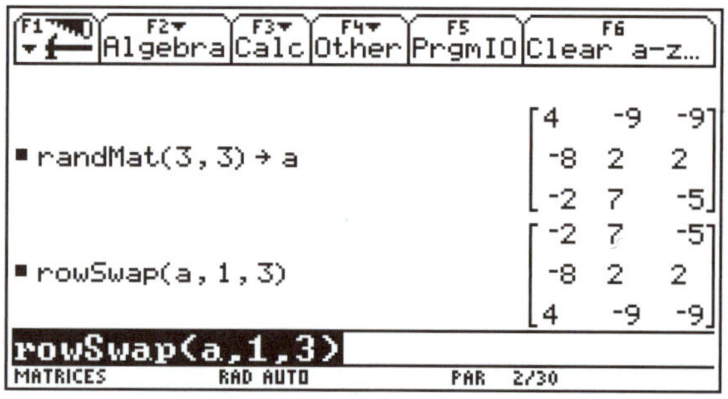

L'opération $L_i \leftrightarrow L_j$ s'obtient par : `rowSwap(A,i,j)`.

■ Multiplication d'une ligne par un scalaire non nul $L_i \leftarrow kL_i$

Multiplier la ligne i d'une matrice A de $\mathcal{M}_{np}(\mathbb{K})$ par un scalaire $k \neq 0$ revient à la multiplier à gauche par une matrice $M_i(k)$, obtenue en multipliant par k la ligne i de la matrice I_n :

$$i\begin{pmatrix} 1 & & & \\ & \ddots & & \\ & & k & \\ & & & \ddots & \\ & & & & 1 \end{pmatrix}\begin{pmatrix} \cdots & & & \cdots \\ a_{i1} & a_{i2} & \cdots & a_{ip} \\ \cdots & & & \cdots \end{pmatrix} = \begin{pmatrix} \cdots & & & \cdots \\ ka_{i1} & ka_{i2} & \cdots & ka_{ip} \\ \cdots & & & \cdots \end{pmatrix}$$

© Hachette Livre – H Prépa / Math – La photocopie non autorisée est un délit

On peut annuler l'effet de cette opération en multipliant la ligne i par $\frac{1}{k}$, c'est-à-dire que $M_i\left(\frac{1}{k}\right)M_i(k) = I_n$, donc $M_i(k)$ est inversible. La multiplication d'une ligne par un scalaire non nul conserve donc le rang.

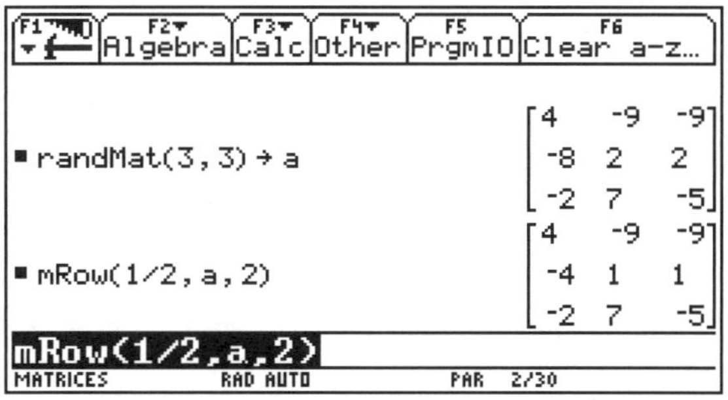

L'opération $L_i \leftarrow kL_i$ s'obtient par : `mRow(k,A,i)`.

■ **Addition d'une ligne à une autre $L_i \leftarrow L_i + L_j$**

Ajouter la ligne j à la ligne i d'une matrice A de $\mathcal{M}_{np}(\mathbb{K})$ revient à la multiplier à gauche par une matrice A_{ij}, obtenue en ajoutant la ligne j à la ligne i de la matrice I_n :

$$\begin{array}{c} \\ i \\ \\ j \\ \\ \end{array}\begin{pmatrix} 1 & & & & \\ \cdots & 1 & \cdots & 1 & \cdots \\ & & & & \\ \cdots & 0 & \cdots & 1 & \cdots \\ & & & & 1 \end{pmatrix}\begin{pmatrix} \cdots & & \cdots \\ a_{i1} & \cdots & a_{ip} \\ \cdots & & \cdots \\ a_{j1} & \cdots & a_{jp} \\ \cdots & & \cdots \end{pmatrix} = \begin{pmatrix} \cdots & & \cdots \\ a_{i1}+a_{j1} & \cdots & a_{ip}+a_{jp} \\ \cdots & & \cdots \\ a_{j1} & \cdots & a_{jp} \\ \cdots & & \cdots \end{pmatrix}$$

On peut annuler l'effet de cette opération en retranchant la ligne j de la ligne i, c'est-à-dire que :

$$M_j(-1)A_{ij}M_j(-1)A_{ij} = I_n$$

donc A_{ij} est inversible. L'addition d'une ligne à une autre conserve donc le rang.

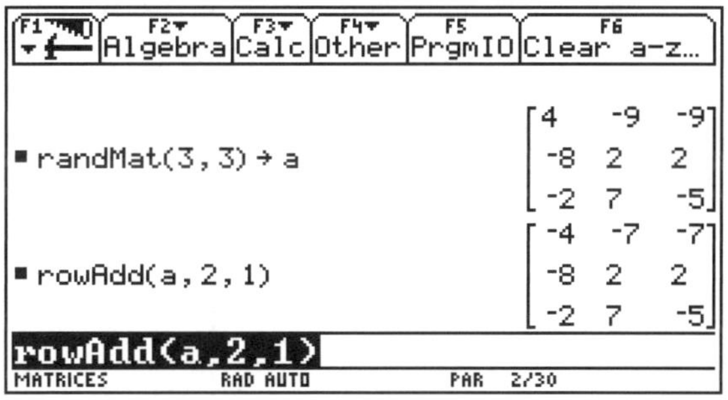

L'opération $L_i \leftarrow L_i + L_j$ s'obtient par : `rowAdd(A,j,i)`.

On peut combiner ces trois opérations élémentaires pour :

- ajouter à une ligne une combinaison linéaire des autres ;
- remplacer une ligne par une combinaison linéaire de toutes les lignes, à condition que le coefficient de la ligne elle-même soit non nul.

On ne peut faire simultanément plusieurs opérations élémentaires que si l'on est sûr qu'on pourrait les faire **successivement**. Par exemple, on peut de chaque ligne jusqu'à l'avant-dernière retrancher la suivante, et conserver la dernière. Mais une transformation telle que :

$$(L_1, L_2, L_3) \leftarrow (L_1 - L_2, L_2 - L_3, L_3 - L_1)$$

n'est pas possible et risquerait d'abaisser le rang.

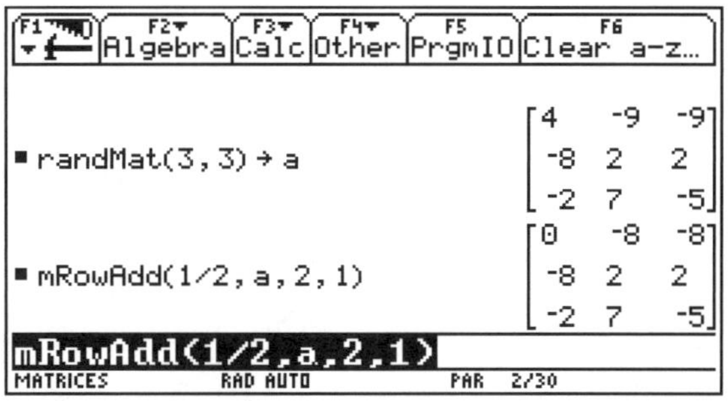

L'opération $L_i \leftarrow L_i + kL_j$ s'obtient par : `mRowAdd(k,A,j,i)`.

Remarque : D'après ce qui a été dit à propos du rang de la transposée, les opérations élémentaires peuvent aussi bien être effectuées sur les colonnes que sur les lignes. Elles correspondent alors à des multiplications à droite par des matrices inversibles.

2.2. Méthode du pivot de Gauss

Voyons maintenant comment agencer les opérations élémentaires sur les lignes (ou les colonnes) d'une matrice pour déterminer son rang.

Soit $A = (a_{ij})_{i \in [\![1,n]\!]\ j \in [\![1,p]\!]}$ une matrice non nulle de $\mathcal{M}_{np}(\mathbb{K})$.

© Hachette Livre – H Prépa / Math – La photocopie non autorisée est un délit

- Si tous les coefficients de la première colonne sont nuls, on effectue une permutation de colonnes pour obtenir une première colonne non nulle.

- S'il existe dans la première colonne un coefficient non nul a_{i1} (appelé pivot), on échange les lignes 1 et i.

On obtient donc une matrice $A' = (a'_{ij})$ dont le coefficient de la première ligne, première colonne, $a'_{11} = p_1$, est non nul.

On retranche ensuite de chaque ligne L_i pour $i \in [\![2, n]\!]$ la 1re ligne multipliée par a'_{i1}/p_1.
On annule ainsi tous les coefficients situés sous le pivot :

$$\begin{matrix} L_1 \\ L_2 \\ \vdots \\ L_n \end{matrix}\begin{pmatrix} p_1 & a'_{12} & \cdots & a'_{1p} \\ a'_{21} & a'_{22} & \cdots & a'_{2p} \\ \vdots & \vdots & & \vdots \\ a'_{n1} & a'_{n2} & \cdots & a'_{np} \end{pmatrix} \longrightarrow \begin{matrix} L_1 \\ L_2 - \dfrac{a'_{21}}{p_1}L_1 \\ \vdots \\ L_n - \dfrac{a'_{n1}}{p_1}L_1 \end{matrix}\begin{pmatrix} p_1 & a'_{12} & \cdots & a'_{1p} \\ 0 & & & \\ \vdots & & B & \\ 0 & & & \end{pmatrix}$$

Si la matrice B constituée des $n-1$ dernières lignes et $p-1$ dernières colonnes n'est pas nulle, on peut lui appliquer le même procédé (bien sûr, si des permutations de colonnes sont nécessaires, elles doivent porter sur la matrice toute entière).
On répète l'opération r fois, jusqu'à ce que la matrice constituée des $n-r$ dernières lignes et $p-r$ dernières colonnes soit nulle (si $r = n$, il ne reste pas de ligne nulle, et si $r = p$, il ne reste pas de colonne nulle) :

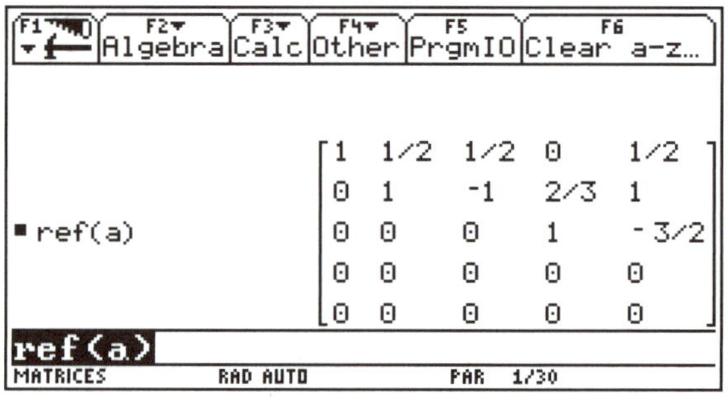

La fonction `ref(A)` donne une matrice équivalente à la matrice A, de la forme T_r à ceci près qu'il n'y a pas de permutation de colonnes. Les pivots sont tous ramenés à 1. La fonction `rref(A)` donne un résultat équivalent, mais encore plus simplifié. Nous l'utiliserons plus loin pour résoudre les systèmes d'équations linéaires.

$$T_r = \begin{pmatrix} p_1 & & & X \\ 0 & \ddots & & \\ \vdots & & p_r & \\ \vdots & & \vdots & 0 \\ 0 & & 0 & \end{pmatrix} \qquad p_1 \neq 0 \quad \cdots \quad p_r \neq 0$$

Le rang de la matrice est alors r. En effet, en appliquant la même méthode à la transposée de T_r (sans nécessiter d'échanges de lignes ou de colonnes, puisque les pivots sont déjà en place), et en divisant chacune des r premières lignes par son pivot, on aboutirait à J_{pnr}.

Le rang de A est le nombre de pivots successifs permettant d'aboutir à la forme T_r.

Exemple :

$$A = \begin{pmatrix} 1 & 1 & 0 & 1 & 0 \\ 2 & 1 & 1 & 0 & 1 \\ 1 & 2 & -1 & 1 & 2 \\ -1 & 0 & -1 & -3 & 5 \\ -1 & 1 & -2 & 1 & 1 \end{pmatrix}$$

© Hachette Livre – H Prépa / Math – La photocopie non autorisée est un délit

$$\begin{array}{r} L_1 \leftarrow L_1 \\ L_2 \leftarrow L_2 - 2L_1 \\ L_3 \leftarrow L_3 - L_1 \\ L_4 \leftarrow L_4 + L_1 \\ L_5 \leftarrow L_5 + L_1 \end{array} \begin{pmatrix} 1 & 1 & 0 & 1 & 0 \\ 0 & -1 & 1 & -2 & 1 \\ 0 & 1 & -1 & 0 & 2 \\ 0 & 1 & -1 & -2 & 5 \\ 0 & 2 & -2 & 2 & 1 \end{pmatrix}$$

$$\begin{array}{r} L_1 \leftarrow L_1 \\ L_2 \leftarrow L_2 \\ L_3 \leftarrow L_3 + L_2 \\ L_4 \leftarrow L_4 + L_2 \\ L_5 \leftarrow L_5 + 2L_2 \end{array} \begin{pmatrix} 1 & 1 & 0 & 1 & 0 \\ 0 & -1 & 1 & -2 & 1 \\ 0 & 0 & 0 & -2 & 3 \\ 0 & 0 & 0 & -4 & 6 \\ 0 & 0 & 0 & -2 & 3 \end{pmatrix}$$

Comme il est impossible de trouver un pivot dans la troisième colonne, on effectue une permutation circulaire des trois dernières colonnes :

$$\begin{pmatrix} 1 & 1 & 1 & 0 & 0 \\ 0 & -1 & -2 & 1 & 1 \\ 0 & 0 & -2 & 3 & 0 \\ 0 & 0 & -4 & 6 & 0 \\ 0 & 0 & -2 & 3 & 0 \end{pmatrix}$$

$$\begin{array}{r} L_1 \leftarrow L_1 \\ L_2 \leftarrow L_2 \\ L_3 \leftarrow L_3 \\ L_4 \leftarrow L_4 - 2L_3 \\ L_5 \leftarrow L_5 - L_3 \end{array} \begin{pmatrix} 1 & 1 & 1 & 0 & 0 \\ 0 & -1 & -2 & 1 & 1 \\ 0 & 0 & -2 & 3 & 0 \\ 0 & 0 & 0 & 0 & 0 \\ 0 & 0 & 0 & 0 & 0 \end{pmatrix}$$

Cette dernière matrice est de la forme T_3. Le rang de A est donc 3.

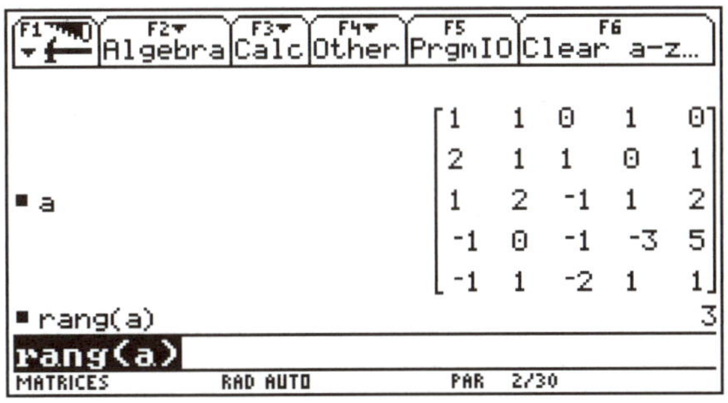

La TI-92/Voyage 200 ne possède pas de fonction donnant directement le rang d'une matrice. Il est facile de construire une fonction `rang` en comptant le nombre de lignes non nulles de `ref(A)` :

```
rang(a)
Func
Local n,p,i,j,nul
rowDim(a) → n
colDim(a) → p
ref(a) → a
n → i
true → nul
While nul and i > 0
   For j,1,p
     If not(a[i,j]=0) Then
       false → nul
     EndIf
   EndFor
   i-1 → i
EndWhile
If nul Then
   0
   Else
     i+1
EndIf
EndFunc
```

▶ ***Pour s'entraîner : ex. 2 et 3.***

2.3. Calcul de l'inverse d'une matrice carrée inversible

Dans le cas où la matrice A est carrée inversible, la matrice T_n obtenue par la méthode du pivot est triangulaire supérieure avec des coefficients diagonaux non nuls. On peut alors se ramener par équivalence à la matrice I_n, uniquement par des combinaisons de lignes : il suffit de réappliquer la méthode du pivot en commençant par la dernière ligne, puis de diviser chaque ligne par son pivot.

$$A \longrightarrow \begin{pmatrix} p_1 & & & \\ 0 & p_2 & & X \\ \vdots & & \ddots & \\ 0 & \cdots & 0 & p_n \end{pmatrix} \longrightarrow \begin{pmatrix} p_1 & 0 & \cdots & 0 \\ 0 & p_2 & & \vdots \\ \vdots & & \ddots & 0 \\ 0 & \cdots & 0 & p_n \end{pmatrix} \longrightarrow I_n$$

Ce faisant, en effectuant seulement des opérations élémentaires sur les lignes, on a multiplié A à gauche par une matrice inversible Q pour obtenir I_n : $QA = I_n$. La matrice Q est donc l'inverse de A.

Pour la calculer, il suffit d'appliquer les mêmes opérations sur les lignes de I_n, car $QI_n = Q = A^{-1}$. Dans la pratique, on mène en parallèle les deux calculs. En même temps que l'on transforme A en I_n, on transforme I_n en A^{-1}.

© Hachette Livre – H Prépa / Math – La photocopie non autorisée est un délit

Exemple :

$$A = \begin{pmatrix} 1 & 2 & -1 \\ 2 & 1 & 0 \\ 1 & 0 & 2 \end{pmatrix} \quad \Bigg| \quad I_3 = \begin{pmatrix} 1 & 0 & 0 \\ 0 & 1 & 0 \\ 0 & 0 & 1 \end{pmatrix}$$

$$\begin{array}{r} L_1 \leftarrow L_1 \\ L_2 \leftarrow L_2 - 2L_1 \\ L_3 \leftarrow L_3 - L_1 \end{array} \quad \begin{pmatrix} 1 & 2 & -1 \\ 0 & -3 & 2 \\ 0 & -2 & 3 \end{pmatrix} \quad \Bigg| \quad \begin{pmatrix} 1 & 0 & 0 \\ -2 & 1 & 0 \\ -1 & 0 & 1 \end{pmatrix}$$

$$\begin{array}{r} L_1 \leftarrow L_1 \\ L_2 \leftarrow L_2 \\ L_3 \leftarrow 3L_3 - 2L_2 \end{array} \quad \begin{pmatrix} 1 & 2 & -1 \\ 0 & -3 & 2 \\ 0 & 0 & 5 \end{pmatrix} \quad \Bigg| \quad \begin{pmatrix} 1 & 0 & 0 \\ -2 & 1 & 0 \\ 1 & -2 & 3 \end{pmatrix}$$

$$\begin{array}{r} L_1 \leftarrow 5L_1 + L_3 \\ L_2 \leftarrow 5L_2 - 2L_3 \\ L_3 \leftarrow L_3 \end{array} \quad \begin{pmatrix} 5 & 10 & 0 \\ 0 & -15 & 0 \\ 0 & 0 & 5 \end{pmatrix} \quad \Bigg| \quad \begin{pmatrix} 6 & -2 & 3 \\ -12 & 9 & -6 \\ 1 & -2 & 3 \end{pmatrix}$$

$$\begin{array}{r} L_1 \leftarrow 3L_1 + 2L_2 \\ L_2 \leftarrow L_2 \\ L_3 \leftarrow L_3 \end{array} \quad \begin{pmatrix} 15 & 0 & 0 \\ 0 & -15 & 0 \\ 0 & 0 & 5 \end{pmatrix} \quad \Bigg| \quad \begin{pmatrix} -6 & 12 & -3 \\ -12 & 9 & -6 \\ 1 & -2 & 3 \end{pmatrix}$$

$$\begin{array}{r} L_1 \leftarrow L_1/15 \\ L_2 \leftarrow -L_2/15 \\ L_3 \leftarrow L_3/5 \end{array} \quad \begin{pmatrix} 1 & 0 & 0 \\ 0 & 1 & 0 \\ 0 & 0 & 1 \end{pmatrix} \quad \Bigg| \quad \frac{1}{5}\begin{pmatrix} -2 & 4 & -1 \\ 4 & -3 & 2 \\ 1 & -2 & 3 \end{pmatrix} = A^{-1}$$

▶ ***Pour s'entraîner : ex. 4.***

3 Équations linéaires

3.1. Structure de l'ensemble des solutions

Soit E et F deux $\mathbb{K}$-espaces vectoriels. On appelle **équation linéaire** une équation de la forme :

$$u(x) = y \quad \textbf{(1)}$$

où u est une application linéaire de E dans F et y un élément donné de F, appelé **second membre**.

L'ensemble des solutions de l'équation **(1)** est donc l'ensemble des antécédents de y par u :

$$S = u^{-1}(\{y\})$$

On appelle **équation sans second membre** associée à **(1)**, l'équation :

$$u(x) = 0 \quad \textbf{(2)}$$

L'ensemble des solutions de **(2)** est $\operatorname{Ker} u$.

Exemple : L'équation différentielle $y'' + xy' - y = \sin x$ est linéaire : E et F sont l'ensemble $C^\infty(\mathbb{R}, \mathbb{R})$, u est l'application $f \mapsto f'' + xf' - f$ et le second membre est la fonction sinus. L'équation sans second membre associée est $y'' + xy' - y = 0$.

© Hachette Livre – H Prépa / Math – La photocopie non autorisée est un délit

Théorème 3

L'ensemble des solutions de l'équation linéaire $u(x) = y$ est soit vide, soit l'ensemble décrit par la somme d'une solution particulière x_0 et d'une solution quelconque de l'équation sans second membre ; c'est-à-dire :

$$S = \varnothing \qquad \text{ou} \qquad S = x_0 + \operatorname{Ker} u$$

S est un sous-espace affine de E, de direction $\operatorname{Ker} u$.

Démonstration

Supposons S non vide, soit $x_0 \in S$.

1) $\forall x \in S \quad u(x) = u(x_0) = y$, d'où $u(x - x_0) = 0 \quad x - x_0 \in \operatorname{Ker} u$
$S \subset x_0 + \operatorname{Ker} u$.

2) $\forall t \in \operatorname{Ker} u \quad u(x_0 + t) = u(x_0) = y$, d'où $x_0 + t \in S \quad x_0 + \operatorname{Ker} u \subset S$.

3.2. Systèmes d'équations linéaires

Le système de n équations à p inconnues dans le corps $\mathbb{K}$:

$$\begin{cases} a_{11}x_1 + a_{12}x_2 + \cdots + a_{1p}x_p = y_1 \\ a_{21}x_1 + a_{22}x_2 + \cdots + a_{2p}x_p = y_2 \\ \cdots \\ a_{n1}x_1 + a_{n2}x_2 + \cdots + a_{np}x_p = y_n \end{cases}$$

est UNE équation linéaire de la forme $u(x) = y$ de $\mathbb{K}^p$ dans $\mathbb{K}^p$, que l'on peut représenter matriciellement par $AX = Y$ avec $A \in \mathcal{M}_{np}(\mathbb{K})$.

Soit r le rang de A.

- Si $r = n$, u est surjectif : le système a des solutions quel que soit le second membre y.
- Si $r < n$, au contraire, le second membre doit vérifier certaines conditions (dites de compatibilité) pour que le système admette des solutions.
- Si $r = p$, u est injectif : la solution, si elle existe, est unique.
- Si $r < p$, au contraire, les solutions ne sont jamais uniques. On peut fixer arbitrairement les valeurs de certaines inconnues et calculer les autres en fonction de celles-là.
- Si $r = n = p$, u est bijectif : pour tout second membre y, il y a une solution unique $u^{-1}(y)$. On dit qu'il s'agit d'un **système de Cramer** et sa résolution est équivalente au calcul de l'inverse de la matrice A.

3.3. Résolution par la méthode du pivot partiel

Soit le système d'équations linéaires représenté matriciellement par $AX = Y$. On peut effectuer simultanément sur les matrices A et Y les opérations élémentaires sur lignes étudiées dans la détermination du rang.

© Hachette Livre – H Prépa / Math – La photocopie non autorisée est un délit

On aboutit à :

$$A' = \begin{pmatrix} p_1 & & & X & \\ 0 & \ddots & & & \\ \vdots & & p_r & & \\ \vdots & & \vdots & & \boxed{0} \\ 0 & & 0 & & \end{pmatrix} \qquad Y' = \begin{pmatrix} y'_1 \\ y'_2 \\ \vdots \\ \vdots \\ y'_n \end{pmatrix}$$

avec $p_1 \neq 0, \cdots, p_r \neq 0$. C'est-à-dire au système :

$$\left\{ \begin{array}{rcl} p_1 x'_1 + a'_{12}x'_2 + \cdots \quad \cdots + a'_{1p}x'_p & = & y'_1 \\ p_2 x'_2 + \cdots \quad \cdots + a'_{2p}x'_p & = & y'_2 \\ \cdots \quad \cdots & & \cdots \\ p_r x'_r + \cdots + a'_{rp}x'_p & = & y'_r \\ 0 & = & y'_{r+1} \\ \cdots & & \cdots \\ 0 & = & y'_n \end{array} \right.$$

On peut être amené pour trouver un pivot non nul à permuter des colonnes, ce qui revient à permuter les inconnues. On ne retrouvera donc pas nécessairement les inconnues dans leur ordre initial.

(Les $x'_1, \cdots, x'_p$ sont les inconnues éventuellement permutées.)

Les $n - r$ dernières équations, qui ne font plus intervenir les inconnues, sont des **relations de compatibilité** du système. Elles expriment les conditions portant sur le second membre pour qu'il existe des solutions.

Les $p - r$ dernières inconnues (dans leur nouvel ordre) peuvent être fixées arbitrairement. En remontant de la r-ième ligne à la première, on peut calculer les r premières inconnues en fonction de ces $p - r$ paramètres.

Exemple :

$$\left\{ \begin{array}{rcl} x + 2y - z + t & = & 1 \\ x + 3y + z - t & = & 1 \\ -x + y + 7z + 2t & = & 1 \\ 2x + y - 8z + t & = & a \end{array} \right.$$

$$\begin{array}{r} L_1 \leftarrow L_1 \\ L_2 \leftarrow L_2 - L_1 \\ L_3 \leftarrow L_3 + L_1 \\ L_4 \leftarrow L_4 - 2L_1 \end{array} \quad \left\{ \begin{array}{rcl} x + 2y - z + t & = & 1 \\ y + 2z - 2t & = & 0 \\ 3y + 6z + 3t & = & 2 \\ -3y - 6z - t & = & a - 2 \end{array} \right.$$

$$\begin{array}{r} L_1 \leftarrow L_1 \\ L_2 \leftarrow L_2 \\ L_3 \leftarrow L_3 - 3L_2 \\ L_4 \leftarrow L_4 + 3L_2 \end{array} \quad \left\{ \begin{array}{rcl} x + 2y - z + t & = & 1 \\ y + 2z - 2t & = & 0 \\ 9t & = & 2 \\ -7t & = & a - 2 \end{array} \right.$$

$$\begin{array}{r} L_1 \leftarrow L_1 \\ L_2 \leftarrow L_2 \\ L_3 \leftarrow L_3 \\ L_4 \leftarrow 9L_4 + 7L_3 \end{array} \quad \left\{ \begin{array}{rcl} x + 2y - z + t & = & 1 \\ y + 2z - 2t & = & 0 \\ 9t & = & 2 \\ 0 & = & 9a - 4 \end{array} \right.$$

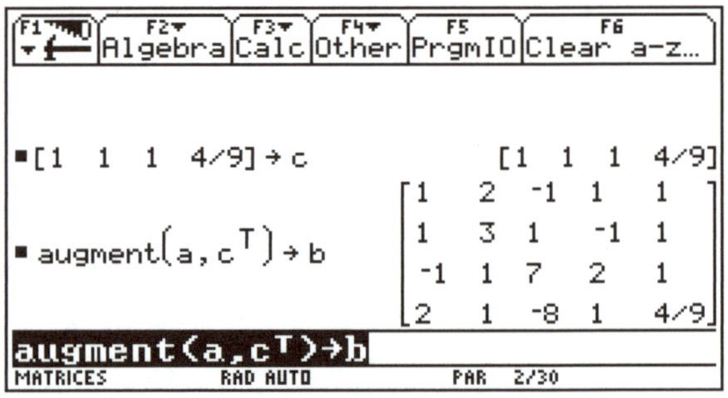

La fonction `rref` permet de résoudre un système d'équations linéaires par la méthode du pivot partiel. Il faut d'abord construire une matrice B en adjoignant à la matrice A une dernière colonne égale à celle des seconds membres.

© Hachette Livre – H Prépa / Math – La photocopie non autorisée est un délit

La dernière équation est une relation de compatibilité : le système admet des solutions si et seulement si $a = \frac{4}{9}$. Dans ce cas l'inconnue z peut être choisie arbitrairement. On obtient successivement :

$$t = \frac{2}{9} \qquad y = \frac{4}{9} - 2z \qquad x = -\frac{1}{9} + 5z$$

Une solution particulière est $\left(-\frac{1}{9}, \frac{4}{9}, 0, \frac{2}{9}\right)$.

Le noyau est $\text{Vect}(5, -2, 1, 0)$.

Le choix d'un pivot parmi tous les éléments non nuls d'une colonne est en principe indifférent. Cependant, si l'on fait des calculs approchés (par exemple avec une calculatrice numérique), il faut choisir l'élément qui a la plus grande valeur absolue afin de minimiser les erreurs d'arrondi. En effet, on est amené à diviser par le pivot et si celui-ci est du même ordre de grandeur que l'incertitude des calculs, le résultat est aléatoire. Par ailleurs, comme il y a beaucoup de calculs enchaînés, les petites erreurs à chaque étape risquent de s'amplifier et devenir vite catastrophiques.

Lorsque l'on cherche les pivots successifs en respectant l'ordre des colonnes comme nous l'avons fait, la méthode prend le nom de **pivot partiel**. On peut améliorer la précision des calculs en cherchant à chaque étape la colonne qui donnera le plus grand pivot : c'est la méthode du **pivot total**.

► ***Pour s'entraîner : ex. 5 à 8.***

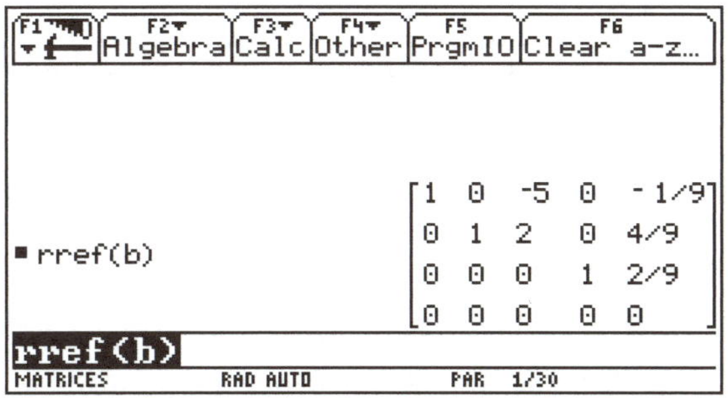

Puis on applique à la matrice B la fonction `rref`. On obtient un système triangulaire équivalent dont les solutions se lisent d'elles-mêmes.

⚠ *La calculatrice peut donner des résultats erronnés si la matrice contient des paramètres formels. Elle ne trouvera pas les valeurs particulières de ces paramètres qui abaissent le rang.*

FICHE MÉTHODE

● Pour déterminer **le rang d'une matrice A**, on peut :

- chercher la dimension du sous-espace vectoriel engendré par les vecteurs-colonnes de A ;
- chercher la dimension de l'image d'une application linéaire représentée par A ;
- chercher une matrice équivalente plus simple ;
- effectuer des opérations élémentaires sur les lignes ou les colonnes de A pour obtenir une matrice équivalente de la forme T_r (*cf. exercices* 2 *et* 3).

● Pour calculer **l'inverse d'une matrice carrée inversible A**, on peut :

- effectuer simultanément sur les lignes de A et celles de I_n les mêmes opérations élémentaires pour transformer A en I_n et I_n en A^{-1} (*cf. exercice* 4) ;
- résoudre le système d'équations $AX = Y$, pour obtenir $X = A^{-1}Y$.

● Pour résoudre **un système linéaire de n équations à p inconnues** : appliquer la méthode du **pivot de Gauss**.

Si le rang du système est r, on trouvera $n - r$ relations de compatibilité qui ne dépendent pas des inconnues, et $p - r$ inconnues arbitraires en fonction desquelles on pourra exprimer toutes les autres (*cf. exercices* 5 *à* 8).

© Hachette Livre – H Prépa / Math – La photocopie non autorisée est un délit

Exercice résolu

Polygone dont les milieux des côtés sont fixés

ÉNONCÉ

Soit $n \in \mathbb{N}^*$. Discuter l'existence et l'unicité dans le plan d'un polygone à n côtés dont les milieux des côtés sont fixés. (On pourra résoudre un système d'équations dans $\mathbb{C}$.)

Interpréter géométriquement les résultats à l'aide de transformations du plan.

CONSEILS

Traduire l'énoncé par un système linéaire et étudier sa compatibilité.

Penser à utiliser des symétries centrales.

SOLUTION

Soit $a_1, \cdots, a_n$ les affixes des milieux fixés. On cherche les affixes $z_1, \cdots, z_n$ des sommets tels que :

$$\begin{cases} z_1 + z_2 = 2a_1 \\ z_2 + z_3 = 2a_2 \\ \dots \\ z_{n-1} + z_n = 2a_{n-1} \\ z_n + z_1 = 2a_n \end{cases}$$

En faisant la somme des lignes affectées de signes alternés, on obtient :

$$z_1\left(1 + (-1)^{n-1}\right) = 2\left(a_1 - a_2 + \cdots + (-1)^{n-1} a_n\right)$$

Si n est impair, le système admet une solution unique, quels que soient les milieux fixés.

Si n est pair, il apparaît une relation de compatibilité :

$$a_1 - a_2 + \cdots + (-1)^{n-1} a_n = 0$$

Si les milieux choisis ne vérifient pas cette relation, le système est incompatible et il n'y a pas de solution.

S'ils vérifient cette relation, z_1 est une inconnue arbitraire. Il y a donc une infinité de solutions : on peut choisir arbitrairement le premier sommet et en déduire les suivants.

Géométriquement, désignons par $I_1, \cdots, I_n$ les milieux fixés et par $s_1, \cdots, s_n$ les symétries centrales respectives par rapport à ces points. Les sommets $M_1, \cdots, M_n$ doivent vérifier :

$$M_2 = s_1(M_1),\ M_3 = s_2(M_2), \cdots,\ M_n = s_{n-1}(M_{n-1}) \text{ et } M_1 = s_n(M_n)$$

D'où $M_1 = \left(s_n \circ s_{n-1} \circ \cdots \circ s_2 \circ s_1\right)(M_1)$.

- Si n est impair, l'application $s_n \circ s_{n-1} \circ \cdots \circ s_2 \circ s_1$ est une symétrie centrale. Le point M_1 doit en être le centre : il y a une solution unique.
- Si n est pair, l'application $s_n \circ s_{n-1} \circ \cdots \circ s_2 \circ s_1$ est une translation. Pour qu'il existe un point M_1 invariant par cette translation, il faut et il suffit que ce soit l'identité, et alors tout point du plan convient : il y a dans ce cas une infinité de solutions. Une condition nécessaire et suffisante pour que $s_n \circ s_{n-1} \circ \cdots \circ s_2 \circ s_1 = \mathrm{Id}$ est :

$$\overrightarrow{M_1M_2} + \overrightarrow{M_3M_4} + \cdots + \overrightarrow{M_{n-1}M_n} = \vec{0}$$

On peut vérifier qu'elle est bien équivalente à la relation de compatibilité trouvée plus haut pour le système.

© Hachette Livre – H Prépa / Math – La photocopie non autorisée est un délit

Exercices

1 Vrai ou faux ?

a) Deux matrices de même type ont le même rang si et seulement si elles sont équivalentes.

b) On ne change pas le rang d'une matrice en échangeant deux de ses colonnes.

c) On ne change pas le rang d'une matrice en remplaçant une ligne par une combinaison linéaire des autres lignes.

d) Si une matrice A est équivalente à une matrice triangulaire T, son rang est le nombre de coefficients non nuls de la diagonale de T.

e) Un système de n équations linéaires à p inconnues de rang r possède $p-r$ inconnues arbitraires.

f) Un système de 4 équations linéaires à 5 inconnues a toujours des solutions.

g) Un système de 4 équations linéaires à 3 inconnues peut avoir plusieurs solutions.

h) Un système admettant une solution unique a au moins autant d'équations que d'inconnues.

Rang d'une matrice

2 Déterminer le rang des matrices suivantes :

a) $\begin{pmatrix} 2 & -3 & -4 \\ 3 & 1 & 5 \\ -1 & 0 & -1 \\ 0 & 2 & 4 \end{pmatrix}$ **b)** $\begin{pmatrix} 1 & -2 & -2 & 0 \\ 1 & 0 & -2 & 2 \\ 1 & 2 & 2 & -2 \\ 1 & -3 & -6 & 5 \end{pmatrix}$

c) $\begin{pmatrix} 1 & 1 & 1 & 1 & 1 \\ 2 & -1 & 3 & 1 & -2 \\ 1 & 2 & 4 & -1 & 5 \\ 3 & 9 & 11 & -2 & 19 \end{pmatrix}$ **d)** $\begin{pmatrix} 1 & \cos\theta & \cos 2\theta \\ \cos\theta & \cos 2\theta & \cos 3\theta \\ \cos 2\theta & \cos 3\theta & \cos 4\theta \end{pmatrix}$

3 Soit $A = (a_{i,j}) \in \mathcal{M}_n(\mathbb{K})$ définie par : $a_{i,j} = 1$ si $i = j$ et $a_{i,j} = a$ si $i \neq j$. Déterminer le rang de A en discutant suivant les valeurs de a et de n.

4 Inverser, lorsque c'est possible, les matrices suivantes :

a) $\begin{pmatrix} -1 & 0 & 2 \\ 0 & 0 & 1 \\ 0 & -1 & 1 \end{pmatrix}$ **b)** $\begin{pmatrix} 1 & -1 & 0 \\ 1 & 2 & 1 \\ 1 & 1 & 0 \end{pmatrix}$

c) $\begin{pmatrix} 1 & i & -i \\ -i & 1 & i \\ i & -i & 1 \end{pmatrix}$ **d)** $\begin{pmatrix} 1+a & 1 & 1 \\ 1 & 1+b & 1 \\ 1 & 1 & 1+c \end{pmatrix}$

Systèmes d'équations linéaires

5 Résoudre les systèmes :

a) $\begin{cases} 2x+3y-2z = 5 \\ x-2y+3z = 2 \\ 4x-y+4z = \lambda \end{cases}$ **b)** $\begin{cases} x-y+z-t = 1 \\ x+y-z-t = -1 \\ x+y+z-t = 0 \\ x-y-z+t = 2 \end{cases}$

où λ est un paramètre réel.

c) $\begin{cases} x-2y+z-3t = 1 \\ 2x+y-z+t = -1 \end{cases}$ **d)** $\begin{cases} x+2y-3z = 4 \\ x+3y-z = 11 \\ 2x+5y-5z = 13 \\ x+4y+z = 18 \end{cases}$

6 * Résoudre le système suivant en discutant suivant les valeurs des paramètres a, b, c et d :

$$\begin{cases} x + y + z + t = 1 \\ ax + by + cz + dt = 1 \\ a^2x + b^2y + c^2z + d^2t = 1 \\ a^3x + b^3y + c^3z + d^3t = 1 \end{cases}$$

7 Résoudre le système suivant en discutant suivant les valeurs du paramètre complexe a :

$$\begin{cases} x - ay + a^2z = a \\ ax - a^2y + az = 1 \\ ax + y - a^3z = 1 \end{cases}$$

8 Deux systèmes voisins ont-ils des solutions voisines ?

$\begin{cases} 10x+9y+z = -50 \\ 9x+10y+5z = 40 \\ x+5y+9z = 180 \end{cases}$ $\begin{cases} 10x+9y+z = -50 \\ 9x+10y+5z = 41 \\ x+5y+9z = 180 \end{cases}$

9 Déterminer le noyau et l'image de l'endomorphisme f de $\mathbb{R}^4$ représenté dans la base canonique par la matrice :

$$A = \begin{pmatrix} 0 & 1 & 1 & 1 \\ 1 & 0 & 1 & -1 \\ 1 & 1 & 2 & 0 \\ -1 & 1 & 0 & 2 \end{pmatrix}$$

© Hachette Livre – H Prépa / Math – La photocopie non autorisée est un délit

Déterminants d'ordre 2 ou 3

12

Introduction

Il peut être utile d'exprimer par une simple égalité qu'une famille de vecteurs est liée, qu'une matrice carrée n'est pas inversible, ou qu'un endomorphisme n'est pas bijectif. C'est ce que permet la notion de déterminant. Pour réduire les difficultés techniques, nous limiterons cette étude aux espaces vectoriels de dimension 2 ou 3, mais on peut définir les déterminants dans un espace vectoriel de dimension finie quelconque.
La notion de déterminant apparaît avec Vandermonde (1735-1796) *; elle devient d'usage courant au cours du* XIXe *siècle (Cauchy, Jacobi, Sylvester).*

OBJECTIFS

- Introduire le déterminant en dimension 2.
- Généraliser à la dimension 3.
- Utiliser les déterminants pour caractériser les bases, les automorphismes et les matrices carrées inversibles.
- Utiliser les formules de Cramer pour résoudre un système linéaire.

© Hachette Livre – H Prépa / Math – La photocopie non autorisée est un délit

1 Déterminant d'ordre 2

Dans tout ce paragraphe, $\mathbb{K}$ est le corps $\mathbb{R}$ ou $\mathbb{C}$ et E un $\mathbb{K}$-espace vectoriel de dimension 2, muni d'une base $b = (e_1, e_2)$.

1.1. Condition de colinéarité de deux vecteurs d'un plan

Soit $x = x_1e_1 + x_2e_2$ et $y = y_1e_1 + y_2e_2$ deux vecteurs de E. Donnons à l'aide des coordonnées x_1, x_2, y_1, y_2, une condition nécessaire et suffisante pour que les vecteurs x et y soient colinéaires :

Théorème 1

Les vecteurs $x = x_1e_1 + x_2e_2$ et $y = y_1e_1 + y_2e_2$ sont colinéaires si et seulement si :

$$x_1\,y_2 - x_2\,y_1 = 0$$

Démonstration

Supposons x et y colinéaires.
Si $x \neq 0$, il existe un scalaire λ tel que $y = \lambda x$; alors $x_1y_2 - x_2y_1 = x_1\lambda x_2 - x_2\lambda x_1 = 0$.
Si $x = 0$, la relation $x_1y_2 - x_2y_1 = 0$ est encore vérifiée.

Réciproquement, supposons que $x_1y_2 - x_2y_1 = 0$.
Si $x_1 = x_2 = 0$, alors $x = 0$ et y est colinéaire à x.
Si l'un des scalaires x_1 ou x_2 est non nul, par exemple si $x_1 \neq 0$, on peut écrire $y_1 = \dfrac{y_1}{x_1}x_1$ et $y_2 = \dfrac{y_1}{x_1}x_2$, d'où $y = \lambda x$ avec $\lambda = \dfrac{y_1}{x_1}$: x et y sont colinéaires.

L'expression $x_1\,y_2 - x_2\,y_1$ est appelée **déterminant** de la famille de vecteurs (x, y) dans la base b et notée :

$$\mathrm{Det}_b(x, y) = x_1\,y_2 - x_2\,y_1 = \begin{vmatrix} x_1 & y_1 \\ x_2 & y_2 \end{vmatrix}$$

Le déterminant introduit dans le chapitre 2 « Géométrie élémentaire du plan » était défini dans une base orthonormale directe. C'était un cas particulier de déterminant dans une base b.

On peut exprimer le résultat du théorème 1 en disant :

$$\forall (x, y) \in E^2 \qquad (x, y) \text{ est une famille liée} \iff \mathrm{Det}_b(x, y) = 0$$

Comme E est de dimension 2, il est équivalent de dire, par contraposition :

$$\forall (x, y) \in E^2 \qquad (x, y) \text{ est une base de } E \iff \mathrm{Det}_b(x, y) \neq 0$$

1.2. Propriétés du déterminant

Étudions les propriétés de l'application $\left| \begin{array}{ccc} E^2 & \to & \mathbb{K} \\ (x, y) & \mapsto & \mathrm{Det}_b(x, y) \end{array} \right.$

1) Soit y un élément fixé de E.

L'application $\left| \begin{array}{ccc} E & \to & \mathbb{K} \\ x & \mapsto & \mathrm{Det}_b(x, y) \end{array} \right.$ est linéaire.

© Hachette Livre – H Prépa / Math – La photocopie non autorisée est un délit

Démonstration

Soit $x = x_1 e_1 + x_2 e_2$, $x' = x'_1 e_1 + x'_2 e_2$, et $y = y_1 e_1 + y_2 e_2$.

$$\begin{aligned}\forall(\lambda,\lambda')\in\mathbb{K}^2\quad \mathrm{Det}_b(\lambda x+\lambda' x', y) &= (\lambda x_1+\lambda' x'_1)\,y_2-(\lambda x_2+\lambda' x'_2)\,y_1\\ &= \lambda(x_1 y_2 - x_2 y_1)+\lambda'(x'_1 y_2 - x'_2 y_1)\\ &= \lambda\,\mathrm{Det}_b(x,y)+\lambda'\,\mathrm{Det}_b(x',y)\end{aligned}$$

2) Soit x un élément fixé de E.

L'application $\left|\begin{array}{ccc} E & \to & \mathbb{K} \\ y & \mapsto & \mathrm{Det}_b(x,y)\end{array}\right.$ est linéaire.

Démonstration

De la même façon, pour tout $(y,y')\in E^2$:
$\forall(\mu,\mu')\in\mathbb{K}^2\quad \mathrm{Det}_b(x,\mu y+\mu' y') = \mu\,\mathrm{Det}_b(x,y)+\mu'\,\mathrm{Det}_b(x,y')$

On dit que l'application $\left|\begin{array}{ccc} E^2 & \to & \mathbb{K} \\ (x,y) & \mapsto & \mathrm{Det}_b(x,y)\end{array}\right.$ est **bilinéaire**.

On en déduit :

$$\begin{aligned}&\forall(\lambda,\lambda',\mu,\mu')\in\mathbb{K}^4\quad \forall(x,x',y,y')\in E^4\\ &\mathrm{Det}_b(\lambda x+\lambda' x', \mu y+\mu' y')\\ &\quad = \lambda\mu\mathrm{Det}_b(x,y)+\lambda'\mu\mathrm{Det}_b(x',y)+\lambda\mu'\,\mathrm{Det}_b(x,y')+\lambda'\mu'\,\mathrm{Det}_b(x',y')\end{aligned}$$

3) $\forall x\in E\quad \mathrm{Det}_b(x,x)=0$

Démonstration

(x,x) est une famille liée...

On dit que l'application $\left|\begin{array}{ccc} E^2 & \to & \mathbb{K} \\ (x,y) & \mapsto & \mathrm{Det}_b(x,y)\end{array}\right.$ est **alternée**.

L'application Det_b est une forme bilinéaire alternée.

4) $\forall(x,y)\in E^2\quad \mathrm{Det}_b(y,x) = -\mathrm{Det}_b(x,y)$

Démonstration

C'est une conséquence des propriétés précédentes : pour toute forme bilinéaire alternée f :

$$f(x+y,x+y) = f(x,x)+f(x,y)+f(y,x)+f(y,y) = 0$$

d'où : $$f(x,y)+f(y,x)=0$$

5) $\mathrm{Det}_b(e_1,e_2)=1$, on note $\mathrm{Det}_b b = 1$.

1.3. Caractérisation des formes bilinéaires alternées

On a montré que le déterminant dans la base b est une forme bilinéaire alternée. Montrons que réciproquement, toute forme bilinéaire alternée sur E est proportionnelle au déterminant dans b.

Théorème 2

Soit f une forme bilinéaire alternée sur E de dimension 2.

$$\forall(x,y)\in E^2\quad f(x,y) = \mathrm{Det}_b(x,y)\cdot f(e_1,e_2)$$

© Hachette Livre – H Prépa / Math – La photocopie non autorisée est un délit

Démonstration

Soit $x = x_1e_1 + x_2e_2$ et $y = y_1e_1 + y_2e_2$, calculons $f(x, y)$:

$$\begin{aligned} f(x,y) &= f(x_1e_1 + x_2e_2, y_1e_1 + y_2e_2) \\ &= x_1y_1f(e_1,e_1) + x_1y_2f(e_1,e_2) + x_2y_1f(e_2,e_1) + x_2y_2f(e_2,e_2) \end{aligned}$$

f étant alternée, $f(e_1, e_1) = f(e_2, e_2) = 0$ et $f(e_2, e_1) = -f(e_1, e_2)$ (voir propriété 4).

D'où : $f(x, y) = (x_1y_2 - x_2y_1)f(e_1, e_2)$

On s'aperçoit que f est entièrement déterminée par la valeur qu'elle prend en (e_1, e_2) :

$$f = f(e_1, e_2)\,\text{Det}_b$$

On peut conclure :

Corollaire 2.1

Toutes les formes bilinéaires alternées sur E sont colinéaires : elles constituent un espace vectoriel de dimension 1, dont l'application Det_b est une base.

Le déterminant dans la base b est l'unique forme bilinéaire alternée qui prend la valeur 1 sur b.

1.4. Changement de base

Si b' est une autre base de E, le déterminant dans la base b' est une forme bilinéaire alternée sur E et par conséquent :

$$\text{Det}_{b'} = \text{Det}_{b'}(e_1, e_2)\,\text{Det}_b \quad \text{, c'est-à-dire :}$$

$$\forall (x, y) \in E^2 \qquad \text{Det}_{b'}(x, y) = \text{Det}_{b'}(e_1, e_2)\,\text{Det}_b(x, y)$$

En abrégé : $\text{Det}_{b'}(X) = \text{Det}_{b'}(b)\,\text{Det}_b(X)$.

C'est une « relation de Chasles ».

En particulier, si $X = b'$: $\text{Det}_b(b')\,\text{Det}_{b'}(b) = \text{Det}_{b'}(b') = 1$, d'où :

$$\text{Det}_{b'}(b) = (\text{Det}_b(b'))^{-1}$$

2 Déterminant d'ordre 3

$\mathbb{K}$ étant toujours le corps $\mathbb{R}$ ou $\mathbb{C}$, reprenons cette étude dans un $\mathbb{K}$-espace vectoriel E de dimension 3 muni d'une base $b = (e_1, e_2, e_3)$.

2.1. Forme trilinéaire alternée

On appelle **forme trilinéaire alternée** sur E une application de E^3 dans $\mathbb{K}$, linéaire par rapport à chacune des trois variables et s'annulant dès que deux d'entre elles sont égales :

- $\forall (y, z) \in E^2$ l'application $\left| \begin{array}{ccc} E & \to & \mathbb{K} \\ x & \mapsto & f(x, y, z) \end{array} \right.$ est linéaire.

© Hachette Livre – H Prépa / Math – La photocopie non autorisée est un délit

- $\forall (x,z) \in E^2$ l'application $\left| \begin{array}{ccc} E & \to & \mathbb{K} \\ y & \mapsto & f(x,y,z) \end{array} \right.$ est linéaire.
- $\forall (x,y) \in E^2$ l'application $\left| \begin{array}{ccc} E & \to & \mathbb{K} \\ z & \mapsto & f(x,y,z) \end{array} \right.$ est linéaire.
- $\forall (x,y,z) \in E^3 \quad (x = y \text{ ou } y = z \text{ ou } z = x) \Rightarrow f(x,y,z) = 0$

Les formes trilinéaires alternées possèdent des propriétés remarquables :

Théorème 3
Une forme trilinéaire alternée est changée en son opposée lorsqu'on échange deux des trois variables.

Une permutation circulaire des trois variables peut être obtenue par deux échanges successifs de deux variables : elle laisse donc invariante une forme trilinéaire alternée.
Par exemple :

$$\begin{aligned} f(y,z,x) &= -f(y,x,z) \\ &= f(x,y,z) \end{aligned}$$

Démonstration

Pour tout z fixé, l'application $\left| \begin{array}{ccc} E^2 & \to & \mathbb{K} \\ (x,y) & \mapsto & f(x,y,z) \end{array} \right.$ est bilinéaire alternée.

La propriété **4)** du paragraphe **1.2.** donne :

$$f(y,x,z) = -f(x,y,z)$$

On montrerait de même que $f(z,y,x) = -f(x,y,z)$ et $f(x,z,y) = -f(x,y,z)$

Théorème 4
Une forme trilinéaire alternée s'annule sur toute famille liée de trois vecteurs.

Démonstration

Soit f une forme trilinéaire alternée et (x,y,z) une famille liée de vecteurs de E. L'un au moins des vecteurs est combinaison linéaire des autres. Supposons, par exemple, que :

$$z = \alpha x + \beta y$$

$$f(x,y,z) = f(x,y,\alpha x + \beta y) = \alpha f(x,y,x) + \beta f(x,y,y)$$

Comme f est alternée, $f(x,y,x) = 0$ et $f(x,y,y) = 0$; d'où $f(x,y,z) = 0$.

Nous démontrerons un peu plus loin la réciproque de ce théorème pour une forme trilinéaire alternée non nulle (voir caractérisation d'une base).

2.2. Calcul d'une forme trilinéaire alternée

Soit f une forme trilinéaire alternée sur E et $x = x_1 e_1 + x_2 e_2 + x_3 e_3$, $y = y_1 e_1 + y_2 e_2 + y_3 e_3$, $z = z_1 e_1 + z_2 e_2 + z_3 e_3$ trois vecteurs de E. Calculons $f(x,y,z)$ en fonction des coordonnées des trois vecteurs.

$$f(x,y,z) = f\left(\sum_{i=1}^{3} x_i e_i \, , \sum_{j=1}^{3} y_j e_j \, , \sum_{k=1}^{3} z_k e_k \right)$$

Le développement de cette expression contient en principe $3^3 = 27$ termes :

$$f(x,y,z) = \sum_{(i,j,k) \in [\![1,3]\!]^3} x_i \, y_j \, z_k \, f(e_i, e_j, e_k)$$

© Hachette Livre – H Prépa / Math – La photocopie non autorisée est un délit

Or $f(e_i, e_j, e_k)$ est nul dès que deux de ces vecteurs sont égaux. Il reste donc seulement six termes :

$$\begin{aligned} f(x,y,z) = \; & x_1\, y_2\, z_3\, f(e_1,e_2,e_3) + x_2\, y_3\, z_1\, f(e_2,e_3,e_1) + x_3\, y_1\, z_2\, f(e_3,e_1,e_2) \\ & + x_1\, y_3\, z_2\, f(e_1,e_3,e_2) + x_2\, y_1\, z_3\, f(e_2,e_1,e_3) + x_3\, y_2\, z_1\, f(e_3,e_2,e_1) \end{aligned}$$

Comme f est alternée :

$$\begin{aligned} & f(e_2,e_3,e_1) = f(e_3,e_1,e_2) = f(e_1,e_2,e_3) \\ \text{et} \quad & f(e_1,e_3,e_2) = f(e_2,e_1,e_3) = f(e_3,e_2,e_1) = -f(e_1,e_2,e_3) \end{aligned}$$

En définitive :

$$\begin{aligned} f(x,y,z) = \big[& x_1\, y_2\, z_3 + x_2\, y_3\, z_1 + x_3\, y_1\, z_2 \\ & - x_1\, y_3\, z_2 - x_2\, y_1\, z_3 - x_3\, y_2\, z_1 \big]\, f(e_1,e_2,e_3) \end{aligned}$$

2.3. Déterminant d'ordre 3

L'expression $\left[x_1\, y_2\, z_3 + x_2\, y_3\, z_1 + x_3\, y_1\, z_2 - x_1\, y_3\, z_2 - x_2\, y_1\, z_3 - x_3\, y_2\, z_1\right]$ est appelée **déterminant** de la famille de vecteurs (x, y, z) dans la base b et notée :

$$\mathrm{Det}_b(x,y,z) = \left[x_1\, y_2\, z_3 + x_2\, y_3\, z_1 + x_3\, y_1\, z_2 - x_1\, y_3\, z_2 - x_2\, y_1\, z_3 - x_3\, y_2\, z_1\right]$$

$$\text{ou :} \quad \mathrm{Det}_b(x,y,z) = \begin{vmatrix} x_1 & y_1 & z_1 \\ x_2 & y_2 & z_2 \\ x_3 & y_3 & z_3 \end{vmatrix}$$

Voir Règle de Sarrus (Application 3, chapitre 3).

Le calcul du paragraphe précédent montre que :

Théorème 5

Pour toute forme f trilinéaire alternée sur E de dimension 3 :

$$\forall (x,y,z) \in E^2 \quad f(x,y,z) = \mathrm{Det}_b(x,y,z) \cdot f(e_1,e_2,e_3)$$

Une forme trilinéaire alternée sur E est entièrement déterminée par la valeur qu'elle prend sur b : toutes les formes trilinéaires alternées sur E sont colinéaires. Elles forment un espace vectoriel de dimension 0 ou 1. Pour pouvoir conclure que cette dimension est 1, il faut trouver au moins une forme trilinéaire alternée non nulle.

▶ ***Pour s'entraîner : ex. 2.***

2.4. Propriétés du déterminant d'ordre 3

Théorème 6

E étant un espace vectoriel de dimension 3 et b une base de E, l'application Det_b est une forme trilinéaire alternée non nulle sur E (elle prend la valeur 1 sur b).

© Hachette Livre – H Prépa / Math – La photocopie non autorisée est un délit

Démonstration

1) Montrons que pour (y, z) fixé dans E^2, l'application $\left|\begin{array}{lll} E & \to & \mathbb{K} \\ x & \mapsto & \mathrm{Det}_b(x, y, z) \end{array}\right.$

est linéaire : en posant $x = x_1e_1 + x_2e_2 + x_3e_3$, $x' = x'_1e_1 + x'_2e_2 + x'_3e_3$, $y = y_1e_1 + y_2e_2 + y_3e_3$ et $z = z_1e_1 + z_2e_2 + z_3e_3$, pour tout $(\lambda, \lambda') \in \mathbb{K}^2$:

$$\mathrm{Det}_b(\lambda x + \lambda' x', y, z)$$
$$= (\lambda x_1 + \lambda' x'_1)(y_2z_3 - y_3z_2) + (\lambda x_2 + \lambda' x'_2)(y_3z_1 - y_1z_3) + (\lambda x_3 + \lambda' x'_3)(y_1z_2 - y_2z_1)$$
$$= \lambda \mathrm{Det}_b(x, y, z) + \lambda' \mathrm{Det}_b(x, y, z)$$

La linéarité par rapport aux deux autres variables s'obtient par un calcul similaire. L'application Det_b est donc trilinéaire.

2) Supposons que $x = y$.

$$\mathrm{Det}_b(x, x, z) = x_1x_2z_3 + x_1z_2x_3 + z_1x_2x_3 - z_1x_2x_3 - x_1z_2x_3 - x_1x_2z_3 = 0$$

On peut montrer de même que $\mathrm{Det}_b(x, y, x) = 0$ et que $\mathrm{Det}_b(x, y, y) = 0$.
L'application Det_b est donc alternée.

3) Enfin, $\mathrm{Det}_b(e_1, e_2, e_3) = 1$ donc l'application Det_b n'est pas nulle.

On peut donc achever le raisonnement du paragraphe précédent et énoncer :

Théorème 7

Pour tout espace vectoriel E de dimension 3, les formes trilinéaires alternées sur E constituent un espace vectoriel de dimension 1, dont l'application Det_b est une base.

Le déterminant dans la base b est l'unique forme trilinéaire alternée qui prend la valeur 1 sur b.

► ***Pour s'entraîner : ex. 3 et 4.***

2.5. Caractérisation d'une base

Comme en dimension 2, on peut remarquer que pour toute base b' de E, le déterminant dans la base b' est une forme trilinéaire alternée sur E et par conséquent :

$$\mathrm{Det}_{b'} = \mathrm{Det}_{b'}(e_1, e_2, e_3)\, \mathrm{Det}_b \quad \text{, c'est-à-dire :}$$

$$\forall (x, y, z) \in E^3 \qquad \mathrm{Det}_{b'}(x, y, z) = \mathrm{Det}_{b'}(e_1, e_2, e_3)\, \mathrm{Det}_b(x, y, z)$$

En abrégé : $\mathrm{Det}_{b'}(X) = \mathrm{Det}_{b'}(b)\, \mathrm{Det}_b(X)$.

En particulier : $\mathrm{Det}_b(b')\, \mathrm{Det}_{b'}(b) = \mathrm{Det}_{b'}(b') = 1$, d'où :

$$\mathrm{Det}_{b'}(b) = (\mathrm{Det}_b(b'))^{-1}$$

On en déduit que le déterminant d'une base dans une autre n'est jamais nul ; par conséquent si le déterminant dans une base b d'une famille (x, y, z) s'annule, cette famille est liée. C'est la réciproque du théorème 4 :

© Hachette Livre – H Prépa / Math – La photocopie non autorisée est un délit

Théorème 8

Dans un espace vectoriel de dimension 3 muni d'une base b :

- la famille (x, y, z) est liée si et seulement si $\mathrm{Det}_b(x, y, z) = 0$;
- la famille (x, y, z) est une base si et seulement si $\mathrm{Det}_b(x, y, z) \neq 0$.

3 Orientation d'un espace vectoriel réel

Soit E un espace vectoriel réel de dimension $n \leqslant 3$ et b_1 une base fixée de E. Pour toute base b de E, soit $\mathrm{Det}_{b_1}(b) > 0$, soit $\mathrm{Det}_{b_1}(b) < 0$.

Désignons par $\mathcal{B}$ l'ensemble des bases de E, $\mathcal{B}_+$ l'ensemble des bases b telles que $\mathrm{Det}_{b_1}(b) > 0$ et $\mathcal{B}_-$ l'ensemble des bases b telles que $\mathrm{Det}_{b_1}(b) < 0$.
On a donc :

$$\mathcal{B} = \mathcal{B}_+ \cup \mathcal{B}_- \quad \text{et} \quad \mathcal{B}_+ \cap \mathcal{B}_- = \varnothing$$

L'ensemble des bases de E est partagé en deux classes disjointes. Cette partition ne dépend pas de la base b_1 choisie au départ ; en effet, en remplaçant b_1 par une base b_2 telle que $\mathrm{Det}_{b_1} b_2 > 0$, les classes $\mathcal{B}_+$ et $\mathcal{B}_-$ sont inchangées :

$$\forall b \in \mathcal{B} \quad \left(\mathrm{Det}_{b_1} b > 0 \iff \mathrm{Det}_{b_2} b > 0 \right)$$

et

$$\left(\mathrm{Det}_{b_1} b < 0 \iff \mathrm{Det}_{b_2} b < 0 \right)$$

En remplaçant b_1 par une base b_3 telle que $\mathrm{Det}_{b_1} b_3 < 0$, on permute simplement les rôles des classes $\mathcal{B}_+$ et $\mathcal{B}_-$:

$$\forall b \in \mathcal{B} \quad \left(\mathrm{Det}_{b_1} b > 0 \iff \mathrm{Det}_{b_3} b < 0 \right)$$

et

$$\left(\mathrm{Det}_{b_1} b < 0 \iff \mathrm{Det}_{b_3} b > 0 \right)$$

Orienter l'espace E, c'est choisir l'une de ces deux classes, dont les éléments seront appelés **bases directes**, tandis que les éléments de l'autre classe seront appelés **bases rétrogrades**.

Les expressions *base directe*, *base rétrograde* n'ont un sens que si l'on précise que l'espace E est *orienté*.

- Si $\dim E = 1$ (E est une droite vectorielle), l'orientation correspond au choix d'un « sens » sur la droite. Une base (e_1) est directe si et seulement si le vecteur e_1 est dans le sens choisi.

- Si $\dim E = 2$ (E est un plan vectoriel), l'orientation correspond au choix d'un « sens de rotation » dans le plan. Une base (e_1, e_2) est directe si et seulement si « on tourne de e_1 vers e_2 » dans le sens choisi.

- Si $\dim E = 3$, l'orientation correspond au choix d'un « sens de vissage » dans l'espace. Une base (e_1, e_2, e_3) est directe si et seulement si « quand on tourne de e_1 vers e_2 » on « progresse dans le sens de e_3 », relativement au sens de vissage choisi.

© Hachette Livre – H Prépa / Math – La photocopie non autorisée est un délit

Les questions d'orientation interviennent fréquemment en Physique (électromagnétisme) et en Chimie (chiralité).

Il est important de comprendre que le choix d'une orientation ne peut être qu'arbitraire. Des expressions comme « sens opposé aux aiguilles d'une montre », « règle du tire-bouchon », « bonhomme d'Ampère » etc., font référence à des objets concrets qui pourraient très bien être construits dans le sens inverse.

Pourquoi ne peut-on pas orienter un espace vectoriel complexe ?

4 Déterminant d'un endomorphisme

4.1. Invariance par changement de base

Soit E un $\mathbb{K}$-espace vectoriel de dimension $n \leqslant 3$. Pour fixer les idées, nous supposerons dans ce paragraphe que $n = 3$, mais tous les résultats seront également valables pour $n = 1$ ou $n = 2$.

Soit u un endomorphisme de E. Étant donné une base b de E, l'application de E^3 dans $\mathbb{K}$:

$$(x, y, z) \mapsto \mathrm{Det}_b(u(x), u(y), u(z))$$

est une forme trilinéaire sur E.

Il existe donc, d'après le théorème 7, un scalaire λ tel que :

$$\forall (x, y, z) \in E^3 \quad \mathrm{Det}_b(u(x), u(y), u(z)) = \lambda \ \mathrm{Det}_b(x, y, z)$$

Étant donné une autre base b' de E :

$$\begin{aligned} \mathrm{Det}_{b'}(u(x), u(y), u(z)) &= \mathrm{Det}_{b'}(b) \ \mathrm{Det}_b(u(x), u(y), u(z)) \\ &= \mathrm{Det}_{b'}(b) \ \lambda \ \mathrm{Det}_b(x, y, z) \\ &= \lambda \ \mathrm{Det}_{b'}(x, y, z) \end{aligned}$$

Le scalaire λ ne dépend donc pas de la base choisie. On l'appelle **déterminant de l'endomorphisme** u. On a donc pour toute base b :

$$\forall (x, y, z) \in E^3 \quad \mathrm{Det}_b(u(x), u(y), u(z)) = \mathrm{Det}(u) \ \mathrm{Det}_b(x, y, z)$$

En choisissant pour (x, y, z) la base $b = (e_1, e_2, e_3)$, on remarque que :

$$\mathrm{Det}(u) = \mathrm{Det}_b(u(e_1), u(e_2), u(e_3))$$

4.2. Propriétés

Théorème 9

Soit E un espace vectoriel de dimension finie $n \leqslant 3$.

1) $\forall (u, v) \in \mathcal{L}(E)^2 \quad \mathrm{Det}(uv) = \mathrm{Det}(u) \ \mathrm{Det}(v)$

2) $\forall u \in \mathcal{L}(E) \ \forall \lambda \in \mathbb{K} \quad \mathrm{Det}(\lambda u) = \lambda^n \mathrm{Det}(u)$

© Hachette Livre – H Prépa / Math – La photocopie non autorisée est un délit

Démonstration

Supposons que $n=3$. Soit $b=(e_1,e_2,e_3)$ une base de E.

1) $\mathrm{Det}(uv)=\mathrm{Det}_b(uv(e_1),uv(e_2),uv(e_3))=\mathrm{Det}(u)\,\mathrm{Det}_b(v(e_1),v(e_2),v(e_3))$
$=\mathrm{Det}(u)\,\mathrm{Det}(v)$

2) $\mathrm{Det}(\lambda u)=\mathrm{Det}_b(\lambda u(e_1),\lambda u(e_2),\lambda u(e_3))=\lambda^3\mathrm{Det}_b(u(e_1),u(e_2),u(e_3))$
$=\lambda^3\mathrm{Det}(u)$

Théorème 10

Un endomorphisme u d'un espace vectoriel de dimension $n\geqslant 3$ est bijectif si et seulement si $\mathrm{Det}(u)\neq 0$ et :

$$\forall u\in\mathcal{GL}(E)\quad \mathrm{Det}(u^{-1})=(\mathrm{Det}(u))^{-1}$$

Démonstration

Supposons que $n=3$. Soit $b=(e_1,e_2,e_3)$ une base de E.

$u\in\mathcal{GL}(E)\iff u(b)$ est une base $\iff \mathrm{Det}_b(u(b))\neq 0\iff \mathrm{Det}(u)\neq 0$

$\forall u\in\mathcal{GL}(E)\quad \mathrm{Det}(u)\,\mathrm{Det}(u^{-1})=\mathrm{Det}(uu^{-1})=\mathrm{Det}(\mathrm{Id}_E)=1$

d'où $\mathrm{Det}(u^{-1})=(\mathrm{Det}(u))^{-1}$

► ***Pour s'entraîner : ex. 5 et 6.***

5 Déterminant d'une matrice carrée

5.1. Définition

Soit A une matrice carrée d'ordre $n\leqslant 3$. La matrice A représente :
- une famille de n vecteurs de $\mathbb{K}^n$ dans une base b ;
- un endomorphisme de $\mathbb{K}^n$ relativement à une base b.

On appelle **déterminant de A** le déterminant de cette famille dans la base b ou, ce qui revient au même, le déterminant de cet endomorphisme.

Pour $n=2$ et $A=\begin{pmatrix}a_{11}&a_{12}\\a_{21}&a_{22}\end{pmatrix}$ $\quad\mathrm{Det}(A)=a_{11}a_{22}-a_{12}a_{21}$

On le note :

$$\mathrm{Det}(A)=\begin{vmatrix}a_{11}&a_{12}\\a_{21}&a_{22}\end{vmatrix}$$

Pour $n=3$ et $A=\begin{pmatrix}a_{11}&a_{12}&a_{13}\\a_{21}&a_{22}&a_{23}\\a_{31}&a_{32}&a_{33}\end{pmatrix}$

$$\mathrm{Det}(A)=a_{11}a_{22}a_{33}-a_{11}a_{23}a_{32}+a_{12}a_{23}a_{31}-a_{12}a_{21}a_{33}+a_{13}a_{21}a_{32}-a_{13}a_{22}a_{31}$$

On le note : $\quad\mathrm{Det}(A)=\begin{vmatrix}a_{11}&a_{12}&a_{13}\\a_{21}&a_{22}&a_{23}\\a_{31}&a_{32}&a_{33}\end{vmatrix}$

Deux matrices carrées semblables ont le même déterminant puisqu'elles représentent un même endomorphisme dans des bases différentes.

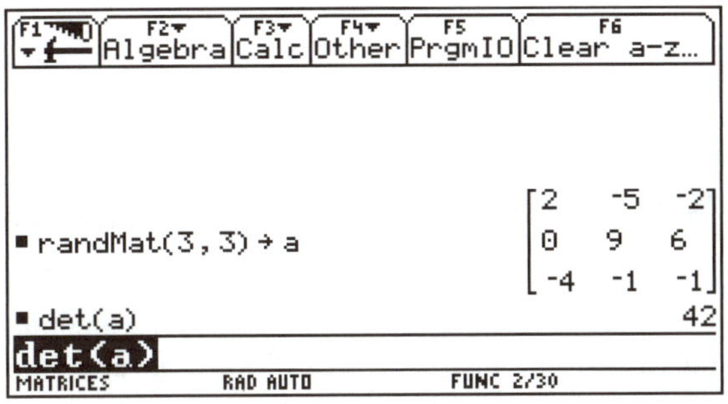

La fonction det calcule le déterminant d'une matrice carrée.

© Hachette Livre – H Prépa / Math – La photocopie non autorisée est un délit

5.2. Propriétés

Les propriétés du déterminant d'une matrice carrée découlent immédiatement de celles du déterminant d'un endomorphisme par l'isomorphisme :

$$\left\{ \begin{array}{ccc} \mathcal{L}(E) & \to & \mathcal{M}_n(\mathbb{K}) \\ u & \mapsto & \mathcal{M}_b(u) \end{array} \right. \qquad \text{d'où :}$$

Théorème 11

1) $\forall (A, B) \in \mathcal{M}_n(\mathbb{K})^2 \quad \mathrm{Det}(AB) = \mathrm{Det}(A)\,\mathrm{Det}(B)$

2) $\forall A \in \mathcal{M}_n(\mathbb{K}) \ \forall \lambda \in \mathbb{K} \quad \mathrm{Det}(\lambda A) = \lambda^n \mathrm{Det}(A)$

Théorème 12

$\forall A \in \mathcal{M}_n(\mathbb{K}) \quad A \in \mathcal{GL}_n(\mathbb{K}) \Longleftrightarrow \mathrm{Det}(A) \neq 0$

et $\quad \forall A \in \mathcal{GL}_n(\mathbb{K}) \quad \mathrm{Det}(A^{-1}) = (\mathrm{Det}(A))^{-1}$

5.3. Déterminant de la transposée d'une matrice carrée

Théorème 13

Soit A une matrice carrée d'ordre $n \leqslant 3$.

$$\mathrm{Det}\ {}^tA = \mathrm{Det}\ A$$

Démonstration

Si $n = 2$: soit $A = \begin{pmatrix} a & b \\ c & d \end{pmatrix} \qquad \mathrm{Det}\ {}^tA = \begin{vmatrix} a & c \\ b & d \end{vmatrix} = ad - cb = \mathrm{Det}\ A$

Si $n = 3$: soit $A = \begin{pmatrix} a_1 & b_1 & c_1 \\ a_2 & b_2 & c_2 \\ a_3 & b_3 & c_3 \end{pmatrix}$

$$\mathrm{Det}\ {}^tA = \begin{vmatrix} a_1 & a_2 & a_3 \\ b_1 & b_2 & b_3 \\ c_1 & c_2 & c_3 \end{vmatrix} = a_1b_2c_3 + a_2b_3c_1 + a_3b_1c_2 - a_3b_2c_1 - a_1b_3c_2 - a_2b_1c_3 = \mathrm{Det}\ A$$

► ***Pour s'entraîner : ex. 7.***

6 Formules de Cramer

Un système linéaire de n équations à n inconnues peut s'écrire $AX = C$, où A est une matrice carrée d'ordre n et C une matrice unicolonne à n lignes fixée. Nous avons vu dans le chapitre précédent que ce système admet une solution unique si et seulement si la matrice A est inversible. Pour $n \leqslant 3$, nous savons désormais qu'il en est ainsi et seulement si $\mathrm{Det}\ A \neq 0$.
Un tel système est appelé **système de Cramer**.

© Hachette Livre – H Prépa / Math – La photocopie non autorisée est un délit

Les déterminants vont également nous permettre d'exprimer explicitement la solution d'un système de Cramer.

Supposons par exemple que $n = 3$. Considérons le système :

$$(S) \begin{cases} a_{11}x + a_{12}y + a_{13}z = c_1 \\ a_{21}x + a_{22}y + a_{23}z = c_2 \\ a_{31}x + a_{32}y + a_{33}z = c_3 \end{cases} \qquad \text{avec} \quad \operatorname{Det} A \neq 0 \quad \text{où} \quad A = (a_{ij})$$

Ce système peut s'interpréter vectoriellement en considérant l'espace vectoriel $\mathbb{K}^3$ et les vecteurs :

$$v_1 = (a_{11}, a_{21}, a_{31}), \quad v_2 = (a_{12}, a_{22}, a_{32}), \quad v_3 = (a_{13}, a_{23}, a_{33})$$

$$\text{et} \qquad c = (c_1, c_2, c_3)$$

La matrice A rcprésente la famille de vecteurs (v_1, v_2, v_3) dans la base canonique de $\mathbb{K}^3$, que nous noterons b. Comme $\operatorname{Det} A \neq 0$, cette famille est une base de $\mathbb{K}^3$.

Le triplet $(x, y, z) \in \mathbb{K}^3$ est solution du système (S) si et seulement si :

$$xv_1 + yv_2 + zv_3 = c$$

c'est-à-dire s'il s'agit des coordonnées du vecteur c dans la base (v_1, v_2, v_3). Pour les calculer, utilisons le fait que Det_b soit une forme trilinéaire alternée :

$$\begin{aligned} \operatorname{Det}_b(c, v_2, v_3) &= \operatorname{Det}_b(xv_1 + yv_2 + zv_3, v_2, v_3) = x \operatorname{Det}_b(v_1, v_2, v_3) \\ \operatorname{Det}_b(v_1, c, v_3) &= \operatorname{Det}_b(v_1, xv_1 + yv_2 + zv_3, v_3) = y \operatorname{Det}_b(v_1, v_2, v_3) \\ \operatorname{Det}_b(v_1, v_2, c) &= \operatorname{Det}_b(v_1, v_2, xv_1 + yv_2 + zv_3) = z \operatorname{Det}_b(v_1, v_2, v_3) \end{aligned}$$

On en déduit :

$$x = \frac{\operatorname{Det}_b(c, v_2, v_3)}{\operatorname{Det}_b(v_1, v_2, v_3)} = \frac{\begin{vmatrix} \mathbf{c_1} & a_{12} & a_{13} \\ \mathbf{c_2} & a_{22} & a_{23} \\ \mathbf{c_3} & a_{32} & a_{33} \end{vmatrix}}{\begin{vmatrix} a_{11} & a_{12} & a_{13} \\ a_{21} & a_{22} & a_{23} \\ a_{31} & a_{32} & a_{33} \end{vmatrix}}$$

$$y = \frac{\operatorname{Det}_b(v_1, c, v_3)}{\operatorname{Det}_b(v_1, v_2, v_3)} = \frac{\begin{vmatrix} a_{11} & \mathbf{c_1} & a_{13} \\ a_{21} & \mathbf{c_2} & a_{23} \\ a_{31} & \mathbf{c_3} & a_{33} \end{vmatrix}}{\begin{vmatrix} a_{11} & a_{12} & a_{13} \\ a_{21} & a_{22} & a_{23} \\ a_{31} & a_{32} & a_{33} \end{vmatrix}}$$

$$z = \frac{\operatorname{Det}_b(v_1, v_2, c)}{\operatorname{Det}_b(v_1, v_2, v_3)} = \frac{\begin{vmatrix} a_{11} & a_{12} & \mathbf{c_1} \\ a_{21} & a_{22} & \mathbf{c_2} \\ a_{31} & a_{32} & \mathbf{c_3} \end{vmatrix}}{\begin{vmatrix} a_{11} & a_{12} & a_{13} \\ a_{21} & a_{22} & a_{23} \\ a_{31} & a_{32} & a_{33} \end{vmatrix}}$$

Ces résultats sont appelés **formules de Cramer**.

> Dans un système de Cramer de la forme $AX = C$, la i-ème inconnue est le quotient par $\operatorname{Det} A$ du déterminant obtenu à partir de celui de A en remplaçant la i-ème colonne par celle des seconds membres : C.

© Hachette Livre – H Prépa / Math – La photocopie non autorisée est un délit

Exemples :

1) Avec $n = 2$; résolvons le système $\begin{cases} 2x + y = 5 \\ x + 4y = 6 \end{cases}$

$$x = \frac{\begin{vmatrix} 5 & 1 \\ 6 & 4 \end{vmatrix}}{\begin{vmatrix} 2 & 1 \\ 1 & 4 \end{vmatrix}} = 2 \qquad y = \frac{\begin{vmatrix} 2 & 5 \\ 1 & 6 \end{vmatrix}}{\begin{vmatrix} 2 & 1 \\ 1 & 4 \end{vmatrix}} = 1$$

2) Avec $n = 3$; résolvons le système $\begin{cases} 2x - y + z &= 0 \\ x - 2y - z &= 3 \\ 3x + y + 2z &= 1 \end{cases}$

$$x = \frac{\begin{vmatrix} 0 & -1 & 1 \\ 3 & -2 & -1 \\ 1 & 1 & 2 \end{vmatrix}}{\begin{vmatrix} 2 & -1 & 1 \\ 1 & -2 & -1 \\ 3 & 1 & 2 \end{vmatrix}} = 2 \qquad y = \frac{\begin{vmatrix} 2 & 0 & 1 \\ 1 & 3 & -1 \\ 3 & 1 & 2 \end{vmatrix}}{\begin{vmatrix} 2 & -1 & 1 \\ 1 & -2 & -1 \\ 3 & 1 & 2 \end{vmatrix}} = 1 \qquad z = \frac{\begin{vmatrix} 2 & -1 & 0 \\ 1 & -2 & 3 \\ 3 & 1 & 1 \end{vmatrix}}{\begin{vmatrix} 2 & -1 & 1 \\ 1 & -2 & -1 \\ 3 & 1 & 2 \end{vmatrix}} = -3$$

► ***Pour s'entraîner : ex. 9.***

FICHE MÉTHODE

- Pour **calculer un déterminant d'ordre 2**, on applique la définition :

$$\begin{vmatrix} a & c \\ b & d \end{vmatrix} = ad - bc$$

- Pour **calculer un déterminant d'ordre 3**, on peut :
  - utiliser la règle de Sarrus *(cf. exercice* 2 *)* ;
  - développer en utilisant le caractère trilinéaire alterné du déterminant *(cf. exercices* 3 *et* 4 *)*.

- Pour **exprimer que trois vecteurs sont coplanaires**, on peut :
écrire que leur déterminant dans une base donnée est nul.

- Pour **calculer le déterminant d'un endomorphisme**, on peut :
choisir une base et représenter l'endomorphisme par une matrice carrée *(cf. exercices* 5 *et* 6 *)*.

- Pour **exprimer qu'une matrice carrée d'ordre 3 est inversible**, on peut :
écrire que son déterminant est non nul *(cf. exercices* 7 *et* 8 *)*.

- Pour **résoudre un système linéaire de n équations à n inconnues de rang n**, on peut :
utiliser les formules de Cramer *(cf. exercice* 9 *)*.

© Hachette Livre – H Prépa / Math – La photocopie non autorisée est un délit

Exercice résolu

Déterminant de Vandermonde

ÉNONCÉ

1) Calculer le déterminant :

$$D(a,b,c) = \begin{vmatrix} 1 & 1 & 1 \\ a & b & c \\ a^2 & b^2 & c^2 \end{vmatrix} \quad \text{où } a,b,c \text{ sont trois scalaires quelconques.}$$

2) Résoudre le système :

$$\begin{cases} x + y + z = 1 \\ ax + by + cz = d \\ a^2x + b^2y + c^2z = d^2 \end{cases}$$

où a, b, c sont supposés distincts deux à deux.

CONSEILS

Remarquer que le déterminant s'annule lorsqu'au moins deux des trois scalaires a, b, c sont égaux.

SOLUTION

1) Il est clair que $D(a,b,c)$ est nul lorsque deux des scalaires a,b,c sont égaux. Supposons-les maintenant distincts deux à deux. Remplaçons c par une indéterminée X. L'expression $P(X) = D(a,b,X)$ est un polynôme de degré inférieur ou égal à 2, qui admet a,b pour racines.

On peut donc écrire :

$$P(X) = \lambda(X-a)(X-b)$$

En particulier, $D(a,b,c) = \lambda(c-a)(c-b)$

λ est le coefficient de X^2 dans le polynôme $P(X)$, c'est-à-dire : $\lambda = b-a$. D'où :

$$D(a,b,c) = (b-a)(c-a)(c-b)$$

Conseil : Utiliser les formules de Cramer.

2) Appliquons les formules de Cramer :

$$x = \frac{D(d,b,c)}{D(a,b,c)} = \frac{(b-d)(c-d)}{(b-a)(c-a)}$$

$$y = \frac{D(a,d,c)}{D(a,b,c)} = \frac{(d-a)(c-d)}{(b-a)(c-b)}$$

$$z = \frac{D(a,b,d)}{D(a,b,c)} = \frac{(d-a)(d-b)}{(c-a)(c-b)}$$

© Hachette Livre – H Prépa / Math – La photocopie non autorisée est un délit

Exercices

1 Vrai ou faux ?

a) Une application bilinéaire sur E est une application linéaire sur E^2.

b) Une application trilinéaire alternée est invariante par toute permutation circulaire des variables.

c) Le déterminant d'un endomorphisme dépend de la base dans laquelle on le représente.

d) Deux matrices carrées équivalentes ont le même déterminant.

e) Deux matrices carrées semblables ont le même déterminant.

f) Pour toute matrice carrée A d'ordre $n \leqslant 3$:

$$\mathrm{Det}(-A) = -\mathrm{Det}(A).$$

g) On ne change pas un déterminant en mutipliant une ligne par un scalaire non nul.

Déterminants d'ordre 3

2 Calculer les déterminants :

a) $\begin{vmatrix} 1 & j^2 & j \\ j & 1 & j^2 \\ j^2 & j & 1 \end{vmatrix}$ **b)** $\begin{vmatrix} 1 & 1 & 1 \\ \cos a & \cos b & \cos c \\ \sin a & \sin b & \sin c \end{vmatrix}$

c) $\begin{vmatrix} 1 & \cos a & \cos 2a \\ \cos a & \cos 2a & \cos 3a \\ \cos 2a & \cos 3a & \cos 4a \end{vmatrix}$ **d)** $\begin{vmatrix} 1 & \cos a & \cos 2a \\ 1 & \cos b & \cos 2b \\ 1 & \cos c & \cos 2c \end{vmatrix}$

e) $\begin{vmatrix} 1 & 1 & 1 \\ a & b & c \\ a^2 & b^2 & c^2 \end{vmatrix}$ **f)** $\begin{vmatrix} a^2 & b^2 & c^2 \\ (a+1)^2 & (b+1)^2 & (c+1)^2 \\ (a+2)^2 & (b+2)^2 & (c+2)^2 \end{vmatrix}$

3 Soit E un $\mathbb{K}$-espace vectoriel de dimension 3 muni d'une base $b = (e_1, e_2, e_3)$.

Calculer $\mathrm{Det}_b(e_2 + e_3, e_3 + e_1, e_1 + e_2)$.

4 Soit E un $\mathbb{K}$-espace vectoriel de dimension 3 muni d'une base $b = (e_1, e_2, e_3)$ et λ un élément de $\mathbb{K}$. Calculer $\mathrm{Det}_b(e_1 + \lambda e_2, e_2 + \lambda e_3, e_3 + \lambda e_1)$.

Déterminant d'un endomorphisme ou d'une matrice carrée

5 E est un espace vectoriel de dimension 3, F et G deux sous-espaces vectoriels supplémentaires dans E. On désigne par p la projection sur F parallèlement à G, et par s la symétrie par rapport à F parallèlement à G. Discuter suivant les dimensions de F et G les valeurs des déterminants de p et s.

6 À tout polynôme réel P de degré inférieur ou égal à 2, on associe le polynôme Q tel que :

$$\forall x \in \mathbb{R} \quad Q(x) = \int_x^{x+1} P(t)\,\mathrm{d}t$$

Montrer que l'application $P \mapsto Q$ est un endomorphisme de $\mathbb{R}_2[X]$ et calculer le déterminant de cet endomorphisme.

7 Montrer qu'une matrice carrée antisymétrique d'ordre 3 n'est jamais inversible.

8 * Soit $B \in \mathcal{M}_3(\mathbb{K})$ telle que : $B^2 \neq 0$ et $B^3 = 0$.

1) Déterminer une matrice très simple semblable à B.

2) Démontrer que $\mathrm{Det}(I_3 + B) = 1$.

3) Démontrer que pour toute matrice carrée A d'ordre 3 qui commute avec B :

$$\mathrm{Det}(A + B) = \mathrm{Det}(A)$$

(On pourra distinguer deux cas suivant que A est inversible ou non.)

Formules de Cramer

9 Résoudre les systèmes :

a) $\begin{cases} x - 2y = 5 \\ 2x + 3y = -2 \end{cases}$

b) $\begin{cases} 3x + y - z = 1 \\ x - 3y + 2z = 2 \\ x - 3z = -1 \end{cases}$

c) $\begin{cases} ax - y + z = 1 \\ x + ay - z = 1 \\ -x + y + az = 1 \end{cases} \quad (a \in \mathbb{R}^*)$

© Hachette Livre – H Prépa / Math – La photocopie non autorisée est un délit

Produit scalaire, espaces vectoriels euclidiens

13

Introduction

Pour décrire les propriétés géométriques de longueurs et d'angles, il faut enrichir la structure d'espace vectoriel par l'introduction d'un « produit scalaire ». Appliquée à l'analyse, cette notion permet d'utiliser le langage de la géométrie dans des espaces de fonctions, ce qui donne accès à des méthodes très efficaces d'approximations.

OBJECTIFS

- Introduction du produit scalaire.
- Utilisation des bases orthonormales.

★ *Ce chapitre n'est pas au programme des étudiants de PTSI qui n'ont pas choisi l'option PSI.*

© Hachette Livre – H Prépa / Math – La photocopie non autorisée est un délit

1 Produit scalaire

1.1. Définition

Soit E un espace vectoriel sur le corps des réels.
On appelle **produit scalaire** sur E une **forme bilinéaire symétrique définie positive**, c'est-à-dire une application notée $\left| \begin{array}{ccc} E \times E & \rightarrow & \mathbb{R} \\ (x, y) & \mapsto & (x|y) \end{array} \right.$:

- Bilinéaire. Pour tous réels $\alpha_1, \alpha_2, \beta_1, \beta_2$ et pour tous vecteurs x, x_1, x_2, y, y_1, y_2 :

$$\begin{cases} (\alpha_1 x_1 + \alpha_2 x_2 \mid y) = \alpha_1(x_1|y) + \alpha_2(x_2|y) \\ (x \mid \beta_1 y_1 + \beta_2 y_2) = \beta_1(x|y_1) + \beta_2(x|y_2) \end{cases}$$

- Symétrique $\quad \forall (x, y) \in E^2 \quad (y|x) = (x|y)$.
- Définie positive $\quad \forall x \in E \quad (x|x) \geqslant 0 \quad$ et $\quad (x|x) = 0 \Leftrightarrow x = 0$.

1.2. Exemples

1) $E = \mathbb{R}^n \quad$ si $x = (x_1, \cdots, x_n)$ et $y = (y_1, \cdots, y_n) \quad (x|y) = \sum_{k=1}^{n} x_k y_k$

Il est facile de vérifier qu'il s'agit bien d'un produit scalaire.

Il y a cependant d'autres produits scalaires possibles sur $\mathbb{R}^n$; par exemple, l'application définie par $(x|y) = \sum_{k=1}^{n} k x_k y_k$.

Nous verrons au paragraphe 3.1 que tout produit scalaire sur un espace vectoriel réel de dimension finie est de cette forme dans certaines bases particulières, dites orthonormales.

2) $E = \mathcal{C}([a, b], \mathbb{R}) \quad (f|g) = \int_a^b f(t)g(t)\,\mathrm{d}t$

Cette application est clairement bilinéaire symétrique. Elle est définie positive, car, pour toute fonction $f \in E$:

$$\int_a^b f(t)^2\,\mathrm{d}t \geqslant 0 \quad \text{et} \quad \int_a^b f(t)^2\,\mathrm{d}t = 0 \Rightarrow f = 0$$

(car f^2 est positive et continue).

► *Pour s'entraîner : ex. 2.*

1.3. Inégalité de Cauchy-Schwarz

Théorème 1
Soit E un espace vectoriel réel muni d'un produit scalaire.

$$\forall (x, y) \in E^2 \qquad (x|y)^2 \leqslant (x|x)\,(y|y)$$

L'égalité est vérifiée si et seulement si x et y sont colinéaires.

© Hachette Livre – H Prépa / Math – La photocopie non autorisée est un délit

Démonstration

- Si $y = 0$ $(x|y)^2 = 0$ et $(y|y) = 0$, d'où l'égalité.
- Si $y \neq 0$, observons que $\forall \lambda \in \mathbb{R} \quad (x + \lambda y | x + \lambda y) \geqslant 0$, c'est-à-dire :

$$(x|x) + 2\lambda(x|y) + \lambda^2(y|y) \geqslant 0 \quad \text{avec} \quad (y|y) \neq 0$$

On reconnaît un trinôme du second degré en λ qui garde un signe constant : il a au plus une racine réelle, son discriminant est donc négatif :

$$\Delta' = (x|y)^2 - (x|x)(y|y) \leqslant 0$$

En cas d'égalité, soit $y = 0$ et il est colinéaire à x, soit $y \neq 0$ et $\Delta' = 0$, le trinôme précédent possède alors une racine double λ_0, qui vérifie donc $(x + \lambda_0 y | x + \lambda_0 y) = 0$ d'où $x + \lambda_0 y = 0$; x et y sont liés.

Réciproquement, si x et y sont liés, soit $y = 0$, soit $\exists \lambda \in \mathbb{R} \quad x + \lambda y = 0$. Dans les deux cas l'égalité est vérifiée.

1.4. Norme euclidienne

Dans un espace vectoriel réel E, on appelle **norme** toute application N de E dans $\mathbb{R}$ telle que :

1) $\forall x \in E \quad N(x) \geqslant 0$;

2) $\forall x \in E \quad N(x) = 0 \Leftrightarrow x = 0$;

3) $\forall \lambda \in \mathbb{R} \quad \forall x \in E \quad N(\lambda x) = |\lambda| N(x)$;

4) $\forall (x, y) \in E^2 \quad N(x + y) \leqslant N(x) + N(y)$.

Théorème 2

Soit E un espace vectoriel réel muni d'un produit scalaire.

L'application de E dans $\mathbb{R}$ définie par : $\| x \| = \sqrt{(x|x)}$ est une norme, appelée *norme euclidienne* associée au produit scalaire.

Démonstration

Les points **1)** et **2)** figurent dans la définition du produit scalaire.

3) $\| \lambda x \| = \sqrt{(\lambda x | \lambda x)} = \sqrt{\lambda^2 (x|x)} = |\lambda| \sqrt{(x|x)} = |\lambda| \, \| x \|$

4) $\| x + y \|^2 = (x + y | x + y) = (x|x) + 2(x|y) + (y|y) = \| x \|^2 + 2(x|y) + \| y \|^2$

$(\| x \| + \| y \|)^2 = \| x \|^2 + 2 \| x \| \, \| y \| + \| y \|^2$

D'après Cauchy-Schwarz, $(x|y) \leqslant \| x \| \, \| y \|$; d'où $\| x + y \|^2 \leqslant (\| x \| + \| y \|)^2$

et $\| x + y \| \leqslant \| x \| + \| y \|$.

(L'égalité est vérifiée si et seulement si x et y sont colinéaires et de même sens.)

Un vecteur u est dit **unitaire** s'il est de norme 1 : $\| u \| = 1$.

Pour tout vecteur x non nul, il existe deux vecteurs unitaires colinéaires à x :

$$\frac{x}{\| x \|} \quad \text{et} \quad -\frac{x}{\| x \|}$$

■ Il existe des normes qui ne proviennent pas d'un produit scalaire. Elles font l'objet de l'étude des « espaces vectoriels normés ».

■ Une norme permet de définir une distance :

$$d(x, y) = \| x - y \| .$$

Elle donne donc accès aux propriétés topologiques de « voisinages », « limites », « continuité », etc.

Il existe des distances qui ne proviennent pas d'une norme. Elles font l'objet de l'étude des « espaces métriques », qui n'est pas au programme.

© Hachette Livre – H Prépa / Math – La photocopie non autorisée est un délit

1.5. Propriétés

En utilisant la bilinéarité du produit scalaire, on obtient facilement :

$\forall (x, y) \in E^2$

$\| x + y \|^2 = \| x \|^2 + 2(x|y) + \| y \|^2 \; ; \quad \| x - y \|^2 = \| x \|^2 - 2(x|y) + \| y \|^2$

$(x + y | x - y) = \| x \|^2 - \| y \|^2 \; ; \quad (x|y) = \frac{1}{4}(\| x + y \|^2 - \| x - y \|^2)$

Cette dernière égalité, appelée **identité de polarisation**, offre l'avantage d'exprimer un produit scalaire uniquement en termes de normes. Elle est utilisée pour démontrer des propriétés concernant le produit scalaire à partir de propriétés concernant les normes. (*Exemple : cf.* la définition d'un endomorphisme orthogonal au chapitre suivant.)

► ***Pour s'entraîner : ex. 3.***

2 Orthogonalité

2.1. Angle de deux vecteurs

Soit x, y deux vecteurs non nuls d'un espace vectoriel réel E muni d'un produit scalaire. D'après l'inégalité de Cauchy-Schwarz :

$$\frac{(x|y)}{\| x \| \, \| y \|} \in [-1, 1]$$

Il existe donc un réel θ unique de l'intervalle $[0, \pi]$ tel que :

$$\frac{(x|y)}{\| x \| \, \| y \|} = \cos \theta$$

θ est appelé mesure de l'**angle** (non orienté) des vecteurs x et y.

2.2. Vecteurs orthogonaux

Deux vecteurs x et y sont dits **orthogonaux** si $(x|y) = 0$.

Le vecteur nul est orthogonal à tout autre vecteur. Le vecteur nul est le seul vecteur orthogonal à lui-même. Deux vecteurs non nuls sont orthogonaux si et seulement si leur angle a pour mesure $\pi/2$.

Deux sous-espaces vectoriels F et G sont dits **orthogonaux** si :

$$\forall x \in F \quad \forall y \in G \quad (x|y) = 0$$

Il est clair qu'on a alors : $F \cap G = \{0\}$.

Soit X une partie quelconque de E. On appelle **orthogonal** de X l'ensemble, noté $X^\perp$, des vecteurs de E orthogonaux à tous les éléments de X :

$$X^\perp = \{y \in E \, , \, \forall x \in X \quad (y|x) = 0\}$$

© Hachette Livre – H Prépa / Math – La photocopie non autorisée est un délit

Théorème 3

L'orthogonal d'une partie X de E est un sous-espace vectoriel de E et :

$$\mathrm{Vect}(X)^{\perp} = X^{\perp}$$

Démonstration

$X^{\perp}$ est non vide, car $0 \in X^{\perp}$. $X^{\perp}$ est stable par combinaison linéaire :

$$\forall (y_1, y_2) \in X^{\perp 2}\ \forall (\alpha_1, \alpha_2) \in \mathbb{R}^2\ \forall x \in X \big(\alpha_1 y_1 + \alpha_2 y_2 | x\big) = \alpha_1 \big(y_1 | x\big) + \alpha_2 \big(y_2 | x\big) = 0$$

d'où $\alpha_1 y_1 + \alpha_2 y_2 \in X^{\perp}$. $X^{\perp}$ est donc un sous-espace vectoriel de E.

Tout vecteur orthogonal à $\mathrm{Vect}(X)$ est en particulier orthogonal à X :

$\mathrm{Vect}(X)^{\perp} \subset X^{\perp}$. Et tout vecteur orthogonal à X est orthogonal à toute combinaison linéaire d'éléments de X : $X^{\perp} \subset \mathrm{Vect}(X)^{\perp}$.

En particulier, si F est un sous-espace vectoriel, F et $F^{\perp}$ sont des sous-espaces vectoriels orthogonaux.

2.3. Familles orthogonales et orthonormales

Une famille $(e_1, \cdots, e_p)$ est dite **orthogonale** si ses éléments sont orthogonaux deux à deux, c'est-à-dire si :

$$\forall (i, j) \in [\![1, p]\!]^2 \quad i \neq j \quad \Rightarrow \quad (e_i | e_j) = 0$$

Une famille orthogonale dont aucun des vecteurs n'est nul est libre ; en effet, supposons que $\alpha_1 e_1 + \cdots + \alpha_p e_p = 0$, alors :

$$\forall i \in [\![1, p]\!] \quad (\alpha_1 e_1 + \cdots + \alpha_p e_p | e_i) = \alpha_i\, (e_i | e_i) = 0$$

et, comme $\big(e_i | e_i\big) \neq 0$, $\alpha_i = 0$.

Théorème 4 (Relation de Pythagore)

Si $(e_1, \cdots, e_p)$ est une famille orthogonale :

$$\left\| \sum_{i=1}^{p} e_i \right\|^2 = \sum_{i=1}^{p} \| e_i \|^2$$

Démonstration

En développant le produit scalaire $\left(\sum_{i=1}^{p} e_i \,\middle|\, \sum_{j=1}^{p} e_j \right)$, tous les termes $\big(e_i | e_j\big)$ où $i \neq j$ s'annulent.

Une famille $(e_1, \cdots, e_p)$ est dite **orthonormale** si ses éléments sont **unitaires** et orthogonaux deux à deux, c'est-à-dire si :

$$\forall (i, j) \in [\![1, p]\!]^2 \quad (e_i | e_j) = \delta_{ij} \quad (0 \text{ si } i \neq j \text{ et } 1 \text{ si } i = j)$$

Une famille orthonormale est donc toujours libre.

© Hachette Livre – H Prépa / Math – La photocopie non autorisée est un délit

3 Espaces euclidiens (dimension finie)

On appelle **espace vectoriel euclidien** un espace vectoriel réel **de dimension finie** muni d'un produit scalaire.

3.1. Bases orthonormales

Si E est un espace vectoriel euclidien de dimension n, toute famille orthonormale à n éléments est une base de E appelée **base orthonormale**.

L'intérêt de ce type de base provient de l'expression particulièrement simple du produit scalaire en fonction des coordonnées : soit $(e_1, \cdots, e_n)$ une base orthonormale :

- Si $x = x_1e_1 + \cdots + x_ne_n$ et $y = y_1e_1 + \cdots + y_ne_n$:

$$(x|y) = x_1y_1 + \cdots + x_ny_n \quad \text{et} \quad \| x \| = \sqrt{x_1^2 + \cdots + x_n^2}$$

On reconnaît l'exemple de produit scalaire donné dans $\mathbb{R}^n$, qui sert donc de modèle pour tout produit scalaire en dimension finie, à condition d'utiliser une base orthonormale.

Matriciellement, si on représente les coordonnées de x et y par des matrices unicolonnes X et Y :

$$(x|y) = {}^tXY \quad \text{et} \quad \| x \| = \sqrt{{}^tXX}$$

Remarque : On se permet d'identifier une matrice carrée d'ordre 1 et son unique coefficient.

Remarquons également que les coordonnées d'un vecteur dans une base orthonormale sont les produits scalaires de ce vecteur par les vecteurs de base :

- Si $x = x_1e_1 + \cdots + x_ne_n$, $\forall i \in [\![1, n]\!] \quad (x|e_i) = x_i$.

On a donc :

$$\forall x \in E \quad x = \sum_{i=1}^{n}(x|e_i)e_i$$

$$\forall (x, y) \in E^2 \quad (x|y) = \sum_{i=1}^{n}(x|e_i)(y|e_i) \quad \text{et} \quad \| x \| = \sqrt{\sum_{i=1}^{n}(x|e_i)^2}$$

► ***Pour s'entraîner : ex. 7 et 8.***

3.2. Existence de bases orthonormales

Théorème 5

Tout espace vectoriel euclidien possède au moins une base orthonormale.

Démonstration

Raisonnons par récurrence sur la dimension de l'espace vectoriel E.

- Si $\dim E = 0$, la famille vide est une base orthonormale de E!

© Hachette Livre – H Prépa / Math – La photocopie non autorisée est un délit

- Soit n un entier naturel tel que tout espace vectoriel euclidien de dimension n possède une base orthonormale. Soit E un espace vectoriel euclidien de dimension $n+1$. Comme $\dim E > 0$, E contient au moins un vecteur non nul u. L'ensemble des vecteurs orthogonaux à u est le noyau de la forme linéaire $x \mapsto (x|u)$: c'est donc un sous-espace vectoriel de E de dimension n ; d'après l'hypothèse de récurrence, il possède une base orthonormale $(e_1, \cdots, e_n)$. Le vecteur $e_{n+1} = \dfrac{u}{\|u\|}$ est unitaire ; la famille $(e_1, \cdots, e_n, e_{n+1})$ est orthonormale et elle a $n+1$ éléments : c'est une base orthonormale de E.

Par récurrence, pour tout $n \in \mathbb{N}$, tout espace vectoriel euclidien de dimension n possède une base orthonormale.

3.3. Supplémentaire orthogonal

Théorème 6

Si E est un espace vectoriel euclidien, l'orthogonal d'un sous-espace vectoriel F est un supplémentaire de F, appelé **supplémentaire orthogonal** de F :

$$F \oplus F^{\perp} = E$$

Démonstration

Soit $(e_1, \cdots, e_p)$ une base orthonormale de F. Pour tout vecteur x de E, le vecteur $x - \sum_{i=1}^{p}(x|e_i)e_i$ est orthogonal à chaque vecteur e_i ; il appartient donc à $F^{\perp}$.

On en déduit que $E = F + F^{\perp}$.

De plus, pour tout $x \in F \cap F^{\perp}$, $(x|x) = 0$, d'où $x = 0$. On a donc $F \cap F^{\perp} = \{0\}$, et par conséquent $E = F \oplus F^{\perp}$. Les sous-espaces F et $F^{\perp}$ sont supplémentaires.

Il résulte de ce théorème que toute famille orthonormale peut être complétée en une base orthonormale. En effet, si la famille orthonormale $(e_1, \cdots, e_p)$ engendre le sous-espace vectoriel F, il suffit de la compléter par une base orthonormale de $F^{\perp}$ pour obtenir une base orthonormale de E.

▶ *Pour s'entraîner : ex. 4 et 5.*

3.4. Projection orthogonale

Soit E un espace vectoriel euclidien et F un sous-espace vectoriel de E. On appelle **projection orthogonale** sur F la projection p sur F parallèlement à $F^{\perp}$. À tout vecteur x de E qui se décompose en : $x = x_1 + x_2$ avec $x_1 \in F$, $x_2 \in F^{\perp}$, l'application p associe x_1.

Si $(e_1, \cdots, e_p)$ est une base orthonormale de F, nous avons déjà remarqué que $x - \sum_{i=1}^{p}(x|e_i)e_i$ appartenait à $F^{\perp}$; on a donc :

$$p(x) = \sum_{i=1}^{p}(x|e_i)e_i$$

De même, on appelle **symétrie orthogonale** par rapport à F la symétrie s par rapport à F parallèlement à $F^{\perp}$. Comme $s = 2p - \mathrm{Id}_E$, pour tout vecteur x de E :

$$s(x) = 2\sum_{i=1}^{p}(x|e_i)e_i - x$$

▶ *Pour s'entraîner : ex. 6 et 9.*

© Hachette Livre – H Prépa / Math – La photocopie non autorisée est un délit

3.5. Orthonormalisation

Le théorème suivant donne un algorithme, appelé méthode d'**orthonormalisation de Schmidt** pour construire une base orthonormale à partir d'une base quelconque.

Théorème 7

Soit E un espace vectoriel euclidien, et $b = (u_1, \cdots, u_n)$ une base quelconque de E.

Il existe une base orthonormale unique $b' = (e_1, \cdots, e_n)$ telle que :

1) $\forall k \in [\![1, n]\!] \quad \text{Vect}(e_1, \cdots, e_k) = \text{Vect}(u_1, \cdots, u_k)$.

2) $\forall k \in [\![1, n]\!] \quad (e_k | u_k) > 0$.

Démonstration

Raisonnons par récurrence sur $k \in [\![1, n]\!]$.

Pour $k = 1$, il existe bien un vecteur unitaire unique colinéaire à u_1 et de même sens : $e_1 = \dfrac{u_1}{\| u_1 \|}$.

Soit pour $k \leqslant n-1$ une famille orthonormale $(e_1, \cdots, e_k)$ répondant à la question.

On veut montrer l'existence et l'unicité d'un vecteur e_{k+1} tel que :

a) $e_{k+1} \in \text{Vect}(u_1, \cdots, u_{k+1}) = \text{Vect}(e_1, \cdots, e_k, u_{k+1})$.

b) La famille $(e_1, \cdots, e_{k+1})$ soit orthonormale.

c) $(e_{k+1} | u_{k+1}) > 0$.

Projetons orthogonalement u_{k+1} sur le sous-espace $F_k = \text{Vect}(e_1, \cdots, e_k)$:

$$u_{k+1} = (u_{k+1}|e_1)e_1 + \cdots + (u_{k+1}|e_k)e_k + v_{k+1}$$

où $v_{k+1} \in F_k^{\perp}$. On a bien :

a) $v_{k+1} \in \text{Vect}(e_1, \cdots, e_k, u_{k+1})$.

b) La famille $(e_1, \cdots, e_k, v_{k+1})$ est orthogonale (mais pas encore orthonormale, car v_{k+1} n'est pas nécessairement unitaire).

c) Comme $(v_{k+1} | u_{k+1} - v_{k+1}) = 0$, $(v_{k+1} | u_{k+1}) = \| v_{k+1} \|^2 > 0$.

Il reste à normer v_{k+1} en le divisant par sa norme : $e_{k+1} = \dfrac{v_{k+1}}{\| v_{k+1} \|}$.

e_{k+1} est l'unique vecteur satisfaisant aux trois conditions imposées.

En opérant la récurrence jusqu'au rang n, on obtient une base orthonormale unique $(e_1, \cdots, e_n)$ répondant aux conditions de l'énoncé.

Remarque :

Dans la pratique, pour alléger les calculs, on peut chercher d'abord une base uniquement orthogonale $(e'_1, \cdots, e'_n)$, puis à la fin normer les vecteurs en les divisant par leur norme.

Exemple : $\mathbb{R}^3$ est muni de son produit scalaire canonique. Orthonormalisons la base :

$$u_1 = (1, 1, 0) \; ; \quad u_2 = (1, 0, 1) \; ; \quad u_3 = (0, 1, 1)$$

Posons

$$e'_1 = u_1 = (1, 1, 0)$$

© Hachette Livre – H Prépa / Math – La photocopie non autorisée est un délit

Projetons u_2 orthogonalement sur $\text{Vect}(e'_1)$: $u_2 = \lambda e'_1 + v_2$.

$$(v_2|e'_1) = (u_2|e'_1) - \lambda(e'_1|e'_1) = 1 - 2\lambda = 0 \qquad \text{d'où} \quad \lambda = \frac{1}{2}$$

$v_2 = u_2 - \dfrac{1}{2}e'_1 = \left(\dfrac{1}{2}, -\dfrac{1}{2}, 1\right)$. Choisissons $e'_2 = 2v_2 = (1, -1, 2)$.

Projetons u_3 orthogonalement sur $\text{Vect}(e'_1, e'_2)$: $u_3 = \lambda_1 e'_1 + \lambda_2 e'_2 + v_3$.

$$(v_3|e'_1) = (u_3|e'_1) - \lambda_1(e'_1|e'_1) = 1 - 2\lambda_1 = 0 \qquad \text{d'où} \quad \lambda_1 = \frac{1}{2}$$

$$(v_3|e'_2) = (u_3|e'_2) - \lambda_2(e'_2|e'_2) = 1 - 6\lambda_2 = 0 \qquad \text{d'où} \quad \lambda_2 = \frac{1}{6}$$

$v_3 = u_3 - \dfrac{1}{2}e'_1 - \dfrac{1}{6}e'_2 = \left(-\dfrac{2}{3}, \dfrac{2}{3}, \dfrac{2}{3}\right)$. Choisissons $e'_3 = \dfrac{3}{2}v_3 = (-1, 1, 1)$.

Il reste à normer les vecteurs trouvés :

$$e_1 = \frac{e'_1}{\| e'_1 \|} = \left(\frac{1}{\sqrt{2}}, \frac{1}{\sqrt{2}}, 0\right)$$

$$e_2 = \frac{e'_2}{\| e'_2 \|} = \left(\frac{1}{\sqrt{6}}, -\frac{1}{\sqrt{6}}, \frac{2}{\sqrt{6}}\right)$$

$$e_3 = \frac{e'_3}{\| e'_3 \|} = \left(-\frac{1}{\sqrt{3}}, \frac{1}{\sqrt{3}}, \frac{1}{\sqrt{3}}\right)$$

Application 1

Polynômes de Legendre

On munit l'espace vectoriel $\mathbb{R}_n[X]$ *du produit scalaire défini par :*

$$(P|Q) = \frac{1}{2}\int_{-1}^{1} P(t)Q(t)\mathrm{d}t$$

Soit $(P_0, P_1, \cdots, P_n)$ *la base orthonormalisée de la base canonique* $(1, X, \cdots, X^n)$. *Pour tout* $k \in [\![0, n]\!]$, *on pose :*

$$L_k = \frac{1}{\sqrt{2k+1}} P_k.$$

1) *Calculer les polynômes* L_0 *à* L_3.

2) *Démontrer que pour tout* n, *le polynôme* L_n *possède* n *racines réelles distinctes appartenant toutes à l'intervalle* $]-1, 1[$.

1) $P_0 = \dfrac{1}{\| 1 \|} = 1$, d'où $L_0 = 1$.

Posons : $Q_1 = X - \dfrac{(X|L_0)}{(L_0|L_0)} L_0 = X$.

$$\| Q_1 \|^2 = \frac{1}{2}\int_{-1}^{1} t^2 \,\mathrm{d}t = \frac{1}{3},$$

d'où

$$P_1 = \frac{Q_1}{\| Q_1 \|} = \sqrt{3}X \quad \text{et} \quad L_1 = X.$$

Posons :

$$Q_2 = X^2 - \frac{(X^2|L_0)}{(L_0|L_0)}L_0 - \frac{(X^2|L_1)}{(L_1|L_1)}L_1 = X^2 - \frac{1}{3}.$$

$$\| Q_2 \|^2 = \frac{1}{2}\int_{-1}^{1} \left(t^2 - \frac{1}{3}\right)^2 \mathrm{d}t = \frac{4}{45},$$

d'où

$$P_2 = \frac{Q_2}{\| Q_2 \|} = \frac{\sqrt{5}}{2}(3X^2 - 1)$$

et

$$L_2 = \frac{1}{2}(3X^2 - 1).$$

© Hachette Livre – H Prépa / Math – La photocopie non autorisée est un délit

Posons :

$$Q_3 = X^3 - \frac{(X^3|L_0)}{(L_0|L_0)}L_0 - \frac{(X^3|L_1)}{(L_1|L_1)}L_1 - \frac{(X^3|L_2)}{(L_2|L_2)}L_2 = X^3 - \frac{3}{5}X.$$

$$\| Q_3 \|^2 = \frac{1}{2}\int_{-1}^{1}\left(t^3 - \frac{3}{5}t\right)^2 \mathrm{d}t = \frac{4}{175},$$

d'où

$$P_3 = \frac{Q_3}{\| Q_3 \|} = \frac{\sqrt{7}}{2}(5X^3 - 3X)$$

et

$$L_3 = \frac{1}{2}(5X^3 - 3X).$$

2) Supposons que le polynôme L_n change k fois de signe ($k \in [\![0,n]\!]$) dans l'intervalle $]-1,1[$ pour les valeurs $(x_1,\cdots,x_k)$ (ce sont les racines d'ordre impair de L_n). Considérons le polynôme $K = (X - x_1)\cdots(X - x_k)$ (si $k = 0$, on posera $K = 1$). Le produit KL_n reste positif sur $]-1,1[$ sans être partout nul, donc :

$$\int_{-1}^{1} K(t)L_n(t)\,\mathrm{d}t > 0$$

c'est-à-dire $(K|L_n) > 0$. Comme L_n est orthogonal au sous-espace vectoriel $\mathrm{Vect}(L_0,\cdots,L_{n-1}) = \mathbb{R}_{n-1}[X]$, on en déduit que K est de degré n.

Le polynôme L_n possède donc n racines distinctes dans $]-1,1[$. Comme il est de degré n, il n'a pas d'autres racines.

► *Pour s'entraîner : ex. 10 et 11.*

3.6. Forme linéaire sur un espace vectoriel euclidien

La structure d'espace vectoriel euclidien permet de représenter une forme linéaire par un vecteur unique.

Théorème 8

Soit E un espace vectoriel euclidien. Pour toute forme linéaire $f \in \mathcal{L}(E,\mathbb{R})$, il existe un vecteur y unique tel que :

$$\forall x \in E \quad f(x) = (x|y)$$

Démonstration

À tout y de E on peut associer la forme linéaire $\left|\begin{array}{ccc} E & \xrightarrow{\theta_y} & \mathbb{R} \\ x & \mapsto & (x|y) \end{array}\right.$.

L'application $\left|\begin{array}{ccc} E & \xrightarrow{\theta} & \mathcal{L}(E,\mathbb{R}) \\ y & \mapsto & \theta_y \end{array}\right.$ est linéaire. Son noyau est :

$$\mathrm{Ker}\,\theta = \{\, y \in E\,,\ \forall x \in E \quad (x|y) = 0 \,\} = E^{\perp} = \{0\}$$

θ est donc injective et comme $\dim E = \dim \mathcal{L}(E,\mathbb{R})$, elle est bijective.

θ est un isomorphisme de E dans $\mathcal{L}(E,\mathbb{R})$.

Toute forme linéaire f a donc un antécédent unique par cet isomorphisme, c'est-à-dire un vecteur y tel que pour tout $x \in E$: $f(x) = (x|y)$.

Exemples :

1) C'est ce théorème qui permet de représenter un hyperplan H, noyau d'une forme linéaire non nulle, par un **vecteur normal** n : pour tout $x \in E$, $x \in H \iff (x|n) = 0$.

© Hachette Livre – H Prépa / Math – La photocopie non autorisée est un délit

2) Soit E un espace vectoriel euclidien orienté de dimension 3 et x, y deux vecteurs de E. L'application qui à un troisième vecteur z associe le déterminant de la famille (x, y, z) dans une base orthonormale directe, appelé **produit mixte** et noté $[x, y, z]$, est une forme linéaire sur E. Il existe donc un vecteur X tel que pour tout $z \in E$, $[x, y, z] = (X|z)$; on l'appelle **produit vectoriel** de x et y et on le note $x \wedge y$. Ainsi :

$$\forall (x, y, z) \in E^3 \quad [x, y, z] = (x \wedge y \mid z)$$

3) Nous verrons en analyse, dans le chapitre *Fonctions de deux variables*, que la différentielle $\mathrm{d}f$ d'une fonction f définie sur une partie de $\mathbb{R}^2$ à valeurs dans $\mathbb{R}$ est une forme linéaire sur $\mathbb{R}^2$. Il existe donc un vecteur, appelé **gradient** de f tel que :

$$\forall u \in \mathbb{R}^2 \quad \mathrm{d}f(u) = (\mathrm{Grad}(f) \mid u)$$

FICHE MÉTHODE

- Pour montrer qu'une application f de $E \times E$ dans $\mathbb{R}$ est un produit scalaire, on peut :

- montrer d'abord qu'elle est linéaire par rapport à la première variable ;
- puis qu'elle est symétrique, ce qui établit la bilinéarité ;
- montrer ensuite qu'elle est positive :

$$\forall x \in E \quad f(x, x) \geqslant 0 \, ;$$

- et enfin que :

$$\forall x \in E \quad f(x, x) = 0 \quad \Rightarrow \quad x = 0$$

(*cf. exercice* 2) .

- Pour montrer qu'une application N de E dans $\mathbb{R}$ est une norme euclidienne, on peut lui associer l'application f de $E \times E$ dans $\mathbb{R}$, définie par :

$$f(x, y) = \frac{1}{4}\left(N(x + y)^2 - N(x - y)^2\right)$$

et vérifier que f est linéaire par rapport à la première variable (elle sera alors nécessairement bilinéaire symétrique et définie positive).

- Pour construire une base orthonormale, on peut partir d'une base quelconque et l'orthonormaliser par le procédé de Schmidt (*cf. Application* 1 et *exercices* 10 et 11).

© Hachette Livre – H Prépa / Math – La photocopie non autorisée est un délit

Exercice résolu

Polynômes interpolateurs de Lagrange

ÉNONCÉ

On considère l'espace vectoriel réel $E = \mathbb{R}_n[X]$ des polynômes de degré inférieur ou égal à n, et l'application :

$$\left| \begin{array}{ccc} E^2 & \overset{\varphi}{\longrightarrow} & \mathbb{R} \\ (P, Q) & \longmapsto & \displaystyle\sum_{i=0}^{n} P(i)\, Q(i) \end{array} \right.$$

1) Montrer que φ est un produit scalaire sur E.

2) Déterminer une famille de $n+1$ polynômes de E : $(L_i,\quad 0 \leqslant i \leqslant n)$ telle que :

$$\forall (i,j) \in [\![1,n]\!]^2 \quad L_i(j) = \delta_{i,j}$$

3) Montrer que $(L_i,\ 0 \leqslant i \leqslant n)$ est une base orthonormée de (E, φ).

4) Donner les coordonnées dans cette base d'un polynôme P de E.

CONSEILS

Appliquer la définition d'un produit scalaire.

SOLUTION

1) Vérifions que φ est :

- symétrique :

$$\forall (P,Q) \in E^2, \qquad \varphi(Q,P) = \sum_{i=0}^{n} Q(i)\, P(i) = \sum_{i=0}^{n} P(i)\, Q(i) = \varphi(P,Q)$$

- bilinéaire : la symétrie permet de se limiter à la linéarité par rapport à l'une des deux variables ; pour tout $(P,Q,R) \in E^3$ et tout $(\alpha, \beta) \in \mathbb{R}^2$:

$$\begin{aligned} \varphi(\alpha P + \beta Q, R) &= \sum_{i=0}^{n} [\alpha P(i) + \beta Q(i)]\ R(i) \\ &= \alpha \sum_{i=0}^{n} P(i)\, R(i) + \beta \sum_{i=0}^{n} Q(i)\, R(i) \\ &= \alpha\ \varphi(P,R) + \beta\ \varphi(Q,R) \end{aligned}$$

- définie positive :

$$\forall P \in E, \quad \varphi(P,P) = \sum_{i=0}^{n} P(i)^2 \geqslant 0$$

et : $\quad \varphi(P,P) = 0 \iff \forall i \in [\![0,n]\!]^2 \ \ P(i) = 0$

Le polynôme P, de degré inférieur ou égal à n, possède alors $n+1$ racines distinctes : c'est le polynôme nul.

© Hachette Livre – H Prépa / Math – La photocopie non autorisée est un délit

φ est donc un produit scalaire, (E, φ) est un espace vectoriel euclidien de dimension $n + 1$.

Examiner les propriétés que doit vérifier le polynôme L_i.

2) Pour tout $j \neq i$, $L_i(j) = 0$, ce qui entraîne que L_i est divisible par

$$\prod_{\substack{0 \leqslant j \leqslant n \\ j \neq i}} (X - j).$$

d'où :

$$L_i(X) = \prod_{\substack{0 \leqslant j \leqslant n \\ j \neq i}} (X - j)\, Q_i(X) \quad \text{avec} \quad Q_i \in \mathbb{R}[X]$$

alors $\deg(L_i) = n + \deg(Q_i)$, or $\deg(L_i) \leqslant n$, ce qui entraîne que Q_i est une constante q_i. De plus

$$L_i(i) = 1,$$

d'où :

$$\prod_{\substack{0 \leqslant j \leqslant n \\ j \neq i}} (i - j)\, q_i = 1$$

ce qui donne q_i, et en définitive :

$$\forall i \in [\![1, n]\!] \quad L_i(X) = \prod_{\substack{0 \leqslant j \leqslant n \\ j \neq i}} \frac{X - j}{i - j}$$

Ces polynômes ont déjà été étudiés dans l'exercice résolu du chapitre 7.

Les polynômes L_i sont appelés polynômes interpolateurs de Lagrange aux points i, pour $i \in [\![0, n]\!]$.

3) Calculons, pour tout $(i, j) \in [\![0, n]\!]^2$ $\varphi(L_i, L_j)$:

$$\varphi(L_i, L_j) = \sum_{k=0}^{n} L_i(k)\, L_j(k) = \sum_{k=0}^{n} \delta_{i,k}\, \delta_{j,k} = \delta_{j,i} = \begin{cases} 1 & \text{si } i = j \\ 0 & \text{si } i \neq j \end{cases}$$

Il est inutile de vérifier d'abord que la famille est libre : il suffit de montrer qu'elle est orthonormale.

La famille $(L_i,\ 0 \leqslant i \leqslant n)$ est une famille de $n + 1$ polynômes de E, orthonormale donc libre : c'est une base de E.

4) Pour tout polynôme $P \in E$:

Les coordonnées d'un vecteur dans une base orthonormale sont les produits scalaires de ce vecteur par les vecteurs de base.

$$P = \sum_{i=0}^{n} \varphi(P, L_i) L_i = \sum_{i=0}^{n} \sum_{k=0}^{n} P(k) L_i(k) L_i = \sum_{i=0}^{n} P(i) L_i$$

Les coordonnées du polynôme P dans la base (L_i) sont les valeurs $P(i)$ prises par le polynôme aux points $i \in [\![0, n]\!]$.

© Hachette Livre – H Prépa / Math – La photocopie non autorisée est un délit

Exercices

1 Vrai ou faux ?

a) Pour tous vecteurs x et y d'un e.v. euclidien :

$$(x|y) \leqslant \| x \| \| y \|$$

b) Pour tout vecteur x et tout réel k :

$$\| kx \| = |k| \| x \|$$

c) Le seul vecteur orthogonal à tous les éléments de E est le vecteur nul.

d) L'expression du produit scalaire est la même dans toutes les bases orthonormales.

e) Dans un espace vectoriel euclidien, un sous-espace vectoriel et son orthogonal sont supplémentaires. en dim fini

f) Toute famille libre d'un espace vectoriel euclidien peut être complétée en une base orthonormale.

g) Toute forme linéaire sur un espace vectoriel euclidien associe à un vecteur son produit scalaire par un vecteur fixé.

Produit scalaire

2 Soit E l'espace vectoriel des fonctions de classe C^1 sur $[0, 1]$. Montrer que l'application de E^2 dans $\mathbb{R}$ définie par :

$$(f \mid g) = f(0)\, g(0) + \int_0^1 f'(t) g'(t)\, \mathrm{d}t$$

est un produit scalaire.

3 Soit E un espace vectoriel euclidien et f, g, deux endomorphismes de E tels que :

$$\forall x \in E \quad \| f(x) \| = \| g(x) \|$$

Démontrer que :

$$\forall (x, y) \in E^2 \quad (f(x)|f(y)) = (g(x)|g(y))$$

4 Soit X une partie quelconque d'un espace vectoriel euclidien. Démontrer que :

$$(X^{\perp})^{\perp} = \mathrm{Vect}(X)$$

5 Soit F et G deux sous-espaces vectoriels d'un espace vectoriel euclidien E.

1) Montrer que : $F \subset G \implies G^{\perp} \subset F^{\perp}$.

2) Comparer $(F + G)^{\perp}$ et $F^{\perp} \cap G^{\perp}$.

3) Comparer $(F \cap G)^{\perp}$ et $F^{\perp} + G^{\perp}$.

6 Soit p un projecteur d'un espace vectoriel euclidien E. Démontrer que p est une projection orthogonale si et seulement si : $\forall x \in E \quad \| p(x) \| \leqslant \| x \|$

Bases orthonormales

7 Soit E l'espace vectoriel des polynômes trigonométriques de degré inférieur ou égal à n :

$$f(x) = \sum_{0 \leqslant i+j \leqslant n} a_{ij} \cos^i x \sin^j x$$

On munit E du produit scalaire défini par :

$$(f \mid g) = \frac{1}{\pi} \int_0^{2\pi} f(t)\, g(t)\, \mathrm{d}t$$

Montrer que la famille :

$$\left(\frac{1}{\sqrt{2}}, \cos x, \sin x, \cos 2x, \sin 2x, \cdots, \cos nx, \sin nx \right)$$

est une base orthonormale de E. En déduire la dimension de E.

8 Soit E un espace vectoriel euclidien, et $(e_1, \cdots, e_n)$ une famille de vecteurs unitaires de E tels que :

$$\forall x \in E \quad \| x \|^2 = \sum_{i=1}^{n} (x|e_i)^2$$

Montrer que $(e_1, \cdots, e_n)$ est une base orthonormale de E.

9 Soit E un espace vectoriel euclidien de dimension 3 muni d'une base orthonormale. Déterminer la matrice dans cette base de la projection orthogonale sur la droite vectorielle dirigée par le vecteur unitaire $u = (\alpha, \beta, \gamma)$.

En déduire la matrice dans cette même base de la projection orthogonale sur le plan vectoriel de vecteur normal unitaire u, puis les matrices des symétries orthogonales par rapport à ces deux sous-espaces.

10 Orthonormaliser la base suivante de $\mathbb{R}^4$ (pour le produit scalaire habituel) :

$$u_1 = (0, 1, 1, 1) \quad u_2 = (1, 0, 1, 1)$$
$$u_3 = (1, 1, 0, 1) \quad u_4 = (1, 1, 1, 0)$$

11 Montrer que l'application de $\mathbb{R}^3 \times \mathbb{R}^3$ dans $\mathbb{R}$:

$$((x_1, x_2, x_3), (y_1, y_2, y_3)) \mapsto (x_1 - 2x_2)(y_1 - 2y_2) + x_2 y_2 + (x_2 + x_3)(y_2 + y_3)$$

est un produit scalaire sur $\mathbb{R}^3$.

Orthonormaliser pour ce produit scalaire la base canonique de $\mathbb{R}^3$.

© Hachette Livre – H Prépa / Math – La photocopie non autorisée est un délit

Automorphismes orthogonaux

14

Introduction

Nous allons nous intéresser dans ce chapitre aux endomorphismes de la structure d'espace vectoriel euclidien, c'est-à-dire aux endomorphismes (au sens applications linéaires) qui conservent le produit scalaire. Cette étude prépare d'un point de vue purement vectoriel celle des isométries du plan ou de l'espace, qui fera l'objet du chapitre suivant.

OBJECTIFS

- Savoir reconnaître une matrice orthogonale.
- Savoir reconnaître un automorphisme orthogonal et trouver ses éléments caractéristiques.
- En particulier, savoir trouver l'axe et l'angle d'une rotation vectorielle de l'espace.

© Hachette Livre – H Prépa / Math – La photocopie non autorisée est un délit

1 Automorphisme orthogonal d'un espace vectoriel euclidien

★ *Ce paragraphe n'est pas au programme des étudiants de PTSI qui n'ont pas choisi l'option PSI.*

1.1. Définition et caractérisation

Soit E un espace vectoriel euclidien. Un endomorphisme f de E est dit **orthogonal** s'il conserve le produit scalaire, c'est-à-dire si :

$$\forall (x, y) \in E^2 \quad (f(x) \mid f(y)) = (x \mid y)$$

Théorème 1

Soit E un espace vectoriel euclidien. Un endomorphisme f de E est orthogonal si et seulement s'il conserve la norme, c'est-à-dire si :

$$\forall x \in E \quad \| f(x) \| = \| x \|$$

Démonstration

1) Soit f un endomorphisme orthogonal de E. f conserve le produit scalaire ; en particulier :

$$\forall x \in E \quad \| f(x) \|^2 = (f(x) \mid f(x)) = (x \mid x) = \| x \|^2$$

f conserve la norme.

2) Soit f un endomorphisme de E qui conserve la norme ; d'après l'égalité de polarisation, pour tout $(x, y) \in E^2$:

Voir chapitre 13, paragraphe 1.5.

$$\begin{aligned}
(f(x) \mid f(y)) &= \frac{1}{4}\left(\| f(x) + f(y) \|^2 + \| f(x) - f(y) \|^2\right) \\
&= \frac{1}{4}\left(\| f(x+y) \|^2 + \| f(x-y) \|^2\right) \\
&= \frac{1}{4}\left(\| x + y \|^2 + \| x - y \|^2\right) \\
&= (x \mid y)
\end{aligned}$$

f conserve le produit scalaire : il est orthogonal.

Il résulte de ce théorème qu'un endomorphisme orthogonal est nécessairement bijectif ; en effet :

$$f(x) = 0 \Rightarrow \| f(x) \| = 0 \Rightarrow \| x \| = 0 \Rightarrow x = 0$$

donc $\operatorname{Ker} f = \{0\}$; comme E est de dimension finie, f est bijectif. On parlera désormais d'**automorphisme orthogonal**.

Application 1

Montrer qu'une application de E dans E qui conserve le produit scalaire est nécessairement linéaire. En est-il de même d'une application qui conserve la norme ?

Supposons que f conserve le produit scalaire ; soit x, y deux vecteurs de E, et α, β deux réels. En développant l'expression :

$$\| f(\alpha x + \beta y) - \alpha f(x) - \beta f(y) \|^2$$

© Hachette Livre – H Prépa / Math – La photocopie non autorisée est un délit

on fait apparaître des produits scalaires d'images de vecteurs par f, qui sont égaux aux produits scalaires de ces vecteurs, d'où :

$$\| f(\alpha x+\beta y)-\alpha f(x)-\beta f(y) \|^2$$

$$= \| (\alpha x+\beta y)-\alpha x-\beta y \|^2 = 0$$

On en déduit : $f(\alpha x+\beta y)=\alpha f(x)+\beta f(y)$: f est linéaire.

Notons que si f conserve le produit scalaire, elle conserve la norme. Néanmoins, une application qui conserve seulement la norme n'est pas nécessairement linéaire : par exemple, si $b=(e_1,e_2)$ est une base orthonormale, l'application $x \mapsto \| x \| e_1$ n'est pas linéaire.

1.2. Groupe orthogonal de E

Théorème 2

L'ensemble des automorphismes orthogonaux de E est un sous-groupe de $\mathcal{GL}(E)$, appelé **groupe orthogonal** de E et noté $\mathcal{O}(E)$.

Démonstration

Id_E est orthogonal ; la composée de deux automorphismes orthogonaux de E est orthogonale ; l'inverse d'un automorphisme orthogonal est orthogonal.

1.3. Image d'une base orthonormale

Montrons qu'on peut aussi caractériser un endomorphisme orthogonal par la conservation du caractère orthonormal d'une base.

Théorème 3

Soit E un espace vectoriel euclidien, et $b=(e_1,\cdots,e_n)$ une base orthonormale de E. Un endomorphisme f de E est orthogonal si et seulement si la famille $f(b)=(f(e_1),\cdots,f(e_n))$ est une base orthonormale.

Démonstration

1) Soit f un endomorphisme orthogonal de E. f conserve le produit scalaire, donc :

$$\forall (i,j) \in [\![1,n]\!]^2 \quad (f(e_i)|f(e_j))=(e_i|e_j)=\delta_{ij}$$

donc la famille $(f(e_1),\cdots,f(e_n))$ est orthonormale ; comme elle a n éléments, c'est une base.

2) Supposons que la famille $f(b)$ soit une base orthonormale. Pour tout vecteur $x=\xi_1 e_1+\cdots+\xi_n e_n$ de E, $f(x)=\xi_1 f(e_1)+\cdots+\xi_n f(e_n)$. L'expression de la norme étant la même dans toutes les bases orthonormales :

$$\| x \| = \| f(x) \| = \sqrt{\xi_1^2+\cdots+\xi_n^2}$$

f conserve donc la norme : il est orthogonal.

Remarque : Ce théorème prouve que si f est orthogonal, l'image de *toute* base orthonormale est une base orthonormale, mais pour démontrer qu'un endomorphisme est orthogonal, il suffit de montrer que l'image d'*une* base orthonormale donnée est orthonormale.

© Hachette Livre – H Prépa / Math – La photocopie non autorisée est un délit

2 Matrices orthogonales

★ *Ce paragraphe n'est pas au programme des étudiants de PTSI qui n'ont choisi l'option PSI.*

2.1. Matrice d'un automorphisme orthogonal dans une base orthonormale

Soit E un espace vectoriel euclidien, $b = (e_1, \cdots, e_n)$ une base orthonormale de E, et f un endomorphisme de E. Considérons la matrice A représentative de f dans la base b :

$$A = \mathcal{M}_b(f) = \begin{pmatrix} a_{11} & a_{12} & \cdots & a_{1n} \\ a_{21} & a_{22} & \cdots & a_{2n} \\ \vdots & \vdots & & \vdots \\ a_{n1} & a_{n2} & \cdots & a_{nn} \end{pmatrix}$$

f est orthogonal si et seulement si la famille de vecteurs colonnes

$$(X_1, X_2, \cdots, X_n)$$

est orthonormale, c'est-à-dire si :

$$\forall (i,j) \in [\![1,n]\!] \quad {}^tX_i X_j = \delta_{ij}$$

ce qui exprime que : ${}^tAA = I_n$, c'est-à-dire : ${}^tA = A^{-1}$.

Remarque : On a aussi : $A\,{}^tA = I_n$.

On appelle **matrice orthogonale** une matrice de $\mathcal{M}_n(\mathbb{R})$ inversible dont l'inverse est égale à la transposée.

Nous venons de montrer que si un endomorphisme f est orthogonal, sa matrice dans toute base orthonormale est orthogonale, et qu'il suffit que sa matrice dans une base orthonormale donnée soit orthogonale pour que f soit orthogonal.

Notons de plus que puisqu'un automorphisme orthogonal transforme une base orthonormale en une base orthonormale, la matrice de passage d'une base orthonormale à une autre est une matrice orthogonale. Étant donné deux bases dont la matrice de passage est orthogonale, si l'une est orthonormale, l'autre l'est aussi.

2.2. Groupe orthogonal d'ordre *n*

Théorème 4

L'ensemble des matrices orthogonales d'ordre n est un sous-groupe de $\mathcal{GL}_n(\mathbb{R})$, appelé **groupe orthogonal** d'ordre n et noté $\mathcal{O}(n)$.

Démonstration

C'est l'image du groupe $\mathcal{O}(E)$ par l'isomorphisme $f \mapsto \mathcal{M}_b(f)$ où E est un espace vectoriel euclidien de dimension n, et b une base orthonormale de E.

2.3. Déterminant d'un automorphisme ou d'une matrice orthogonal(e)

Soit A une matrice orthogonale d'ordre $n \leqslant 3$. De l'égalité : ${}^tAA = I_n$, on déduit : $\text{Det}\,{}^tA\ \text{Det}A = 1$, c'est-à-dire : $(\text{Det}A)^2 = 1$, d'où : $\text{Det}A = \pm 1$.

© Hachette Livre – H Prépa / Math – La photocopie non autorisée est un délit

Une matrice orthogonale, et par conséquent un automorphisme orthogonal, a nécessairement pour déterminant 1 ou -1.

Théorème 5

L'ensemble des matrices orthogonales d'ordre n dont le déterminant est égal à 1 est un sous-groupe de $\mathcal{O}(n)$, appelé **groupe spécial orthogonal** d'ordre n et noté $\mathcal{SO}(n)$.

L'ensemble des automorphismes orthogonaux d'un espace vectoriel euclidien E dont le déterminant est égal à 1 est un sous-groupe de $\mathcal{O}(E)$, appelé **groupe spécial orthogonal** de E et noté $\mathcal{SO}(E)$.

Démonstration

$\mathcal{SO}(n)$ est le noyau du morphisme de groupes de $\mathcal{O}(n)$ dans $\{-1,1\}$: $A \mapsto \operatorname{Det} A$.

$\mathcal{SO}(E)$ est le noyau du morphisme de groupes de $\mathcal{O}(E)$ dans $\{-1,1\}$: $f \mapsto \operatorname{Det} f$.

3 Symétries et réflexions

3.1. Symétries orthogonales

Un premier exemple d'automorphisme orthogonal nous est donné par une symétrie orthogonale, c'est-à-dire la symétrie par rapport à un sous-espace F parallèlement à $F^{\perp}$:

Théorème 6

Une symétrie est un automorphisme orthogonal si et seulement si c'est une symétrie orthogonale.

Démonstration

1) Soit F et G deux sous-espaces vectoriels supplémentaires de E et s la symétrie par rapport à F parallèlement à G. Supposons que $s \in \mathcal{O}(E)$.

$$\forall (x,y) \in F \times G \quad (x|y) = (s(x)\,|\,s(y)) = (x|-y) = -(x|y) \quad \text{d'où} \quad (x|y) = 0$$

F et G sont orthogonaux et supplémentaires, donc s est une symétrie orthogonale.

2) Soit F un sous-espace vectoriel de E et s la symétrie orthogonale par rapport à F. Pour tout x et tout y de E, on peut écrire $x = x_1 + x_2$ et $y = y_1 + y_2$ avec $(x_1, y_1) \in F$ et $(x_2, y_2) \in F^{\perp}$.

$$\begin{array}{rcccl} (x|y) & = & (x_1 + x_2|y_1 + y_2) & = & (x_1|y_1) + (x_2|y_2) \\ (s(x)|s(y)) & = & (x_1 - x_2|y_1 - y_2) & = & (x_1|y_1) + (x_2|y_2) \end{array}$$

donc s conserve le produit scalaire ; c'est un automorphisme orthogonal.

Remarque : Il ne faut pas se fier à l'apparente évidence de l'énoncé de ce théorème. Une projection orthogonale par exemple n'est jamais un automorphisme orthogonal sauf si c'est l'identité de E !

© Hachette Livre – H Prépa / Math – La photocopie non autorisée est un délit

On appelle **réflexion** une symétrie orthogonale par rapport à un hyperplan. C'est un automorphisme orthogonal de déterminant -1 (penser à sa matrice dans une base convenablement choisie).

3.2. Ensemble des vecteurs invariants par un automorphisme orthogonal

Soit E un espace vectoriel euclidien, et f un automorphisme orthogonal de E. L'ensemble des vecteurs de E invariants par f est le sous-espace vectoriel $F = \text{Ker}\,(f - \text{Id}_E)$.

Montrons que le sous-espace $F^\perp$ est stable par f :

Soit $x \in F^\perp \quad \forall y \in F \quad (f(x)\,|y) = (f(x)\,|\,f(y)) = (x|y) = 0$:

$$f(x) \in F^\perp.$$

Donc $f(F^\perp) \subset F^\perp$.

La restriction de f à $F^\perp \to F^\perp$ est un automorphisme orthogonal de $F^\perp$.

Théorème 7

Un automorphisme orthogonal dont l'ensemble des vecteurs invariants est un hyperplan H est la réflexion par rapport à H.

Démonstration

Le sous-espace $H^\perp$ est une droite. La restriction de f à $H^\perp \to H^\perp$ est un automorphisme orthogonal de $H^\perp$, distinct de $\text{Id}_{H^\perp}$ (sinon, l'ensemble des vecteurs invariants par f serait E tout entier). C'est nécessairement $-\text{Id}_{H^\perp}$. Pour tout vecteur x de E se décomposant en $x = x_1 + x_2$ avec $x_1 \in H$, $x_2 \in H^\perp$, $f(x) = x_1 - x_2$: f est la réflexion par rapport à l'hyperplan H.

Ce théorème va nous permettre de donner une classification des automorphismes orthogonaux du plan et de l'espace, en discutant suivant la dimension du sous-espace F.

► ***Pour s'entraîner : ex. 2.***

4 Automorphismes orthogonaux du plan

4.1. Automorphismes orthogonaux en dimension 2

Soit E un plan euclidien ($\dim E = 2$) orienté, f un automorphisme orthogonal de E et $F = \text{Ker}\,(f - \text{Id}_E)$ l'ensemble des vecteurs invariants par f.

- Si $\dim F = 2$, $F = E$, $f = \text{Id}_E$.
- Si $\dim F = 1$, F est une droite vectorielle, c'est-à-dire un hyperplan de E. f est la réflexion par rapport à la droite F. Son déterminant est -1.
- Si $\dim F = 0$, $F = \{0\}$. Soit a un vecteur non nul de E, s la réflexion par rapport à la médiatrice de $[a, f(a)]$. L'automorphisme orthogonal $s \circ f$ laisse a invariant ; comme ce n'est pas l'identité de E, il s'agit

© Hachette Livre – H Prépa / Math – La photocopie non autorisée est un délit

d'une réflexion s'. En définitive $f = s \circ s'$. f est la composée de deux réflexions ; son déterminant est $+1$. Pour tout vecteur x de E, l'angle orienté $(x, f(x))$ est le double de l'angle des axes des deux réflexions : c'est une constante θ. f est la **rotation vectorielle** d'angle θ (*Doc.* 1).

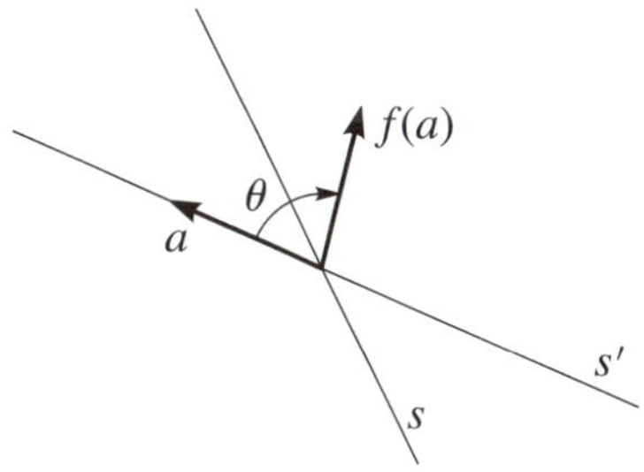

Doc. 1.

Remarque : Par exemple, la symétrie centrale $-\mathrm{Id}_E$ est la rotation vectorielle d'angle π.

En conclusion, les automorphismes orthogonaux du plan euclidien sont les rotations (dont l'identité) et les réflexions. L'ensemble des rotations est le groupe spécial orthogonal $\mathcal{SO}(E)$.

Tout automorphisme orthogonal du plan est la composée d'au plus deux réflexions : les réflexions engendrent le groupe $\mathcal{O}(E)$.

4.2. Groupe $\mathcal{O}(2)$

Soit A une matrice orthogonale d'ordre 2. A est la matrice d'un automorphisme orthogonal f dans une base orthonormale $b = (e_1, e_2)$ que l'on peut choisir directe.

- Si $\det A = 1$, f est une rotation, qui transforme la base b en une base orthonormale directe $b' = (e'_1, e'_2)$. Comme $\| e'_1 \| = 1$, il existe $\theta \in \mathbb{R}$ tel que $e'_1 = \cos\theta\, e_1 + \sin\theta\, e_2$. e'_2 est l'image de e'_1 par la rotation d'angle $+\dfrac{\pi}{2}$: $e'_2 = -\sin\theta\, e_1 + \cos\theta\, e_2$ (*Doc.* 2). D'où la matrice A :

$$A = \begin{pmatrix} \cos\theta & -\sin\theta \\ \sin\theta & \cos\theta \end{pmatrix}$$

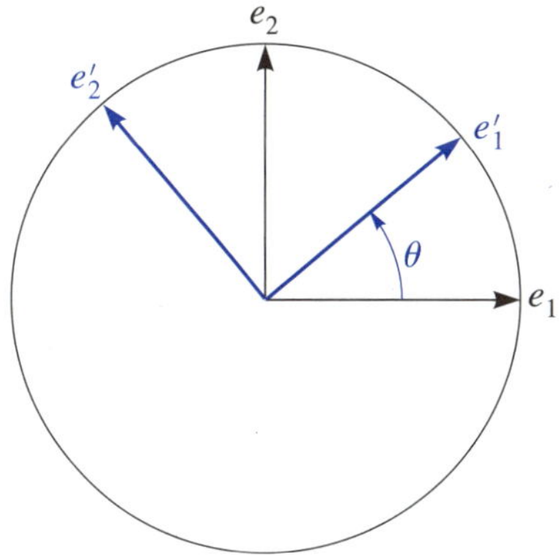

Doc. 2.

- Si $\det A = -1$, f est une réflexion, qui transforme la base b en une base orthonormale rétrograde $b' = (e'_1, e'_2)$. Comme $\| e'_1 \| = 1$, il existe $\theta \in \mathbb{R}$ tel que $e'_1 = \cos\theta\, e_1 + \sin\theta\, e_2$. e'_2 est l'image de e'_1 par la rotation d'angle $-\dfrac{\pi}{2}$: $e'_2 = \sin\theta\, e_1 - \cos\theta\, e_2$ (*Doc.* 3). D'où la matrice A :

$$A = \begin{pmatrix} \cos\theta & \sin\theta \\ \sin\theta & -\cos\theta \end{pmatrix}$$

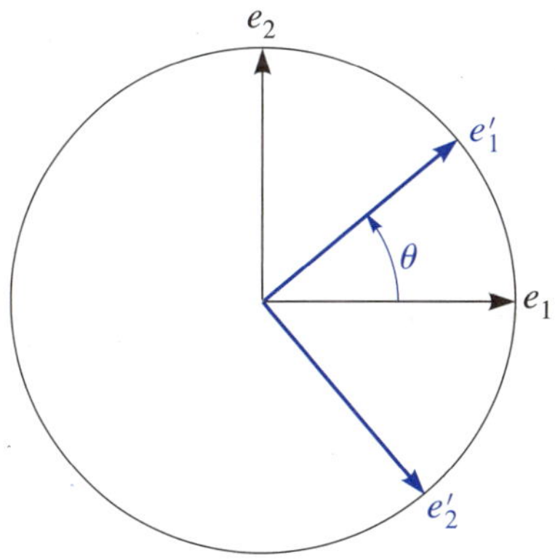

Doc. 3.

Remarque : La rotation vectorielle d'angle θ a la même matrice dans toutes les bases orthonormales directes, alors que la matrice d'une réflexion dépend de la base choisie ; en prenant e_1 sur l'axe D de la réflexion et e_2 sur la droite $D^\perp$, la matrice de la réflexion devient :

$$A = \begin{pmatrix} 1 & 0 \\ 0 & -1 \end{pmatrix}$$

4.3. Composition des rotations planes

Théorème 8

La composée des rotations vectorielles d'angles θ et θ' est la rotation vectorielle d'angle $\theta + \theta'$. Autrement dit, l'application qui à θ fait correspondre la rotation d'angle θ est un morphisme de groupes de $\mathbb{R}$ dans $\mathcal{O}(E)$.

© Hachette Livre – H Prépa / Math – La photocopie non autorisée est un délit

Démonstration

Il suffit d'effectuer le produit de matrices :

$$\begin{pmatrix} \cos\theta & -\sin\theta \\ \sin\theta & \cos\theta \end{pmatrix}\begin{pmatrix} \cos\theta' & -\sin\theta' \\ \sin\theta' & \cos\theta' \end{pmatrix} = \begin{pmatrix} \cos(\theta+\theta') & -\sin(\theta+\theta') \\ \sin(\theta+\theta') & \cos(\theta+\theta') \end{pmatrix}$$

5 Automorphismes orthogonaux de l'espace

5.1. Automorphismes orthogonaux en dimension 3

Soit E un espace vectoriel euclidien de dimension 3 orienté, f un automorphisme orthogonal de E et $F = \text{Ker}\,(f - \text{Id}_E)$ l'ensemble des vecteurs invariants par f.

- Si $\dim F = 3$, $F = E$, $f = \text{Id}_E$.
- Si $\dim F = 2$, F est un plan, c'est-à-dire un hyperplan de E. f est la réflexion par rapport au plan F. Son déterminant est -1.
- Si $\dim F = 1$, F est une droite, $F^\perp$ est un plan ; la restriction de f à $F^\perp$ est un automorphisme orthogonal de $F^\perp$ qui n'a pas de vecteur invariant non nul : c'est une rotation du plan $F^\perp$, composée de deux réflexions d'axes D_1, D_2 dans le plan $F^\perp$.

  f est la composée des réflexions de l'espace par rapport aux plans $D_1 + F$, $D_2 + F$. Elle appelée **rotation** d'axe F. Son déterminant est $+1$.

  Pour attribuer un angle à cette rotation, il faut orienter la droite F, ce qui induit une orientation du plan $F^\perp$ conformément à l'orientation de l'espace. On appellera alors angle de la rotation f l'angle de sa restriction au plan orienté $F^\perp$ (*Doc.* 4).
- Si $\dim F = 0$, $F = \{0\}$. Soit a un vecteur non nul de E, s la réflexion par rapport au plan médiateur de $[a, f(a)]$. L'automorphisme orthogonal $s \circ f$ laisse a invariant ; comme ce n'est ni l'identité de E ni une réflexion, c'est nécessairement une rotation, c'est-à-dire la composée de deux réflexions (*Doc.* 5). En définitive, f est la composée de trois réflexions ; son déterminant est -1 .

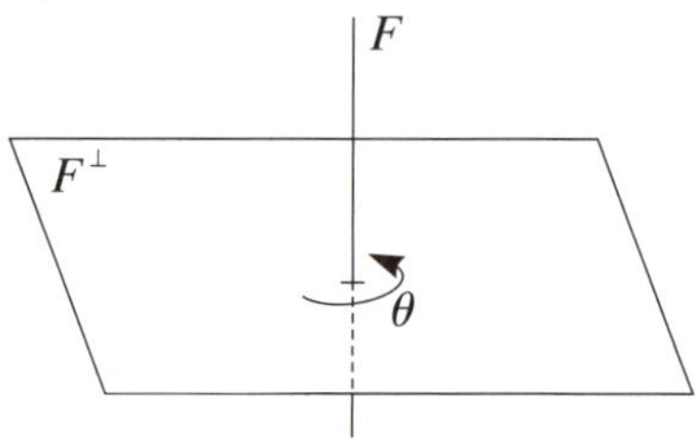

Doc. 4.

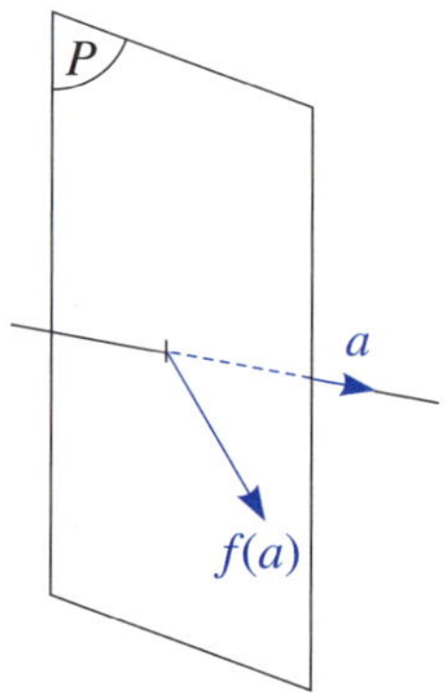

Doc. 5.

Remarque : Alors qu'en dimension 2 la symétrie centrale $-\text{Id}_E$ est une rotation, en dimension 3 c'est la composée de trois réflexions : son déterminant est -1.

En conclusion, les automorphismes orthogonaux d'un espace vectoriel euclidien de dimension 3 sont les rotations (dont l'identité), les réflexions, et les composées de trois réflexions. L'ensemble des rotations est le groupe spécial orthogonal $\mathcal{SO}(E)$.

Tout automorphisme orthogonal de l'espace est la composée d'au plus trois réflexions : les réflexions engendrent le groupe $\mathcal{O}(E)$.

5.2. Groupe $\mathcal{O}(3)$

La forme de la matrice d'un automorphisme orthogonal f d'un espace de dimension 3 relativement à une base orthonormale quelconque peut être compliquée et difficilement reconnaissable. Nous nous contenterons de donner la matrice de f dans une base orthonormale convenablement choisie.

© Hachette Livre – H Prépa / Math – La photocopie non autorisée est un délit

- Si f est la rotation d'axe D de vecteur unitaire e_1 d'angle θ (relativement à l'orientation de D par le vecteur e_1), on complète e_1 en une base orthonormale directe $b = (e_1, e_2, e_3)$ (*Doc.* 6). La matrice de f dans cette base est :

$$A = \begin{pmatrix} 1 & 0 & 0 \\ 0 & \cos\theta & -\sin\theta \\ 0 & \sin\theta & \cos\theta \end{pmatrix}$$

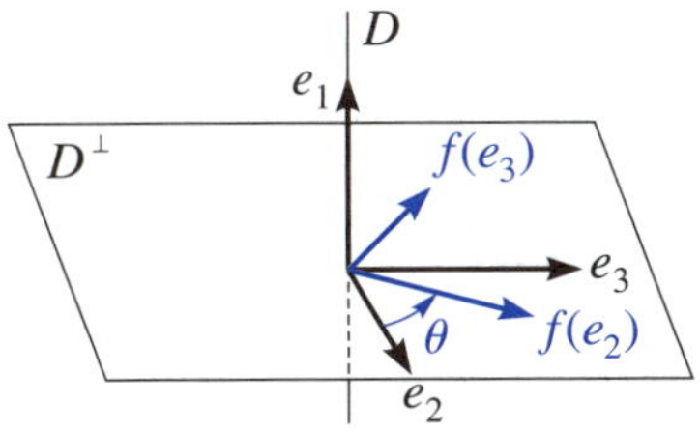

Doc. 6.

- Si f est la réflexion de plan P, on complète une base orthonormale (e_1, e_2) de P en une base orthonormale $b = (e_1, e_2, e_3)$ de E (*Doc.* 7). La matrice de f dans cette base est :

$$A = \begin{pmatrix} 1 & 0 & 0 \\ 0 & 1 & 0 \\ 0 & 0 & -1 \end{pmatrix}$$

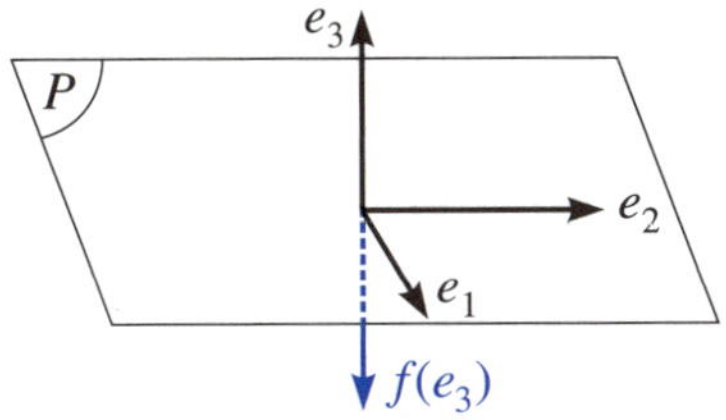

Doc. 7.

- Si f est la composée de la réflexion de plan P et de la rotation d'axe $P^\perp$ de vecteur unitaire e_1 d'angle θ (relativement à l'orientation de $P^\perp$ par le vecteur e_1), on complète e_1 en une base orthonormale directe $b = (e_1, e_2, e_3)$ (*Doc.* 8). La matrice de f dans cette base est :

$$A = \begin{pmatrix} -1 & 0 & 0 \\ 0 & \cos\theta & -\sin\theta \\ 0 & \sin\theta & \cos\theta \end{pmatrix}$$

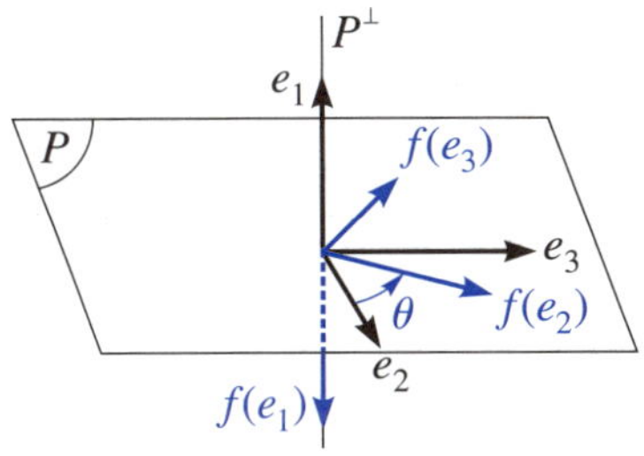

Doc. 8.

5.3. Étude d'une rotation de l'espace

Soit f la rotation d'axe D dirigé par le vecteur unitaire u, d'angle θ (relativement à l'orientation de D induite par le vecteur u).

Cherchons l'image par f d'un vecteur x orthogonal à D. Considérons les vecteurs : $v = \dfrac{x}{\|x\|}$, $w = u \wedge v$; la famille (u, v, w) est une base orthonormale directe de E (*Doc.* 9). $f(v) = \cos\theta\, v + \sin\theta\, w$, d'où en multipliant par $\|x\|$:

$$f(x) = \cos\theta\, x + \sin\theta\, u \wedge x$$

On en déduit :

$$\big(x | f(x)\big) = \|x\|^2 \cos\theta \quad ; \quad x \wedge f(x) = \|x\|^2 \sin\theta\, u$$

Ces relations peuvent servir à déterminer l'angle d'une rotation.

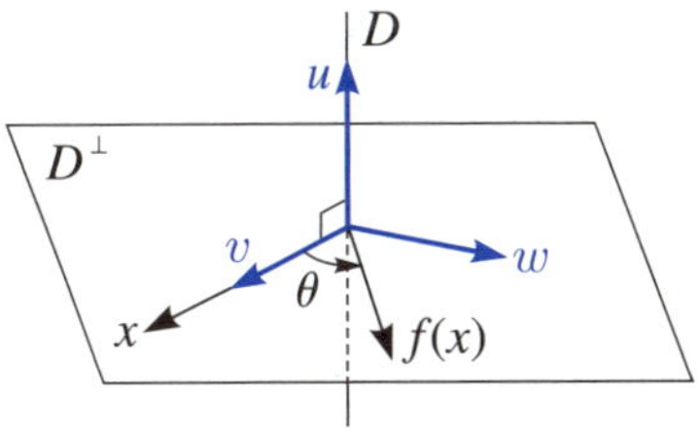

Doc. 9.

Application 2

Reconnaître une rotation

Soit f l'endomorphisme de $\mathbb{R}^3$ canoniquement associé à la matrice :

$$A = \frac{1}{3}\begin{pmatrix} -2 & -1 & 2 \\ 2 & -2 & 1 \\ 1 & 2 & 2 \end{pmatrix}$$

Montrer que f est une rotation ; déterminer son axe et son angle.

On vérifie que les vecteurs colonnes de la matrice A forment une base orthonormale de $\mathbb{R}^3$, donc f est un automorphisme ortho-

© Hachette Livre – H Prépa / Math – La photocopie non autorisée est un délit

gonal. Cherchons l'ensemble des vecteurs invariants par f, c'est-à-dire le sous-espace $\mathrm{Ker}\,(f - \mathrm{Id}_{\mathbb{R}^3})$:

$$\begin{pmatrix} -5 & -1 & 2 \\ 2 & -5 & 1 \\ 1 & 2 & -1 \end{pmatrix} \begin{pmatrix} x \\ y \\ z \end{pmatrix} = \begin{pmatrix} 0 \\ 0 \\ 0 \end{pmatrix}$$

équivaut à :

$$\begin{cases} -5x - y + 2z = 0 \\ 2x - 5y + z = 0 \\ x + 2y - z = 0 \end{cases}$$

Ce système a pour solution l'ensemble des éléments (x, y, z) de $\mathbb{R}^3$ tels que $z = 3x = 3y$. L'application f est donc une rotation d'axe D, dirigé par le vecteur $(1, 1, 3)$.

Choisissons un vecteur x orthogonal à cet axe, par exemple $x = (1, -1, 0)$. On calcule son image : $f(x) = \left(-\dfrac{1}{3}, \dfrac{4}{3}, -\dfrac{1}{3}\right)$. D'où $\big(x \,|\, f(x)\big) = -\dfrac{5}{3}$ et $\cos\theta = \dfrac{\big(x \,|\, f(x)\big)}{\|x\|^2} = -\dfrac{5}{6}$. L'angle de la rotation est donc en valeur absolue $\theta = \mathrm{Arccos}\left(-\dfrac{5}{6}\right)$.

Pour orienter cet angle, calculons :

$$x \wedge f(x) = \left(\frac{1}{3}, \frac{1}{3}, 1\right)\ ;$$

en orientant l'axe D dans le sens du vecteur $(1, 1, 3)$, l'angle de la rotation est direct.

Plus généralement, cherchons l'image d'un vecteur x quelconque ; on peut décomposer x en (*Doc.* 10) :

$$x = (u|x)\,u + x' \quad \text{où } x' \in D^{\perp}$$

On a alors :

$$f(x) = (u|x)\,u + f(x') = (u|x)\,u + \cos\theta\, x' + \sin\theta\, u \wedge x'$$

or $u \wedge x' = u \wedge x$, d'où :

$$f(x) = (u|x)\,u + \cos\theta\,(x - (u|x)\,u) + \sin\theta\, u \wedge x$$

$$f(x) = (u|x)\,(1 - \cos\theta)\,u + \cos\theta\, x + \sin\theta\, u \wedge x$$

Cette relation permet d'écrire la matrice la plus générale d'une rotation relativement à une base orthonormale directe (*cf.* exercice 5).

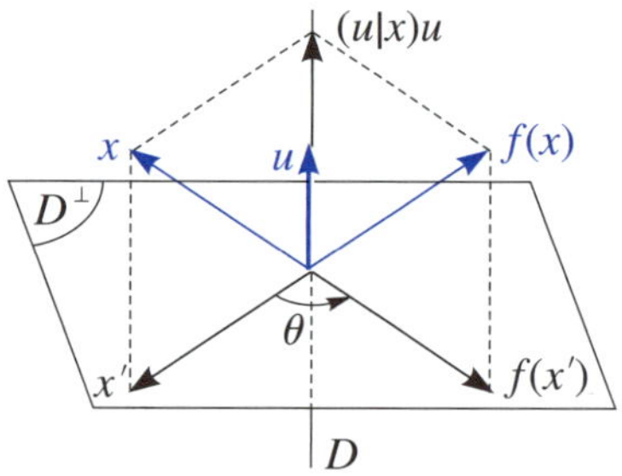

Doc. 10.

► ***Pour s'entraîner : ex. 3 à 5.***

© Hachette Livre – H Prépa / Math – La photocopie non autorisée est un délit

FICHE MÉTHODE

Pour montrer qu'un endomorphisme est orthogonal, on peut :

- montrer qu'il conserve le produit scalaire ;
- montrer qu'il conserve la norme ;
- montrer qu'il transforme une base orthonormale en une autre ;
- montrer que sa matrice dans une base orthonormale est orthogonale.

Pour montrer qu'une matrice carrée est orthogonale, on peut :

- montrer que le produit de cette matrice par sa transposée est égal à la matrice unité ;
- montrer que les vecteurs colonnes forment une famille orthonormale ;
- montrer que c'est la matrice de passage d'une base orthonormale en une autre ;
- montrer que l'endomorphisme canoniquement associé est orthogonal.

Pour reconnaître un automorphisme orthogonal f à partir de sa matrice dans une base orthonormale :

- avant tout vérifier que cette matrice est orthogonale ;
- éventuellement calculer son déterminant, qui peut être 1 ou -1 ;
- chercher l'ensemble des vecteurs invariants ; c'est un sous-espace dont la dimension renseigne complètement sur la nature de l'application f ;
- déterminer les éléments caractéristiques de f (par exemple pour une rotation, axe et angle).

Pour déterminer l'angle d'une rotation, on peut :

- choisir un vecteur x orthogonal à l'axe de la rotation ; le produit scalaire $(x|f(x))$ donne l'angle de la rotation, sans orientation ; le produit vectoriel $x \wedge f(x)$ détermine l'orientation de l'axe qui permet de prendre positif l'angle de la rotation.

© Hachette Livre – H Prépa / Math – La photocopie non autorisée est un délit

Exercice résolu

Rotations de l'espace qui commutent

ÉNONCÉ

1) Soit R une rotation de l'espace. Montrer que s'il existe un vecteur v non nul tel que $R(v) = -v$, alors R est un demi-tour dont l'axe est orthogonal à v.

2) Soit R, R' deux rotations distinctes de l'identité, d'axes dirigés respectivement par les vecteurs unitaires u et u'. Trouver une condition nécessaire et suffisante pour que R et R' commutent.

CONSEILS

Choisir une base et exprimer analytiquement la rotation.

À quelle condition existe-t-il un vecteur v non nul tel que $R(v) = -v$?

Appliquer l'égalité $R \circ R' = R' \circ R$ aux vecteurs u et u'.

Ne pas oublier la réciproque.

SOLUTION

1) Soit e_1 un vecteur unitaire de l'axe de la rotation R. On peut compléter (e_1) en une base orthonormale (e_1, e_2, e_3) ; la matrice de R dans cette base est :

$$A = \begin{pmatrix} 1 & 0 & 0 \\ 0 & \cos\theta & -\sin\theta \\ 0 & \sin\theta & \cos\theta \end{pmatrix}$$

Cherchons un vecteur $v = xe_1 + ye_2 + ze_3$ tel que $R(v) = -v$, ce qui équivaut au système :

$$\begin{cases} x = -x \\ y\cos\theta - z\sin\theta = -y \\ y\sin\theta + z\cos\theta = -z \end{cases} \quad \text{soit :} \quad \begin{cases} x = 0 \\ y(1+\cos\theta) - z\sin\theta = 0 \\ y\sin\theta + z(1+\cos\theta) = 0 \end{cases}$$

Pour que ce système possède une solution non nulle, il est nécessaire que son déterminant soit nul :

$$\begin{vmatrix} 1 & 0 & 0 \\ 0 & 1+\cos\theta & -\sin\theta \\ 0 & \sin\theta & 1+\cos\theta \end{vmatrix} = 0$$

ce qui équivaut à : $(1+\cos\theta)^2 + \sin^2\theta = 0$, d'où $\cos\theta = -1$, $\theta = \pi$: la rotation R est un demi-tour.

Réciproquement, si R est un demi-tour, tout vecteur orthogonal à l'axe est transformé en son opposé.

2) Supposons que $R \circ R' = R' \circ R$. En appliquant cette égalité au vecteur u, invariant par R, on obtient : $R\Big(R'(u)\Big) = R'(u)$; le vecteur $R'(u)$ est invariant par R, il est donc colinéaire à u. Comme R' conserve la norme, on a : $R'(u) = \pm u$.

- Si $R'(u) = u$, u est invariant par R', donc colinéaire à u' : les rotations R et R' ont le même axe.
- Si $R'(u) = -u$, R' est un demi-tour d'axe orthogonal à u. Le même raisonnement s'applique à R : R et R' sont deux demi-tours d'axes orthogonaux.

Réciproquement, il est clair que deux rotations de même axe commutent ; il en est de même de deux demi-tours d'axes orthogonaux.

En conclusion, deux rotations distinctes de l'identité commutent si et seulement si elles ont le même axe, ou si ce sont deux demi-tours d'axes orthogonaux.

© Hachette Livre – H Prépa / Math – La photocopie non autorisée est un délit

Exercices

1 Vrai ou faux ?

a) Une projection orthogonale est un endomorphisme orthogonal.

b) Une symétrie orthogonale est un endomorphisme orthogonal.

c) Une matrice carrée est orthogonale si et seulement si sa transposée est son inverse.

d) Tout automorphisme de déterminant ± 1 est orthogonal.

e) Tout automorphisme orthogonal de déterminant $+1$ en dimension 2 ou 3 est une rotation.

f) Tout automorphisme orthogonal de déterminant -1 en dimension 2 ou 3 est une réflexion.

g) Les réflexions engendrent le groupe orthogonal d'un e.v. euclidien de dimension 2 ou 3.

2 E est un espace vectoriel euclidien. À tout $x \in E\backslash\{0\}$, on associe l'application :

$$\left| \begin{array}{ccc} E & \xrightarrow{\varphi_x} & E \\ y & \mapsto & y - \dfrac{2(x|y)}{\| x \|^2} x \end{array} \right.$$

1) Montrer que φ_x est un automorphisme orthogonal.

2) Reconnaître la nature de φ_x.

3 Déterminer $(a, b, c) \in \mathbb{R}^{*3}$ pour que la matrice :

$$A = -\frac{2}{3}\begin{pmatrix} -\dfrac{1}{2} & \dfrac{b}{a} & \dfrac{c}{a} \\ \dfrac{a}{b} & -\dfrac{1}{2} & \dfrac{c}{b} \\ \dfrac{a}{c} & \dfrac{b}{c} & -\dfrac{1}{2} \end{pmatrix}$$

soit orthogonale. Reconnaître les automorphismes orthogonaux de $\mathbb{R}^3$ correspondants.

4 Reconnaître les endomorphismes de $\mathbb{R}^3$ canoniquement associés aux matrices suivantes :

$$A = \frac{1}{3}\begin{pmatrix} 2 & 2 & 1 \\ -2 & 1 & 2 \\ 1 & -2 & 2 \end{pmatrix}$$

$$B = \begin{pmatrix} 0 & 0 & -1 \\ -1 & 0 & 0 \\ 0 & -1 & 0 \end{pmatrix}$$

$$C = \begin{pmatrix} 1-2\alpha^2 & -2\alpha\beta & -2\alpha\gamma \\ -2\beta\alpha & 1-2\beta^2 & -2\beta\gamma \\ -2\gamma\alpha & -2\gamma\beta & 1-2\gamma^2 \end{pmatrix}$$

avec $\alpha^2 + \beta^2 + \gamma^2 = 1$

$$D = \begin{pmatrix} \cos^2\alpha & \sin\alpha\cos\alpha & \sin\alpha \\ \sin\alpha\cos\alpha & \sin^2\alpha & -\cos\alpha \\ -\sin\alpha & \cos\alpha & 0 \end{pmatrix}$$

5 Soit E un espace vectoriel euclidien orienté de dimension 3 rapporté à une base orthonormale directe. Soit $u = (\alpha, \beta, \gamma)$ un vecteur unitaire, et R la rotation d'angle θ d'axe dirigé par u. Démontrer que pour tout vecteur x de E :

$$R(x) = (u|x)(1 - \cos\theta)u + \cos\theta\, x + \sin\theta\, u \wedge x$$

En déduire la matrice générale d'une rotation dans une base orthonormale. Étudier le cas particulier d'un demi-tour.

© Hachette Livre – H Prépa / Math – La photocopie non autorisée est un délit

Transformations du plan et de l'espace

15

Introduction

Dans le « programme d'Erlangen » publié en 1872, le mathématicien allemand Félix Klein propose de classer la géométrie suivant les propriétés invariantes par un groupe spécifique de transformations. En ce sens, la géométrie euclidienne est l'étude des invariants par les isométries, c'est-à-dire la conservation des distances et des angles. Si on veut conserver l'orientation, on utilisera le groupe des déplacements ; si on veut conserver seulement les rapports de distances, celui des similitudes. Ainsi, les transformations deviennent les objets primordiaux de la géométrie, prenant le pas sur les configurations de points qui ne sont que leur champ d'application.

OBJECTIFS

- Étude des isométries du plan et de l'espace.
- Étude des similitudes directes du plan.

© Hachette Livre – H Prépa / Math – La photocopie non autorisée est un délit

1 Isométries d'un espace vectoriel euclidien

1.1. Définition et exemples

Soit E un espace vectoriel euclidien. Les éléments de E seront considérés dans ce chapitre soit comme des points, soit comme des vecteurs.
On appelle **isométrie** de E toute application de E dans E qui conserve les distances, c'est-à-dire telle que pour tous points A et B de E, d'images respectives A', B' par f : $\|\overrightarrow{A'B'}\| = \|\overrightarrow{AB}\|$.

Exemples : Une translation, une symétrie orthogonale (en particulier une symétrie centrale, une réflexion), une rotation sont des isométries. La composée de deux isométries est une isométrie.

1.2. Partie linéaire d'une isométrie

Théorème 1

Soit E un espace vectoriel euclidien, et f une isométrie de E.

1) Pour tout point O de E, l'application φ_o qui au vecteur $\vec{u}$ associe le vecteur $\overrightarrow{f(O)f(O+\vec{u})}$ est linéaire.

2) L'application φ_o ne dépend pas de O ; on peut la noter φ.

3) φ est un automorphisme orthogonal de E.

c'est-à-dire
$f(O+\vec{u}) = f(O) + \varphi_0(\vec{u})$

Démonstration

1) Désignons par O' l'image de O par f. φ_o est l'application telle que pour tout point M de E, d'image M' par f, $\varphi_o(\overrightarrow{OM}) = \overrightarrow{O'M'}$. Montrons qu'elle conserve le produit scalaire.
Soit A et B deux points de E, d'images respectives A', B' par f :

$$(\overrightarrow{O'A'} \mid \overrightarrow{O'B'}) = \frac{1}{2}\left(\|\overrightarrow{O'A'}\|^2 + \|\overrightarrow{O'B'}\|^2 - \|\overrightarrow{A'B'}\|^2\right)$$

Comme f conserve les distances :

$$(\overrightarrow{O'A'} \mid \overrightarrow{O'B'}) = \frac{1}{2}\left(\|\overrightarrow{OA}\|^2 + \|\overrightarrow{OB}\|^2 - \|\overrightarrow{AB}\|^2\right) = (\overrightarrow{OA} \mid \overrightarrow{OB})$$

Donc pour tous vecteurs $\vec{x}$, $\vec{y}$: $(\varphi_o(\vec{x}) \mid \varphi_o(\vec{y})) = (\vec{x} \mid \vec{y})$; l'Application φ_o conserve le produit scalaire. D'après le résultat de l'Application 1 du chapitre *Automorphismes orthogonaux*, elle est donc linéaire.

2) Soit O_1, O_2 deux points quelconques de E. Pour tout vecteur $\vec{x}$, il existe un point M unique tel que $\vec{x} = \overrightarrow{O_1M} = \overrightarrow{O_2M} - \overrightarrow{O_2O_1}$.

$$\varphi_{o_2}(\vec{x}) = \varphi_{o_2}(\overrightarrow{O_2M} - \overrightarrow{O_2O_1}) = \varphi_{o_2}(\overrightarrow{O_2M}) - \varphi_{o_2}(\overrightarrow{O_2O_1})$$

car φ_{o_2} est linéaire ; d'où :

$$\varphi_{o_2}(\vec{x}) = \overrightarrow{O_2'M'} - \overrightarrow{O_2'O_1'} = \overrightarrow{O_1'M'} = \varphi_{o_1}(\overrightarrow{O_1M}) = \varphi_{o_1}(\vec{x})$$

c'est-à-dire : $\varphi_{o_2} = \varphi_{o_1}$.
L'application φ_o ne dépend pas du point O. On peut la noter φ.

3) φ est une application linéaire de E dans E qui conserve le produit scalaire : c'est un automorphisme orthogonal.

© Hachette Livre – H Prépa / Math – La photocopie non autorisée est un délit

L'application φ est appelée **partie linéaire** de f. Elle traduit la façon dont f transforme les vecteurs. On peut aussi la noter $\overrightarrow{f}$. On a pour tous points A et B de E, d'images respectives A', B' par f :

$$\overrightarrow{A'B'} = \overrightarrow{f}(\overrightarrow{AB})$$

et pour tout point A, tout vecteur $\vec{x}$:

$$f(A+\vec{x}) = f(A) + \overrightarrow{f}(\vec{x})$$

Exemple : Si f est une symétrie centrale, pour tous points A et B de E, $\overrightarrow{A'B'} = -\overrightarrow{AB}$, donc $\overrightarrow{f} = -\mathrm{Id}_E$. Pour tout point A et tout vecteur $\vec{x}$: $f(A+\vec{x}) = f(A) - \vec{x}$.

La partie linéaire d'une isométrie est un automorphisme orthogonal ; son déterminant est donc 1 ou -1. On appelle **déplacement** une isométrie dont la partie linéaire a pour déterminant $+1$, et **antidéplacement** une isométrie dont la partie linéaire a pour déterminant -1.

Remarque : Une application f possédant une partie linéaire $\overrightarrow{f}$ est dite **affine**. Nous venons de montrer qu'une isométrie était une application affine, mais il existe des applications affines dont la partie linéaire n'est pas orthogonale et qui ne sont donc pas des isométries.

1.3. Partie linéaire d'une composée d'isométries

Soit f et g deux isométries, de parties linéaires respectives $\overrightarrow{f}$, $\overrightarrow{g}$. Pour tout point A et tout vecteur $\vec{x}$:

$$f\circ g\,(A+\vec{x}) = f\Big(g(A+\vec{x})\Big) = f\Big(g(A) + \overrightarrow{g}(\vec{x})\Big) = f\circ g\,(A) + \overrightarrow{f}\circ\overrightarrow{g}\,(\vec{x})$$

La partie linéaire de $f\circ g$ est $\overrightarrow{f}\circ\overrightarrow{g}$.

D'autre part, f étant une isométrie, sa partie linéaire $\overrightarrow{f}$ est bijective. Pour tout point O d'image O' et tout point A, l'équation $f(M) = A$ équivaut à $\overrightarrow{f}(\overrightarrow{OM}) = \overrightarrow{O'A}$, c'est-à-dire à $\overrightarrow{OM} = \overrightarrow{f}^{-1}(\overrightarrow{O'A})$; cette équation a une solution unique : $M = O + \overrightarrow{f}^{-1}(\overrightarrow{O'A})$, donc f est bijective. De plus, f^{-1} est une isométrie dont la partie linéaire est $\overrightarrow{f}^{-1}$.

On peut donc énoncer :

Théorème 2

L'ensemble des isométries de E est un groupe, noté Is(E).
L'ensemble des déplacements de E est un sous-groupe de Is(E), noté Dep(E).

Démonstration

Is(E) est non vide, stable par composition et il contient les inverses de ses éléments : c'est un sous-groupe du groupe des bijections de E dans E.
Dep(E) est le noyau du morphisme de groupes de Is(E) dans $\{-1, 1\}$ qui à f associe $\mathrm{Det}\,\overrightarrow{f}$.

© Hachette Livre – H Prépa / Math – La photocopie non autorisée est un délit

1.4. Partie linéaire d'une translation

Si f est une translation de vecteur $\vec{u}$, pour tous points A et B de E, $\overrightarrow{AA'} = \overrightarrow{BB'}$, donc $ABB'A'$ est un parallélogramme, et : $\overrightarrow{A'B'} = \overrightarrow{AB}$. La partie linéaire d'une translation est l'identité.

Réciproquement, si f est une isométrie dont la partie linéaire est Id_E, pour tous points A et B de E, $\overrightarrow{A'B'} = \overrightarrow{AB}$, donc $ABB'A'$ est un parallélogramme, et : $\overrightarrow{AA'} = \overrightarrow{BB'}$; le vecteur $\overrightarrow{AA'}$ est constant, f est une translation.

On peut donc énoncer : une isométrie est une translation si et seulement si sa partie linéaire est l'identité.
Plus généralement :

Théorème 3
Deux isométries f et g ont la même partie linéaire si et seulement si elles sont égales à une translation près, c'est-à-dire s'il existe une translation t telle que $f = t \circ g$.

Démonstration
Soit f et g deux isométries telles que $\vec{f} = \vec{g}$. La partie linéaire de $f \circ g^{-1}$ est $\vec{f} \circ \vec{g}^{-1} = \mathrm{Id}_E$, donc $f \circ g^{-1}$ est une translation t : $f = t \circ g$.
Réciproquement, si $f = t \circ g$, $\vec{f} = \vec{t} \circ \vec{g} = \vec{g}$. f et g ont la même partie linéaire.

Exemple : Toutes les symétries centrales ont la même partie linéaire $-\mathrm{Id}_E$; elles sont égales à une translation près.

Remarque importante : Une isométrie ayant au moins un point invariant O peut être identifiée à sa partie linéaire par l'isomorphisme $M \mapsto \overrightarrow{OM}$. Tout ce qui a été dit des automorphismes orthogonaux dans le chapitre précédent s'applique donc aux isométries laissant invariant le point O. Dans le cas général, on peut considérer l'isométrie f comme la composée de sa partie linéaire, qui laisse O invariant, et de la translation de vecteur $\overrightarrow{OO'}$.

1.5. Conservation du barycentre

Théorème 4
Toute isométrie conserve les barycentres. C'est-à-dire que l'image du barycentre d'un système de points pondérés est le barycentre du système formé des images de ces points affectés des mêmes coefficients.

Démonstration

Soit $\{(A_1, \alpha_1), \cdots, (A_n, \alpha_n)\}$ un système de points pondérés avec $\displaystyle\sum_{i=1}^{n} \alpha_i \neq 0$. Le barycentre du système est l'unique point G tel que :

$$\sum_{i=1}^{n} \alpha_i \overrightarrow{GA_i} = \vec{0}$$

© Hachette Livre – H Prépa / Math – La photocopie non autorisée est un délit

Soit f une isométrie, de partie linéaire $\overrightarrow{f}$; on note $G', A'_1, \cdots, A'_n$ les images par f des points $G, A_1, \cdots, A_n$. On a :

$$\sum_{i=1}^{n} \alpha_i \overrightarrow{f}\left(\overrightarrow{GA_i}\right) = \vec{0}$$

c'est-à-dire :

$$\sum_{i=1}^{n} \alpha_i \overrightarrow{G'A'_i} = \vec{0}$$

ce qui signifie que G' est le barycentre du système $\{(A'_1, \alpha_1), \cdots, (A'_n, \alpha_n)\}$.

De nombreuses configurations de points peuvent se traduire en termes de barycentres. Elles sont conservées par une isométrie. Par exemple, $ABCD$ est un parallélogramme si et seulement si D est le barycentre de $\{(A, -1), (B, 1), (C, 1)\}$; donc l'image d'un parallélogramme par une isométrie est un parallélogramme.

Application 1

Groupe des isométries conservant une figure

Soit E un espace vectoriel euclidien, et F un ensemble fini de points de E. Il est clair que l'ensemble des isométries conservant F (c'est-à-dire telles que l'image de tout point de F soit un point de F) est un sous-goupe du groupe Is(E), *que l'on peut noter* Is(F). *Toute isométrie conservant F conserve l'isobarycentre O des points de F ; ainsi le groupe* Is(F) *ne contient aucune translation.*

Exemples :

1) F est un triangle équilatéral du plan. Is(F) est constitué des trois réflexions par rapport aux médiatrices des côtés, et des trois rotations de centre O d'angle $\dfrac{2k\pi}{3}$ avec $k \in \{-1, 0, 1\}$ (dont l'identité) ; Card Is(F) $= 6$.

2) F est un cube de l'espace.
Cherchons d'abord les déplacements conservant F. Combien y en a-t-il ? Pour spécifier la position d'un dé cubique posé sur une table, on doit préciser laquelle des six faces est sur le dessus, puis celle des quatre faces latérales qui est face à vous. On doit donc trouver 24 déplacements laissant globalement le cube invariant. Il y a :

- l'identité ;
- pour chaque paire d'arêtes opposées, le demi-tour dont l'axe est la médiatrice de ces arêtes ;
- pour chaque paire de faces opposées, trois rotations d'angles $\dfrac{k\pi}{2}$ ($k \in \{1, 2, 3\}$), dont l'axe joint les centres de ces faces ;
- pour chaque diagonale, deux rotations d'angles $\dfrac{2k\pi}{3}$ ($k \in \{-1, 0, 1\}$), ayant pour axe cette diagonale.

Soit au total 24 déplacements ; il n'y en a donc pas d'autres.

Prenons une réflexion s conservant le cube (par exemple par rapport au plan formé par deux arêtes opposées). L'application $f \mapsto s \circ f$ est une bijection de l'ensemble des déplacements conservant le cube dans l'ensemble des antidéplacements le conservant. Ainsi, il y a également 24 antidéplacements conservant le cube (vous dénombrerez facilement 9 réflexions ; il y a aussi 15 composées rotation-réflexion plus difficiles à voir). Card Is(F) $= 48$.

© Hachette Livre – H Prépa / Math – La photocopie non autorisée est un délit

2 Étude des isométries du plan et de l'espace

2.1. Composition des réflexions

Soit s_1 et s_2 deux réflexions du plan euclidien, d'axes respectifs D_1 et D_2.

- Si D_1 et D_2 sont parallèles, s_1 et s_2 ont la même partie linéaire : réflexion vectorielle par rapport à la direction de D_1 et D_2 ; elles sont donc égales à une translation près : $s_2 = t \circ s_1$, d'où $s_2 \circ s_1 = t$, où t est la translation de vecteur $2\,\overrightarrow{O_1 O_2}$, avec $O_1 \in D_1$, $O_2 \in D_2$, $(O_1 O_2) \perp D_1$.

La composée de deux réflexions du plan d'axes parallèles est une translation.

Réciproquement, toute translation de vecteur $\vec{u}$ est la composée de deux réflexions d'axes orthogonaux à $\vec{u}$ et image l'un de l'autre par la translation de vecteur $\dfrac{\vec{u}}{2}$.

- Si D_1 et D_2 sont sécantes en un point O, on peut identifier s_1 et s_2 à leurs parties linéaires, dont la composée est une rotation vectorielle d'angle $\theta = 2(D_1, D_2)$. $s_2 \circ s_1$ est la rotation de centre O d'angle θ.

La composée de deux réflexions du plan d'axes sécants est une rotation.

Réciproquement, toute rotation de centre O d'angle θ est la composée de deux réflexions d'axes sécants en O et image l'un de l'autre par la rotation d'angle $\dfrac{\theta}{2}$.

Ces résultats se généralisent à l'espace de dimension 3 : la composée de deux réflexions par rapport à des plans parallèles est une translation ; la composée de deux réflexions par rapport à des plans sécants est une rotation, dont l'axe est l'intersection des deux plans.

2.2. Isométries du plan

Soit f une isométrie du plan euclidien P. Soit O un point quelconque de P, $O' = f(0)$ et t la translation de vecteur $\overrightarrow{OO'}$. L'application $f_o = t^{-1} \circ f$ est une isométrie de même partie linéaire que f et laissant le point O invariant. On peut l'identifier avec l'endomorphisme orthogonal $\vec{f}$, c'est-à-dire une rotation ou une réflexion. f est donc la composée de cette application avec une translation.

1) Si $\operatorname{Det}(f) = +1$ (déplacement) :

a) $f_o = \mathrm{Id}_E$, $f = t$, f est une **translation** ;

b) f_o est une rotation de centre O, d'angle $\theta \neq 0 \mod 2\pi$.

Soit D_2 la droite passant par O et orthogonale à (OO'), D_1 l'image de D_2 par la rotation de centre O d'angle $-\dfrac{\theta}{2}$, et D_3 l'image de D_2 par la

© Hachette Livre – H Prépa / Math – La photocopie non autorisée est un délit

translation de vecteur $\dfrac{\overrightarrow{OO'}}{2}$ (*Doc.* 1). Soit s_1, s_2, s_3 les réflexions d'axes respectifs D_1, D_2, D_3. On peut décomposer f_o et t de la façon suivante :

$$f_o = s_2 \circ s_1 \qquad t = s_3 \circ s_2 \qquad \text{d'où} \qquad f = t \circ f_o = s_3 \circ s_1$$

f est la composée de deux réflexions d'axes sécants : c'est la **rotation** de centre Ω et d'angle θ.

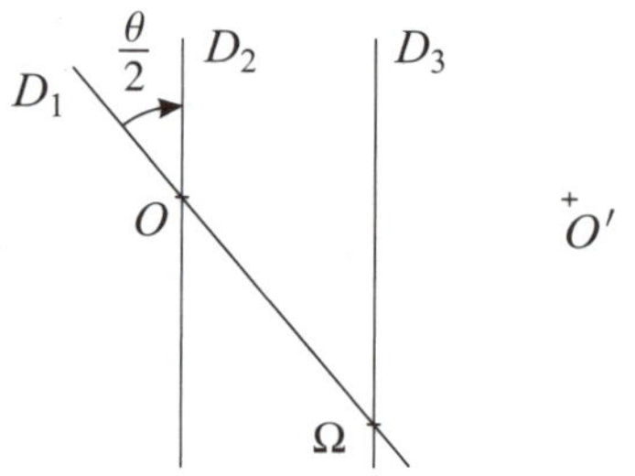

Doc. 1.

> Tout déplacement du plan est une translation ou une rotation.

2) Si $\mathrm{Det}(f) = -1$ (antidéplacement) :

f_o est une réflexion, d'axe Δ passant par O.

a) Si $\Delta \perp (OO')$, soit D l'image de Δ par la translation de vecteur $\dfrac{\overrightarrow{OO'}}{2}$, et soit s la réflexion d'axe D (*Doc.* 2).

On peut décomposer t en : $t = s \circ f_o$, d'où l'on déduit $f = t \circ f_o = s$.
f est une **réflexion** d'axe D.

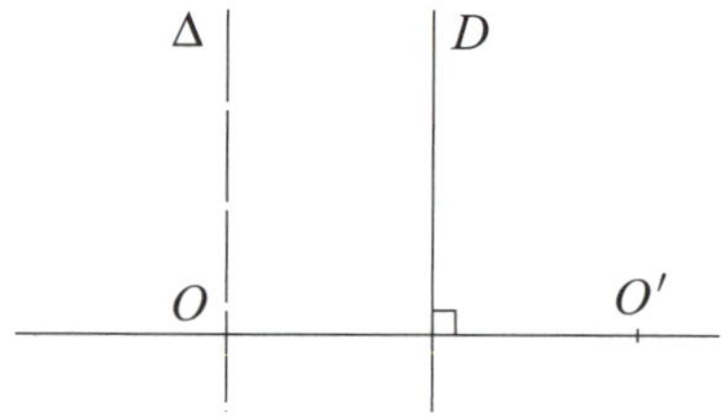

Doc. 2.

b) Si Δ n'est pas orthogonale à (OO'), décomposons le vecteur $\overrightarrow{OO'}$:

$$\overrightarrow{OO'} = \vec{U} + \vec{V} \quad \text{avec} \quad \vec{U} \in \vec{\Delta}^{\perp} \quad \text{et} \quad \vec{V} \in \vec{\Delta}$$

On a alors : $t = t_{\vec{V}} \circ t_{\vec{U}}$, d'où : $f = t_{\vec{V}} \circ t_{\vec{U}} \circ f_o$

D'après **a)**, $t_{\vec{U}} \circ f_o$ est une réflexion s. f est la composée de la réflexion s d'axe D et de la translation $t_{\vec{V}}$ dont le vecteur appartient à la direction de D. Cette application est appelée **réflexion glissée** d'axe D et de vecteur $\vec{V}$ (*Doc.* 3).

(Cette composée est commutative : $f = t_{\vec{V}} \circ s = s \circ t_{\vec{V}}$.)

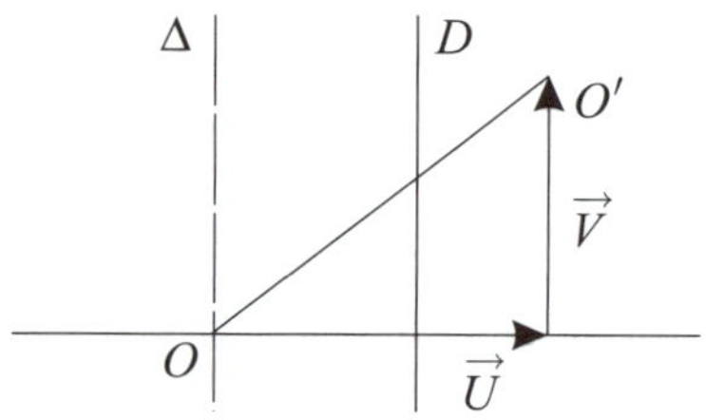

Doc. 3.

> Tout antidéplacement du plan est une réflexion ou une réflexion glissée.

Dans tous les cas, f est la composée d'une, deux ou trois réflexions.

> Toute isométrie du plan est la composée d'au plus trois réflexions.

▶ ***Pour s'entraîner : ex. 2 à 4.***

2.3. Isométries de l'espace de dimension 3

Soit f une isométrie de l'espace euclidien E de dimension 3. Soit O un point quelconque de E, $O' = f(0)$ et t la translation de vecteur $\overrightarrow{OO'}$. L'application $f_o = t^{-1} \circ f$ est une isométrie de même partie linéaire que f et laissant le point O invariant. On peut l'identifier avec l'endomorphisme orthogonal $\vec{f} \in O(\vec{E})$, c'est-à-dire une rotation, une réflexion ou la composée d'une rotation et d'une réflexion. f est donc la composée de cette application avec une translation.

1) Si $\mathrm{Det}(f) = +1$ (déplacement) :

a) $f_o = \mathrm{Id}_E$, $f = t$, f est une **translation** ;

© Hachette Livre – H Prépa / Math – La photocopie non autorisée est un délit

b) f_o est une rotation d'axe Δ passant par O, d'angle $\theta \neq 0 \mod 2\pi$.

- Si $\Delta \perp (OO')$, on peut procéder comme en dimension 2 :

Soit P_2 le plan passant par O et orthogonal à (OO'), P_1 l'image de P_2 par la rotation d'axe Δ d'angle $-\dfrac{\theta}{2}$, et P_3 l'image de P_2 par la translation de vecteur $\dfrac{\overrightarrow{OO'}}{2}$ (*Doc.* 4). Soit s_1, s_2, s_3 les réflexions de plans respectifs P_1, P_2, P_3. On peut décomposer f_o et t de la façon suivante :

$$f_o = s_2 \circ s_1 \qquad t = s_3 \circ s_2 \qquad \text{d'où} \qquad f = t \circ f_o = s_3 \circ s_1$$

f est la composée de deux réflexions par rapport à des plans sécants : c'est la **rotation** d'axe $D = P1 \cap P_3$ et d'angle θ.

- Si Δ n'est pas orthogonale à (OO'), on peut décomposer le vecteur $\overrightarrow{OO'}$:

$$\overrightarrow{OO'} = \vec{U} + \vec{V} \quad \text{avec} \quad \vec{U} \in \overrightarrow{\Delta}^{\perp} \quad \text{et} \quad \vec{V} \in \overrightarrow{\Delta} \qquad (Doc.\ 5)$$

On a alors : $t = t_{\vec{V}} \circ t_{\vec{U}}$, d'où : $f = t_{\vec{V}} \circ t_{\vec{U}} \circ f_o$

$t_{\vec{U}} \circ f_o$ est une rotation R, d'axe D parallèle à Δ et d'angle θ.

f est la composée de la rotation R d'axe D et de la translation $t_{\vec{V}}$ dont le vecteur appartient à la direction de D. Cette application est appelée **vissage** d'axe D, d'angle θ et de vecteur $\vec{V}$.

(Cette composée est commutative : $f = t_{\vec{V}} \circ R = R \circ t_{\vec{V}}$.)

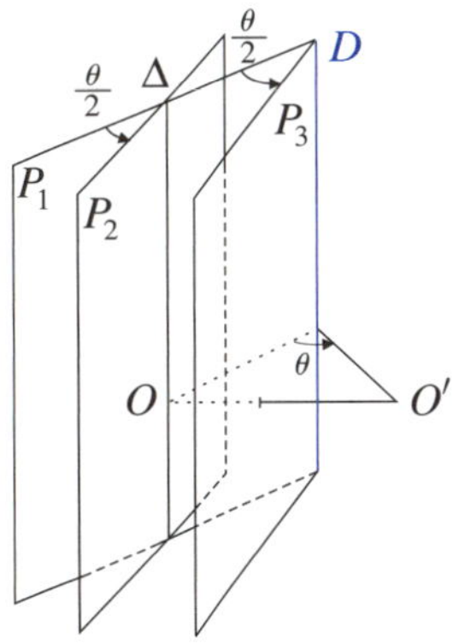

Doc. 4.

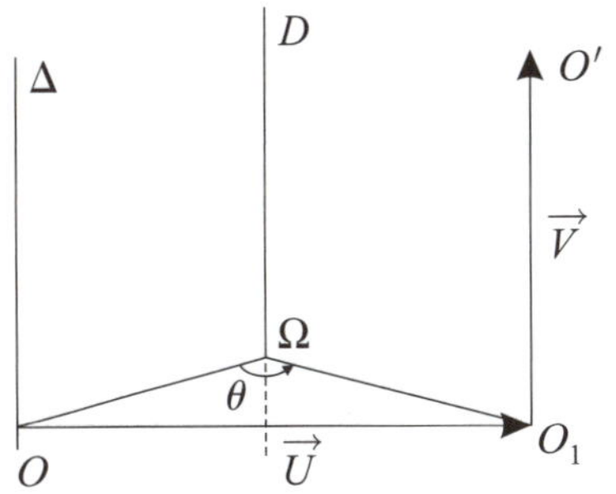

Doc. 5.

> Tout déplacement de l'espace de dimension 3 est une translation, une rotation ou un vissage.

2) Si $\text{Det}(f) = -1$ (antidéplacement) :

a) f_o est une réflexion de plan Q contenant O.

- Si $Q \perp (OO')$, soit P l'image de Q par la translation de vecteur $\dfrac{\overrightarrow{OO'}}{2}$ et s la réflexion de plan P (*Doc.* 6).

On peut décomposer t en : $t = s \circ f_o$; d'où l'on déduit : $f = t \circ f_o = s$.
f est une **réflexion**.

- Si Q n'est pas orthogonal à (OO'), on peut décomposer le vecteur $\overrightarrow{OO'}$:

$$\overrightarrow{OO'} = \vec{U} + \vec{V} \quad \text{avec} \quad \vec{U} \in \overrightarrow{Q}^{\perp} \quad \text{et} \quad \vec{V} \in \overrightarrow{Q} \qquad (Doc.\ 7)$$

On a alors : $t = t_{\vec{V}} \circ t_{\vec{U}}$, d'où : $f = t_{\vec{V}} \circ t_{\vec{U}} \circ f_o$

$t_{\vec{U}} \circ f_o$ est une réflexion s, de plan P parallèle à Q.

f est la composée de la réflexion s de plan P et de la translation $t_{\vec{V}}$ dont le vecteur appartient à la direction de P. Cette application est appelée **réflexion glissée** de plan P et de vecteur $\vec{V}$.

(Cette composée est commutative : $f = t_{\vec{V}} \circ s = s \circ t_{\vec{V}}$.)

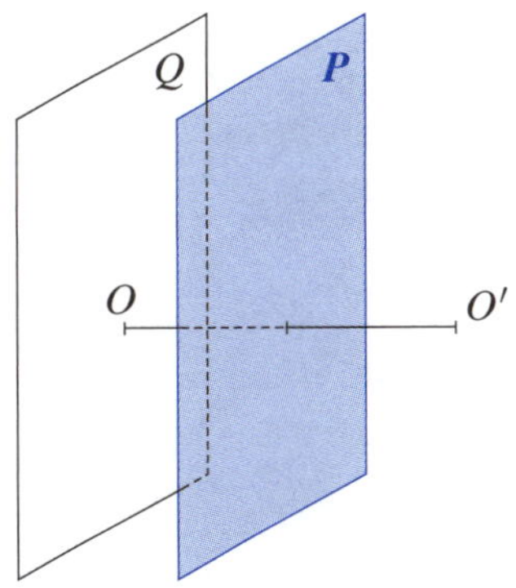

Doc. 6.

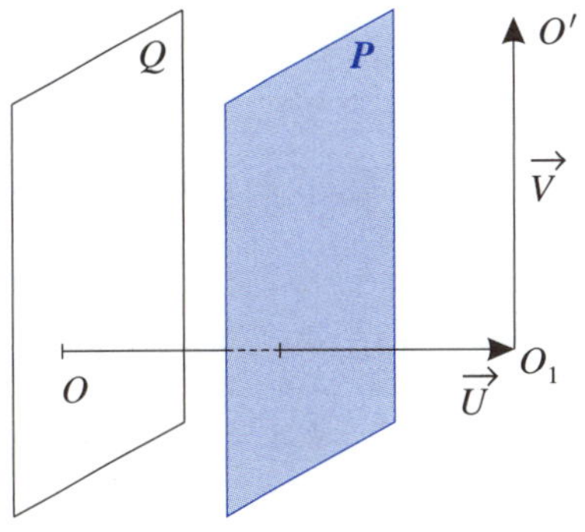

Doc. 7.

© Hachette Livre – H Prépa / Math – La photocopie non autorisée est un délit

b) f_o est la composée d'une réflexion s de plan Q contenant O et d'une rotation R d'axe Δ perpendiculaire à Q en O. Décomposons le vecteur $\overrightarrow{OO'}$:

$$\overrightarrow{OO'} = \vec{U} + \vec{V} \quad \text{avec} \quad \vec{U} \in \overrightarrow{Q} \quad \text{et} \quad \vec{V} \in \overrightarrow{\Delta}$$

On a alors :

$$f = t_{\vec{V}} \circ t_{\vec{U}} \circ R \circ s$$

$t_{\vec{U}} \circ R$ est une rotation R' d'axe D' parallèle à Δ. Cette rotation commute avec la translation $t_{\vec{V}}$ dont le vecteur appartient à $\overrightarrow{D}$ (*Doc.* 8).

$$f = R' \circ t_{\vec{V}} \circ s$$

$t_{\vec{V}} \circ s$ est une réflexion s' de plan P parallèle à Q.
En définitive, f est encore la composée d'une rotation et d'une réflexion.

Ce dernier cas est hors-programme. Nous ne le donnons que pour clore notre classification.

Tout antidéplacement de l'espace de dimension 3 est une réflexion, une réflexion glissée ou une réflexion-rotation.

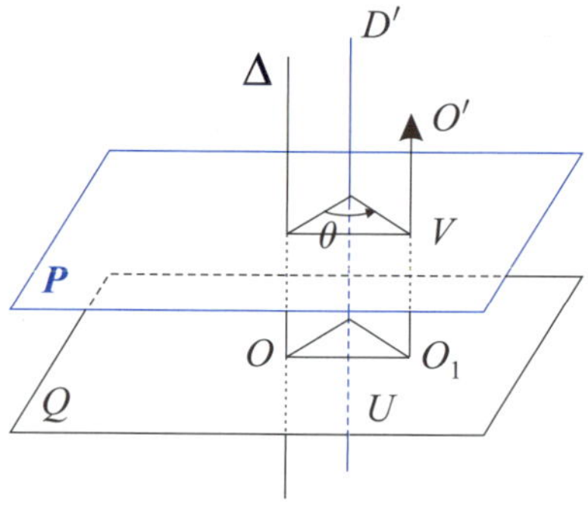

Doc. 8.

Dans tous les cas, f est la composée d'une, deux, trois ou quatre réflexions.

Toute isométrie de l'espace de dimension 3 est la composée d'au plus quatre réflexions.

Tableau récapitulatif

points invariants	**déplacements**	**antidéplacements**
E	Id_E	
plan		réflexion
droite	**rotation** d'angle $\theta \neq 0$, mod 2π	
$\{0\}$		réflexion ∘ rotation $\theta \neq 0$ mod 2π
$\varnothing$	**translation** de vecteur $\vec{V} \neq \vec{0}$ **vissage** $\theta \neq 0$ mod 2π $\vec{V} \neq \vec{0}$	réflexion glissée $\vec{V} \neq \vec{0}$

▸ ***Pour s'entraîner : ex. 5 et 6.***

© Hachette Livre – H Prépa / Math – La photocopie non autorisée est un délit

Application 2

Les demi-tours engendrent le groupe des déplacements

Démontrer que tout déplacement de l'espace est la composée d'au plus deux demi-tours.

– Une translation T de vecteur $\vec{u}$ est la composée de deux demi-tours d'axes D et D' parallèles tels que $D' = t_{\frac{\vec{u}}{2}}(D)$.

– Une rotation R d'axe Δ, d'angle θ est la composée de deux demi-tours d'axes D et D' perpendiculaires à Δ en un même point O, et tels que $(D, D') = \dfrac{\theta}{2}$.

– Un vissage V d'axe Δ, d'angle θ et de vecteur $\vec{u}$ est la composée d'une rotation R et d'une translation T, que l'on peut décomposer chacune en deux demi-tours de la façon suivante :

- $R = s' \circ s$, où s et s' sont deux demi-tours d'axes D et D' perpendiculaires à Δ en O, et tels que $(D, D') = \dfrac{\theta}{2}$.
- $T = s'' \circ s'$, où s'' est le demi-tour d'axe $D'' = t_{\frac{\vec{u}}{2}}(D')$.

On en déduit $V = T \circ R = s'' \circ s$. V est la composée de deux demi-tours d'axes non coplanaires.

3 Similitudes

3.1. Conservation des rapports de distance

Soit E un espace euclidien. On appelle **similitude** de E toute bijection affine de E dans E qui conserve les rapports de distance : quels que soient les points A, B, C, D, distincts de E :

$$A' = f(A)\,,\ B' = f(B)\,,\ C' = f(C)\,,\ D' = f(D)\,, \quad \Longrightarrow \quad \frac{A'B'}{C'D'} = \frac{AB}{CD}$$

On en déduit que :

$$\frac{A'B'}{AB} = \frac{C'D'}{CD} = k \in \mathbb{R}_+^*$$

Une similitude multiplie les distances par un même scalaire non nul, que l'on appelle **rapport** de la similitude. Si on désigne par h une homothétie de centre quelconque et de rapport k, l'application $g = h^{-1} \circ f$ conserve les distances : c'est une isométrie. $f = h \circ g$: toute similitude de rapport k est la composée d'une isométrie et d'une homothétie de rapport k.

Cette décomposition n'est pas unique. Mais $\overrightarrow{f} = \overrightarrow{h} \circ \overrightarrow{g} = k\,\overrightarrow{g}$, si bien que la partie linéaire de l'isométrie g est fixée. La nature de g est donc indépendante de la décomposition.

- Si g est un déplacement, on dit que f est une **similitude directe**.
- Si g est un antidéplacement, on dit que f est une **similitude rétrograde**.

L'ensemble des similitudes et l'ensemble des similitudes directes de E sont des sous-groupes du groupe des bijections de E dans E, notés respectivement $\mathcal{S}im(E)$ et $\mathcal{S}im_+(E)$.

© Hachette Livre – H Prépa / Math – La photocopie non autorisée est un délit

3.2. Similitudes directes du plan

Nous nous limitons dans ce paragraphe à l'étude des similitudes directes du plan euclidien orienté P, c'est-à-dire la composée d'une homothétie de rapport $k \in \mathbb{R}_+^*$ avec une translation ou une rotation.

Théorème 5

En identifiant P au plan complexe, l'ensemble des similitudes directes de P est l'ensemble des applications :

$$\left| \begin{array}{ccc} \mathbb{C} & \rightarrow & \mathbb{C} \\ z & \mapsto & az+b \end{array} \right. \quad \text{où} \quad a \in \mathbb{C}^*,\ b \in \mathbb{C}$$

Démonstration

Une homothétie de centre Ω d'affixe ω, et de rapport k est représentée par :

$$z \mapsto \omega + k(z - \omega)$$

Une translation de vecteur $\vec{u}$ d'affixe u est représentée par :

$$z \mapsto z + u$$

Une rotation de centre Ω d'affixe ω, et d'angle θ est représentée par :

$$z \mapsto \omega + e^{i\theta}(z - \omega)$$

Toute similitude directe est une composée de ces applications, donc elle est bien de la forme $z \mapsto az + b$.

Réciproquement, si $a = ke^{i\theta}$ avec $k \in \mathbb{R}_+^*$ et $\theta \in \mathbb{R}$, l'application $z \mapsto az+b$ est la composée de la rotation de centre O d'angle θ, de l'homothétie de centre O de rapport k, et de la translation dont le vecteur est l'image du complexe b. C'est bien une similitude directe.

Corollaire 5.1

Toute similitude directe f qui n'est pas une translation possède un point invariant unique I, appelé centre de la similitude. f est alors la composée commutative d'une homothétie et d'une rotation de centre I.

Démonstration

$f : z \mapsto az + b$ n'est pas une translation si et seulement si $a \neq 1$. Dans ce cas, l'équation $az + b = z$ admet une solution unique :

$$z = \frac{b}{1 - a}$$

f a donc un point invariant unique I. En choisissant ce point comme origine, f est représentée par $z \mapsto az$. C'est la composée commutative de l'homothétie de centre I de rapport $|a|$ et de la rotation de centre I d'angle $\arg(a)$.

Une similitude directe qui n'est pas une translation est donc caractérisée par : son centre, son rapport et son angle.

Le résultat suivant est très important dans les applications :

Théorème 6

Étant donné deux segments $[AB]$ et $[A'B']$ de longueur non nulle, il existe une similitude directe et une seule transformant A en A' et B en B'.

© Hachette Livre – H Prépa / Math – La photocopie non autorisée est un délit

Démonstration

Soit a, b, a', b' les affixes de A, B, A' et B'. Déterminons deux complexes α et β tels que : $\begin{cases} \alpha a + \beta = a' \\ \alpha b + \beta = b' \end{cases}$. On obtient :

$$\alpha = \frac{a' - b'}{a - b} \qquad (\alpha \neq 0) \qquad \text{et} \qquad \beta = a' - \frac{a' - b'}{a - b} a = \frac{ab' - a'b}{a - b}$$

Géométriquement, le rapport de cette similitude est $\frac{A'B'}{AB}$ et son angle est $\theta = (\widehat{\overrightarrow{AB}, \overrightarrow{A'B'}})$; son centre I est caractérisé par :

$$\frac{IA'}{IA} = \frac{IB'}{IB} = \frac{A'B'}{AB} \quad \text{et} \quad (\widehat{\overrightarrow{IA}, \overrightarrow{IA'}}) = (\widehat{\overrightarrow{IB}, \overrightarrow{IB'}}) = (\widehat{\overrightarrow{AB}, \overrightarrow{A'B'}}) = \theta$$

ce qui permet de le construire par des intersections de cercles (*Doc.* 9).

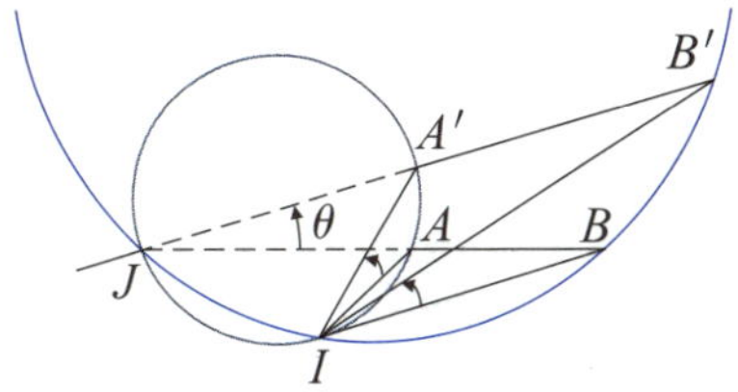

Doc. 9. *I est l'intersection du cercle circonscrit au triangle JAA' et du cercle circonscrit au triangle JBB'.*

► ***Pour s'entraîner : ex. 7 et 8.***

FICHE MÉTHODE

● Pour montrer qu'une application est une isométrie, on peut :

- montrer qu'elle conserve les distances ;
- montrer qu'elle conserve les produits scalaires ;
- montrer que c'est une application affine dont la partie linéaire est un automorphisme orthogonal ;
- montrer que c'est une application affine qui transforme un repère orthonormal en un autre.

● Pour reconnaître une isométrie f donnée par son expression analytique dans un repère orthonormal :

- on vérifie avant tout que sa matrice est orthogonale ;
- on peut calculer son déterminant pour savoir s'il s'agit d'un déplacement ou d'un antidéplacement ;
- on cherche l'ensemble des vecteurs invariants pour reconnaître la partie linéaire de f ;
- on cherche l'ensemble des points invariants pour reconnaître la nature et les éléments caractéristiques de f ;
- dans le cas où f n'a pas de points invariants, on peut décrire f comme la composée d'une isométrie fixant un point O, et de la translation de vecteur $\overrightarrow{OO'}$.

● Pour montrer qu'une application du plan dans lui-même est une similitude directe, on peut :

- montrer qu'elle conserve les rapports de distance et l'orientation des angles ;
- montrer que c'est la composée d'une homothétie et d'un déplacement ;
- montrer qu'elle s'exprime dans le plan complexe sous la forme $z \mapsto az+b$ avec $a \in \mathbb{C}^*$ et $b \in \mathbb{C}$.

© Hachette Livre – H Prépa / Math – La photocopie non autorisée est un délit

Exercice résolu

Utiliser une rotation

ÉNONCÉ

Soit ABC un triangle équilatéral. Démontrer que pour tout point M du plan, $MA \leqslant MB + MC$.
Déterminer l'ensemble des points vérifiant l'égalité.

CONSEILS

Un triangle équilatéral est caractérisé par l'existence d'une rotation d'angle $\frac{\pi}{3}$ fixant l'un des sommets et associant les deux autres.

SOLUTION

Désignons par R la rotation de centre A qui transforme B en C ; soit M un point quelconque du plan, et M' son image par R. La rotation R transforme le segment $[BM]$ en $[CM']$, d'où $BM = CM'$. Écrivons l'inégalité triangulaire dans le triangle CMM' (*Doc.* 10) :

$$MM' \leqslant MC + CM'$$

Comme le triangle AMM' est équilatéral, $MM' = MA$. On a donc bien :

$$MA \leqslant MC + MB$$

L'égalité est vérifiée si et seulement si les points M, C, M' sont alignés dans cet ordre, c'est-à-dire si :

$$\begin{cases} (\overrightarrow{MC}, \overrightarrow{MA}) = \dfrac{\pi}{3} & (1) \\ MC \leqslant MM' & (2) \end{cases}$$

Conseil : Traduire géométriquement les conditions (1) et (2).

D'après le théorème de l'angle inscrit, la condition (1) est réalisée si et seulement si M appartient au grand arc (AC) du cercle Γ circonscrit à ABC.
La condition (2) équivaut à $MC \leqslant MA$: M est du même côté que C par rapport à la médiatrice de $[AC]$.
En définitive, l'ensemble des points M vérifiant $MA = MB + MC$ est le petit arc (BC) du cercle Γ. (*Doc.* 11)

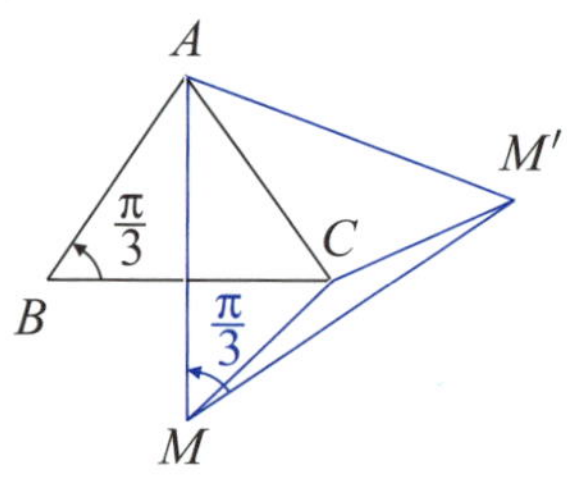

Doc. 10.

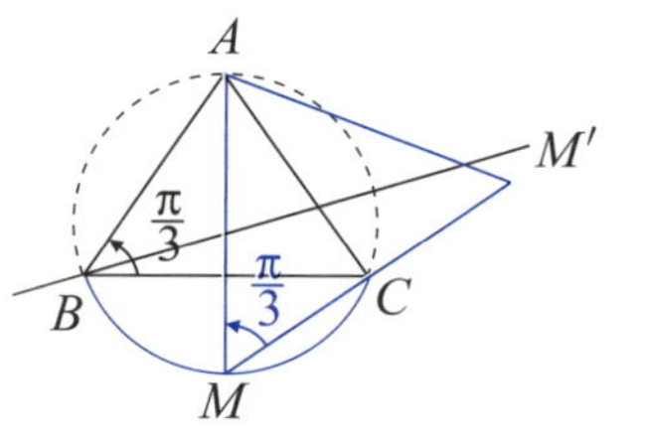

Doc. 11.

© Hachette Livre – H Prépa / Math – La photocopie non autorisée est un délit

Exercices

1 **Vrai ou faux ?**

a) Une isométrie conserve les angles.

b) La composée de deux rotations du plan est une rotation ou une translation.

c) La composée de deux rotations de l'espace est une rotation ou une translation.

d) Les réflexions engendrent le groupe des isométries de l'espace.

e) Toute similitude directe du plan est la composée d'une homothétie et d'une rotation de même centre.

Isométries

2 Le plan est rapporté à un repère orthonormé direct. Déterminer la nature et les éléments caractéristiques des applications définies analytiquement par ce qui suit.

a) $\begin{cases} x' = \dfrac{3}{5}x - \dfrac{4}{5}y + 4 \\ y' = \dfrac{4}{5}x + \dfrac{3}{5}y - 2 \end{cases}$ **b)** $\begin{cases} x' = -y + 1 \\ y' = -x + 2 \end{cases}$

c) $\begin{cases} x' = \dfrac{\sqrt{3}}{2}x - \dfrac{1}{2}y + 4 - \sqrt{3} \\ y' = \dfrac{1}{2}x + \dfrac{\sqrt{3}}{2}y + 3 - 2\sqrt{3} \end{cases}$

d) $\begin{cases} x' = \dfrac{\sqrt{2}}{2}x + \dfrac{\sqrt{2}}{2}y + \sqrt{2} - 1 \\ y' = \dfrac{\sqrt{2}}{2}x - \dfrac{\sqrt{2}}{2}y - 1 \end{cases}$

3 Soit ABC un triangle quelconque. On désigne par :

R_A la rotation de centre A d'angle $(\overrightarrow{AB}, \overrightarrow{AC})$;

R_B la rotation de centre B d'angle $(\overrightarrow{BC}, \overrightarrow{BA})$;

R_C la rotation de centre C d'angle $(\overrightarrow{CA}, \overrightarrow{CB})$.

Déterminer la composée $R_A \circ R_B \circ R_C$.

4 Montrer que tout sous-groupe fini du groupe des déplacements du plan est commutatif.

5 L'espace est rapporté à un repère orthonormé direct. Déterminer la nature et les éléments caractéristiques des applications définies analytiquement par :

a) $\begin{cases} x' = \dfrac{1}{3}(2x - y + 2z + 2) \\ y' = \dfrac{1}{3}(2x + 2y - z - 1) \\ z' = \dfrac{1}{3}(-x + 2y + 2z - 1) \end{cases}$

b) $\begin{cases} x' = \dfrac{1}{3}(x + 2y - 2z + 6) \\ y' = \dfrac{1}{3}(2x + y + 2z - 6) \\ z' = \dfrac{1}{3}(-2x + 2y + z + 6) \end{cases}$

c) $\begin{cases} x' = y + 1 \\ y' = z - 2 \\ z' = x + 3 \end{cases}$

d) $\begin{cases} x' = -y + 1 \\ y' = -z + 2 \\ z' = -x + 3 \end{cases}$

6 Soit R une rotation d'axe D, distincte de l'identité.

1) Déterminer les droites globalement invariantes par R.

2) En déduire l'ensemble des rotations qui commutent avec R.

Similitudes directes du plan

7 ABC étant un triangle quelconque, on désigne par S la similitude directe de centre A qui transforme B en C. Soit M un point du cercle circonscrit à ABC et M' son image par S. Démontrer que les points M, C et M' sont alignés.

8 ABC étant un triangle quelconque, on désigne par S_1, S_2, S_3 les similitudes directes de centres respectifs A, B, C telles que $S_1(B) = C$, $S_2(C) = A$ et $S_3(A) = B$. Étudier les composées $S_1 \circ S_2 \circ S_3$ et $S_3 \circ S_2 \circ S_1$.

© Hachette Livre – H Prépa / Math – La photocopie non autorisée est un délit

Indications et réponses

Chapitre 1

1 a) Faux, ils peuvent être non réels et conjugués. **b)** Faux, $|z|^2 = z\bar{z}$. **c)** Faux, ex : $(a,b) = (i,-1)$. **d)** Vrai. **e)** Faux, $z = i(2k+1)\pi$. **f)** Faux, elle n'est pas injective. **g)** Vrai. **h)** Vrai. **i)** Vrai. **j)** Vrai.

2 **1)** Vérification immédiate. **2)** $u = \dfrac{2\text{Re}\,(z+z')}{|1+zz'|^2}$.

3 La formule se démontre par récurrence. On en déduit, en appelant $S(n)$ la somme précédente :

$$S_1 = \text{Re}\,(S(2p+1)) = (p+1)(-1)^p\ ;$$

$$S_2 = \text{Im}\,(S(2p)) = \frac{1-(2p+1)(-1)^p}{2}.$$

4 Soit A le point d'affixe 1. Le point M d'affixe z doit appartenir au cercle de centre O et à la médiatrice de $[OA]$. D'où $z \in \{e^{i\frac{\pi}{3}}, e^{-i\frac{\pi}{3}}\}$.

5 **1)** On sait que $|a+b| \leqslant |a| + |b|$; poser $a = u+v$, $b = u-v$...

2) $|u+v|^2 = |u|^2 + |v|^2 + u\bar{v} + v\bar{u}$. Écrire de même $|u-v|^2$ et ajouter.

6 Soit n une somme de deux carrés. $n = a^2 + b^2 = |z|^2$ où $z = a+ib$. Si $(n_j)_{j\in[\![1,p]\!]}$ est une famille finie de sommes de deux carrés, $\prod_{j=1}^{p} n_j = \prod_{j=1}^{p} |z_j|^2 = \cdots$

7
$$|z| = 1 \iff (|a|^2-1)(|b|^2-1) = 0 \quad \text{et} \quad a \neq b$$
$$|z| < 1 \iff (|a| < 1 \quad \text{et} \quad |b| < 1)$$
$$\text{ou} \quad (|a| > 1 \quad \text{et} \quad |b| > 1)$$

8 Pour le calcul de S_1 et S_2, voir le paragraphe 4.4.

Si $x \notin 2\pi\mathbb{Z}$

$$S_1 = \cos\frac{nx}{2}\,\frac{\sin\frac{(n+1)x}{2}}{\sin\frac{x}{2}}$$

$$S_2 = \sin\frac{nx}{2}\,\frac{\sin\frac{(n+1)x}{2}}{\sin\frac{x}{2}}$$

et si $x \in 2\pi\mathbb{Z}\cdots$

Par linéarisation, pour $x \notin \pi\mathbb{Z}$:

$$S_3(x) = \frac{n+1}{2} + \frac{1}{2}\,S_1(2x)$$
$$= \frac{n+1}{2} + \frac{1}{2}\cos nx\,\frac{\sin(n+1)x}{\sin x}$$
$$S_4(x) = \frac{n+1}{2} - \frac{1}{2}\,S_1(2x)$$
$$= \frac{n+1}{2} - \frac{1}{2}\cos nx\,\frac{\sin(n+1)x}{\sin x}$$

et si $x \in \pi\mathbb{Z}\cdots$

$S_5 + iS_6$ est la somme des termes d'une suite géométrique. En séparant partie réelle et partie imaginaire, on obtient :

Si $x \notin \frac{\pi}{2}\mathbb{Z}$

$$S_5 = \frac{\sin(n+1)x}{\cos^n x \sin x}$$

$$S_6 = \frac{\cos^{n+1} x - \cos(n+1)x}{\cos^n x \sin x}$$

et si $x \in \frac{\pi}{2}\mathbb{Z}\cdots \quad S_7 + iS_8 = (1+e^{ix})^n$

d'où :

$$S_7 = 2^n \cos^n\frac{x}{2}\cos\frac{nx}{2}$$

et :

$$S_8 = 2^n \cos^n\frac{x}{2}\sin\frac{nx}{2}$$

9 $z = \dfrac{1+i\sqrt{3}}{1-i} = \sqrt{2}e^{i\frac{7\pi}{12}}$ d'où $z^{20} = 2^{10}e^{i\frac{35\pi}{3}} = 2^9(1-i\sqrt{3})$.

10 **1)** $\alpha \in]-\pi+4k\pi, \pi+4k\pi[\quad k \in \mathbb{Z} : |z| = 2\cos\dfrac{\alpha}{2}$, $\arg z = \dfrac{\alpha}{2}\ [2\pi]$

Ne pas oublier d'envisager aussi $\alpha \in]\pi+4k\pi, 3\pi+4k\pi[$ et $\alpha = (2k+1)\pi$

2) $|z'| = \dfrac{1}{\sqrt{2}\cos\frac{\alpha}{2}}$, $\arg z' = -\dfrac{\pi}{4} - \dfrac{\alpha}{2}\ [2\pi]$

11 **1)** Première méthode : développer et résoudre l'équation bicarrée. On obtient 4 solutions :

$$z = \pm i\sqrt{\frac{5 \pm 2\sqrt{5}}{5}}$$

© Hachette Livre – H Prépa / Math – La photocopie non autorisée est un délit

2) Deuxième méthode : poser $Z = \dfrac{z+1}{z-1}$ ($z = 1$ est-il solution ?) et résoudre $Z^5 = 1$ ($Z \neq 1$). On obtient 4 solutions :

$$z = -i \cot \frac{k\pi}{5} \quad k \in [\![1, 4]\!]$$

3) En appariant les solutions, on obtient des valeurs de $\cot \dfrac{k\pi}{5}$.

12 Posons $j = e^{i\frac{2\pi}{3}}$

$$\begin{aligned} z^3 - 1 &= (z-1)(z-j)(z-\bar{j}) \\ &= (z-1)(z^2+z+1) \\ z^3 + 1 &= (z+1)(z+j)(z+\bar{j}) \\ &= (z+1)(z^2-z+1) \\ z^4 + z^2 + 1 &= (z-j)(z-\bar{j})(z+j)(z+\bar{j}) \\ &= (z^2+z+1)(z^2-z+1) \\ z^4 - z^2 + 1 &= (z-ij)(z-i\bar{j})(z+ij)(z+i\bar{j}) \\ &= (z^2+\sqrt{3}z+1)(z^2-\sqrt{3}z+1) \\ z^6 - 1 &= (z-1)(z+\bar{j})(z-j)(z+1)(z-\bar{j})(z+j) \\ &= (z-1)(z+1)(z^2+z+1)(z^2-z+1) \\ z^6 + 1 &= (z+ij)(z-i)(z+i\bar{j})(z-ij)(z+i)(z-i\bar{j}) \\ &= (z^2+1)(z^2+\sqrt{3}z+1)(z^2-\sqrt{3}z+1) \end{aligned}$$

13 C'est la somme des racines 5-ièmes de l'unité : elle est nulle. D'où, comme $u^4 = \bar{u}$ et $u^3 = \overline{u^2}$:

$$1 + 2\cos\frac{2\pi}{5} + 2\cos\frac{4\pi}{5} = 0$$

Le réel $\cos\dfrac{2\pi}{5}$ est donc la solution positive de l'équation $4X^2 + 2X - 1 = 0$, soit $\cos\dfrac{2\pi}{5} = \dfrac{\sqrt{5}-1}{4}$.
Le théorème de Pythagore permet de construire facilement un segment de longueur $\dfrac{\sqrt{5}}{2}$ (hypoténuse d'un triangle rectangle de côtés 1 et $\dfrac{1}{2}$). La construction classique du pentagone régulier est la suivante : le cercle de centre B d'affixe $-\dfrac{1}{2}$ passant par le point I d'affixe i coupe le demi-axe (Ox) au point C d'affixe $\dfrac{\sqrt{5}-1}{2}$ (justifiez...). La médiatrice de $[OC]$ coupe donc le cercle trigonométrique aux points d'arguments $\pm\dfrac{2\pi}{5}$.

14 **1)** Vérifiez que $S = \overline{T}$ et :

$$\operatorname{Im} S = \sin\frac{2\pi}{7} + \sin\frac{4\pi}{7} + \sin\frac{8\pi}{7} > \frac{1}{2} + \frac{1}{2} + \sin\frac{8\pi}{7} > 0$$

2) $S + T = -1$ et $ST = 2$, donc S et T sont les solutions de l'équation du second degré...

15 **1)** $S = \{1, -1+2i\}$. **2)** $S = \{i, -1-i\}$. **3)** $\{2^\theta e^{i\theta}, 2^\theta e^{-i\theta}\}$. **4)** $S = \left\{\dfrac{2+3i\cos\theta}{\sin\theta}, \dfrac{2-3i\cos\theta}{\sin\theta}\right\}$. **5)** $S = \left\{\dfrac{e^{i\theta}}{2\sin\theta}, \dfrac{e^{-i\theta}}{2\sin\theta}\right\}$. **6)** $S = \{e^{i\theta}+1, e^{i\theta}-1\}$ $= \left\{2\cos\dfrac{\theta}{2}e^{i\frac{\theta}{2}}, 2\sin\dfrac{\theta}{2}e^{i(\frac{\theta}{2}+\frac{\pi}{2})}\right\}$. **7)** $S = \{i, 1+i, 1-i\}$.
8) Une racine réelle doit vérifier :

$$\begin{cases} 2z^2 - 5z + 3 = 0 \\ 4z^3 + 6z^2 - 4z - 21 = 0 \end{cases}$$

d'où $S = \left\{\dfrac{3}{2}, -2 + \dfrac{3}{2}i, -1-i\right\}$.
9) S'il y a une racine imaginaire $z = iy$, elle doit vérifier :

$$\begin{cases} 5y^2 + 11y + 2 = 0 \\ -y^3 - 3y^2 + 6y + 16 = 0 \end{cases}$$

d'où $S = \{-2i, 2+i, 3-2i\}$.

16 $S = \{2e^{i\frac{\pi}{12}}, 2e^{i\frac{3\pi}{4}}, 2e^{i\frac{17\pi}{12}}\}$

17 Écrire $16(1-i) = (2\sqrt{2})^3 e^{-i\frac{\pi}{4}}$, d'où ses racines cubiques... C est le cercle de centre Ω d'affixe $1+i$ et de rayon $2\sqrt{2}$.
Les solutions de cette équation sont de la forme z_λ, leurs images appartiennent donc au cercle C.

18 $(z^2+1)^n = (z+i)^n(z-i)^n$

$z = i$ ou si $n \geqslant 2$ $z = i\dfrac{e^{2ik\pi/n}+1}{e^{2ik\pi/n}-1} = \cot\dfrac{k\pi}{n}$
avec $k \in [\![1, n-1]\!]$

19 Montrer successivement :

$$z'\overline{z'} = 1; \quad \frac{z'-1}{z-1} = 2\operatorname{Re}\left(\frac{1}{1-z}\right);$$

$$\frac{z'+1}{z-1} = 2i\operatorname{Im}\left(\frac{1}{z-1}\right)$$

M' est alors à l'intersection de la droite (MA) et du cercle de centre O de rayon 1.

20 Le point M d'affixe $z = x + iy$ est tel que $x^2 - x + y^2 - y = 0$, donc M décrit le cercle de centre $\left(\dfrac{1}{2}, \dfrac{1}{2}\right)$ de rayon $\dfrac{\sqrt{2}}{2}$. M' est l'image de M par la rotation de centre O d'angle $+\dfrac{\pi}{2}$.

© Hachette Livre – H Prépa / Math – La photocopie non autorisée est un délit

21 Soit A, I, M les points d'affixes respectives 1, i, z. La condition équivaut à $\overrightarrow{IM} \perp \overrightarrow{AM}$ et $M \neq I$, M décrit donc le cercle de diamètre $[AI]$ privé de I.

22 (ABC) est équilatéral si et seulement si $\dfrac{c-a}{b-a} = \mathrm{e}^{-i\frac{\pi}{3}} = -j$ ou $\mathrm{e}^{i\frac{\pi}{3}} = -\overline{j}$, ce qui équivaut à $(aj^2 + bj + c = 0$ ou $a\overline{j}^2 + b\overline{j} + c = 0)$, ou encore à $(aj^2 + bj + c)(a\overline{j}^2 + b\overline{j} + c = 0)$, soit, en développant...

23 $c - b = \pm i(a - b)$ et $d - a = \pm i(b - a)$. Si a et b appartiennent à l'ensemble des entiers de Gauss $\mathbb{Z}[i]$, il en est de même de c et d.

Au contraire, si (ABC) est un triangle équilatéral, $b - a = -j(c - a)$ ou $b - a = -\overline{j}(c - a)$ ce qui interdit aux trois complexes a, b et c d'avoir simultanément des parties réelles et imaginaires entières (à moins d'avoir $a = b = c$), car $\sqrt{3}$ est irrationnel.

Chapitre 2

1 **a)** Vrai. **b)** Faux : on peut avoir aussi $r = -OM$. **c)** Faux : c'est un cercle. **d)** Vrai. **e)** Vrai. **f)** Faux, si la droite est parallèle à l'axe Oy. **g)** Vrai.

2 **1)** Utilisons le repère $(A, \overrightarrow{AB}, \overrightarrow{AC})$. Posons :

$$\alpha = \frac{\overline{A'B}}{\overline{A'C}} \quad \beta = \frac{\overline{B'C}}{\overline{B'A}} \quad \gamma = \frac{\overline{C'A}}{\overline{C'B}},$$

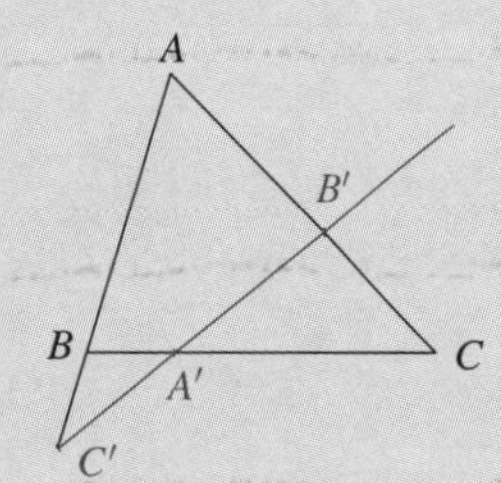

Doc. 1.

c'est-à-dire que A' est le barycentre de $(B, 1), (C, -\alpha)$, B' est le barycentre de $(C, 1), (A, -\beta)$ et C' est le barycentre de $(A, 1), (B, -\gamma)$. On peut en déduire les coordonnées de A', B', C', ainsi que celles des vecteurs $\overrightarrow{A'B'}$ et $\overrightarrow{A'C'}$. On calcule alors le déterminant de ces deux vecteurs dans la base $b = (\overrightarrow{AB}, \overrightarrow{AC})$; on obtient :

$$\operatorname{Det}(\overrightarrow{A'B'}, \overrightarrow{A'C'}) = \frac{1 - \alpha\beta\gamma}{(1-\alpha)(1-\beta)(1-\gamma)}$$

Les points A', B' et C' sont donc alignés si et seulement si $\alpha\beta\gamma = 1$.

2) On peut utiliser la même méthode, ou bien se ramener au résultat précédent :

– Supposons que les droites (AA'), (BB') et (CC') concourent en un point O.

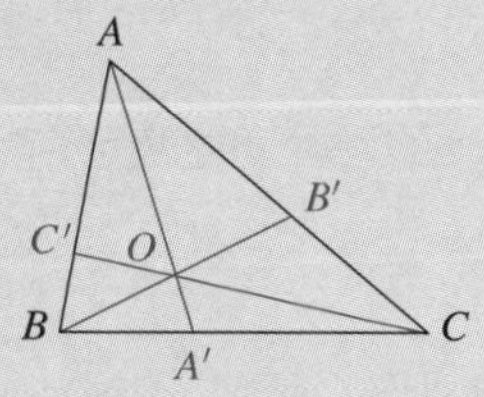

Doc. 2.

Appliquons le théorème de Ménélaüs dans le triangle (ABA') coupé par la droite (CC'), puis dans le triangle $(AA'C)$ coupé par la droite (BB') :

$$\frac{\overline{OA'}}{\overline{OA}} \frac{\overline{C'A}}{\overline{C'B}} \frac{\overline{CB}}{\overline{CA'}} = 1 \qquad \frac{\overline{OA'}}{\overline{OA}} \frac{\overline{B'A}}{\overline{B'C}} \frac{\overline{BC}}{\overline{BA'}} = 1$$

En divisant membre à membre ces deux relations, on obtient :

$$\frac{\overline{A'B}}{\overline{A'C}} \frac{\overline{B'C}}{\overline{B'A}} \frac{\overline{C'A}}{\overline{C'B}} = -1 \qquad (1)$$

– Pour la réciproque, on peut procéder par « fausse position » : on suppose que A', B' et C' vérifient la relation (1) et on désigne par C'' le point de (AB) tel que la droite (CC'') concoure avec (AA') et (BB').

Les points A', B' et C'' vérifient aussi la relation (1).

On en déduit que :

$$\frac{\overline{C'A}}{\overline{C'B}} = \frac{\overline{C''A}}{\overline{C''B}}$$

D'où $C' = C''$, par unicité du barycentre.

3 Utiliser le barycentre G du système $(A, 1), (B, 1), (C, -1)$. L'ensemble cherché est le cercle de centre G passant par A et B.

4 Utiliser le point G, barycentre du système $(A, a\cos A), (B, b\cos B), (C, c\cos C)$, et montrer que E est un cercle de centre G. De $\overrightarrow{BC}^2 = \overrightarrow{BA} \cdot \overrightarrow{BC} + \overrightarrow{AC} \cdot \overrightarrow{BC}$, on tire :

$$a^2 = ac\cos B + ab\cos C,$$

puis $abc = bc^2\cos B + b^2c\cos C$. On en déduit que $A \in E$, et de même $B \in E$ et $C \in E$. E est donc le cercle circonscrit à ABC.

5 **1)** De $\alpha\overrightarrow{GA} + \beta\overrightarrow{GB} + \gamma\overrightarrow{GC} = \vec{0}$, on tire :

$$\beta \operatorname{Det}\left(\overrightarrow{GA}, \overrightarrow{GB}\right) + \gamma \operatorname{Det}\left(\overrightarrow{GA}, \overrightarrow{GC}\right) = 0$$

Or, l'aire du triangle GAB est $\frac{1}{2}\left|\operatorname{Det}(\overrightarrow{GA}, \overrightarrow{GB})\right|$; on en déduit que les aires des triangles GAB et GCA sont proportionnelles à γ et β. On généralise par permutation circulaire.

© Hachette Livre – H Prépa / Math – La photocopie non autorisée est un délit

2) Soit I le centre du cercle inscrit et r le rayon de ce cercle.

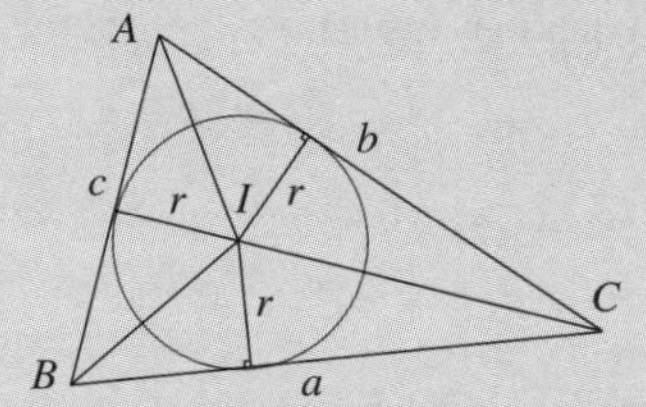

Doc. 1.

Les aires des triangles IBC, ICA et IAB sont :

$$\frac{1}{2}ra, \frac{1}{2}rb, \frac{1}{2}rc.$$

I est donc le barycentre de $(A, a), (B, b), (C, c)$. Comme

$$\frac{a}{\sin A} = \frac{b}{\sin B} = \frac{c}{\sin C},$$

on peut aussi donner : $(A, \sin A), (B, \sin B), (C, \sin C)$.

3) Soit O le centre du cercle circonscrit à ABC et R le rayon de ce cercle.

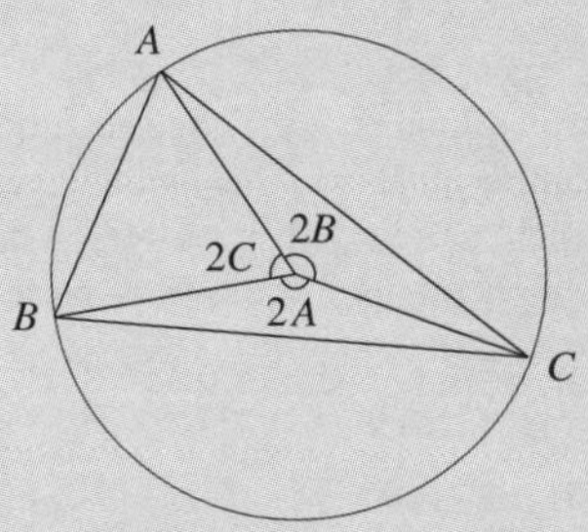

Doc. 2.

Les aires des triangles OBC, OCA et OAB sont $\frac{1}{2}R^2 \sin 2A, \frac{1}{2}R^2 \sin 2B, \frac{1}{2}R^2 \sin 2C$. O est donc le barycentre de $(A, \sin 2A), (B, \sin 2B), (C, \sin 2C)$.

(On comparera avec l'exercice 4, qui donne des coefficients proportionnels.)

6 On peut obtenir une équation de la hauteur issue du point d'intersection des deux premiers côtés en effectuant une combinaison linéaire des équations de ces côtés :

$$\lambda_1(x \cos \alpha_1 + y \sin \alpha_1 - p_1) + \lambda_2(x \cos \alpha_2 + y \sin \alpha_2 - p_2) = 0$$

Déterminons un couple (λ_1, λ_2) tel que cette droite soit orthogonale au troisième côté :

$$(\lambda_1 \cos \alpha_1 + \lambda_2 \cos \alpha_2) \cos \alpha_3 + (\lambda_1 \sin \alpha_1 + \lambda_2 \sin \alpha_2) \sin \alpha_3 = 0$$

On peut choisir :

$$\lambda_1 = \cos(\alpha_2 - \alpha_3) \quad \text{et} \quad \lambda_1 = -\cos(\alpha_1 - \alpha_3).$$

On obtient ainsi des équations des trois hauteurs. Effectuer la somme des trois équations trouvées...

7 C'est l'ensemble des points $M(x, y)$ tels que :

$$|x \cos \alpha_1 + y \sin \alpha_1 - p_1| = |x \cos \alpha_2 + y \sin \alpha_2 - p_2|$$

Or $|A| = |B| \iff A = \pm B$. On obtient deux équations, qui représentent en général deux droites ; montrer qu'elles sont orthogonales (ce sont les bissectrices de D_1 et D_2). Examiner le cas où les droites D_1 et D_2 sont parallèles, c'est-à-dire $\alpha_1 = \alpha_2 + k\pi$.

8 Les équations de $\mathcal{C}$ et $\mathcal{C}'$ sont :

$$\begin{cases} x^2 + y^2 - 2x = 0 \\ x^2 + y^2 - 2y = 1 \end{cases}$$

1) En retranchant membre à membre on obtient $2y - 2x = -1$, qui est l'équation de la droite (AB).

2) Une combinaison linéaire des deux équations, de la forme :

$$\lambda(x^2 + y^2 - 2x) + \mu(x^2 + y^2 - 2y - 1) = 0$$

avec $\lambda + \mu \neq 0$, est l'équation d'un cercle passant par A et B. On peut choisir λ et μ pour que ce cercle passe par un point donné quelconque, non aligné avec A et B ; on peut obtenir ainsi n'importe quel cercle passant par A et B.

3) Le cercle circonscrit à $AB\Omega'$ est obtenu pour $\lambda - 2\mu = 0$; on peut choisir par exemple $\lambda = 2$ et $\mu = 1$, ce qui donne : $3x^2 + 3y^2 - 4x - 2y - 1 = 0$.

9 L'ensemble E_1 est bien sûr la médiatrice de $[AB]$. Supposons désormais que $k \neq 1$.

$$\frac{MA}{MB} = k \iff \overrightarrow{MA}^2 - k^2\overrightarrow{MB}^2 = 0$$
$$\iff (\overrightarrow{MA} + k\overrightarrow{MB}) \cdot (\overrightarrow{MA} - k\overrightarrow{MB}) = 0$$

Soit G_k et G'_k les barycentres respectifs des systèmes $((A, 1), (B, k))$ et $((A, 1), (B, -k))$.

$$\overrightarrow{MA} + k\overrightarrow{MB} = (1 + k)\overrightarrow{MG_k};$$
$$\overrightarrow{MA} - k\overrightarrow{MB} = (1 - k)\overrightarrow{MG'_k}$$

E_k est l'ensemble des points M tels que $\overrightarrow{MG_k} \cdot \overrightarrow{MG'_k} = 0$, c'est-à-dire le cercle de diamètre $[G_k G'_k]$.

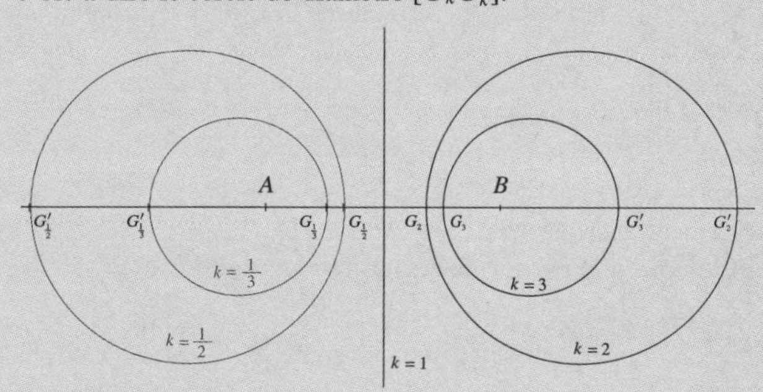

La figure montre les lignes de niveau obtenues pour $k \in \{1, 2, 3, \frac{1}{2}, \frac{1}{3}\}$. Les lignes de niveau correspondant à deux valeurs inverses sont symétriques par rapport à la médiatrice de $[AB]$.

© Hachette Livre – H Prépa / Math – La photocopie non autorisée est un délit

Chapitre 3

1 **a)** Faux : *cf.* §1.2. **b)** Faux, il est changé en son opposé si on inverse l'orientation. **c)** Vrai. **d)** Faux, il est changé en son opposé si on échange deux vecteurs. **e)** Faux, une telle équation, avec $(a, b, c) \neq 0$ représente toujours un plan. **f)** Vrai. **g)** Vrai.

2 D'une part $\overrightarrow{OA} \cdot \overrightarrow{OA'} = R^2 \cos\alpha$, où α est une mesure de l'angle $\widehat{AOA'}$. D'autre part, en désignant par H et H' les projetés orthogonaux de A et A' sur le plan équatorial :

$$\overrightarrow{OA} \cdot \overrightarrow{OA'} = (\overrightarrow{OH} + \overrightarrow{HA}) \cdot (\overrightarrow{OH'} + \overrightarrow{H'A'})$$
$$\overrightarrow{OA} \cdot \overrightarrow{OA'} = \overrightarrow{OH} \cdot \overrightarrow{OH'} + \overrightarrow{HA} \cdot \overrightarrow{H'A'}$$

La distance entre A et A' à la surface de la Terre (il n'est pas question de creuser un tunnel !) est la longueur de l'arc $\widehat{AA'}$ du cercle de centre O passant par A et A', c'est-à-dire : $L = R\alpha$. On en déduira :

$$L = R \operatorname{Arccos} \left(\cos\lambda \cos\lambda' \cos(\varphi - \varphi') + \sin\lambda \sin\lambda'\right)$$

Pour Paris-Rio (penser à convertir les angles en radians), on obtient $L = 9180$ km.

3 Utiliser la formule du double produit vectoriel.

4 **1)**

$$(\vec{a} \wedge \vec{b}) \cdot (\vec{c} \wedge \vec{d}) = \left[\vec{a}, \vec{b}, \vec{c} \wedge \vec{d}\right] =$$
$$\left[\vec{c} \wedge \vec{d}, \vec{a}, \vec{b}\right] = \left((\vec{c} \wedge \vec{d}) \wedge a\right) \cdot \vec{b}$$

Utiliser la formule du double produit vectoriel pour conclure.

2) $$(\vec{a} \wedge \vec{b}) \wedge (\vec{c} \wedge \vec{d}) = \left(\vec{a} \cdot (\vec{c} \wedge \vec{d})\right) \vec{b} - \left(\vec{b} \cdot (\vec{c} \wedge \vec{d})\right) \vec{a}$$
$$= \left[\vec{c}, \vec{d}, \vec{a}\right] \vec{b} - \left[\vec{c}, \vec{d}, \vec{b}\right] \vec{a}$$

On peut refaire le même calcul en partant de $-(\vec{c} \wedge \vec{d}) \wedge (\vec{a} \wedge \vec{b})$.

5 **1)** En réutilisant les résultats de l'exercice précédent, on obtient :

$$[x_1 \wedge x_2, x_2 \wedge x_3, x_3 \wedge x_1] = \left((x_1 \wedge x_2) \wedge (x_2 \wedge x_3)\right) \cdot (x_3 \wedge x_1)$$
$$= \left([x_1, x_2, x_3]\, x_2\right) \cdot (x_3 \wedge x_1)$$

2) a) $x_i' \cdot x_j = \delta_{ij}$ (1 si $i = j$ et 0 si $i \neq j$)
b) Réutiliser le résultat de la question 1.

6 On peut résoudre l'exercice analytiquement, ou en utilisant des transformations : soit G l'isobarycentre de A, B, C. Le triangle $(A'B'C')$ est l'image du triangle (ABC) par la composée de l'homothétie de centre G de rapport $-\dfrac{1}{2}$ et de l'homothétie de centre O de rapport 2. Quelle est la nature de cette composée ? Conclure.

7 Utilisons le repère $(A, \overrightarrow{AB}, \overrightarrow{AC}, \vec{u})$. Les trois plans considérés ont pour équations respectives :

$$\begin{array}{ll} (A'BC) & \alpha x + \alpha y + z - \alpha = 0 \\ (B'AC) & \beta x - z = 0 \\ (C'AB) & \gamma y - z = 0 \end{array}$$

Ces trois plans sont parallèles à une même droite si et seulement si leurs vecteurs normaux sont coplanaires, ce qui équivaut à :

$$\begin{vmatrix} \alpha & \alpha & 1 \\ \beta & 0 & -1 \\ 0 & \gamma & -1 \end{vmatrix} = 0, \qquad \text{c'est-à-dire} \quad \frac{1}{\alpha} + \frac{1}{\beta} + \frac{1}{\gamma} = 0.$$

8 Les vecteurs normaux des trois plans doivent être coplanaires :

$$\begin{vmatrix} a & 1 & 1 \\ 1 & a & 1 \\ 1 & 1 & a \end{vmatrix} = 0 \quad \Rightarrow \quad a \in \{1, -2\}$$

– Si $a = 1$, les trois plans sont parallèles, ce qui est exclu.
– Si $a = -2$, montrer qu'il existe un point appartenant aux trois plans si et seulement si $b = 1$. L'intersection des trois plans est alors une droite que l'on peut représenter par :

$$x = \lambda \qquad y = \lambda - 1 \qquad z = \lambda$$

9 D est la droite passant par $B(1, -2, 3)$ dirigée par $\vec{u}(2, 3, 1)$; P est le plan passant par $A(0, -1, 4)$ dirigé par $\overrightarrow{AB}$ et $\vec{u}$.
Une équation du plan P est :

$$2x - 3y + 5z - 23 = 0$$

10 Soit $\vec{u}$ et $\vec{u'}$ des vecteurs directeurs de D et D'. On peut prendre pour vecteurs normaux aux plans (D, M') et (D', M) les vecteurs :

$$\vec{n} = \vec{u} \wedge \overrightarrow{MM'} \quad \text{et} \quad \vec{n'} = \vec{u'} \wedge \overrightarrow{MM'}$$

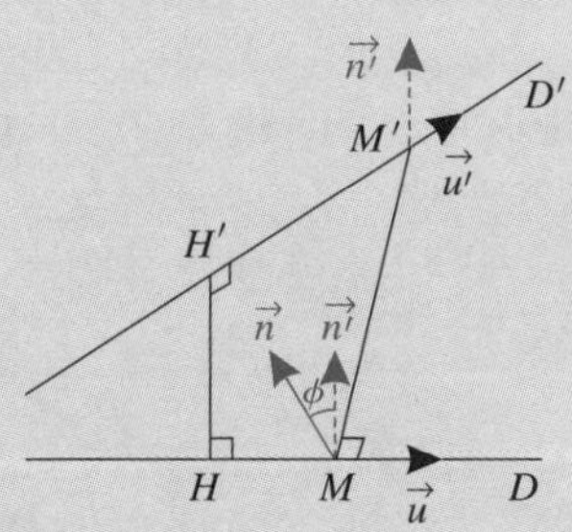

En s'aidant de l'exercice 4, on obtient :

$$\vec{n} \cdot \vec{n'} = \vec{u} \cdot \vec{u'}\, MM'^2$$

© Hachette Livre – H Prépa / Math – La photocopie non autorisée est un délit

et

$$\vec{n} \wedge \vec{n'} = \left[\vec{u}, \vec{u'}, \overrightarrow{MM'}\right] \overrightarrow{MM'}$$

On en déduit :

$$MM' \tan\Phi = \frac{\left|\left[\vec{u}, \vec{u'}, \overrightarrow{MM'}\right]\right|}{\vec{u} \cdot \vec{u'}}$$

Utilisons la perpendiculaire commune à D et D', qui coupe D en H et D' en H'.

$$\left[\vec{u}, \vec{u'}, \overrightarrow{MM'}\right] = \left[\vec{u}, \vec{u'}, \overrightarrow{MH} + \overrightarrow{HH'} + \overrightarrow{H'M'}\right]$$
$$= \left[\vec{u}, \vec{u'}, \overrightarrow{HH'}\right] = \mathrm{C^{te}}$$

Donc $MM' \tan\Phi$ est également constant.

11 E est l'ensemble des points $M(x, y)$ tels que :

$$x^2 - y^2 + 2z = 1$$

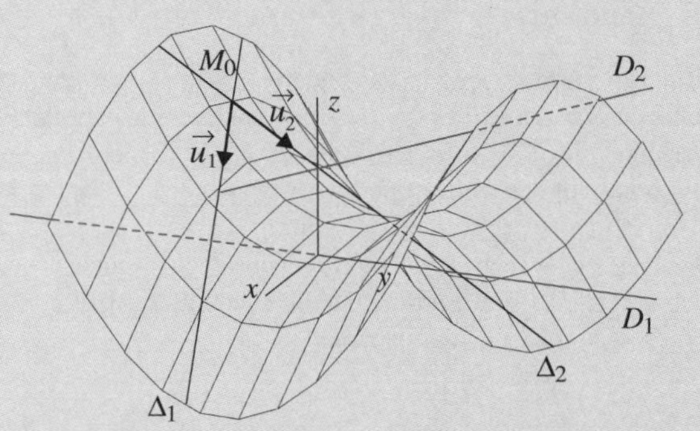

L'intersection de E avec le plan $z = 0$ est l'hyperbole équilatère $x^2 - y^2 = 1$. L'intersection de E avec le plan $y = 0$ est la parabole $x^2 + 2\left(z - \dfrac{1}{2}\right) = 0$. L'intersection de E avec le plan $x = 0$ est la parabole $y^2 - 2\left(z - \dfrac{1}{2}\right) = 0$. Soit $M_0(x_0, y_0, z_0)$ un point de E. Il faut touver un vecteur $\vec{u} = (\alpha, \beta, \gamma)$ tel que pour tout réel λ, $M_0 + \lambda\vec{u} \in E$, c'est-à-dire :

$$\forall \lambda \in \mathbb{R} \quad (x_0 + \lambda\alpha)^2 - (y_0 + \lambda\beta)^2 + 2(z_0 + \lambda\gamma) = 1$$

En développant et en annulant tous les coefficients de ce polynôme en λ, on obtient deux solutions (à un facteur près) :

$$\vec{u}_1 = (z_0, z_0, y_0 - x_0) \quad \text{et} \quad \vec{u}_2 = (-z_0, z_0, x_0 + y_0)$$

12 **1)** La droite D_1 est définie par un point A_1 et un vecteur directeur $\vec{u}_1$; D_2 est définie par un point A_2 et un vecteur directeur $\vec{u}_2$.
Soit O le milieu de $[A_1A_2]$.
Soit $M_1 \in D_1$:

$$\overrightarrow{A_1M_1} = x_1\vec{u}_1 \quad \text{et} \quad M_2 \in D_2 \; : \; \overrightarrow{A_2M_2} = x_2\vec{u}_2.$$

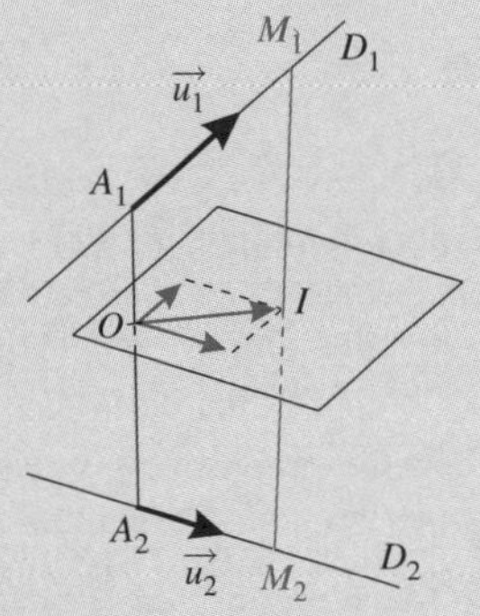

Soit I le milieu de $[M_1M_2]$:

$$\overrightarrow{OI} = \frac{1}{2}(\overrightarrow{OM_1} + \overrightarrow{OM_2}) = \frac{1}{2}(\overrightarrow{A_1M_1} + \overrightarrow{A_2M_2})$$
$$= \frac{1}{2}(x_1\vec{u}_1 + x_2\vec{u}_2)$$

Lorsque (x_1, x_2) décrit $\mathbb{R}^2$, le point I décrit le plan passant par O et dirigé par les vecteurs $\vec{u}_1, \vec{u}_2$.
2) Le point A doit appartenir à trois plans, respectivement parallèles à (D_1, D_2), (D_2, D_3) et (D_3, D_1). Ces trois plans n'ont aucune direction de droite en commun, leur intersection est donc un singleton.

13 Pour tout $t \in]-\pi, \pi]$, le point $M(t)$ appartient au plan P d'équation $x + y + z = 3$ et à la sphère S d'équation $x^2 + y^2 + z^2 = 9$, de centre O et de rayon $R = 3$. $M(t)$ appartient donc au cercle $C = P \cap S$, dont le centre est le projeté orthogonal de O sur P, c'est-à-dire $H = (1, 1, 1)$, et le rayon $r = \sqrt{R^2 - OH^2} = \sqrt{6}$. Comme $M(\pi) = M(-\pi)$ et que le vecteur vitesse du point $M(t)$ ne s'annule jamais, le cercle est décrit en entier.

14 La sphère circonscrite à $OABC$ a pour centre $\Omega\left(\dfrac{a}{2}, \dfrac{b}{2}, \dfrac{c}{2}\right)$ et pour rayon $R = \dfrac{1}{2}\sqrt{a^2 + b^2 + c^2}$.
Le rayon du cercle circonscrit à ABC est donc :

$$r = \sqrt{R^2 - d(\Omega, P)^2},$$

où P est le plan (ABC), d'équation $\dfrac{x}{a} + \dfrac{y}{b} + \dfrac{z}{c} = 1$.
On obtient :

$$r = \frac{1}{2}\sqrt{\frac{(a^2 + b^2)(b^2 + c^2)(c^2 + a^2)}{a^2b^2 + b^2c^2 + c^2a^2}}$$

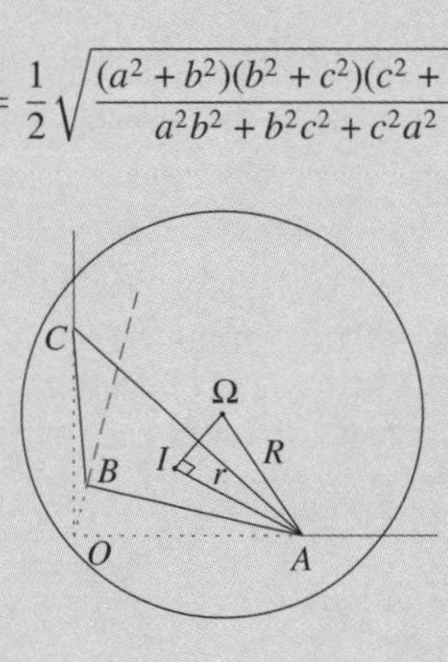

© Hachette Livre – H Prépa / Math – La photocopie non autorisée est un délit

Chapitre 4

1 a) Vrai ; puisque $\mathbb{R}_+^* \cap \mathbb{R}_-^* = \varnothing$. b) Vrai ; une proposition fausse implique n'importe quoi... c) Faux ; ces deux implications sont équivalentes. d) Vrai. e) Faux. f) Vrai. g) Faux ; exemple : on peut prendre pour g l'application de $\mathbb{N}$ dans $\mathbb{N}$: $n \mapsto 2n$ et pour f, l'application de $\mathbb{N}$ dans $\mathbb{N}$: $n \mapsto E(\frac{n}{2})$ (où $E(x)$ désigne la partie entière de x). h) Faux ; le matin vous mettez vos chaussettes avant vos chaussures ; le soir, dans quel ordre procédez-vous pour les enlever ? i) Faux ; $f(x)$ peut avoir un antécédent dans A, autre que x. j) Vrai. k) Faux ; elle n'est pas antisymétrique.

2 $P_1 \iff (\forall n \in \mathbb{Z}\ \exists p \in \mathbb{Z}\ n < p)$: vrai $(p = n+1)$.

$P_2 \iff (\exists n \in \mathbb{Z}\ \forall p \in \mathbb{Z}\ \exists q \in \mathbb{Z}\ n = pq)$: vrai $(n = 0)$.

$P_3 \iff (\forall x \in \mathbb{R}\ \exists y \in \mathbb{R}\ x = y^2)$: faux (si $x < 0$).

$P_4 \iff (\exists x \in \mathbb{R}\ \forall p \in \mathbb{Z}\ \forall q \in \mathbb{Z}^*\ qx \neq p)$: vrai $(x = \sqrt{2})$.

$P_5 \iff (\exists x \in \mathbb{R}\ x > x^2)$: vrai $(x = \frac{1}{2})$.

$P_6 \iff (\forall (x_1, x_2, x_3) \in \mathbb{R}^3\ \exists (i,j) \in \{1,2,3\}^2\ i \neq j \text{ et } x_i x_j \geqslant 0)$:

vrai (il n'y a que deux signes possibles...).

3 $\exists x \in \mathbb{R}^*\ \forall y \in \mathbb{R}^*\ \forall z \in \mathbb{R}^*\ z = xy$: faux.

$\forall y \in \mathbb{R}^*\ \exists x \in \mathbb{R}^*\ \forall z \in \mathbb{R}^*\ z = xy$: faux.

$\forall z \in \mathbb{R}^*\ \exists x \in \mathbb{R}^*\ \forall y \in \mathbb{R}^*\ z = xy$: faux.

$\forall y \in \mathbb{R}^*\ \forall z \in \mathbb{R}^*\ \exists x \in \mathbb{R}^*\ z = xy$: vrai $(x = \frac{z}{y})$.

4 1) $A \setminus B = A \cap \complement_E B = \complement_E B \setminus \complement_E A$.

2) $A \setminus (B \cap C) = A \cap \complement_E (B \cap C) = A \cap \left(\complement_E B \cup \complement_E C\right)$
$= \left(A \cap \complement_E B\right) \cup \left(A \cap \complement_E C\right) = (A \setminus B) \cup (A \setminus C)$.

3) $A \setminus (B \cup C) = A \cap \complement_E (B \cup C) = A \cap \complement_E B \cap \complement_E C$
$= (A \setminus B) \cap (A \setminus C)$.

5 On suppose $(A \cap B \subset A \cap C)$ et $(A \cup B \subset A \cup C)$. Soit $x \in B$. En distinguant suivant que $x \in A$ ou $x \notin A$, montrer que dans les deux cas $x \in C$.

6 On suppose $A \cap B = A \cap C$. Soit $x \in A \cap \complement_E B$; x appartient à A. Peut-il appartenir à C ? En déduire que $A \cap \complement_E B \subset A \cap \complement_E C$, puis l'inclusion dans l'autre sens. L'implication réciproque s'obtient en remplaçant B et C par leurs complémentaires.

7 On suppose $A \Delta B = A \Delta C$; soit $x \in B$. En distinguant suivant que $x \in A$ ou $x \notin A$, montrer que dans les deux cas $x \in C$; d'où $B \subset C$. B et C jouent le même rôle, donc $C \subset B$.

8 On suppose qu'il existe une surjection f de E sur $\mathcal{P}(E)$. La partie $A = \{x \in E\ ,\ x \notin f(x)\}$ aurait un antécédent a par f, c'est-à-dire un élément $a \in E$ tel que $f(a) = A$. Démontrer que $a \in A \iff a \notin A$... (comparer avec le paradoxe de Russel).

9 Montrer d'abord que g est bijective, puis exprimer f et h à l'aide de g^{-1}.

10 1) Montrer que g est bijective et exprimer f à l'aide de g^{-1}.
2) Montrer que f est bijective et exprimer g à l'aide de f^{-1}.

11 1) On suppose f injective. Soit $(g,h) \in (F^E)^2$ tel que $f \circ g = f \circ h$; pour tout $x \in E$, $f \circ g\ (x) = f \circ h\ (x)$, d'où ...
Réciproquement, on suppose que :

$$\forall (g,h) \in (F^E)^2 \quad f \circ g = f \circ h \ \Rightarrow\ g = h,$$

et on veut montrer que f est injective. Soit y et y' deux éléments de F tels que $f(y) = f(y')$. Considérer les applications constantes de E dans F : $x \mapsto y$ et $x \mapsto y'$; leur appliquer l'hypothèse et démontrer que $y = y'$.
2) On suppose f surjective. Soit $(j,k) \in (H^G)^2$ tel que $j \circ f = k \circ f$, on veut montrer que pour tout $z \in G$, $j(z) = k(z)$. Utiliser pour cela un antécédent de z par f.
Réciproquement, on suppose que :

$$\forall (j,k) \in (H^G)^2 \quad j \circ f = k \circ f \ \Rightarrow\ j = k,$$

et on veut montrer que f est surjective. Soit $z \in G$. Construire deux applications j et k de G dans H qui coïncident pour tout élément, sauf z à qui elles attribuent deux images différentes (c'est possible grâce au fait que H a au moins deux éléments). Montrer que si z n'avait pas d'antécédent par f, on aurait $j \circ f = k \circ f$, et conclure.

12 Tout est très facile, si on se souvient que :

$$x \in f^{-1}(B) \iff f(x) \in B .$$

13 Contrairement aux apparences, cet exercice est moins facile que le précédent.
1) Supposer que $A \subset A'$ et considérer un élément $y \in f(A)$ ...
2) Utiliser les inclusions $A \cap A' \subset A$ et $A \cap A' \subset A'$ pour montrer que $f(A \cap A') \subset f(A) \cap f(A')$. L'inclusion réciproque n'est pas toujours vraie.
Exemple :

$$f : \begin{vmatrix} \mathbb{R} & \rightarrow & \mathbb{R} \\ x & \mapsto & x^2 \end{vmatrix}, \ A = [0,1],\ A' = [-1,0].$$

3) De même, utiliser les inclusions

$$A \subset A \cup A' \quad \text{et} \quad A' \subset A \cup A'$$

© Hachette Livre – H Prépa / Math – La photocopie non autorisée est un délit

pour montrer que

$$f(A) \cup f(A') \subset f(A \cup A').$$

Réciproquement, soit $y \in f(A \cup A')$; montrer que

$$y \in f(A) \cup f(A').$$

4) Il n'y a aucune inclusion *a priori* entre $f(\complement_E A)$ et $\complement_F f(A)$.
Exemple : le même que ci-dessus.

14 La réflexivité est évidente. Antisymétrie : montrer que $OO' \leqslant R' - R$ et $OO' \leqslant R - R'$ implique $O = O'$ et $R = R'$. Pour la transitivité, utiliser l'inégalité triangulaire : $OO'' \leqslant OO' + O'O''$.

15 **1)** On montre sans difficulté la réflexivité et la transitivité.
Antisymétrie : soit $(p, q) \in \mathbb{N}^{*2}$; on suppose qu'il existe $(n, m) \in \mathbb{N}^{*2}$ tel que $p^n = q$ et $q^m = p$. On en déduit que $p^{mn} = p$. Montrer que $p = 1$ ou $mn = 1$ et que, dans les deux cas, $p = q$. Il s'agit bien d'une relation d'ordre. L'ordre est partiel : aucune des relations $2\mathcal{R}3$ ou $3\mathcal{R}2$ n'est vraie.
2) Montrer qu'un majorant de $\{2, 3\}$ devrait être à la fois pair et impair.

16 **1)** On suppose f croissante et injective. Soit $(x, y) \in E^2$ tel que $x < y$. On sait que $f(x) \leqslant f(y)$. Peut-on avoir $f(x) = f(y)$?
2) On suppose f strictement croissante. Soit $(x, y) \in E^2$ tel que $f(x) = f(y)$. Si l'ordre de E est total, on a nécessairement $x < y$ ou $x = y$ ou $x > y$. Montrer que deux de ces cas aboutissent à une contradiction.

Contre-exemple : $\left| \begin{array}{ccc} \mathcal{P}(E) & \xrightarrow{f} & \mathbb{N} \\ X & \mapsto & \text{Card } X \end{array} \right.$

où E est un ensemble fini, et $\mathcal{P}(E)$ ordonné par inclusion.

Chapitre 5

1 **a)** Faux, il faut supposer que $P(0)$ est vraie. **b)** Vrai. **c)** Faux. **d)** Faux ; c'est vrai si l'ensemble est fini. **e)** Faux ; il faut que les deux ensembles soient disjoints. **f)** Vrai. **g)** Vrai. **h)** Faux. **i)** Vrai. **j)** Vrai ; formule du binôme avec $a = 1$, $b = -2$.

2 Récurrence immédiate ; ne pas oublier de vérifier la propriété pour $n = 1$.

3 Idem.

4 Récurrences.
1) Poser $3^{2n} - 2^n = 7k$ où $k \in \mathbb{Z}$.
2) Poser $3^{2n+2} + 2^{6n+1} = 11k$ où $k \in \mathbb{Z}$.
3) Poser $2^{2^n} - 6 = 10k$ avec $k \in \mathbb{Z}$.
4) Écrire :

$$(n+1)^3 + (n+2)^3 + (n+3)^3 = (n+1)^3 + (n+2)^3 + n^3 + \cdots$$

5 **2)** C'est une récurrence sur deux niveaux : vérifier l'inégalité pour $n = 0$ et $n = 1$, puis montrer que les inégalités aux rangs n et $n + 1$ entraînent l'inégalité au rang $n + 2$.

6 Si Card A = Card E, Card $\complement_E A = 0$, donc

$$\complement_E A = \varnothing.$$

Le résultat est faux pour un ensemble infini ; il existe, par exemple, des bijections de $\mathbb{N}$ dans $\mathbb{Z}$; en construire une.

7
$$\begin{aligned} \text{Card}(E \cup F \cup G) &= \text{Card } E + \text{Card } F + \text{Card } G \\ &\quad - \text{Card}(E \cap F) - \text{Card}(F \cap G) \\ &\quad - \text{Card}(G \cap E) + \text{Card}(E \cap F \cap G) \end{aligned}$$

8 Il faut que $\binom{n}{3} \leqslant 26^2$, soit $n \leqslant 16$.

9 MATHS : 5! ; MOTO (2 O) : $\dfrac{4!}{2!} = 12$;
DODO (2 D, 2 O) : $\dfrac{4!}{2!^2} = 6$;
ANAGRAMME (2 M, 3 A) : $\dfrac{9!}{2!3!} = 30\,240$.

10 (Pour simplifier, on suppose que personne n'est né un 29 février.)
On cherche les applications de $[\![1, n]\!]$ dans $[\![1, 365]\!]$ qui ne sont pas injectives :

$$p = 1 - \frac{A_{365}^n}{365^n}$$

Cette probabilité est supérieure à $\dfrac{1}{2}$ à partir de 23 personnes, et supérieure à $\dfrac{9}{10}$ à partir de 41 personnes. Qu'en est-il dans votre classe ?

11 Deux méthodes (*cf. Application* 5) :
1) Spécifier un résultat précis :
- choix d'un trinôme : $\binom{30}{3} = \dfrac{30!}{27!3!}$;
- choix successifs de dix trinômes dans un certain ordre :

$$\frac{30!}{27!3!} \times \frac{27!}{24!3!} \times \cdots \times \frac{6!}{3!3!}$$

- on divise par 10! pour supprimer l'ordre des trinômes. Simplifier le résultat.

© Hachette Livre – H Prépa / Math – La photocopie non autorisée est un délit

2) Compter plusieurs fois chaque résultat, et corriger :
On peut constituer les trinômes à partir d'une liste des élèves dans un ordre quelconque, en groupant les trois premiers, les trois suivants, etc. Il y a 30! listes possibles.
Combien de listes distinctes donneront les mêmes trinômes ?
On obtient finalement :

$$\frac{30!}{(3!)^{10}\,10!} = 1\,208\,883\,745\,669\,600\,000$$

façons de constituer des trinômes. Admirez votre Z qui a su trouver la meilleure solution parmi plus d'un milliard de milliards de possibilités...
Généralisation : $\dfrac{(np)!}{(p!)^n\, n!}$.

12 On peut, par exemple :
1) Montrer, à l'aide de la formule du binôme, que $\sum_{k=0}^{n}(-1)^k\binom{n}{k} = 0$ et interpréter.
2) Montrer par récurrence que le nombre de parties de cardinal pair d'un ensemble de cardinal $n \geqslant 1$ est 2^{n-1}.
3) Construire une bijection entre l'ensemble des parties de cardinal pair et l'ensemble des parties de cardinal impair ; par exemple : si la partie A contient l'élément a, on lui associe $A\backslash\{a\}$; si elle ne contient pas a ,...

13 **1)** Choix de Y à p éléments : $\binom{n}{p}$. Choix d'une partie X de Y : 2^p

$$\sum_{p=0}^{n}\binom{n}{p}2^p = 3^n$$

2) Même raisonnement en remplaçant Y par $\complement_E Y$: 3^n.
3) Choix de Z à p éléments : $\binom{n}{p}$. Choix d'un couple (X, Y) de parties de Z tel que $X \subset Y$: 3^p

$$\sum_{p=0}^{n}\binom{n}{p}3^p = 4^n$$

14 **1)** Ces récurrences ne présentent pas de difficultés particulières.

2)
$$\sum_{k=1}^{n} k(k+1)(k+2) = \sum_{k=1}^{n} k^3 + 3\sum_{k=1}^{n} k^2 + 2\sum_{k=1}^{n} k = \frac{n(n+1)(n+2)(n+3)}{4}$$

3) $\sum_{k=1}^{n} k(k+1)(k+2) = 3!\sum_{k=1}^{n}\binom{k+2}{3} = 6\binom{n+3}{4}$
(Utiliser la formule de l'*Application* 6.)

15 **1)** Écrire $p\binom{n}{p}$ à l'aide de factorielles et simplifier.
2) $\sum_{p=1}^{n} p\binom{n}{p} = n\sum_{p=1}^{n}\binom{n-1}{p-1} = n\,2^{n-1}$
3) $f(x) = (1+x)^n = \sum_{p=0}^{n}\binom{n}{p}x^p$. Calculer de deux façons $f'(1)$.
4) Calculer de deux façons $\int_0^1 f(t)\,\mathrm{d}t$

$$\sum_{p=0}^{n}\frac{1}{p+1}\binom{n}{p} = \frac{2^{n+1}-1}{n+1}$$

16 **1)** Écrire les expressions à l'aide de factorielles et simplifier.
2) Dénombrer de deux façons les couples (X, Y) de parties d'un ensemble E de cardinal n telles que : $X \subset Y$, Card $X = k$, Card $Y = p$.
3) Développer $((a+b)+c)^n$ et $(a+(b+c))^n$, et comparer les coefficients de $a^k b^{p-k} c^{n-p}$.

17 Trois méthodes possibles (*cf. Application* 5) :
– par récurrence ;
– en dénombrant de deux façons les parties à k éléments d'un ensemble de cardinal $(n+p)$;
– en identifiant les coefficients de x^k dans $(1+x)^{n+p}$ et $(1+x)^n(1+x)^p$.
Avec $n = p = k$, on obtient :

$$\sum_{i=0}^{n}\binom{n}{i}^2 = \binom{2n}{n}.$$

18 $(1+i)^{4n} = \sum_{p=0}^{2n}\binom{4n}{2p}(-1)^p + i\sum_{p=0}^{2n-1}\binom{4n}{2p+1}(-1)^p$
Calculer directement $(1+i)^{4n}$ et identifier les parties réelles et les parties imaginaires.

$$\sum_{p=0}^{2n}\binom{4n}{2p}(-1)^p = (-4)^n \qquad \sum_{p=0}^{2n-1}\binom{4n}{2p+1}(-1)^p = 0$$

19 D'une part :

$$(\cos\varphi + i\sin\varphi)^{2n} = \mathrm{e}^{2i(3k+1)\frac{\pi}{3}} = \mathrm{e}^{2i\frac{\pi}{3}} = -\frac{1}{2} + i\frac{\sqrt{3}}{2}$$

D'autre part,

$$(\cos\varphi + i\sin\varphi)^{2n} = \sum_{k=0}^{2n}\binom{2n}{k}\left(\frac{1}{2}\right)^{2n-k}\left(\frac{\sqrt{3}}{2}\right)^k i^k$$

Identifier les parties imaginaires.

Chapitre 6

1 **a)** Faux ; $0 - 2 \neq 2$. **b)** Faux ; 2 n'est pas inversible dans $\mathbb{N}$. **c)** Faux ; $-2 \notin \mathbb{N}$. **d)** Faux en général, sauf lorsque ce morphisme est injectif. **e)** Faux ; 0 n'est pas régulier pour la multiplication. **f)** Faux ; 0 n'est pas inversible. **g)** Vrai. **h)** Vrai. **i)** Faux. **j)** Vrai. **k)** Faux ; ils ont un diviseur commun, qui est 1 (c'est le seul).

© Hachette Livre – H Prépa / Math – La photocopie non autorisée est un délit

2 $\cap$ est une l.c.i. dans $\mathcal{P}(E)$, commutative, associative. E est élément neutre ; aucun élément autre que E n'a de symétrique.

• $\cup$ est une l.c.i. dans $\mathcal{P}(E)$, commutative, associative. $\varnothing$ est élément neutre ; aucun élément autre que $\varnothing$ n'a de symétrique.

• Δ est une l.c.i. dans $\mathcal{P}(E)$, commutative, associative. $\varnothing$ est élément neutre ; tout élément A de $\mathcal{P}(E)$ est son propre symétrique.

3 **1)** Choisir $(x, y, u, v) = (e, f, f, e)$.

2) Choisir $(x, y, u, v) = (x, e, e, z)$.

3) Choisir $(x, y, u, v) = (x, y, e, z)$,
puis $(x, y, u, v) = (e, y, z, e)$.

4 Ceci permet de transférer certaines structures d'un ensemble F à l'ensemble des applications d'un ensemble quelconque dans F.

Exemple : L'ensemble des suites numériques et l'ensemble des fonctions numériques sont, comme $\mathbb{R}$, des anneaux commutatifs.

Attention : La structure de corps ne se transmet pas, car il peut y avoir d'autres éléments que l'élément nul qui n'ont pas d'inverse.

5 **1)** Il s'agit bien d'une loi interne dans $\mathbb{R}$; elle est commutative, associative. 0 est élément neutre, mais 1 n'a pas de symétrique : $(\mathbb{R}, *)$ n'est pas un groupe.

2) Avant de conclure trop rapidement, vérifier soigneusement que $\mathbb{R}\backslash\{1\}$ est stable par $*$; la l.c.i. induite est encore associative, d'élément neutre 0, et tout élément a de $\mathbb{R}\backslash\{1\}$ possède un inverse $\dfrac{a}{a-1}$ qui appartient aussi à $\mathbb{R}\backslash\{1\}$.

$(\mathbb{R}\backslash\{1\}, *)$ est un groupe abélien.

6 Il s'agit bien d'une loi interne dans $\mathbb{R}^2$. Vérifier soigneusement l'associativité. $(0, 0)$ est élément neutre. Tout couple (x, y) admet pour symétrique le couple $(-x, -y)$. $(\mathbb{R}^2, *)$ est bien un groupe ; il n'est pas abélien (essayer).

7 Utiliser le théorème de caractérisation d'un sous-groupe.

8 Réutiliser le théorème de caractérisation d'un sous-groupe.

9 Réutiliser le théorème de caractérisation d'un sous-groupe.

(**Attention :** Ce théorème fait partie de ceux qu'on utilise le plus souvent dans les concours.)

10 Construire la table de (G, o) :

$\nearrow o$	f_1	f_2	f_3	f_4	f_5	f_6
f_1	f_1	f_2	f_3	f_4	f_5	f_6
f_2	f_2	f_1	f_5	f_6	f_3	f_4
f_3	f_3	f_4	f_6	f_5	f_2	f_1
f_4	f_4	f_3	f_2	f_1	f_6	f_5
f_5	f_5	f_6	f_4	f_3	f_1	f_2
f_6	f_6	f_5	f_1	f_2	f_4	f_3

G est non vide, stable par composition des applications et il contient les inverses de ses éléments : c'est un sous-groupe du groupe des bijections de $\mathbb{R}\backslash\{0, 1\}$ dans lui-même.
Sous-groupes de G à un élément : $\{f_1\}$; à deux éléments : $\{f_1, f_2\}$, $\{f_1, f_4\}$, $\{f_1, f_5\}$; à trois éléments : $\{f_1, f_3, f_6\}$. Tout sous-groupe de G contenant au moins quatre éléments est G tout entier.
Le sous-groupe engendré par f_2 est $\{f_1, f_2\}$; celui qui est engendré par f_3 est $\{f_1, f_3, f_6\}$, et le sous-groupe engendré par $\{f_2, f_3\}$ est G.

11 Démonstration complète pour l'image directe :
Soit H un sous-groupe de G, et $H' = f(H)$.
1) $e' = f(e)$ et $e \in H$, donc $e' \in H'$. H' n'est, par conséquent, pas vide.
2) Soit $(y, z) \in H'$; il existe $(x, t) \in H$ tel que $y = f(x)$ et $z = f(t)$. $yz = f(xt)$ et $xt \in H$, donc $yz \in H'$. H' est, par conséquent, stable par la l.c.i. de G'.
3) Soit $y \in H'$. Il existe $x \in H$ tel que $y = f(x)$. On sait que $y^{-1} = f(x^{-1})$ et que $x^{-1} \in H$; on en déduit que $y \in H'$. H' contient donc les inverses de ses éléments.
H' est bien un sous-groupe de G'.
Même méthode pour l'image réciproque d'un sous-groupe de G'.
• **Attention :** surtout ne pas parler d'une application f^{-1} ! On n'a pas supposé f bijective.
On retrouve les résultats du cours pour $\mathrm{Im}\, f = f(G)$ et $\mathrm{Ker}\, f = f^{-1}(\{e'\})$.

12 L'application $x \mapsto \sqrt[3]{x}$ est un isomorphisme de $(\mathbb{R}, +)$ dans $(\mathbb{R}, *)$.

13 **1)** Montrer d'abord que f est un morphisme de G dans G, puis qu'il est bijectif (chercher les antécédents d'un élément donné).
2) Il s'agit de montrer que :

$$\forall (a, a') \in G^2 \quad f_a \circ f_{a'} = f_{aa'}.$$

Comparer pour tout x de G, $f_a \circ f_{a'}(x)$ et $f_{aa'}(x)$.
$\mathrm{Ker}\, \varphi$ est l'ensemble des éléments a de G tels que $f_a = Id_G$.
Montrer que c'est le centre du groupe G (*cf. exercice* 7).
$\mathrm{Im}\, \varphi$ est l'ensemble des automorphismes de G de la forme f_a : par définition, c'est $\mathrm{Int}\, G$.

© Hachette Livre – H Prépa / Math – La photocopie non autorisée est un délit

3) Int G est l'image d'un morphisme ; c'est donc un sous-groupe de Aut G.

14 **1)** En supposant que $(xy)^n = 0$, multiplier à droite par x et à gauche par y.
2) Si $x^n = 0$, $y^p = 0$ et $xy = yx$, alors $(xy)^n = x^n y^n = 0$.

$$(x+y)^{n+p} = \sum_{k=0}^{n+p} \binom{n}{k} x^k y^{n+p-k}$$

Montrer que tous les termes de cette somme sont nuls (distinguer suivant que $k < n$ ou $k \geqslant n$).

3) Soit x un élément tel que $x^n = 0$. Calculer $(1-x)\sum_{k=0}^{n-1} x^k$.

15 **1)** $\forall x \in A \quad (x+x)^2 = x + x$. Développer et simplifier pour aboutir à $x + x = 0$.
2) $\forall x \in A \quad (x+y)^2 = x + y$. Développer et simplifier pour aboutir à $xy + yx = 0$. En déduire que $xy = yx$.

16 $(a, b) = (3\,983{,}48)$.

17 Écrire :

$$a = (a-b)q_1 + r_1 \quad \text{avec} \quad 0 \leqslant r_1 < a - b$$

$$b = (a-b)q_2 + r_2 \quad \text{avec} \quad 0 \leqslant r_2 < a - b$$

En déduire :

$$r_1 = r_2 \quad \text{et} \quad q_1 = q_2 + 1.$$

18

$$a - 1 = bq + r \quad \text{avec} \quad 0 \leqslant r < b$$

$$\text{d'où} \quad ab^n - 1 = b^{n+1}q + rb^n + b^n - 1$$

Vérifier que $rb^n + b^n - 1 < b^{n+1}$, et conclure.

19 Soit a_n l'entier qui s'écrit en base 10 avec n chiffres 1. Si n est pair, a_n est divisible par 11. Si n est divisible par 3, a_n est aussi divisible par 3. Ainsi, a_3, a_4 et a_6 ne sont pas premiers. On vérifie que a_5 est divisible par 41, et a_7 par 239. Ainsi, le seul nombre premier dans les entiers donnés est 11.
(Le nombre premier suivant de cette suite est a_{19}...)

20 Pour tout $k \in [\![2, n]\!]$, $n! + k$ est divisible par k, donc il n'est pas premier. Quel que soit l'entier $n \geqslant 2$, aucun des n entiers successifs à partir de $(n+1)! + 2$ n'est premier. Il y a donc, entre deux nombres premiers, des « trous » aussi grands que l'on veut. La première occurence de cinq entiers consécutifs non premiers est 24, 25, 26, 27, 28.

Chapitre 7

1 **a)** Faux ; exemple : $(X^2 + X + 1) + (-X^2 + X + 1) = 2X + 1$. **b)** Vrai. **c)** Vrai. **d)** Vrai. **e)** Faux ; exemple : $X^3 - X$ est divisible par $X^2 + X$ et par $X^2 - X$, mais pas par $(X^2 + X)(X^2 - X)$. **f)** Faux, elles ne sont pas nécessairement distinctes. **g)** Vrai.

2 On peut le démontrer par récurrence ou voir directement que :

$$(X^3 + X^2 + X + 1)\sum_{k=0}^{2n}(-1)^k X^k = \sum_{k=3}^{2n+3}(-1)^{k-3}X^k + \sum_{k=2}^{2n+2}(-1)^{k-2}X^k + \sum_{k=1}^{2n+1}(-1)^{k-1}X^k + \sum_{k=0}^{2n}(-1)^k X^k$$

ce qui se simplifie par effet « téléscopique ».

3 **1)** Chaque polynôme est entièrement déterminé par les deux précédents.
2) $P_{10} = 512X^{10} - 1280X^8 + 1120X^6 - 400X^4 + 50X^2 - 1$
3) Récurrence à deux niveaux : montrer que pour tout $x \in \mathbb{R}$, $\cos 0x = P_0(\cos x)$, $\cos 1x = P_1(\cos x)$, et que :
$(\cos nx = P_n(\cos x) \quad \text{et} \quad \cos(n+1)x = P_{n+1}(\cos x))$
$\Longrightarrow \quad \cos(n+2)x = P_{n+2}(\cos x)$
4) Chercher d'abord les racines de P_n appartenant au segment $[-1, 1]$ sous la forme $x = \cos t$. Montrer ensuite qu'il n'y a pas d'autre racine (raisonner sur le degré de P_n).

4 $P = 0$ est solution. Si P est non nul de degré n, $P(X^2)$ est de degré $2n$ et $(X^2 + 1)P(X)$ de degré $n + 2$, d'où $n = 2$. Chercher P sous la forme $aX^2 + bX + c$. Solutions : $a(X^2 - 1)$, $a \in \mathbb{R}$.

5 **1)** $A = B(2X^2 + 3X + 11) + 5(5X - 1)$.
2) $A = B(2X^4 - 6X^3 + 13X^2 - 39X + 109) - 327$.
3) $A = B(X^2 + (1 - 2i)X - 2 - 3i) - 5 - i$.
4)

$$A = B\left(\frac{-1+i}{2}X^2 - \frac{1}{2}X + \frac{1+3i}{4}\right) + \left(\frac{5+9i}{4}X + \frac{3-2i}{2}\right).$$

6 **1)** $P(X) = (X-a)Q(X) + P(a)$.
$(X - a)$ divise P si et seulement si $P(a) = 0$.
2) $P(X) = (X-a)^2 Q(X) + (X-a)P'(a) + P(a)$
$(X-a)^2$ divise P si et seulement si

$$P(a) = P'(a) = 0.$$

© Hachette Livre – H Prépa / Math – La photocopie non autorisée est un délit

3) $P(X) = (X-a)(X-b)Q(X) + \alpha X + \beta$,
où $\alpha = \dfrac{P(a)-P(b)}{a-b}$ et $\beta = \dfrac{aP(b)-bP(a)}{a-b}$
$(X-a)(X-b)$ divise P si et seulement si $P(a) = P(b) = 0$.

7 $X^4 + aX^2 + bX + c =$
$(X^2+X+1)(X^2-X+a) + \big((-a+b+1)X - a + c\big)$
B divise A si et seulement si $a = c = b+1$.

8 Montrer que $A_n(1) = A'_n(1) = 0$ (*cf. ex.* 6). Vérifier que :

$$A_n(X) = (X-1)^2\big(nX^{n-1} + (n-1)X^{n-2} + \cdots + 2X + 1\big)$$

9 Remarquer que dans $\mathbb{C}[X]$:

$$X^2 - 2X\cos\theta + 1 = (X - e^{i\theta})(X - e^{-i\theta})$$

et utiliser le résultat de la question **3)** de l'*exercice* 6). Vérifier que :

$$A_n(X) = (X^2 - 2X\cos\theta + 1)\sum_{k=0}^{n-2} \sin(n-1-k)\theta\, X^k$$

10 a, b, c sont trois racines distinctes du polynôme $P - 1$, dont le degré est inférieur ou égal à 3. En faisant $X = 0$, on obtient : $\lambda = \dfrac{1}{abc}$.

11 Chercher les racines de $P - Q$.
$P = (X-2)(X-3)(X-4)$ $\quad Q = (X+1)(X-3)(X-5)$

12
$$\begin{aligned} P &= (X^2 - X + 1)^2 - i^2 \\ &= (X^2 - X + 1 - i)(X^2 - X + 1 + i) \\ &= (X+i)(X-1-i)(X-i)(X-1+i) \end{aligned}$$
En regroupant les facteurs conjugués :
$$P = (X^2+1)(X^2-2X+2)$$

13
$$\begin{aligned} A &= B(X^2+3X+1) - 6 \\ &= B(B+1) - 6 \\ &= B^2 + B - 6 \\ &= (B+3)(B-2) \end{aligned}$$
Dans $\mathbb{Q}[X]$:
$$A = (X^2+3X+3)(X^2+3X-2)$$
Dans $\mathbb{R}[X]$:
$$A = (X^2+3X+3)(X + \frac{3-\sqrt{17}}{2})(X + \frac{3+\sqrt{17}}{2})$$
Dans $\mathbb{C}[X]$:
$$A = (X + \frac{3+i\sqrt{3}}{2})(X + \frac{3-i\sqrt{3}}{2})$$
$$(X + \frac{3-\sqrt{17}}{2})(X + \frac{3+\sqrt{17}}{2})$$

14 $P = (X^2 + 3aX + a^2)^2$.
On en déduit

$$Q = P - 9a^4 = (X^2 + 3aX - 2a^2)(X^2 + 3aX + 4a^2)$$

Dans $\mathbb{R}[X]$:

$$Q = \big(X + \frac{a}{2}(3+\sqrt{17})\big)\big(X + \frac{a}{2}(3-\sqrt{17})\big)(X^2 + 3aX + 4a^2)$$

Dans $\mathbb{C}[X]$:

$$Q = \big(X + \frac{a}{2}(3+\sqrt{17})\big)\big(X + \frac{a}{2}(3-\sqrt{17})\big)$$
$$\big(X + \frac{a}{2}(3+i\sqrt{7})\big)\big(X + \frac{a}{2}(3-i\sqrt{7})\big)$$

15 **1)** Soit α une racine de P. On montre facilement que $(\alpha+1)^2$ et $(\alpha-1)^2$ sont racines de P. Or $(\alpha+1)^2 - (\alpha-1)^2 = 4\alpha$, d'où $|(\alpha+1)^2| + |(\alpha-1)^2| \geqslant 4|\alpha|$.

L'une au moins des deux racines $(\alpha+1)^2$ ou $(\alpha-1)^2$ a donc un module strictement supérieur à $|\alpha|$.

2) Dès que P possède une racine, il en possède une infinité. C'est donc un polynôme constant (soit il n'a aucune racine, soit il en a une infinité). Les seules constantes vérifiant la condition donnée sont 0 et 1.

16 a, b, c vérifient :

$$\begin{cases} a+b+c = -p \\ ab+bc+ca = q \\ abc = -r \end{cases}$$

1) On en déduit :

$$\begin{aligned} a^2+b^2+c^2 &= p^2 - 2q \\ a^3+b^3+c^3 &= -p^3 + 3pq - 3r \\ a^4+b^4+c^4 &= p^4 - 4p^2q + 2q^2 + 4pr \\ \frac{1}{a}+\frac{1}{b}+\frac{1}{c} &= -\frac{q}{r} \\ \frac{1}{a^2}+\frac{1}{b^2}+\frac{1}{c^2} &= \frac{q^2-2pr}{r^2} \end{aligned}$$

2)
$$\begin{aligned} Q(X) &= X^3 - (a^2+b^2+c^2)X^2 \\ &\quad + (a^2b^2 + b^2c^2 + c^2a^2)X - a^2b^2c^2 \\ &= X^3 - (p^2-2q)X^2 + (q^2-2pr)X - r^2 \end{aligned}$$

© Hachette Livre – H Prépa / Math – La photocopie non autorisée est un délit

17 Les racines de ce polynôme sont $a-r, a, a+r$. Utiliser la somme des racines pour trouver a, et le produit des racines pour trouver r.

$$P = (2X-3)(2X-1)(2X+1).$$

Vérifier que les racines sont bien en progression arithmétique.

18 Utiliser la somme des trois racines pour trouver la troisième racine, puis factoriser. On obtient $\lambda = -3$.

19 Les racines de ce polynôme sont $a, 2a, b$, avec :

$$3a+b=0 \quad \text{et} \quad 2a^2+3ab=-7.$$

On obtient

$$(a=1 \text{ et } \lambda=6) \quad \text{ou} \quad (a=-1 \text{ et } \lambda=-6).$$

Chapitre 8

1 **a)** Faux, mais $\mathbb{C}$ est un $\mathbb{R}$-e.v. **b)** Vrai. **c)** Vrai. **d)** Faux : *cf.* ex. 7 **e)** Vrai. **f)** Faux : ne pas confondre supplémentaire et complémentaire. **g)** Vrai. **h)** Vrai. **i)** Faux ; ex : $\mathrm{Id}_E + (-\mathrm{Id}_E) = 0$. **j)** Vrai.

2 **a)** Non, l'addition n'est pas associative et n'a pas d'élément neutre.
b) Non, les propriétés EV3 et EV4 ne sont pas vérifiées.
c) Non, la propriété EV1 n'est pas vérifiée.
d) Non, la propriété EV4 n'est pas vérifiée.
e) Non, tous les éléments n'ont pas un symétrique pour l'addition. Les propriétés EV1 et EV2 ne sont pas vérifiées.
f) Non, l'addition n'a pas d'élément neutre et la propriété EV1 n'est pas vérifiée.

3 Vérifier soigneusement les propriétés EV1, EV2, EV3 et EV4.

4 **a)** Oui, c'est $\mathrm{Vect}\{(1,-1)\}$. **b)** Non, il ne contient pas $(0,0)$. **c)** Non, il n'est pas stable par addition. **d)** Oui, c'est $\mathrm{Vect}\{(0,1)\}$. **e)** Non, il n'est pas stable par multiplication par les réels. **f)** Oui, c'est $\mathrm{Vect}\{(-3,2)\}$.

5 **a)** Il n'est pas stable par multiplication par les réels.
b) Il n'est pas stable par addition.
c) C'est un sous-espace vectoriel.
d) C'est un sous-espace vectoriel.
e) C'est un sous-espace vectoriel.
f) C'est un sous-espace vectoriel.
g) Il n'est pas stable par addition.
h) C'est un sous-espace vectoriel.

6 **a)** Il n'est pas stable par multiplication par les réels.
b) C'est un sous-espace vectoriel.
c) C'est un sous-espace vectoriel.
d) C'est un sous-espace vectoriel.
e) Il n'est pas stable par addition (considérer, par exemple, les fonctions $x \mapsto \sin x$ et $x \mapsto \sin \pi x$). En revanche, l'ensemble des fonctions T-périodiques (pour T fixé) est un sous-espace vectoriel de R^R.
f) C'est un sous-espace vectoriel.
g) C'est un sous-espace vectoriel.
h) C'est un sous-espace vectoriel.

7 Soit F et G deux s.e.v. de E tels que $F \cup G$ soit un s.e.v. de E. Supposer qu'il existe $x \in F$ tel que $x \notin G$ et $y \in G$ tel que $y \notin F$, et essayer d'aboutir à une contradiction. La réciproque est évidente.

8 **a)** On peut montrer que :

$$(F \cap G) + (F \cap H) \subset F \cap (G+H),$$

mais l'inclusion réciproque n'est pas toujours vraie (chercher des exemples dans $\mathbb{R}^2$).
b) On peut montrer que :

$$F + (G \cap H) \subset (F+G) \cap (F+H),$$

mais l'inclusion réciproque n'est pas toujours vraie (idem).
c) Montrer la double inclusion.

9 **a)** Oui. **b)** Non. **c)** Oui. **d)** Oui. **e)** Oui.

10 **1)** $(x,y) = x\,e_1 + y\,e_2$.
2) D'après **1)**, il existe $(a,c) \in \mathbb{R}^2$ tel que $f(e_1) = a\,e_1 + c\,e_2$, et $(b,d) \in \mathbb{R}^2$ tel que $f(e_2) = b\,e_1 + d\,e_2$. En déduire $f(x,y)$.
3) Vérification facile.

11 $(x,y,z) = (x-y)(1,0,0) + (y-z)\,(1,1,0) + z(1,1,1)$, donc si f existe, on doit avoir :

$$\begin{aligned} f(x,y,z) &= (x-y)(0,1) + (y-z)(1,0) + z(1,1) \\ &= (y, x-y+z) \end{aligned}$$

Réciproquement, l'application f :

$$(x,y,z) \mapsto (y, x-y+z) \text{ convient.}$$

$$\begin{aligned} \mathrm{Ker}\, f &= \{(x,y,z) \in \mathbb{R}^3 \quad y=0\,;\ x+z=0\} \\ &= \mathrm{Vect}\{(1,0,-1).\} \end{aligned}$$

$(x', y') \in \mathrm{Im}\, f$ si et seulement si le système

$$\begin{cases} y = x' \\ x-y+z = y' \end{cases}$$

a au moins une solution ; donc $\mathrm{Im}\, f = \mathbb{R}^2$.

© Hachette Livre – H Prépa / Math – La photocopie non autorisée est un délit

12 Déterminer α et β tels que $(x, y) = \alpha(1, 2) + \beta(2, 1)$ et procéder comme dans l'exercice précédent. On obtient :

$$\text{Ker } f = \{0\} \quad \text{et} \quad \text{Im } f = \{(x, y, z) \in \mathbb{R}^3 \quad x - y + z = 0\}$$

13 **1.a)** On suppose : $E = \text{Im } f + \text{Ker } f$. L'inclusion $\text{Im } f^2 \subset \text{Im } f$ est évidente.

Réciproquement, soit $y \in \text{Im } f$. Il existe $x \in E$ tel que $y = f(x)$; décomposer x sur Im f et Ker f et conclure.

b) On suppose $\text{Im } f \subset \text{Im } f^2$.

Pour tout $x \in E$, $f(x) \in \text{Im } f^2$. Il existe donc $t \in E$ tel que $f(x) = f^2(t)$; montrer que $x - f(t) \in \text{Ker } f$ et conclure.

2.a) On suppose $\text{Im } f \cap \text{Ker } f = \{0\}$. L'inclusion $\text{Ker } f \subset \text{Ker } f^2$ est évidente.

Réciproquement, soit $x \in \text{Ker } f^2$. Montrer que $f(x) \in \text{Im } f \cap \text{Ker } f$ et conclure.

b) On suppose $\text{Ker } f^2 \subset \text{Ker } f$. Soit $y \in \text{Im } f \cap \text{Ker } f$. Il existe $x \in E$ tel que $y = f(x)$; montrer que $x \in \text{Ker } f^2$ et conclure.

14 **1)** Montrer que $(\text{Id}_E - p)^2 = \text{Id}_E - p$.

2) $\text{Im } (\text{Id}_E - p) = \text{Ker } p \qquad \text{Ker } (\text{Id}_E - p) = \text{Im } p$.

15 Si l'on suppose que $u \circ p = p \circ u$, on montre facilement que Im p et Ker p sont stables par u.

Réciproquement, on suppose que Im p et Ker p sont stables par u. Tout élément x de E se décompose de façon unique en $x = x_1 + x_2$, avec $x_1 \in \text{Im } p$ et $x_2 \in \text{Ker } p$. On en déduit $u(x) = u(x_1) + u(x_2)$ avec toujours $u(x_1) \in \text{Im } p$ et $u(x_2) \in \text{Ker } p$. Comparer $u \circ p\ (x)$ et $p \circ u\ (x)$.

16 Il est clair que $pq = p \Rightarrow \text{Ker } q \subset \text{Ker } p$. Réciproquement, on suppose que $\text{Ker } q \subset \text{Ker } p$. Tout élément x de E se décompose de façon unique en $x = x_1 + x_2$, avec $x_1 \in \text{Im } q$ et $x_2 \in \text{Ker } q$. Comparer $pq(x)$ et $p(x)$.

Même démarche pour la seconde équivalence.

17 **1)** $(p + q)^2 = p + q \iff pq + qp = 0 \quad (1)$.

Si $pq = qp = 0$, on en déduit que $p + q$ est un projecteur.

Réciproquement, comparer les égalités obtenues en composant (1) par p à droite ou à gauche ; en déduire $pq = qp = 0$.

2) Montrer d'abord que $\text{Im } p \cap \text{Im } q = \{0\}$. L'inclusion $\text{Im } (p + q) \subset \text{Im } p + \text{Im } q$ est évidente. Réciproquement, soit $x \in \text{Im } p + \text{Im } q$. Il existe $(x_1, x_2) \in E^2$ tel que $x = p(x_1) + q(x_2)$. En composant cette égalité par p ou par q, montrer que $x = (p + q)(x)$.

De même, l'inclusion $\text{Ker } p \cap \text{Ker } q \subset \text{Ker } (p + q)$ est évidente. Réciproquement, soit $x \in \text{Ker } (p + q)$:

$$p(x) + q(x) = 0 \text{ ; composer par } p \text{ ou par } q.$$

18 **1)** Voir *Application* 2.

2) Développer :

$$(f - \alpha\text{Id}_E)(f - \beta\text{Id}_E) \quad \text{et} \quad (f - \beta\text{Id}_E)(f - \alpha\text{Id}_E).$$

3) Pour tout $x \in E$, montrer que x est combinaison linéaire de $(f - \alpha\text{Id}_E)(x)$ et $(f - \beta\text{Id}_E)(x)$. En déduire que $E = \text{Ker } (f - \alpha\text{Id}_E) + \text{Ker } (f - \beta\text{Id}_E)$ et montrer que la somme est directe.

4) Décomposer x sur les s.e.v. supplémentaires trouvés : $x = p(x) + q(x)$, puis appliquer f.

5) Récurrence.

6) $f^2 - (\alpha + \beta)f + \alpha\beta\text{Id}_E = 0$, d'où :

$$f\big(f - (\alpha + \beta)\text{Id}_E\big) = -\alpha\beta\text{Id}_E$$

et :

$$\big(f - (\alpha + \beta)\text{Id}_E\big) f = -\alpha\beta\text{Id}_E$$

Comme $\alpha\beta \neq 0$, f est inversible à droite et à gauche, et $f^{-1} = f - (\alpha + \beta)\text{Id}_E = \dfrac{1}{\alpha}p + \dfrac{1}{\beta}q$.

Par récurrence, pour tout $n \in \mathbb{N}$ $f^{-n} = \alpha^{-n}p + \beta^{-n}q$. Donc, pour tout $m \in \mathbb{Z}$, $f^m = \alpha^m p + \beta^m q$.

19 **1)** Il est clair que $F \cap G = \{0\}$. Soit $x \in E$. On cherche s'il existe $x_1 \in F$ et $x_2 \in G$ tels que $x = x_1 + x_2$. On aurait alors $f(x) = f(x_1) + f(x_2) = ix_1 - ix_2$. En déduire les expressions nécessaires de x_1 et x_2 et vérifier qu'on a bien $x_1 \in F$, $x_2 \in G$ et $x = x_1 + x_2$.

2) Soit p la projection sur F parallèlement à G, et q la projection sur G parallèlement à F. Vérifier que : $f = ip - iq$.

Chapitre 9

1 **a)** Faux ; ce n'est pas suffisant. **b)** Faux ; il est évident que les α_i peuvent être tous nuls. **c)** Faux ; il en suffit d'un. **d)** Vrai. **e)** Vrai. **f)** Faux. **g)** Faux ; elle doit être libre. **h)** Vrai. **i)** Vrai. **j)** Faux ; on n'a pas nécessairement $\text{Im } f \cap \text{Ker } f = \{0\}$.

2 **a)** Libre. **b)** Libre. **c)** Liée : $x_1 - x_2 + x_3 = 0$ **d)** Liée : $x_1 + x_2 + x_3 - x_4 = 0$ (une famille de quatre vecteurs de $\mathbb{R}^3$ est nécessairement liée).

3 **a)** On suppose que

$$\forall x \in \mathbb{R} \quad \alpha_1 \cos x + \alpha_2 \sin x + \alpha_3 = 0.$$

En choisissant des valeurs particulières de x, montrer que $\alpha_1 = \alpha_2 = \alpha_3 = 0$; la famille (f_1, f_2, f_3) est libre.

b) $2f_1 - f_2 - f_3 = 0$: la famille (f_1, f_2, f_3) est liée.

c) On montre par récurrence sur $n \in \mathbb{N}^*$ que la famille $(f_1, \cdots, f_n)$ est libre.

• $n = 1$. La fonction $x \mapsto e^{\lambda_1 x}$ est non nulle ; elle forme donc une famille libre.

• Soit $n \in \mathbb{N}^*$ tel que la famille $(f_1, \cdots, f_n)$ soit libre. Soit f_{n+1} la fonction $x \mapsto e^{\lambda_{n+1} x}$ où λ_{n+1} est un réel distinct de tous les λ_i pour $i \in [\![1, n]\!]$. Soit $(\alpha_1, \cdots, \alpha_{n+1})$ tel que :

© Hachette Livre – H Prépa / Math – La photocopie non autorisée est un délit

$$\forall x \in \mathbb{R} \quad \sum_{i=1}^{n+1} \alpha_i \, \mathrm{e}^{\lambda_i x} = 0 \quad (1)$$

On dérive cette relation :

$$\forall x \in \mathbb{R} \quad \sum_{i=1}^{n+1} \alpha_i \, \lambda_i \, \mathrm{e}^{\lambda_i x} = 0 \quad (2)$$

En multipliant la relation (1) par λ_{n+1} et en retranchant la relation (2) :

$$\forall x \in \mathbb{R} \quad \sum_{i=1}^{n} \alpha_i \, (\lambda_{n+1} - \lambda_i) \mathrm{e}^{\lambda_i x} = 0 \quad (3)$$

Comme la famille $(f_1, \cdots, f_n)$ est libre, on en déduit :

$$\forall i \in [\![1, n]\!] \quad \alpha_i \, (\lambda_{n+1} - \lambda_i) = 0$$

et comme

$$\lambda_{n+1} \neq \lambda_i, \quad \alpha_i = 0.$$

Il reste $\alpha_{n+1} f_{n+1} = 0$, d'où $\alpha_{n+1} = 0$; la famille $(f_1, \cdots, f_{n+1})$ est libre.
d) Même méthode, en dérivant deux fois.

4 **1)** On sait que pour tout $x \in E$, $f(x) = \lambda_x x$. Il faut montrer que λ_x ne dépend pas de x. Montrer pour cela que $\forall (x, y) \in E^2 \quad \lambda_x = \lambda_y$; il faut distinguer deux cas suivant que la famille (x, y) est libre ou liée.
2) Les homothéties vectorielles conviennent. Réciproquement, soit f un endomorphisme qui commute avec tout endomorphisme de E. Pour tout $x \in E$, f commute avec la projection p sur $\mathrm{Vect}(x)$ parallèlement à un s.e.v. supplémentaire quelconque. Montrer comment on peut en déduire que $f(x)$ est colinéaire à x et conclure.

5 Chercher une base...
a) $A = \{(x, y, z) \in \mathbb{R}^3 \ , \ x - 2y + 3z\}$

$= \{(2y - 2z, y, z) \ , \ (y, z) \in \mathbb{R}^2\}$

$= \{y(2, 1, 0) + z(-3, 0, 1) \ , \ (y, z) \in \mathbb{R}^2\}$

Donc $A = \mathrm{Vect}\big((2, 1, 0), (-3, 0, 1)\big)$.
On prouve que la famille $\big((2, 1, 0), (-3, 0, 1)\big)$ est libre, donc que c'est une base de A. $\dim A = 2$.
b) $\dim B = 1$. **c)** $\dim C = 1$. **d)** $\dim D = 4$. **e)** $\dim E = 2$. **f)** $\dim F = 2$. **g)** $\dim G = 2$.

6 **a)** base de Ker f : $(1, 1)$ base de Im f : $(1, -1, 0)$;
b) base de Ker f : $(1, 1, 1)$ base de Im f : $((1, 0, -1), (0, 1, -1))$;
c) base de Ker f : $(1 - i)$; base de Im f : $(1 + i)$; **d)** base de Ker f : $(X + 1)$; base de Im f : $(1 \ , \ X^2 + 2X \ , \ 2X^3 + 3X^2)$.

7 Il faut que e_3 ne soit pas combinaison linéaire de (e_1, e_2) et que e_4 ne soit pas combinaison linéaire de (e_1, e_2, e_3). Par exemple :

$$((1, 1, 1, 1) \ , \ (1, 1, -1, -1) \ , \ (1, 0, 0, 0) \ , \ (0, 0, 0, 1))$$

est une base de $\mathbb{R}^4$.

8 **a)** $2 : x_3 = x_1 + x_2 \ , \ x_4 = -x_1 + x_2$. **b)** 4.
c) $3 : 2x_1 + x_2 - x_4 = 0$.

9 Une condition nécessaire est donnée par le théorème du rang :
$\dim F + \dim G = n$. On montre que cette condition est suffisante : soit F et G deux s.e.v. de E de dimensions respectives r et p avec $r + p = n$. Soit $(f_1, \cdots, f_r)$ une base de F et $(e_1, \cdots, e_p)$ une base de G. On peut compléter cette dernière en une base $(e_1, \cdots, e_n)$ de E. L'endomorphisme u défini par : $\forall i \in [\![1, p]\!] \ u(e_i) = 0$ et $\forall i \in [\![p + 1, n]\!] \ u(e_i) = f_{i-p}$ convient.

10 S'il existe $u \in \mathcal{L}(E)$ tel que $\mathrm{Ker}\, u = \mathrm{Im}\, u$, le théorème du rang donne $\dim E = 2 \dim \mathrm{Ker}\, u$, qui est donc pair.
Réciproquement, si

$$\dim E = 2p,$$

soit $(e_1, \cdots, e_p, e_{p+1}, \cdots, e_{2p})$ une base de E. L'endomorphisme u défini par : $\forall i \in [\![1, p]\!] \ u(e_i) = 0$ et $\forall i \in [\![p + 1, 2p]\!] \ u(e_i) = e_{i-p}$ convient.

11 Utiliser l'inclusion $\mathrm{Im}\,(f + g) \subset \mathrm{Im}\, f + \mathrm{Im}\, g$ pour montrer que : $\mathrm{rg}\,(f + g) \leqslant \mathrm{rg}\, f + \mathrm{rg}\, g$.
Puis appliquer ce résultat à :

$$f = (f + g) - g \quad \text{et} \quad g = (f + g) - f$$

12 Comme $f^{p_0 - 1} \neq 0$, il existe $x \in E$ tel que $f^{p_0 - 1}(x) \neq 0$.

Soit $(\alpha_0, \cdots, \alpha_{p_0 - 1}) \in \mathbb{K}^{p_0}$ tel que $\displaystyle\sum_{i=0}^{p_0 - 1} \alpha_i \, f^i(x) = 0$.

Calculer l'image de cette somme par f^k successivement pour $k = p_0 - 1$, $k = p_0 - 2$, etc. jusqu'à $k = 1$ et conclure.
On a obtenu une famille libre à p_0 éléments : $p_0 \leqslant n$.
Pour tout $k \geqslant p_0$, $f^k = 0$; en particulier $f^n = 0$.

13 **1)** On montre facilement que $\mathrm{Ker}\, f \cap \mathrm{Im}\, g = \{0\}$ et $\mathrm{Ker}\, g \cap \mathrm{Im}\, f = \{0\}$. On a alors :

$$\dim \mathrm{Ker}\, f + \dim \mathrm{Im}\, g \leqslant \dim E \quad (1)$$
$$\dim \mathrm{Ker}\, g + \dim \mathrm{Im}\, f \leqslant \dim F \quad (2)$$

Ajouter membre à membre et utiliser le théorème du rang pour montrer que (1) et (2) sont des égalités.
2) La question précédente prouve également que :

$$\dim \mathrm{Im}\, f = \dim \mathrm{Im}\, g$$

Par ailleurs, $fgf = f$ prouve que $\mathrm{Im}\, fg = \mathrm{Im}\, f$ et $gfg = g$ prouve que $\mathrm{Im}\, gf = \mathrm{Im}\, g$.

© Hachette Livre – H Prépa / Math – La photocopie non autorisée est un délit

14 **1)** Appliquer le théorème du rang à la restriction de g à $\text{Im}\, f$.
2) On en déduit $\text{rg}\, gf \leqslant \text{rg}\, f$. Par ailleurs, $\text{Im}\, gf \subset \text{Im}\, g$, d'où $\text{rg}\, gf \leqslant \text{rg}\, g$, ce qui donne la seconde inégalité.
Pour la première, utiliser l'inclusion

$$\text{Im}\, f \cap \text{Ker}\, g \subset \text{Ker}\, g$$

dans l'égalité de la question **1)**.
3) D'après la première question :

$$\text{rg}\,(hgf) = \text{rg}\,(gf) - \dim\,(\text{Im}\,(gf) \cap \text{Ker}\, h)$$
$$\text{rg}\,(hg) = \text{rg}\, g - \dim\,(\text{Im}\, g \cap \text{Ker}\, h)$$

Comparer ces deux expressions en remarquant que $\text{Im}\,(gf) \subset \text{Im}\, g$.

Chapitre 10

1 **a)** Vrai. **b)** Faux ; il n'y a pas de multiplication interne. **c)** Faux ; il n'est pas stable par addition ($I_n - I_n = 0$). **d)** Vrai. **e)** Vrai. **f)** Faux ; c'est le contraire. **g)** Vrai. **h)** Faux. **i)** Faux ; c'est ${}^tB\,{}^tA$. **j)** Vrai.

2 **1)** $E = \text{Vect}(I, J)$ où

$$I = \begin{pmatrix} 1 & 0 \\ 0 & 1 \end{pmatrix} \quad \text{et} \quad J = \begin{pmatrix} 1 & 1 \\ -1 & -1 \end{pmatrix}.$$

De plus (I, J) est une famille libre, c'est donc une base de E.
2) $J^2 = 0$, d'où

$$(aI + bJ)(a'I + b'J) = aa'I + (ab' + a'b)J.$$

En déduire que E est un sous-anneau commutatif de $\mathcal{M}_2(\mathbb{K})$.
J, par exemple, n'est pas inversible ; E n'est donc pas un corps.
3) Soit $A = aI + bJ$ et $A' = a'I + b'J$ deux éléments non nuls de E.
En utilisant la base (I, J), montrer que : $AA' = 0 \iff a = a' =$.
L'ensemble des diviseurs de zéro de E est $\text{Vect}(J)$.
4) De même, $AA' = I \iff a \neq 0,\ a' = \dfrac{1}{a},\ b' = -\dfrac{b}{a^2}$.
L'ensemble des éléments inversibles de E est $E \setminus \text{Vect}(J)$.

3 **1)** Écrire, comme dans l'exercice précédent, que : $E = \text{Vect}(I, J)$, avec $J = \begin{pmatrix} 0 & -1 \\ 1 & 0 \end{pmatrix}$ et prouver que l'application $\left|\begin{array}{ccc} \mathbb{C} & \xrightarrow{\varphi} & E \\ a + bi & \mapsto & aI + bJ \end{array}\right.$ est un isomorphisme de corps.
2) Calculer $\varphi\big((\cos\theta + i\sin\theta)^n\big)$.

4 **1)** Montrer que $E = \text{Vect}(I, J, K)$ et que (I, J, K) est une famille libre.
2) Calculer J^2, K^2, JK et KJ.
En déduire $(aI + bJ + cK)(a'I + b'J + c'K)$ et montrer que E est un sous-anneau de $\mathcal{M}_3(\mathbb{K})$, qui est de plus commutatif.

5 **a)** **b)** et **c)** : Conjecturer le résultat, puis vérifier par récurrence.
d) $A = -I + 2J$ avec $I = \begin{pmatrix} 1 & 0 \\ 0 & 1 \end{pmatrix}$ et $J = \begin{pmatrix} 1 & 1 \\ 1 & 1 \end{pmatrix}$.
Or $\forall k \in \mathbb{N}^* \quad J^k = 2^{k-1}J$
D'où :

$$\forall n \in \mathbb{N} \quad A^n = (-I + 2J)^n = \sum_{k=0}^{n} \binom{n}{k} (2J)^k (-I)^{n-k}$$
$$= (-1)^n I + \sum_{k=1}^{n} \binom{n}{k} 2^{2k-1} (-1)^{n-k}\, J$$
$$= (-1)^n I + \frac{1}{2}(3^n - (-1)^n) J$$

$$A^n = \begin{pmatrix} \dfrac{3^n + (-1)^n}{2} & \dfrac{3^n - (-1)^n}{2} \\ \dfrac{3^n - (-1)^n}{2} & \dfrac{3^n + (-1)^n}{2} \end{pmatrix}$$

e) $A = -I + J$ avec $\forall k \in \mathbb{N}^*\ J^k = 3^{k-1}J$.
D'où :

$$\forall n \in \mathbb{N} \quad A^n = (-I + J)^n = \sum_{k=0}^{n} \binom{n}{k} J^k (-I)^{n-k}$$
$$= (-1)^n I + \frac{1}{3}(2^n - (-1)^n) J$$

d'où l'on tire facilement l'expression détaillée de la matrice A^n.

6 $A^3 = 0$, d'où :

$$\forall n \geqslant 3 \quad (I_3 + A)^n = I_3 + nA + \frac{n(n-1)}{2} A^2$$

7 **1)** $A^2 - 3A + 2I_2 = 0$
2) Comme $I_2 = A(-\frac{1}{2}A + \frac{3}{2}I_2)$, on en déduit que :

$$A^{-1} = -\frac{1}{2}A + \frac{3}{2}I_2$$

3) $X^n = (X^2 - 3X + 2)Q + aX + b$. En remplaçant X successivement par 1 et 2, on obtient : $a = 2^n - 1$ et $b = 2 - 2^n$.
4) On en déduit :

$$A^n = (2^n - 1)A + (2 - 2^n)I_2$$
$$= \begin{pmatrix} 6 \cdot 2^n - 5 & 5(2^n - 1) \\ -6(2^n - 1) & 6 - 5 \cdot 2^n \end{pmatrix}$$

8 Si $A^p = 0$ avec $p \geqslant 1$,
$(I_n - A)(I_n + A + A^2 + \cdots + A^{p-1}) = I_n - A^p = I_n$.
On en déduit que $I_n - A$ est inversible et que :

$$(I_n - A)^{-1} = \sum_{k=0}^{p-1} A^k$$

© Hachette Livre – H Prépa / Math – La photocopie non autorisée est un délit

9 Utilisons le symbole de Kronecker :

$$\delta_{ij} = 1 \text{ si } i = j \text{ et } 0 \text{ si } i \neq j.$$

Posons :

$$E_{ij}^{np} = (m_{rs}) \quad \text{où} \quad \forall (r,s) \in [\![1,n]\!] \times [\![1,p]\!] \quad m_{rs} = \delta_{ri}\,\delta_{sj}$$

$$E_{kl}^{pq} = (m'_{st}) \quad \text{où} \quad \forall (s,t) \in [\![1,p]\!] \times [\![1,q]\!] \quad m'_{st} = \delta_{sk}\,\delta_{tl}$$

$$E_{ij}^{np} \times E_{kl}^{pq} = (m''_{rt}) \in \mathcal{M}_{nq}(\mathbb{K})$$

$$\forall (r,t) \in [\![1,n]\!] \times [\![1,q]\!]$$

$$m''_{rt} = \sum_{h=1}^{p} m_{rh}\, m'_{ht} = \sum_{h=1}^{p} \delta_{ri}\,\delta_{hj}\,\delta_{hk}\,\delta_{tl}$$

• Si $j \neq k$, tous les termes de cette somme sont nuls : $E_{ij}^{np} \times E_{kl}^{pq} = 0$

• Si $j = k$, $m''_{rt} = \delta_{ri}\delta_{tl}$: $E_{ij}^{np} \times E_{kl}^{pq} = E_{il}^{nq}$.

En définitive : $E_{ij}^{np} \times E_{kl}^{pq} = \delta_{jk}\, E_{il}^{nq}$

10 Soit $M = (m_{ij})$ une matrice appartenant au centre de $\mathcal{M}_n(\mathbb{K})$. M commute avec tout élément de $\mathcal{M}_n(\mathbb{K})$, en particulier, $\forall (k,l) \in [\![1,n]\!]^2 \quad M\,E_{kl} = E_{kl}\,M$.

Posons :

$$M\,E_{kl} = P = (p_{ij}),$$

où

$$p_{ij} = \sum_{r=1}^{n} m_{ir}\,\delta_{rk}\,\delta_{jl} = m_{ik}\,\delta_{jl}$$

et :

$$E_{kl}\,M = Q = (q_{ij}),$$

où

$$q_{ij} = \sum_{r=1}^{n} \delta_{ik}\,\delta_{rl}\,m_{rj} = \delta_{ik}\,m_{lj}$$

$$P = Q \iff \forall (i,j,k,l) \in [\![1,n]\!]^4 \quad m_{ik}\delta_{jl} = \delta_{ik} m_{lj}$$

En choisissant $k = i$ et $l = j$, on obtient :

$$\forall (i,j) \in [\![1,n]\!]^2 \quad m_{ii} = m_{jj}$$

En choisissant $j = k = l$ et $i \neq j$, on obtient :

$$\forall (i,j) \in [\![1,n]\!]^2 \quad m_{ij} = 0$$

En définitive, la matrice M est scalaire : $\exists \lambda \in \mathbb{K} \quad M = \lambda I_n$.
Réciproquement, il est clair qu'une telle matrice commute avec toute matrice carrée d'ordre n. Le centre de l'anneau $\mathcal{M}_n(\mathbb{K})$ est $\text{Vect}(I_n)$.

11 **1)** $B = (I_n - A)(I_n + A)^{-1}$

$$= (2I_n - (I_n + A))(I_n + A)^{-1} \quad (*)$$

Ce produit est commutatif.

2) En développant (*), on obtient $I_n + B = 2(I_n + A)^{-1}$. $(I_n + B)$ est donc inversible. En déduire facilement que :

$$A = (I_n - B)(I_n + B)^{-1} \text{ (ou } (I_n + B)^{-1}(I_n - B))$$

12 **a)** $M = \begin{pmatrix} 1 & -1 & 0 \\ 0 & 1 & -1 \end{pmatrix}$

b) $M = (1, -5, 4)$

c) $M = \begin{pmatrix} 1 & 0 & 0 \\ 0 & 0 & 0 \\ 0 & 0 & -1 \end{pmatrix}$

d) $M = \begin{pmatrix} 1 & -1 & 1 & -1 \\ 1 & 0 & 0 & 0 \\ 1 & 1 & 1 & 1 \end{pmatrix}$

13 La famille $(x, f(x), f^2(x), \cdots, f^{n-1}(x))$ est libre (*cf. exercice* 12 du chapitre précédent). Comme elle a n éléments, c'est une base de E. La matrice de f dans cette base est :

$$M = \begin{pmatrix} 0 & 0 & \cdots & \cdots & 0 \\ 1 & 0 & \ddots & & \vdots \\ 0 & 1 & \ddots & \ddots & \vdots \\ \vdots & \ddots & \ddots & \ddots & 0 \\ 0 & \cdots & 0 & 1 & 0 \end{pmatrix}$$

Toutes les matrices carrées d'ordre n nilpotentes d'indice n sont donc semblables à cette matrice.

14 $\text{Ker } f = \{(x,y,z) \in \mathbb{R}^3,\ x = y = z\} = \text{Vect}(e_1)$ avec $e_1 = (1,1,1)$.

$\text{Im } f = \{(x,y,z) \in \mathbb{R}^3,\ x + y + z = 0\} = \text{Vect}(e_2, e_3)$ avec $e_2 = (2,-1,-1)$ et $e_3 = (-1,2,-1)$.

On vérifie que $\text{Ker } f \cap \text{Im } f = \{0\}$ et $\dim \text{Ker } f + \dim \text{Im } f = 3$, ce qui prouve que $\mathbb{R}^3 = \text{Ker } f \oplus \text{Im } f$. On en déduit que (e_1, e_2, e_3) est une base de $\mathbb{R}^3$. Comme $f(e_1) = 0$, $f(e_2) = 3e_2$ et $f(e_3) = 3e_3$, la matrice de f dans cette base est :

$$D = \begin{pmatrix} 0 & 0 & 0 \\ 0 & 3 & 0 \\ 0 & 0 & 3 \end{pmatrix}$$

On constate que $f = h \circ p = p \circ h$ où h est l'homothétie vectorielle de rapport 3 et p la projection sur $\text{Im } p$ parallèlement à $\text{Ker } p$.

15

$$M_A = \begin{pmatrix} a & c & 0 & 0 \\ b & d & 0 & 0 \\ 0 & 0 & a & c \\ 0 & 0 & b & d \end{pmatrix}$$

16 Soit f, f', f'' les applications linéaires canoniquement associées à A, A', A''.

1) $AA' = I_n \implies f \circ f' = \text{Id}_{\mathbb{R}^n} \implies f$ surjective

$$\implies \dim \mathbb{R}^n \leqslant \dim \mathbb{R}^p$$

2) $A''A = I_p \implies f'' \circ f = \text{Id}_{\mathbb{R}^p} \implies f$ injective

$$\implies \dim \mathbb{R}^n \geqslant \dim \mathbb{R}^p$$

Si $n \neq p$, une matrice $A \in \mathcal{M}_{np}(\mathbb{K})$ ne peut être simultanément inversible à droite et à gauche. Si $n = p$, la surjectivité et l'injectivité de f sont équivalentes, et l'on sait que si A possède une inverse à droite et une inverse à gauche, elles sont égales.

© Hachette Livre – H Prépa / Math – La photocopie non autorisée est un délit

17 Soit f et g les applications linéaires canoniquement associées à A et B.

$$\begin{aligned} AB \quad \text{inversible} &\iff f \circ g \text{ bijective} \\ &\implies f \text{ surjective et } g \text{ injective.} \\ BA \quad \text{inversible} &\iff g \circ f \text{ bijective} \\ &\implies f \text{ injective et } g \text{ surjective.} \end{aligned}$$

Si AB et BA sont toutes les deux inversibles, f et g sont bijectives, ce qui implique $n = p$, en contradiction avec l'énoncé.

18 Soit φ_P l'application : $\left|\begin{array}{ccc} \mathcal{M}_n(\mathbb{K}) & \to & \mathcal{M}_n(\mathbb{K}) \\ A & \mapsto & P^{-1}AP \end{array}\right.$

On montre facilement que :

$$\begin{aligned} \varphi_P(\alpha A + \beta B) &= \alpha\varphi_P(A) + \beta\varphi_P(B) \\ \varphi_P(AB) &= \varphi_P(A)\varphi_P(B) \\ \varphi_P(I_n) &= I_n \end{aligned}$$

φ_P est donc un endomorphisme d'espace vectoriel et d'anneau. Il est bijectif et $(\varphi_P)^{-1} = \varphi_{P^{-1}}$.

Soit Q un polynôme annulant la matrice A : $Q(A) = \sum_{k=0}^{n} a_k A^k = 0$. Montrer soigneusement que $Q(P^{-1}AP) = P^{-1}Q(A)P = 0$.

(C'est un moyen pour reconnaître rapidement que deux matrices carrées ne sont pas semblables, en trouvant un polynôme qui annule l'une des matrices et pas l'autre.)

19 Chercher une matrice inversible $P = \begin{pmatrix} x & y \\ z & t \end{pmatrix}$ telle que $PA = BP$. On aboutit à un système de quatre équations à quatre inconnues, qui admet des solutions ; par exemple :

$$P = \begin{pmatrix} -1 & 1 \\ 1 & 1 \end{pmatrix}.$$

20 Soit u l'endomorphisme de $\mathbb{C}^n$ canoniquement associé à A. On raisonne par l'absurde : si $I_n + A$ n'est pas inversible, $\mathrm{Id}_{\mathbb{C}^n} + u$ n'est pas injectif ; il existe donc $x \in \mathbb{C}^n \setminus \{0\}$ tel que $(\mathrm{Id}_{\mathbb{C}^n} + u)(x) = 0$, c'est-à-dire $u(x) = -x$.

En revenant aux matrices, il existe une matrice unicolonne non nulle $X = \begin{pmatrix} x_1 \\ x_2 \\ \vdots \\ x_n \end{pmatrix}$ telle que $AX = -X$, ce qui équivaut au système :

$$\begin{cases} a_{11}x_1 + a_{12}x_2 + \cdots + a_{1n}x_n = -x_1 \\ a_{21}x_1 + a_{22}x_2 + \cdots + a_{2n}x_n = -x_2 \\ \ldots \\ a_{n1}x_1 + a_{n2}x_2 + \cdots + a_{nn}x_n = -x_n \end{cases}$$

On en déduit :

$$\begin{cases} |x_1| = |a_{11}x_1 + a_{12}x_2 + \cdots + a_{1n}x_n| < \dfrac{1}{n}\displaystyle\sum_{i=1}^{n}|x_i| \\ |x_2| = |a_{21}x_1 + a_{22}x_2 + \cdots + a_{2n}x_n| < \dfrac{1}{n}\displaystyle\sum_{i=1}^{n}|x_i| \\ \ldots \\ |x_n| = |a_{n1}x_1 + a_{n2}x_2 + \cdots + a_{nn}x_n| < \dfrac{1}{n}\displaystyle\sum_{i=1}^{n}|x_i| \end{cases}$$

En sommant membre à membre, on aboutit à une contradiction.

21 **1)** Posons $A = (a_{ij})$ et $A\,{}^tA = (c_{ij})$.

$$\forall i \in [\![1,m]\!] \quad c_{ii} = \sum_{k=1}^{n} a_{ik}^2.$$

$$A\,{}^tA = 0 \implies \forall i \in [\![1,m]\!] \quad \sum_{k=1}^{n} a_{ik}^2 = 0$$

Dans $\mathbb{R}$, une somme de carrés est nulle si et seulement si chacun des termes est nul. D'où $\forall (i,k) \in [\![1,m]\!]\times[\![1,n]\!] \quad a_{ik} = 0$, c'est-à-dire $A = 0$. Ce résultat est faux dans $\mathcal{M}_{mn}(\mathbb{C})$, comme le montre l'exemple :

$$A = \begin{pmatrix} 1 & i \\ -i & 1 \end{pmatrix}.$$

2) Appliquer le résultat de la première question à la matrice BA.

3) Appliquer le résultat de la deuxième question à la matrice $B - C$.

22 **1)** On suppose que ${}^tA = A$ et ${}^tB = B$. Calculer ${}^tAB$ et conclure que AB est symétrique si et seulement si A et B commutent.

2) On suppose que ${}^tA = -A$ et ${}^tB = -B$. Montrer de même que AB est antisymétrique si et seulement si $BA = -AB$ (on dit que A et B « anticommutent »).

Chapitre 11

1 **a)** Vrai. **b)** Vrai. **c)** Faux ; on peut **ajouter** à une ligne une combinaison linéaire des autres. **d)** Faux ; il faut que T soit de la forme T_r. **e)** Vrai. **f)** Faux ; l'une des équations pourrait être $0 = 1$. **g)** Vrai. **h)** Vrai.

2 $\mathrm{rg}\, A = 2$; $\mathrm{rg}\, B = 3$; $\mathrm{rg}\, C = 3$;
$\mathrm{rg}\, D = 2$, si $\theta \notin \pi\mathbb{Z}$ et $\mathrm{rg}\, D = 1$, si $\theta \in \pi\mathbb{Z}$.

3 Si $a = 1$, $\mathrm{rg}\, A = 1$. Si $a = -\dfrac{1}{n-1}$, $\mathrm{rg}\, A = n - 1$.
Dans tous les autres cas, $\mathrm{rg}\, A = n$.

© Hachette Livre – H Prépa / Math – La photocopie non autorisée est un délit

4 a) $A^{-1} = \begin{pmatrix} -1 & 2 & 0 \\ 0 & 1 & -1 \\ 0 & 1 & 0 \end{pmatrix}$

b) $B^{-1} = \frac{1}{2}\begin{pmatrix} 1 & 0 & 1 \\ -1 & 0 & 1 \\ 1 & 2 & -3 \end{pmatrix}$

c) $C^{-1} = \frac{1}{2}\begin{pmatrix} 0 & 1+i & 1-i \\ 1-i & 0 & 1+i \\ 1+i & 1-i & 0 \end{pmatrix}$

d) On pose $\alpha = abc + ab + ac + bc$. D est inversible si et seulement si $\alpha \neq 0$ et :

$$D^{-1} = \frac{1}{\alpha}\begin{pmatrix} b+c+bc & -c & -b \\ -c & c+a+ca & -a \\ -b & -a & a+b+ab \end{pmatrix}$$

5 a) Le système a des solutions si et seulement si $\lambda = 9$. Dans ce cas, l'ensemble des solutions est : $(x, y, z) = (\frac{16}{7} - \frac{5}{7}z, \frac{1}{7} + \frac{8}{7}z, z)$.

b) $(x, y, z, t) = (1, -\frac{1}{2}, \frac{1}{2}, 1)$.

c) $(x, y, z, t) = (-\frac{1}{5} + \frac{1}{5}z + \frac{1}{5}t, -\frac{3}{5} + \frac{3}{5}z - \frac{7}{5}t, z, t)$.

d) $(x, y, z) = (4, 3, 2)$.

6 Le système équivaut à :

$$\begin{cases} x + y + z + t = 1 \\ (b-a)y + (c-a)z + (d-a)t = 1-a \\ (c-a)(c-b)z + (d-a)(d-b)t = (1-a)(1-b) \\ (d-a)(d-b)(d-c)t = (1-a)(1-b)(1-c) \end{cases}$$

Si les quatre valeurs a, b, c et d sont distinctes deux à deux, le système est de Cramer et admet pour unique solution :

$$x = \frac{(1-a)(1-c)(1-d)}{(a-b)(a-c)(a-d)} \quad , \quad y = \frac{(1-a)(1-c)(1-d)}{(b-a)(b-c)(b-d)}$$

$$z = \frac{(1-a)(1-b)(1-d)}{(c-a)(c-b)(c-d)} \quad , \quad t = \frac{(1-a)(1-b)(1-c)}{(d-a)(d-b)(d-c)}$$

Si les quatre valeurs ne sont pas distinctes, l'une au moins doit être égale à 1 pour que le système ait des solutions. On peut distinguer six cas (aux permutations près des lettres a, b, c, d) :

1) $c = d = 1$ et Card $(a, b, 1) = 3$. Le système équivaut à : $x = y = 0$; $z + t = 1$.

2) $c = d \neq 1$, $a = 1$ et Card $(b, c, 1) = 3$: $x = 1$; $y = 0$; $z + t = 0$.

3) $c = d = 1$ et $a = b \neq 1$: $x + y = 0$; $z + t = 1$.

4) $b = c = d = 1$ et $a \neq 1$: $x = 0$; $y + z + t = 1$.

5) $b = c = d \neq 1$ et $a = 1$: $x = 1$; $y + z + t = 0$.

6) $a = b = c = d = 1$: $x + y + z + t = 1$.

7 Si $a \notin \{0, 1, -1, i, -i\}$, le système est de Cramer et admet pour unique solution : $(x, y, z) = (a, 1, \frac{1}{a})$.

Si $a = 0$, le système est incompatible.

Si $a = 1$, $(x, y, z) = (1, z, z)$.

Si $a = -1$, $(x, y, z) = (-1, -z, z)$.

Si $a = i$, $(x, y, z) = (iy, y, -i)$.

Si $a = -i$, $(x, y, z) = (-iy, y, i)$.

8 Les solutions de ces deux systèmes voisins sont bien éloignées :

a) $(10, -20, 30)$. b) $(-66, 69, -11)$.

9 Ker f est l'ensemble des éléments $(x, y, z, t) \in \mathbb{R}^4$ solutions du système :

$$\begin{cases} y + z + t = 0 \\ x + z - t = 0 \\ x + y + 2z = 0 \\ -x + y + 2t = 0 \end{cases}$$

Par la méthode du pivot, ce système équivaut à :

$$\begin{cases} x = -z + t \\ y = -z - t \end{cases}$$

Soit : $(x, y, z, t) = z(-1, -1, 1, 0) + t(1, -1, 0, 1)$, quel que soit $(z, t) \in \mathbb{R}^2$. On en déduit que :

$$\text{Ker } f = \text{Vect}\big((-1, -1, 1, 0), (1, -1, 0, 1)\big)$$

D'après le théorème du rang,

$$\dim \text{Im } f = \dim \mathbb{R}^4 - \dim \text{Ker } f = 2.$$

Les deux premiers vecteurs colonnes de la matrice A étant linéairement indépendants, ils forment une base de Im f :

$$\text{Im } f = \text{Vect}\big((0, 1, 1, -1), (1, 0, 1, 1)\big)$$

Chapitre 12

1 a) Faux ; elle n'est pas linéaire par rapport à un couple (x_1, x_2), mais par rapport à chacune des variables x_1 et x_2. b) Vrai. c) Faux. d) Faux. e) Vrai. f) Faux ; si $n = 2$: $\text{Det}(-A) = \text{Det}(A)$. g) Faux ; on multiplie le déterminant par ce scalaire.

2 a) 0. b) $\sin(c-b) + \sin(a-c) + \sin(b-a)$. c) 0.
d) $2(\cos a - \cos b)(\cos b - \cos c)(\cos c - \cos a)$.
e) $(a-b)(b-c)(c-a)$. f) $-4(a-b)(b-c)(c-a)$.

3 $\text{Det}_b(e_2 + e_3, e_3 + e_1, e_1 + e_2)$
$= \text{Det}_b(e_2, e_3, e_1) + \text{Det}_b(e_3, e_1, e_2) = 2$.

4 $\text{Det}_b(e_1 + \lambda e_2, e_2 + \lambda e_3, e_3 + \lambda e_1)$
$= \text{Det}_b(e_1, e_2, e_3) + \lambda^3 \text{Det}_b(e_2, e_3, e_1) = 1 + \lambda^3$.

© Hachette Livre – H Prépa / Math – La photocopie non autorisée est un délit

5 Comme $p^2 = p$, $\text{Det}(p) \in \{0, 1\}$. Si $\dim F = 3$, $p = \text{Id}_E$, donc $\text{Det}(p) = 1$; sinon, p n'est pas bijectif et par conséquent $\text{Det}(p) = 0$.
Comme $s^2 = \text{Id}_E$, $\text{Det}(s) \in \{1, -1\}$. Si $\dim G$ est paire, $\text{Det}(s) = 1$; si $\dim G$ est impaire, $\text{Det}(s) = -1$.

6 On vérifie aisément que $\deg(Q) = \deg(P)$ et que l'application $\varphi : P \mapsto Q$ est linéaire. Calculer la matrice de φ dans la base $(1, X, X^2)$ et en déduire $\text{Det}(\varphi) = 1$.

7 Calculer de deux façons $\text{Det}({}^tA)$ et conclure.

8 **1)** *Cf. exercice* 13 du *chapitre* « Matrices » : B est semblable à la matrice :

$$B' = \begin{pmatrix} 0 & 0 & 0 \\ 1 & 0 & 0 \\ 0 & 1 & 0 \end{pmatrix}$$

2) $I_3 + B$ est semblable à $I_3 + B'$, donc :

$$\text{Det}(I_3 + B) = \text{Det}(I_3 + B') = 1.$$

3) Si A est inversible :

$$\begin{aligned} \text{Det}(A + B) &= \text{Det}\left(A(I_3 + A^{-1}B)\right) \\ &= \text{Det}(A) \cdot \text{Det}(I_3 + A^{-1}B). \end{aligned}$$

Comme A et B commutent, $A^{-1}B$ est nilpotente d'indice 3 ; on peut lui appliquer le résultat de la question précédente : $\text{Det}(I_3 + A^{-1}B) = 1$, d'où $\text{Det}(A + B) = \text{Det}(A)$.
Si A n'est pas inversible, on peut montrer par l'absurde que $A + B$ ne l'est pas non plus. (Si $A + B$ était inversible, on appliquerait le cas précédent à $A = (A + B) - B$...) Donc $\text{Det}(A + B) = \text{Det}\, A = 0$.

9 **a)** $\left(\frac{11}{7}, -\frac{12}{7}\right)$.
b) $\left(\frac{16}{29}, -\frac{4}{29}, \frac{15}{29}\right)$.
c) $\left(\frac{1}{a}, \frac{1}{a}, \frac{1}{a}\right)$.

Chapitre 13

1 **a)** Vrai. **b)** Faux, c'est $|k| \; \| \; x \; \|$. **c)** Vrai. **d)** Vrai. **e)** Vrai. **f)** Faux : cette famille doit être orthonormale. **g)** Vrai.

2 On montre facilement que l'application est une forme bilinéaire symétrique positive. Si $(f|f) = 0$, on a : $f(0) = 0$ et $\displaystyle\int_0^1 f'(t)^2 \mathrm{d}t = 0$. Comme f'^2 est une fonction **continue** et positive, on en déduit que f' est nulle sur $[0, 1]$. La fonction f est donc constante sur cet intervalle, et cette constante est $f(0) = 0$.

3 Utiliser l'identité de polarisation pour exprimer les produits scalaires en termes de normes.

4 $(X^\perp)^\perp$ est un sous-espace vectoriel qui contient X. Or le plus petit s.e.v. contenant X est $\text{Vect}(X)$, donc $\text{Vect}(X) \subset (X^\perp)^\perp$. Comparer leurs dimensions...

5 **1)** Supposons $F \subset G$. Soit $y \in G^\perp$:

$$\forall x \in G \quad (x|y) = 0.$$

En particulier : $\forall x \in F \quad (x|y) = 0$, donc $y \in F^\perp$.
2) En appliquant le résultat précédent aux inclusions $F \subset F+G$ et $F \subset F + G$, on obtient déjà : $(F + G)^\perp \subset F^\perp \cap G^\perp$
Réciproquement, soit $y \in F^\perp \cap G^\perp$ et $x \in F+G$: $x = x_1 + x_2$ avec $x_1 \in F$ et $x_2 \in G$. $(y|x) = (y|x_1) + (y|x_2) = 0$. Donc $y \in (F + G)^\perp$.
3) Poser $F = F_1^\perp$ et $G = G_1^\perp$, et appliquer le résultat de la question précédente à F_1 et G_1.

6 **1)** Si p est une projection orthogonale,

$$\forall x \in E \quad x = p(x) + (x - p(x))$$

où $p(x)$ et $x - p(x)$ sont orthogonaux. D'où : $\| x \|^2 = \| p(x) \|^2 + \| x - p(x) \|^2$. On en déduit l'inégalité cherchée (et le cas d'égalité).
2) Soit p une projection sur un s.e.v. F parallèlement à un s.e.v. G non orthogonal à F. Soit x un élément non nul de F. Comme $E = G \oplus G^\perp$, on peut décomposer x en : $x = x_G + x'_G$ avec $x_G \in G$ et $x'_G \in G^\perp$. Démontrer que : $\| p(x'_G) \| > \| x'_G \|$ et conclure.

7 Calculer soigneusement tous les produits scalaires mutuels des éléments de cette famille :

$$\left(\frac{1}{\sqrt{2}} \Big| \frac{1}{\sqrt{2}}\right) = 1$$

et pour tout $p \in [\![1, n]\!]$:

$$(\cos px | \cos px) = 1 \quad (\sin px | \sin px) = 1$$

Pour tout $p \in [\![1, n]\!]$:

$$\left(\frac{1}{\sqrt{2}} \Big| \cos px\right) = 0 \quad \left(\frac{1}{\sqrt{2}} \Big| \sin px\right) = 0$$

pour tout $(p, q) \in [\![1, n]\!]^2$:

$$(\cos px | \sin qx) = 0$$

Si $p \neq q$:

$$(\cos px | \cos qx) = 0 \qquad (\sin px | \sin qx) = 0$$

La famille est orthonormale donc libre. Tout polynôme trigonométrique de degré inférieur ou égal à n est combinaison linéaire des éléments de cette famille (c'est le principe de la linéarisation des polynômes trigonométriques), donc la famille est génératrice ; c'est une base de E, qui est donc de dimension $2n + 1$.

© Hachette Livre – H Prépa / Math – La photocopie non autorisée est un délit

8 En appliquant l'égalité de l'énoncé au vecteur e_j, on obtient : $\forall i \neq j \quad (e_j|e_i) = 0$. La famille est donc orthonormale, et par conséquent libre. Il faut montrer qu'elle est génératrice (rien ne dit dans l'énoncé que n est la dimension de E...). Pour cela, appliquer l'égalité de l'énoncé à un élément de $\mathrm{Vect}(e_1, \cdots, e_n)^\perp$.

9 Soit p la projection orthogonale sur Vect(u). $p(e_1)$ est colinéaire à u : $p(e_1) = \lambda u$, et $(p(e_1) - e_1|u) = 0 \quad \Rightarrow \quad \lambda = \alpha$. De même, $p(e_2) = \beta u$ et $p(e_3) = \gamma u$. La matrice de p est donc :

$$P = \begin{pmatrix} \alpha^2 & \alpha\beta & \alpha\gamma \\ \alpha\beta & \beta^2 & \beta\gamma \\ \alpha\gamma & \beta\gamma & \gamma^2 \end{pmatrix}$$

La projection orthogonale sur $(\mathrm{Vect}(u))^\perp$ est $q = \mathrm{Id}_E - p$. Sa matrice est :

$$Q = \begin{pmatrix} 1-\alpha^2 & -\alpha\beta & -\alpha\gamma \\ -\alpha\beta & 1-\beta^2 & -\beta\gamma \\ -\alpha\gamma & -\beta\gamma & 1-\gamma^2 \end{pmatrix}$$

Les symétries orthogonales par rapport à Vect(u) et $(\mathrm{Vect}(u))^\perp$ sont : $s = p - q$ et $s' = q - p$. Leurs matrices sont respectivement :

$$S = \begin{pmatrix} 2\alpha^2 - 1 & 2\alpha\beta & 2\alpha\gamma \\ 2\alpha\beta & 2\beta^2 - 1 & 2\beta\gamma \\ 2\alpha\gamma & 2\beta\gamma & 2\gamma^2 - 1 \end{pmatrix}$$

$$S' = \begin{pmatrix} 1 - 2\alpha^2 & -2\alpha\beta & -2\alpha\gamma \\ -2\alpha\beta & 1 - 2\beta^2 & -2\beta\gamma \\ -2\alpha\gamma & -2\beta\gamma & 1 - 2\gamma^2 \end{pmatrix}$$

10 $e_1 = \dfrac{\sqrt{3}}{3}(0, 1, 1, 1) \qquad e_2 = \dfrac{\sqrt{15}}{15}(3, -2, 1, 1)$

$e_3 = \dfrac{\sqrt{35}}{35}(3, 3, -4, 1) \qquad e_4 = \dfrac{\sqrt{7}}{7}(1, 1, 1, -2)$

11 On montre facilement que l'application est une forme bilinéaire symétrique positive.
L'égalité $((x_1, x_2, x_3)|(x_1, x_2, x_3)) = 0$ conduit à un système dont l'unique solution est $(0, 0, 0)$.
L'orthonormalisée de la base canonique est :

$$e_1 = (1,0,0) \quad e_2 = \frac{\sqrt{2}}{2}(2,1,0) \quad e_3 = \frac{\sqrt{2}}{2}(-2,-1,2)$$

Chapitre 14

1 **a)** Faux, elle ne conserve pas la norme. **b)** Vrai. **c)** Vrai. **d)** Faux, c'est une condition nécessaire, mais non suffisante. **e)** Vrai. **f)** Faux, en dimension 3, il y a aussi les composées réflexion-rotation. **g)** Vrai.

2 **1)** Montrer que φ_x conserve la norme.
2) $\varphi_x(y) = y \iff (x|y) = 0$ et $\varphi_x(x) = -x$.
φ_x est la symétrie orthogonale par rapport à $(\mathrm{Vect}(x))^\perp$.

3 A est orthogonale si et seulement si $a^2 = b^2 = c^2$, c'est-à-dire si a, b, c sont égaux au signe près.
– Si $a = b = c$, il s'agit de la symétrie orthogonale par rapport au plan d'équation $x + y + z = 0$.
– Si $a = b = -c$, symétrie orthogonale par rapport au plan d'équation $x + y - z = 0$.
– Si $a = -b = c$, symétrie orthogonale par rapport au plan d'équation $x - y + z = 0$.
– Si $-a = b = c$, symétrie orthogonale par rapport au plan d'équation $-x + y + z = 0$.

4 On vérifie d'abord que ces quatre matrices sont orthogonales : les vecteurs colonnes forment une base orthonormale.

- Det$A$ = +1. A est la matrice d'une rotation. L'axe est l'ensemble des vecteurs invariants, c'est-à-dire Vect(v) où $v = (1, 0, 1)$. Pour déterminer l'angle θ de la rotation, choisissons un vecteur orthogonal à l'axe, par exemple $u = (0, 1, 0)$; θ est l'angle $(u, f(u))$. D'où $\cos\theta = \dfrac{(u|f(u))}{\| u \| \| f(u) \|} = \dfrac{1}{3}$. Enfin, orientons l'axe de la rotation dans le sens du vecteur $u \wedge f(u) = -\dfrac{2}{3}v$.

  En définitive, A est la matrice de la rotation d'angle Arccos $\dfrac{1}{3}$ autour de l'axe Vect(1, 0, 1) orienté dans le sens du vecteur $(-1, 0, -1)$.
- Det$B$ = −1. Il n'y a pas de vecteur invariant ; B est la matrice d'une composée réflexion-rotation. L'axe de la rotation est l'ensemble des vecteurs changés en leur opposé, c'est-à-dire Vect(1, 1, 1). Pour déterminer l'angle de la rotation, choisissons un vecteur orthogonal à l'axe, par exemple $u = (1, -1, 0)$; on obtient $\cos\theta = \dfrac{1}{2}$. D'autre part, $u \wedge f(u) = (-1, -1, -1)$.

  B est la matrice de la composée d'une rotation d'angle $\dfrac{\pi}{3}$ autour de l'axe Vect(1, 1, 1) orienté dans le sens du vecteur $(-1, -1, -1)$, et de la réflexion par rapport au plan orthogonal à cet axe.
- Det$C$ = −1. L'ensemble des vecteurs invariants est le plan d'équation $\alpha x + \beta y + \gamma z = 0$.

  C est la matrice de la réflexion par rapport à ce plan.
- Det$D$ = +1. D est la matrice d'une rotation. On trouve un quart-de-tour (rotation d'angle $\dfrac{\pi}{2}$) autour de l'axe Vect($\cos\alpha, \sin\alpha, 0$) orienté dans le sens du vecteur $(\cos\alpha, \sin\alpha, 0)$.

5 On complète u en une base orthonormale directe (u, v, w).
Dans cette base :

$$x = (u|x)\,u + (v|x)\,v + (w|x)\,w$$

© Hachette Livre – H Prépa / Math – La photocopie non autorisée est un délit

et la matrice de la rotation R est :

$$A = \begin{pmatrix} 1 & 0 & 0 \\ 0 & \cos\theta & -\sin\theta \\ 0 & \sin\theta & \cos\theta \end{pmatrix}$$

On en déduit facilement l'expression cherchée.
Pour obtenir la matrice de R dans la base orthonormale initiale, appliquer cette formule aux vecteurs de base e_1, e_2, e_3. On obtient :

$$A' = \begin{pmatrix} \alpha^2(1-\cos\theta)+\cos\theta & \alpha\beta(1-\cos\theta)-\gamma\sin\theta & \alpha\gamma(1-\cos\theta)+\beta\sin\theta \\ \alpha\beta(1-\cos\theta)+\gamma\sin\theta & \beta^2(1-\cos\theta)+\cos\theta & \beta\gamma(1-\cos\theta)-\alpha\sin\theta \\ \alpha\gamma(1-\cos\theta)-\beta\sin\theta & \beta\gamma(1-\cos\theta)+\alpha\sin\theta & \gamma^2(1-\cos\theta)+\cos\theta \end{pmatrix}$$

Dans le cas d'un demi-tour ($\theta = \pi$), on retrouve la matrice déjà rencontrée dans l'exercice 9 du chapitre précédent :

$$A' = \begin{pmatrix} 2\alpha^2-1 & 2\alpha\beta & 2\alpha\gamma \\ 2\alpha\beta & 2\beta^2-1 & 2\beta\gamma \\ 2\alpha\gamma & 2\beta\gamma & 2\gamma^2-1 \end{pmatrix}$$

Chapitre 15

1 **a)** Vrai. **b)** Vrai. **c)** Faux ; ça peut être un vissage. **d)** Vrai. **e)** Faux ; ça peut être une translation.

2 **a)** Rotation de centre $\Omega(4,3)$ et d'angle Arccos $\frac{3}{5}$.
b) Il s'agit d'un antidéplacement sans point invariant : composée d'une réflexion et d'une translation. La direction de l'axe de la réflexion est $\overrightarrow{D} = \text{Vect}(1,-1)$. L'ensemble des points M tels que $\overrightarrow{MM'} \in \overrightarrow{D}$ est la droite D d'équation $2x+2y-3=0$. f est la composée de la réflexion d'axe D et de la translation de vecteur

$$\left(-\frac{1}{2}, \frac{1}{2}\right).$$

c) Rotation de centre $\Omega(2,4)$ et d'angle $\frac{\pi}{6}$.
d) C'est un antidéplacement avec points invariants : c'est une réflexion ; son axe a pour équation :

$$\frac{\sqrt{2}}{2}x - \left(\frac{\sqrt{2}}{2}+1\right)y - 1 = 0.$$

3 $(\overrightarrow{AB}, \overrightarrow{AC}) + (\overrightarrow{BC}, \overrightarrow{BA}) + (\overrightarrow{CA}, \overrightarrow{CB}) = \pi$.
$R_A \circ R_B \circ R_C$ est donc une rotation d'angle π, c'est-à-dire une symétrie centrale, dont il reste à déterminer le centre.
Étudier les images des points de contact du cercle inscrit dans le triangle ABC avec les côtés de ce triangle.

4 Soit G un sous-groupe fini du groupe des déplacements du plan. G ne peut contenir d'autre translation que l'identité. En déduire que deux rotations quelconques de G ont nécessairement le même centre.

5 **a)** Il s'agit d'une rotation, d'axe $A + \text{Vect}(\vec{u})$ où $A = (1,1,0)$ et $\vec{u} = (1,1,1)$, d'angle $+\frac{\pi}{3}$ en orientant l'axe dans le sens du vecteur $\vec{u}$.
b) Réflexion par rapport au plan d'équation $x - y + z - 3 = 0$.
c) C'est un déplacement sans point invariant, autre qu'une translation : c'est un vissage. L'ensemble des vecteurs invariants est $\overrightarrow{D} = \text{Vect}(1,1,1)$. L'axe du vissage est l'ensemble des points M tels que $\overrightarrow{MM'} \in \overrightarrow{D}$, c'est-à-dire $A + \text{Vect}(\vec{u})$, où $A = (-\frac{7}{3}, -\frac{8}{3}, 0)$ et $\vec{u} = (1,1,1)$. Le vecteur du vissage est $\vec{v} = \frac{2}{3}\vec{u}$ et son angle $-\frac{2\pi}{3}$, l'axe étant naturellement orienté dans le sens du vecteur $\vec{v}$.
d) C'est un antidéplacement avec un point invariant unique : $A(1,0,2)$; c'est la composée d'une réflexion par rapport à un plan P passant par A et d'une rotation dont l'axe est la perpendiculaire en A à P. La direction de cet axe est l'ensemble des vecteurs changés en leur opposé, c'est-à-dire $\text{Vect}(\vec{u})$ où $\vec{u} = (1,1,1)$. L'axe est donc la droite $A + \vec{u}$, le plan P a pour équation $x + y + z = 3$. Enfin l'angle de la rotation est $+\frac{\pi}{3}$ en orientant l'axe dans le sens du vecteur $\vec{u}$.

6 **1)** Si la rotation n'est pas un demi-tour, la seule droite globalement invariante est son axe. Pour un demi-tour, il y a de plus les droites perpendiculaires à l'axe.
2) Soit R et R' deux rotations distinctes de l'identité, d'axes respectifs D et D', qui commutent. Pour tout point M de l'espace :

$$R \circ R'(M) = R' \circ R(M)$$

Si $M \in D$, $R \circ R'(M) = R'(M)$, donc $R'(M) \in D$: la droite D est globalement invariante par R' ; on montre de même que D' est globalement invariante par R.
– Si l'une au moins des deux rotations n'est pas un demi-tour, on en déduit que $D = D'$.
– Si R et R' sont des demi-tours, les droites D et D' peuvent être confondues ou perpendiculaires (dans ce dernier cas, on a bien $R \circ R' = R' \circ R$, qui est le demi-tour ayant pour axe la perpendiculaire commune à D et D').

7 D'après le théorème de l'angle inscrit :

$$(\overrightarrow{CA}, \overrightarrow{CM}) = (\overrightarrow{BA}, \overrightarrow{BM}) + k\pi$$

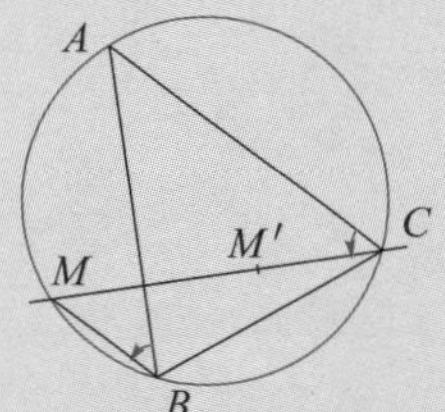

Et, comme une similitude directe conserve les angles orientés :

$$(\overrightarrow{BA}, \overrightarrow{BM}) = (\overrightarrow{CA}, \overrightarrow{CM'})$$

8 $S_1 \circ S_2 \circ S_3$ et $S_3 \circ S_2 \circ S_1$ sont des similitudes de rapport 1 et d'angle π, c'est-à-dire des symétries centrales. Étudier les images des points A, B, C pour déterminer les centres de ces symétries.

© Hachette Livre – H Prépa / Math – La photocopie non autorisée est un délit

Index

© Hachette Livre – H Prépa / Math – La photocopie non autorisée est un délit

© Hachette Livre – H Prépa / Math – La photocopie non autorisée est un délit

© Hachette Livre – H Prépa / Math – La photocopie non autorisée est un délit

Imprimé en France par I.M.E. - 25110 Baume-les-Dames
Dépôt légal : 49850/08/2004 - Collection 28 - Édition 02
14/5546/8